颜氏家训
全本新绎

唐翼明 译注

文化发展出版社
Cultural Development Press

图书在版编目（CIP）数据

颜氏家训全本新绎 / 唐翼明译注. -- 北京 : 文化发展出版社，2022.4
　ISBN 978-7-5142-3678-1

　Ⅰ. ①颜… Ⅱ. ①唐… Ⅲ. ①家庭道德－中国－南北朝时代②《颜氏家训》－译文 Ⅳ. ①B823.1

中国版本图书馆CIP数据核字(2022)第023114号

颜氏家训全本新绎

译　　注：唐翼明

责任编辑：周　蕾	责任校对：岳智勇
责任印制：邓辉明	责任设计：侯　铮

出版发行：文化发展出版社（北京市翠微路2号 邮编：100036）
网　　址：www.wenhuafazhan.com
经　　销：各地新华书店
印　　刷：北京文昌阁彩色印刷有限责任公司

开　　本：710mm×1000mm　1/16
字　　数：499千字
印　　张：27
版　　次：2022年4月第1版
印　　次：2022年4月第1次印刷
定　　价：58.00元
ＩＳＢＮ：978-7-5142-3678-1

◆ 如发现任何质量问题请与发行部联系。发行部电话：010-83626929

说　明

　　九年前我出版了《唐翼明解读〈颜氏家训〉》（湖南科学技术出版社2012年版），四年前又应国家图书馆之请，将该书略作修订，重新编排，以《颜氏家训解读》之名再版。当时的做法是"节取《颜氏家训》中对今天仍有意义的内容加以解读，目的在于帮助读者结合现代的社会环境，借鉴我国古代优良的家教传统"（见《颜氏家训解读》前言），并未对《颜氏家训》的全本进行诠释，仅仅在书后附了《颜氏家训》的原文以供读者翻阅。当时这样做的考虑，是觉得前人已经作了注释，似乎没有必要再重复。例如王利器的《颜氏家训集解》（上海古籍出版社1980年版，以下简称《集解》），在收集、编排前人对《颜氏家训》的注解、评说方面堪称完备严谨；又如庄辉明、章义和的《颜氏家训译注》（上海古籍出版社2006年版，以下简称《译注》），在王利器《集解》的基础上，又做了进一步注解和白话翻译。但这样做显然没有从读者便利的角度着想，读者虽然喜欢我的解读，但要进一步精读原文就得再找王利器或庄辉明、章义和或其他人的著作同时参看。于是出版社希望我能够把《颜氏家训》的训解、白话翻译以及解读合成一本，我想想也觉得有道理。尤其是对普通读者而言，王利器《集解》可能显得学术性太强，资料罗集得太多，读起来很费劲；而庄辉明、章义和的《译注》也还有进一步补充和加强的必要。我现在重新译注这本书的着眼点则完全在于便利读者，尤其是并不以学术研究为目的的普通读者。我希望哪怕是只有中学生水准的读者也都能通过这本书真正读懂《颜氏家训》，真正从中得到有益的营养。

　　下面我简单说说这本书的译注法。

　　一、《颜氏家训》全书七卷二十篇，现去掉分卷，只按二十篇排列，次序如旧。《家训》正文根据王利器《集解》，但为了今天的读者阅读便利，繁体字基本上都改成了简体字（需要特别说明者例外）。古人文章不分段，也没有标点，这本书的分段与标点大体上同王利器《集解》，但也有些地方根据自己的理解做了一些调整。

二、每段文字后面有"注释"。一般注释古典书籍，通常都在需要解释的词语后边加上①②③的标号，再在正文后面依次加以注解。这种方法有几个缺点：第一，影响读者阅读正文的注意力和流畅度；第二，让读者在阅读时要不断地在正文和注释之间跋涉、查找，很不方便，甚至会感到厌烦；第三，注释往往只注重词语，不讲整句的意思，更不讲语法结构，古文修养较差的读者往往看了注释之后仍然一头雾水；第四，注释者每每高估当代普通读者阅读古文的能力，有些该注的词语常常失注。所以这本书不采用这种注释方式，而是对每个句子进行解读，除了对典故和词语的解释努力做到清晰明了之外，必要时也讲点文言的句法和语法，以帮助读者提高阅读古文的能力。本书的着眼点在普及，不在学术研究，所以对以往学者在解读《颜氏家训》时的不同意见和反复辩驳，只取其重要者略加介绍，而不像王利器《集解》那样一一举出。

三、"注释"之后有"译文"。我想让读者通过流畅的白话准确掌握此段正文的含义，而不追求一字一句地严格对译。词语和句子的意义与结构，已经在"注释"部分讲清楚了，"译文"的部分只是为了让读者有一个更为完整的把握，便于自己转述其内容。希望读者在阅读的时候，先仔细阅读"注释"部分，最好不要跳过"注释"直接读"译文"。

四、每篇之后有"评析"。这个部分旨在帮助读者结合现代社会环境，更好地吸收《颜氏家训》中对我们今天的生活仍然有意义的营养。"评析"并非客观的学术论文，其中有很多是我自己的生命体验。《颜氏家训》与所有的古代著作一样，必然有精华、有糟粕。但本书的重点不在做价值区分，我希望把这部分留给读者自己去辨析，所以请读者更多地从实践而非从理论、从生命而非从学术的角度，来阅读我的"评析"。"评析"篇幅不一，有话则长，无话则短，这取决于每篇内容及其与今天的关系。

在译注本书的过程中，我参考了许多前辈和时人的著作，得益匪浅，特别是前面提到的已故王利器先生的《颜氏家训集解》和庄辉明、章义和二先生的《颜氏家训译注》，所资尤多，特在此表示深切感谢。

唐翼明
2021年12月9日

绪　言

一、《颜氏家训》及其作者颜之推

《颜氏家训》的作者颜之推是南北朝时期的人，他所属的山东琅邪颜氏家族是魏晋时期出现的上百个大的门阀士族之一。

颜氏家族是孔子最喜欢的弟子颜回的后代，汉末以后逐渐发展成为一个大士族。在曹魏时就出了几个两千石的大官，东晋时的颜含做到侍中、国子祭酒，封西平靖侯。以后代代都有太守级的大官，南朝刘宋时的著名诗人颜延之（官至金紫光禄大夫）也是这个家族的。颜之推是颜含的九世孙。这个家族一直很昌盛，直到唐宋。例如，唐朝有名的学者颜师古，就是颜之推的孙子。著名书法家颜真卿（平原太守）以及颜真卿的堂兄在"安史之乱"中不幸被害的颜杲卿（常山太守），也都是颜之推的后代。

颜之推生于531年，卒年不能确定，在595年左右。他出生在南朝梁代的江陵，二十三岁时西魏军攻陷江陵，他那时已在梁为官，因而被俘，遣送西魏。两年后，他举家冒险逃往北齐，想假道北齐返回江南，不料正好碰到陈霸先废梁自立，建立了陈朝，于是他只好留在北齐。二十年后北齐为北周所亡，他又入周。四年后隋代周，他又入隋。所以他一生经历了南梁、北齐、北周、隋四个朝代，在四个朝代都做过官。在北齐做官的时间最长（二十年），官位也最清显，为黄门侍郎，所以《颜氏家训》他自署"北齐黄门侍郎颜之推撰"。颜氏此书动笔撰写当在北齐，但最后成书应到隋文帝时候了，因为书中有几处提到"天下一统"，而且书中凡"忠"字都以"诚"代替，显然是为了避隋文帝杨坚的父亲杨忠的讳。

《颜氏家训》共分七卷二十篇，第一篇《序致》是全书的序言，最后一篇《终制》则是颜之推的遗嘱，中间十八篇，分别为：《教子》《兄弟》《后娶》《治家》《风操》《慕贤》《勉学》《文章》《名实》《涉务》《省事》《止足》《诫兵》《养生》《归心》《书证》《音辞》《杂艺》，讲到如何教育子女，如何处理兄弟、妯娌、后母与子女之间的关系，如何治理家庭，如何维持门风，并告诫子孙要努力读书，要务实、要知足、要注意养生等。

颜之推为什么要写这本《家训》呢？他在序言中说，对于修身齐家，古代圣贤已经讲得很多，也有很多著作传世，再写这些，会不会像"屋上架屋，床上施床"一样重复啰唆呢？但是关系不同，有些道理虽然圣贤都讲过，但经由自己身边的人讲出来，往往更有说服力，用他的话来说，就是："夫同言而信，信其所亲；同命而行，行其所服。禁童子之暴谑，则师友之诫不如傅婢之指挥；止凡人之斗阋，则尧、舜之道不如寡妻之诲谕。"

所以他写了这本书，希望能给自己的子孙一些有益的训诫。他尤其感慨颜氏家族虽然素来"风教整密"，但是他自己因为九岁时就遭到家难，父亲过世，没有受到严格的管教，长大后养成一些坏习惯，经过长久的磨砺才改掉。他说自己"每常心共口敌，性与情竞，夜觉晓非，今悔昨失，自怜无教，以至于斯"，所以他不希望自己的子孙再蹈覆辙，"故留此二十篇，以为汝曹后车耳"。

二、中国士族阶层的形成及其在文明史上的意义

我们在社会上很容易观察到一种现象，就是一个家庭或者一个家族特别出人才。旧时有一个成语叫"王谢子弟"，用来指那些出身望族而才华出众的青年。"王"与"谢"指东晋两个大家族，一个是琅邪王氏，也就是王导那一家；一个是陈郡阳夏谢氏，也就是谢安那一家。王导、谢安先后做过东晋的宰相，是中国历史上有名的政治家。王、谢两家是东晋时代的高门大族，每一家都出了许多人才，不仅政治、军事人才很多，文学艺术上也人才辈出，中国书法家最推崇的"二王"（王羲之、王献之）就出自王家，诗人中享有盛誉的"二谢"（谢灵运、谢朓）就出自谢家。

现代也有同样的例子。最令人瞩目、令人羡慕的就是吴越钱氏，著名国学家钱穆、钱基博、钱锺书，著名科学家钱学森、钱伟长、钱永健（诺贝尔物理奖获得者），都是这一家族的人。吴越钱氏是唐末吴越王钱镠的后代，现在已经散居全国乃至世界各地，据统计，任职在院士以上的钱镠后代竟有一百多人。

又如湖南湘乡曾家，即曾国藩家族。自曾国藩、曾国荃兄弟以来，曾家出了无数的政治家和学者，著名的有曾纪泽（著名外交家）、曾纪鸿（著名数学家）、曾广钧（诗人）、曾宝荪（著名教育家）、曾约农（著名教育家）、曾昭抡（著名化学家）、曾宪植（叶剑英之妻）。

为什么会出现一个家族人才这样集中涌现的现象呢？我想不外乎两个因素，一是遗传基因，一是家庭教育。

遗传基因暂且不论，我们来谈谈家庭教育的问题。中国古人特别是读书人家，一向注重家庭教育，中国历代都有不少的家训、家书、治家格言之类的资料流传下来。我们从这些资料当中可以看出古人怎样教子，怎样持家，从而明白为什么有的家族能够一直保有良好的门风，不断出现优秀的子孙。

中国传统文化中对家庭教育的重视是个非常值得研究的现象。世界四大古老文明之中，中华文明是唯一传承到现在而没有中断的，并且涌现了无数优秀的人才，这跟中国人重视家庭教育有密不可分的关系。这点跟犹太民族很像，犹太民族出人才是举世闻名的，即以诺贝尔奖的得主而言，占世界总人数百分之零点三的犹太人竟然拿到了差不多四分之一的诺贝尔奖。犹太人也非常重视家教，讲究对父母孝顺，讲究兄友弟恭，讲究刻苦学习，跟我们中国人一样。

中国人的家教传统起源很早，而被普遍强调并且形成系统则主要是在士族阶层出现以后。士族阶层的出现是中国文明史上的一件大事，所以在讲家教问题之前，我想先谈谈中国士族阶层是如何形成的，在中国文明史上具有什么样的意义。

中国古代历史上有两段时期，虽然从政权上来看是分裂、混乱的，但从文化史、精神史、思想史的角度看，却是辉煌、灿烂的时代。这两段时期一个是战国，一个是魏晋。如果把中国古代文明分成几个阶段的话，最早有文字记载的文明是商周文明，接下来是秦汉文明，战国就是从商周文明转型为秦汉文明的关键；再接下去是唐宋文明，而魏晋就是从秦汉文明转型为唐宋文明的关键。

国际社会学界目前对人类文明发展的阶段有一个大致共同的看法，即人类文明的发展可以分为三大段：前文明社会、文明社会、现代社会。在这三个阶段中有两个重要的转型期。

第一个转型期，西方社会学家称之为"轴心时代"。最早提出"轴心"这个概念的是黑格尔，他以耶稣的诞生作为历史的轴心。德国的另一位思想家雅斯贝斯将此观念改造为"轴心时代"理论，认为从公元前八世纪到公元前二世纪的六百多年间，产生了一批伟大的思想家，例如希腊的苏格拉底、柏拉图、亚里士多德，犹太诸先知，耶稣，印度的释迦牟尼以及中国的老子、孔子、孟子、庄子等。在此之前，人类实际上处于一种比较蒙昧的阶段，尤其是在意义体系、价值体系上，待到这一批伟大的思想家出现，才为这几大古老的文明建立了相对完整的价值体系、意义体系。

这样一批伟大思想家的出现，是人类文明一个重要的转折点，使人类从前文明社会转入文明社会。

人类由文明社会转向现代社会，其中的关键则是十四至十六世纪发源于意大利的文艺复兴运动。由文艺复兴而引起的一系列社会运动，例如英国的工业革命、宪章运动，法国大革命，美国独立运动，以及世界社会主义运动，一起造就了今天的现代社会。

在中国文明史上，战国就相当于"轴心时代"，而魏晋则相当于"文艺复兴"。魏晋人文精神在许多特点上与西方的文艺复兴运动非常相像，可惜我们从前对于魏晋的评价往往只看到它的负面，而很少看到它正面积极的地方。

魏晋时期中国社会最大的变动是产生了一个新的阶层，历史学家一般把它叫作"士族阶层"。

士族的出现要追溯到西汉，汉武帝采纳了著名学者董仲舒的意见，"罢黜百家，独尊儒术"，将儒家思想作为整个社会的意识形态，并创办太学，为国家培养文官人才。太学的课程是儒家的五经，老师则为"五经博士"。太学发展到东汉末期，最多时有三万多名学生。汉武帝以后的文官多从太学学生中选拔，太学几乎成为仕进的必由之路。久而久之，"五经博士"的门生便遍布朝野。他们的家族逐渐成为代代做学问、代代当官，在文化、权力、财富各方面都实力雄厚的大家族。到汉末，由各种途径发展起来的类似家族逐渐增多，终于形成了士族阶层。据《世说新语》记载，魏晋时期的大士族（或称门阀士族）约有百余个，另外还有许多小士族。

这样一批士族的出现有什么重要意义呢？

我们都知道，西方文艺复兴以后，由于张扬理性、提倡人文主义，中世纪的宗教迷信逐渐被打破，产生了现代科学，由现代科学产生了现代工业，现代工业使得社会财富极大地增加，并由此造就了一个新的阶层——商人阶层，商人阶层后来逐渐发展为中产阶级。西方的思想，诸如自由、民主、平等、人权等，都是随着中产阶级的出现与发展而产生的理念。中国魏晋时期的士族阶层与现代社会的中产阶级类似，只是数量比较少，而且因为整个社会其他条件不具备，这个士族阶层始终没能够发展成为庞大的中产阶级，因而未能从根本上改变中国的传统社会结构。

但尽管如此，士族阶层的产生仍然是魏晋思想解放、文化灿烂的重要原因。在士族出现以前，几乎所有的人都是皇权的奴隶，不仅百姓，连官员也是。正所谓："溥天之下，莫非王土；率土之滨，莫非王臣。"但士族阶层诞生之后，情况有了改变。因为一个士族往往是一个庞大的由几百人甚至几千人组成的集团，除了主人之外，还有大量农民依附，这个集团里的人分工合作，结成一个自给自足的经济团体。一个这样的士族，只要有一两个人在朝廷为官，支撑门面，其余的人完全可以不靠皇帝而活着，尤其是家族中的上层人士，可以过一种很富裕、很悠闲的生活。例如，东晋的宰相谢安，直到四十岁都不想出去做官，成天和朋友们游山玩水、写诗作赋。后来是因为两个在朝的兄弟,一个带兵打了败仗,一个政治上不成功,危及谢家的地位,为了家族的利益,谢安这才不得不入朝为官,一直做到宰相。

士族阶层的出现改变了人人都是皇权奴仆的状态,这就刺激了人个体意识的觉醒,开始意识到生命属于自己,自己并非别人(如皇帝)的工具,自我的生命非常可贵。这是一种极其重要的觉醒,没有这种个体意识的觉醒就没有精神文明的发展;没有自由思想的人,就不可能创造灿烂的文化。近代学者常说魏晋时代是"人的觉醒"的时代,什么是"人的觉醒"?为什么人会"觉醒"?很少有人细说,其实就是我上面讲的这个道理。

士族阶层是当时社会地位最高的阶层,也是文化程度最高的阶层,他们往往以自己优良的门风为傲。优良的门风是士族阶层的重要标志,是世世代代重视子孙的教育而养成的。士族阶层非常重视对子弟的教育,因为只有这样,才能代代都出优秀的人才,代代都有人在朝廷做高官,从而保证整个家族长盛不衰,维护他们已有的政治和经济利益。

所以,如何把一个庞大的家族管理好、把子弟教育好,就成为士族阶层非常重视的事情。在这样的背景下,一些有关家庭管理与子弟教育的著作就出现了。而《颜氏家训》是其中成书最早、最系统、最全面、最有代表性的一部,被后人称为"百代家训之祖"。

魏晋南北朝以后,隋唐兴起,人才选拔制度由原来的以士族为基础的九品中正制逐渐过渡到科举制。这种变化使得大士族的社会地位慢慢地失去了原有的优势,大士族于是逐渐瓦解变成许多小士族。中国传统社会被现代社会(新文化运动以后)代替之前,遍布中国各地的大小士族(包括农村的耕读之家)一直都是中国社会的骨干,社会各阶层的管理人才基本上都出身于这些士族家庭。所以,像魏晋时期那样的大士族,后世虽然已经不多见,但中国士族的家训传统却一直受到重视。这不仅是读书人家庭培养子弟的规范,也是整个社会培养管理人才的重要基础,因而累世相传,成为中国传统文化中重要的一部分。

三、今天重读《颜氏家训》的意义

在过去的一百多年中,中国传统文化受到了西方文化的强烈冲击,一些先进的知识分子在"救亡图存"的压迫感下群起批判自己的传统,有人提倡全盘西化,有人则主张一边倒向苏联,对传统文化的批判矫枉过正,尤其是十年"文化大革命",传统文化几乎被彻底摧毁。中国文化中的家教传统也几乎荡然无存。

以前说一个人"没有家教"或"缺乏家教",是很重的话,那等于说一个人缺乏做人的基本道德,而且还隐含着这样的意思,即"你父母也不是好东西,所以没教好你"。这就等于是"辱及先人"了,所以是很严重的批评。但在今天的中国社会,恕我直率地说一句,良好的家庭教育已经是"稀缺物品"。没有礼貌,缺乏公德,缺乏家教的现象到处可见。

我记得小时候读书,一直到高中,在街上碰到老师,大家还会喊"老师好",鞠躬九十度,但这样的学生现在好像已经绝迹了。那时在公共汽车上见到老弱病残,我们一定会让座,现在却常看到一些年轻人身边明明站着一个老人,他还是大模大样地坐在那里一动不动。我有一位在大学当教授的朋友告诉我,现在大学上课时,连师生互相问好的礼节都没有,更不要说学生起立向老师致敬了。这位朋友还告诉我,她上课的教室两扇门只开一扇,所有的学生上下课便都从那半边门中挤进挤出,就是没有一个人会去把另外一扇打开。她后来看不下去了,就自己去打开,想给学生做个榜样。哪知学生一窝蜂地冲了出去,连一声"谢谢"都没有,更没有人让老师先走。等到第二次,学生还是从半边门里挤进挤出,依旧没有一个人仿照她的样子去打开另外一扇。于是她又去打开,这样连做三次,还是没有变化。她很感叹,说现在这些孩子怎么都被宠成这个样了?难道他们的父母从小就没有教过吗?

钱学森晚年曾发出这样的疑问:为什么我们的学校总是培养不出杰出人才,这就是著名的"钱学森之问"。钱老的意思就是说教育没有办好。我同意钱老的话,我觉得中国目前的教育状况令人担忧。这一方面是我们的学校教育系统出了问题,另一方面则是家庭教育出了问题。在我看来,家庭教育的问题可能更为严重。现在的家长多半是"文化大革命"中或"文化大革命"后成长的一代,自己没有受过良好的家教,因此也不知道怎么教孩子,就把对孩子的教育都丢给学校。而学校只注重教学生书本知识,忽视了教学生如何做人。尤其到了大学以后,学校基本上就只是一个职业训练所,老师、家长、学生考虑的都是毕业后能不能找一份好的工作,能够赚多少钱。

我觉得今天要改善教育,必须从学校和家庭两方面入手,国家要把学校教育办好,老百姓则要把家庭教育搞好,只注意学校教育,不注意家庭教育,是不行的。所以今天我们来重温古人的家训,发扬我们中华文化中的家训传统,建立一套新的家训规范。我以为是非常必要的。这也就是我们今天重读《颜氏家训》的意义所在。

《颜氏家训》虽然是旧时代的产物,有很多内容已经不适合今天的社会,但是它可以给我们提供一些借鉴,其中的精华部分还是可以继承的。

目 录

序致第一……001

教子第二……008

兄弟第三……026

后娶第四……034

治家第五……043

风操第六……061

慕贤第七……105

勉学第八……119

文章第九……178

名实第十……215

涉务第十一……231

省事第十二……243

止足第十三……262

诫兵第十四……271

养生第十五……277

归心第十六……289

书证第十七……313

音辞第十八……………………………………………………374

杂艺第十九……………………………………………………393

终制第二十……………………………………………………412

序致第一

1.1　夫圣贤之书，教人诚孝，慎言检迹，立身扬名，亦已备矣。魏、晋已来，所著诸子，理重事复，递相模效，犹屋下架屋，床上施床耳。吾今所以复为此者，非敢轨物范世也，业以整齐门内，提撕子孙。夫同言而信，信其所亲；同命而行，行其所服。禁童子之暴谑，则师友之诫不如傅婢之指挥；止凡人之斗阋，则尧、舜之道不如寡妻之诲谕。吾望此书为汝曹之所信，犹贤于傅婢寡妻耳。

【注释】

（1）**夫圣贤之书，教人诚孝**："夫"是发语词，要读第二声（fú），没有意义。"诚孝"就是忠孝，隋文帝的父亲叫杨忠，为了避讳，所以把忠写成了诚，可见这本书写作的年代已经是隋朝初年了。

（2）**慎言检迹，立身扬名，亦已备矣**："慎言"，语言谨慎。"检迹"，行为检点，"迹"，行迹。"立身"，修身，使能自立于社会。"备"，完备、详尽。

（3）**魏、晋已来，所著诸子，理重事复，递相模效，犹屋下架屋，床上施床耳**："已来"，就是"以来"，"已""以"古通。"诸子"，即各家、各学派。"理重（chóng）事复，递相模效（xiào）"，道理重复，互相模仿，"理"，道理；"事"，事例；"效"，模仿。

（4）**吾今所以复为此者，非敢轨物范世也，业以整齐门内，提撕子孙**："轨物范世"，就是给世人做榜样的意思。"轨"是轨道，引申为规矩之意。"范"是模型，引申为典范之意，"轨"和"范"在这里都是名词作动词用。"物"不是物体，而是指人，古代"物"常作"人"讲，有"各色人等"之意，这个意思还存留在现代汉语的一些词语之中，例如"人物""待人接物""物色""恃才傲物"等。"业以整齐门内，提撕子孙"，（我的）本意只是用来端正家风，教育后代。"业"的意思是"本"（参考《故训汇纂》，商务印书馆2003年版，第1128页），"以"，用来。"整齐"在这里是形容词作动词用，使动用法，就是使之整齐（端正）的意思。"门内"，家族之内，这里指家风、门风。"提撕"就是提携、拉扯，引申为教育提高之意。

（5）**夫同言而信，信其所亲；同命而行，行其所服**："夫"还是发语词，读第二声。"同言而信，信其所亲"，同样一句话，亲近的人说出来会更令人相信。"同命而行，行其所服"，同样一个命令，佩服的人发出来会更令人遵行。"所亲""所服"是所字短语，所字短语古文当中常见，现代白话中也有保留，如"所见""所闻"。所字短语的语法作用相当于名词，在这里"所亲"是动词"信"的宾语，"所服"是动词"行"的宾语。"其"，代词，意为"他的"，这里是"自己的"，修饰后面的"所亲""所服"。

（6）**禁童子之暴谑，则师友之诫不如傅婢之指挥；止凡人之斗阋，则尧、舜之道不如寡妻之诲谕**："暴谑（xuè）"，胡闹、玩笑过分。"傅婢"，侍婢、保姆。"斗阋（xì）"，争吵、打架。"寡妻"，正妻，这里的"寡"是少的意识，不是寡妇的意思，正妻只有一个，所以是寡妻，好像皇帝自称寡人一样。

【译文】

古来圣贤之书，教人忠孝，语言谨慎，行为检点，建功立业，名扬后世，道理已经说得很充分了。魏晋以后，各家学者发挥圣贤的观点，事理重复，互相模仿，新意不多，免不了像屋下建屋，床上加床。我现在之所以再写一本这样的书，不敢说是为世人树立行为的规范，本意只是端正我们家族的门风，教诲子孙后代而已。同样一句话，如果是自己亲近的人说的，就显得更为可信；同样一个吩咐，如果是自己信服的人叮嘱的，就会更容易被遵行。所以要禁止小孩的胡闹，老师朋友的告诫还不如保姆的劝阻有效；要制止凡人的争斗，尧、舜的教导还不如老婆的规劝有效。我希望这本书能让你们信服，总该胜过保姆对孩童、老婆对丈夫说的话吧。

1.2 吾家风教，素为整密。昔在龆龀，便蒙诱诲；每从两兄，晓夕温清，规行矩步，安辞定色，锵锵翼翼，若朝严君焉。赐以优言，问所好尚，励短引长，莫不恳笃。年始九岁，便丁荼蓼，家涂离散，百口索然。慈兄鞠养，苦辛备至；有仁无威，导示不切。虽读《礼》《传》，微爱属文，颇为凡人之所陶染，肆欲轻言，不修边幅。年十八九，少知砥砺，习若自然，卒难洗荡。二十已后，大过稀焉；每常心共口敌，性与情竞，夜觉晓非，今悔昨失，自怜无教，以至于斯。追思平昔之指，铭肌镂骨，非徒古书之诫，经目过耳也。故留此二十篇，以为汝曹后车耳。

【注释】

（1）**吾家风教，素为整密**："风"，家风；"教"，家教。"整密"，端正、严格。

（2）**昔在龆龀，便蒙诱诲**："龆龀（tiáo chèn）"指童年，本意是换牙，男孩换牙叫"龆"，女孩换牙叫"龀"，或说"龆"指垂发，"龀"指换牙。"诱诲"，就是诱导、教诲，诱是循循善诱的诱。

（3）**每从两兄，晓夕温清**："两兄"，《南史·颜协传》载"子之仪、之推"。又《颜氏家庙碑》（唐颜真卿撰）中有名之善者，为之推之弟。颜真卿《颜含大宗碑铭》亦云："之仪弟之推，之推弟之善。"以此则之推仅有一兄。陈直推测："或之仪有弟早卒，故称两兄耳。""晓夕温清（qìng）"，早晚问候之意。"温清"是"冬温夏清"的缩写，冬天让被子温暖，夏天把席子扇凉，是古代子女侍候父母之道，后来转为问候请安之意。

（4）**规行矩步，安辞定色**：走路时规规矩矩，说话时言辞安定，脸色温和。

（5）**锵锵翼翼，若朝严君焉**："锵锵""翼翼"都是形容步伐有规有矩。"朝（cháo）"，是动词，朝拜的意思。"严君"，古文中可以指父亲，也可以指君王，从上下文来看，这里以指君王为宜。

（6）**赐以优言，问所好尚，励短引长，莫不恳笃**：这句话的主语是父母，省略了。古文中省略主语是常见的，白话文中较少见，所以读古文时特别要注意这一点，尤其是上下文主语不一致的时候。"优言"，好话、称赞的话、暖心的话。"好尚"，喜欢、擅长，"所好尚"是所字短语，指喜欢、擅长的东西、事情。"励短引长"，对短处加以规劝，对长处加以表扬。

（7）**年始九岁，便丁荼蓼，家涂离散，百口索然**：这句话的主语又回到"我"了。"丁"，当。"荼蓼（tú liǎo）"，一种苦菜，用来比喻家难，这里指父亲过世。"家涂"，家道，"涂"通"途"。"百口"，就是全家，魏晋时代士族兴起，大士族连同家丁、门客、依附的农民，常常多至成百上千人，故当时口语多以"百口"代指全家。"索然"，萧条，这里指剩下的人很少。

（8）**慈兄鞠养，苦辛备至；有仁无威，导示不切**："鞠养"，亲自抚养。"导示"，教导、指示，"导示不切"就是要求不够严格。

（9）**虽读《礼》《传》，微爱属文，颇为凡人之所陶染，肆欲轻言，不修边幅**：《礼》即《礼经》，是儒家五经（《诗经》《尚书》《周易》《礼经》《春秋》）之一。《礼经》指《仪礼》，古文中单说"礼"时，有时指《礼经》，有时指《礼记》，这里似指后者。《传》，通常指《左传》。《左传》全名《春秋左氏传》，是左丘明对《春秋》的梳解，左丘明大约与孔子同时。"微爱"，私心里偏爱。"陶染"，慢慢受到影响。"肆欲"，放肆自己的欲望，缺乏自律。"轻言"，不加思考就讲话。"不修边幅"，不拘小节，"边幅"本指衣襟的下摆，下摆不整齐，没有缝好，随随便便，叫不修边幅。

（10）**年十八九，少知砥砺，习若自然，卒难洗荡**："砥砺"，打磨、磨砺。"习若自然"，即习惯成自然。"卒"，终于。"洗荡"，洗刷干净。

（11）**二十已后，大过稀焉；每常心共口敌，性与情竞，夜觉晓非，今悔昨失，自怜无教，以至于斯**："已后"即"以后"，前段说过。"心共口敌"，心里想的和口里说的互相打架。"性与情竞"，理性和情感互相斗争。

（12）**追思平昔之指，铭肌镂骨，非徒古书之诫，经目过耳也**："指"，意旨、意向、志向。"铭肌镂骨"，铭心刻骨。"非徒"，不只是。"经目过耳"，即耳闻目睹，而不是亲身经历。

（13）**故留此二十篇，以为汝曹后车耳**："汝曹"，你们。"后车"，古语说："前车之覆，后车之鉴"，前面的车翻了，后面的车就会引以为鉴。这里的意思是说，我犯的错误可以作为你们的借鉴。

【译文】

我们颜家的门风家教，向来端正严格。我从很小的时候起，就受到父母的诱导和教诲；经常跟着两位兄长，早晚侍奉双亲，冬天温被，夏天扇凉，走路规规矩矩，言辞平和，神色安详，严肃恭敬，好像大臣朝拜君王一样。父母总是温和地对我们说话，问我们喜欢什么、擅长什么，勉励我们改正缺点，发扬优点，无不恳切实在。我刚到九岁的时候，父亲去世，家道从此衰落，一个上百人的大家族，死的死，走的走，没剩下几个人。我的哥哥抚养我长大，历尽千辛万苦；

哥哥对我很爱护，却不威严，要求不够严格。我那时虽然也读了《礼记》《左传》这一类经典，但是私下里却喜欢写文章，又受到周围俗人的影响，养成了一些坏习惯，放纵自己的欲望，讲话也很随便，不拘小节。到了十八九岁以后，我才稍微懂得要磨砺自己的品行，但是习惯成自然，终于没有把毛病都洗刷干净。二十岁以后，大错犯得少了，但小错还是不断，常常心里和嘴巴打架，理智和情感冲突，晚上觉察到白天的过错，今天后悔昨天的失误。可怜自己从小没有得到严格的教诲，以至落到今天这个样子。追想平生的志向，真是刻骨铭心地悔恨，这跟仅仅耳闻目睹古书训诫的感受是不一样的。所以我留下这二十篇文章，希望能作为你们的后车之鉴。

【评析】

读魏晋南北朝的历史，我们常常会惊讶于当时那些大士族为什么能够出那么多人才，而且能够绵延那么多世代。例如，山东琅邪王氏，几乎在整个魏晋南北朝时期都是一等旺族，这个家族是秦朝名将王翦之后，在汉朝就已经人才辈出了，到了晋朝，特别是东晋王导之后，真可说是权倾朝野盛极一时。被鲁迅称为"名士底（的）教科书"的《世说新语》是记载魏晋士族活动最完备的一本书，这本书里写到的琅邪王氏一家的人物就有40个，居所有士族之冠。根据苏绍兴《两晋南朝的士族》（联经出版事业公司1987年版）一书的统计，在《世说新语》一书中出现人数最多的20个士族除了琅邪王氏以外，依次还有：太原王氏20人，颍川庾氏16人，陈郡谢氏15人，谯国桓氏14人，平阳羊氏11人，陈留阮氏8人，高平郗氏8人，长平殷氏8人，太原孙氏7人，陈郡袁氏6人，沛国刘氏6人，吴郡顾氏6人，会稽孔氏5人，汝南周氏5人，陈留范氏5人，河东裴氏5人，河内山氏4人，陈留江氏4人，吴郡陆氏4人。

这些家族之所以能够人才辈出长盛不衰，原因当然不止一端，但注意对子弟的培养教育无疑是一个重要的因素。《世说新语·言语》有一段谢安和晚辈的对话，很有意思：

谢太傅问诸子侄："子弟亦何预人事，而正欲使其佳？"诸人莫有言者，车骑（谢玄）答曰："譬如芝兰玉树，欲使其生于阶庭耳。"

"芝兰玉树，欲使其生于阶庭"，这话很富于诗意，其实也就是民间说的"望子成龙，望女成凤"，所有的家长都会有这样的想法，而士族这样的想法尤其强烈，尤其自觉。魏晋时期，士族阶级是当时社会地位最高的阶级，也是文化程度最高的阶级，他们对子弟的教育抓得很紧。《世说新语·德行》还记载了一段谢安和夫人的对话：

> 谢公夫人教儿，问太傅："那得初不见君教儿？"答曰："我常自教儿。"

谢安的夫人怪谢安没有教训儿子，谢安却说："我常自教儿。"这是什么意思呢？谢安的意思是，我不是不教儿，相反，我非常重视对儿子的教育，我以我自己的言行随时随地在教我的儿子。谢安这话并不是强辩，谢安的确是一个非常注意子弟教育的长辈，他不仅教育抓得紧，还非常注意教育的方法，《世说新语·假谲》篇有一则故事写他如何巧妙地纠正侄儿谢玄的纨绔习气：

> 谢遏年少时，好著紫罗香囊，垂覆手。太傅患之，而不欲伤其意，乃谲与赌，得即烧之。

谢遏就是谢玄，遏是谢玄的小名。香囊是香包，覆手大概就是现在的手绢之类，一个男孩子身上吊着香包手里拿着手绢，实在不是好习惯，谢安决定加以纠正，但是又不想伤害谢玄的自尊心，便假装跟他打赌，赢了他的香包和手绢，得到之后立即烧掉，让聪明的谢玄从叔叔的行动中得到启发和教育。这个故事直到今天对我们做父母长辈的都有教育意义，那就是对子女晚辈既要严格要求，又要注意方法。

从以上谢安的故事，可以看出魏晋士族是如何注重教育子弟的，正因为如此，士族才能养成优良的家风，或说门风。这种家风或门风是世代相传的，是士族引以为傲，也是他们区别于其他阶级的标志之一。一个家族如果家教不严，门风败坏，这个家族就会失去原有的社会地位和他人的尊重。只有维持优良的门风于不坠，才能代代都出优秀的人才，使芝兰玉树长生于阶庭，从而保证整个家族长盛不衰，维护他们已有的政治地位和经济利益。所以，如何把一个庞大的家族管理好，把子弟教育好，就成为士族阶级非常重视的事情。在这样的背景下，一些有关家庭管理与子弟教育的著作就出现了。中国的第一本系统训导后人如何教育子弟、如何管理家族的书《颜氏家训》就是在这样的背景中产生的。

颜氏家族就是孔子最优秀的弟子颜回的后代，祖籍山东琅邪，跟孔子是一个地方的人。孔子的母亲叫颜徵在，就是这个家族的。颜氏家族到东晋时已发展成为一个有名的大士族，《颜氏家训》的作者颜之推的九世祖颜含，在东晋时官至二千石，封西平靖侯。

《颜氏家训》共二十章，《序致》是第一章，是全书的序言。序通叙，致者意也，序致的意思就是讲讲为什么要写这本书。颜之推说，对于修身齐家，古代圣贤已经讲得很多，也有很多著作传世，但经由自己身边的人讲出来，往往更有说服力。他尤其感慨颜氏家族虽然素来"风教整密",但是他自己因为九岁就遭到家难,父亲过世,没有受到严格的管教,长大后养成一些坏习惯,经过长久的磨炼才改掉。他不想看到后代再蹈覆辙,所以才写了这本书,希望能给子孙留下一些有益的训诫。

教子第二

2.1 上智不教而成,下愚虽教无益,中庸之人,不教不知也。古者,圣王有胎教之法:怀子三月,出居别宫,目不邪视,耳不妄听,音声滋味,以礼节之。书之玉版,藏诸金匮。生子咳㗐,师保固明孝仁礼义,导习之矣。凡庶纵不能尔,当及婴稚,识人颜色,知人喜怒,便加教诲,使为则为,使止则止。比及数岁,可省笞罚。

【注释】

(1) **上智不教而成,下愚虽教无益,中庸之人,不教不知也**:"上智",有上等智慧的人。"下愚",很愚蠢的人。"中庸之人",中等资质的人。《论语·阳货》载孔子的话说:"唯上智与下愚不移。"这句话的意思是说,最聪明和最愚蠢的人,都是教育改变不了的,前者不需要教,自己就会成人,后者就是教也没有用。对一般的中等资质之人,则需要加以教育,不教育就不能成人。

(2) **古者,圣王有胎教之法:怀子三月,出居别宫,目不邪视,耳不妄听,音声滋味,以礼节之**:"出居别宫",搬出去住在另外一间房里,即不与丈夫同房。"邪视",看不好的东西。"妄听",听不好的话。"以礼节之",用礼来加以节制,这里说的"礼",不是简单的礼貌,而是指当时一整套文明的制度和观念。

(3) **书之玉版,藏诸金匮**:"玉版",玉制的平板。"金匮(guì)",铜制的柜子。"藏诸",藏之于……,把它藏在……,"诸",是"之于"的合音。这是说把这件事(即"怀子""出居"之事)写在玉版上,藏在金匮里。

（4）**生子咳嗖，师保固明孝仁礼义，导习之矣**："咳嗖"，指小儿啼哭、笑闹，代指幼小之时。"咳（hái）"即"孩"，"嗖"通"啼"。"师保"，老师，特指王子的老师，古代有太师、太保、少师、少保等官职。"固"，同"故"，已经。"明"，这里作动词用，使动用法，即使之明白之意。"导习"，引导，教习。整句话是说，孩子出生，还在很小的时候，就有老师阐明孝、仁、礼、义的道理，对他加以引导和教育。

（5）**凡庶纵不能尔，当及婴稚，识人颜色，知人喜怒，便加教诲，使为则为，使止则止**："凡庶"，平民，一般人。"纵不能尔"，就算不能做到这样，"尔"，这样、那样，指上面所说的对孩子的教育。"使为则为，使止则止"，让他做就做，让他不做就不做。

（6）**比及数岁，可省笞罚**："比（bì）及"，到了。"笞（chī）"，鞭打。

【译文】

具有上等智慧的人，不教也能成才；过于愚蠢的人，教也没用；一般的中等之才，不教就不明事理。古时，君王会施行胎教之法，就是当嫔妃怀孕三个月的时候，就要搬到另外一间房子，眼睛不看不好的东西，耳朵不听不好的声音，音乐、饮食都要按照礼的要求加以节制，并且把这件事情（指嫔妃怀孕、移居）写在玉版上，藏在金匮里。孩子出生，还在幼儿的时候，就有老师按照孝仁礼义的道理对他加以引导教育了。一般的平民，即使做不到这样，也要在孩子还小但已能够察言观色的时候，就加以教诲。让他做就做，让他不做就不做。这样等他长到几岁的时候，就可以少挨些打骂了。

2.2 父母威严而有慈，则子女畏慎而生孝矣。吾见世间，无教而有爱，每不能然；饮食运为，恣其所欲，宜诫翻奖，应诃反笑，至有识知，谓法当尔。骄慢已习，方复制之，捶挞至死而无威，忿怒日隆而增怨，逮于成长，终为败德。孔子云"少成若天性，习惯如自然"是也。俗谚曰："教妇初来，教儿婴孩。"诚哉斯语！

【注释】

（1）**父母威严而有慈，则子女畏慎而生孝矣。吾见世间，无教而有爱，每不能然**："然"，这样，"每不能然"，常常不能做到这样，也就是不能做到"威严而有慈"。

(2) **饮食运为，恣其所欲，宜诫翻奖，应诃反笑，至有识知，谓法当尔**："运为"，即云为，运、云通，有的版本直接写作"云为"，云为即所为之意。"宜诫翻奖，应诃反笑"，应该劝止反而奖励，应该责骂反而笑许。宜、应义同，翻、反义同。"至有识知"，到了懂事的时候。"谓法当尔"，以为按道理就该这样，"谓"，以为，"法"，规矩、道理，"尔"，如此、这样。

(3) **骄慢已习，方复制之，捶挞至死而无威，忿怒日隆而增怨，逮于成长，终为败德**："骄"，骄横。"慢"，轻慢、无礼。"方复"，才。"逮于"，到、等到。"败德"，败坏的德行、不好的操行，"败德"在这里是"败德之人"的省语。

(4) **诚哉斯语**：这是个倒装句，本来是"斯语诚哉"，"诚哉"因强调而提前。"诚"，对、确实。

【译文】

父母既威严又有慈爱，子女才会敬畏、谨慎，由此生出孝心。我看世上做父母的通常做不到这样，往往不加教诲，而只是一味溺爱。孩子的饮食、言行，任其为所欲为，本该训诫的，反而加以奖励，本该责骂的，反而一笑了之，等到孩子懂事以后，还以为按道理就该这样。等到骄横无礼的习气已经养成，才去制止，结果是鞭打到死，父母也树立不了威信。父母火气越来越大，子女的怨恨也越来越深。这样的子女长大以后，必然成为德行不好的人。这就是孔子讲的"少成若天性，习惯如自然"的道理。俗话说："教育媳妇要从进门的时候开始，教育孩子要从婴儿的时候开始。"这话说得真对啊！

2.3 凡人不能教子女者，亦非欲陷其罪恶；但重于诃怒。伤其颜色，不忍楚挞惨其肌肤耳。当以疾病为谕，安得不用汤药针艾救之哉？又宜思勤督训者，可愿苟虐于骨肉乎？诚不得已也。

【注释】

(1) **凡人不能教子女者，亦非欲陷其罪恶**："凡"，但凡、凡是。

(2) **但重于诃怒。伤其颜色，不忍楚挞惨其肌肤耳**："重"，难、艰难、怕麻烦不想去做，"重"读本音。"颜色"，脸色、脸面。"楚挞"，鞭打，"楚"，荆条、小木棍。"惨其肌肤"，让子女的肌肤受苦，"惨"是形容词作动词用，使动用法；"其"，他、他们，指子女。

（3）当以疾病为谕，安得不用汤药针艾救之哉："为谕"，打比方，"谕"同"喻"。

（4）又宜思勤督训者，可愿苛虐于骨肉乎："勤督训"，勤于督促训导。"苛虐于骨肉"，对子女苛刻虐待。

（5）诚不得已也："诚"，实在是，在这里用作副词。

【译文】

那些不能教育子女的人，也不是想让子女陷于罪恶，只是难于呵责怒骂，怕伤了子女的脸面，不忍心鞭打，怕子女皮肉受苦。我们应当拿生病来打比方，为了治病，怎么能够不喝药、不用针刺、不用艾熏呢？也应当想想那些勤于督促训导子女的父母，难道愿意苛责虐待自己的亲生骨肉吗？实在是不得已啊。

　　2.4　王大司马母魏夫人，性甚严正；王在湓城时，为三千人将，年逾四十，少不如意，犹捶挞之，故能成其勋业。梁元帝时，有一学士，聪敏有才，为父所宠，失于教义。一言之是，遍于行路，终年誉之；一行之非，掩藏文饰，冀其自改。年登婚宦，暴慢日滋，竟以言语不择，为周逖抽肠衅鼓云。

【注释】

（1）王大司马母魏夫人，性甚严正："王大司马"，即王僧辩，字君才，南朝梁人，历任征东将军、江州刺史、车骑大将军等职，最后做到太子太傅、扬州牧。事见《梁书·王僧辩传》。"魏夫人"，即王僧辩之母。"严正"，严厉正直。

（2）王在湓城时，为三千人将，年逾四十，少不如意，犹捶挞之，故能成其勋业："湓（pén）城"，又称湓口，为湓水入长江之处，故址在今江西九江西。"为三千人将"，做率领三千士兵的将军。"少（shǎo）不如意"，有一点不如她的意。"捶挞"，鞭打。"勋业"，功业。

（3）梁元帝时，有一学士，聪敏有才，为父所宠，失于教义："梁元帝"，即萧绎，字世诚，梁武帝萧衍之子。"学士"，文学之士，略同"文士"。"失于教义"，疏于管教、教育不当。

（4）一言之是，遍于行路，终年誉之："是"，对、正确，这里有好的意思。"遍于行路"，"行路"指行路之人，"遍于行路"意为逢人就说。

（5）一行之非，掩藏文饰，冀其自改："非"，不对、不正确，这里有不好的意思。"揜藏"，遮盖、隐瞒。"文饰"，美化。"冀"，希望。

（6）**年登婚宦，暴慢日滋，竟以言语不择，为周逖抽肠衅鼓云**："年登婚宦"，到了可以结婚、做官的年龄，意为成年。"暴慢"，粗暴无礼。"言语不择"，说话冲口而出，不管环境对象，不懂得选择适当的语言。"为"，被。"周逖"，可能是周迪之误，或者是周迪的别名，《陈书》上有《周迪传》，周迪是一名武将，性格粗暴。"抽肠衅鼓"，把肠子抽出来，用他的血来涂战鼓。"衅"是动词，把血涂在上面叫"衅"。

【译文】

大司马王僧辩的母亲魏老夫人，生性严厉正直。王僧辩在湓城的时候，是率领三千士兵的将领，年龄已经过了四十，但是只要稍微不如母亲之意，老夫人还会用棍棒教训他。但正因为如此，王僧辩才能成就这么大的功业。梁元帝的时候，有一个文士，人聪明，颇有才气，被父亲宠爱，管教失当。一句话说得好，父亲逢人便夸，一年到头赞不绝口；一件事做错了，父亲又百般为他遮盖美化，指望他自己会改正。这位学士成年以后，暴躁无礼的习气一天比一天厉害，终于因为说话不检点，触怒了上司周逖，被周逖杀了，肠子都抽出来，还用他的血来涂战鼓。

2.5 父子之严，不可以狎；骨肉之爱，不可以简。简则慈孝不接，狎则怠慢生焉。由命士以上，父子异宫，此不狎之道也；抑搔痒痛，悬衾箧枕，此不简之教也。或问曰："陈亢喜闻君子之远其子，何谓也？"对曰："有是也，盖君子之不亲教其子也，《诗》有讽刺之辞，《礼》有嫌疑之诫，《书》有悖乱之事，《春秋》有邪僻之讥，《易》有备物之象：皆非父子之可通言，故不亲授耳。"

【注释】

（1）**父子之严，不可以狎；骨肉之爱，不可以简**：父子之间的关系是严格的，不能过分亲昵；骨肉深情，不能简慢。"狎（xiá）"，过分亲昵。两个"之"字，介于连词和助词之间，主要用来补足句式。

（2）**简则慈孝不接，狎则怠慢生焉**：如果太简慢了，儿子和父亲的关系就会疏远。"不接"，不亲近。如果太亲密了，就会导致轻忽不敬。"怠慢"，轻忽放肆、无礼。

（3）**由命士以上，父子异宫，此不狎之道也**："命士"，接受朝廷的任命而做官的读书人。"异宫"，不住同一间房。

（4）抑搔痒痛，悬衾箧枕，此不简之教也："抑搔痒痛"，抓痒、按摩止痛。"悬衾箧枕"，"衾"，被子，"悬衾"，把被子叠好挂起来；"枕"，枕头，"箧枕"，把枕头放进箱子里。"箧（qiè）"，箱子，这里是放进箱子的意思，名词作动词用。

（5）或问曰："陈亢喜闻君子之远其子，何谓也？"："或"，有人，代词。"陈亢（gāng）"，即陈子禽，孔子的弟子，《论语》中记载他曾经问孔子的儿子孔鲤，孔子对自己的儿子有没有特别的教导，孔鲤说没有，父亲只是督促他学《诗》学《礼》，跟教一般的学生一样。陈亢由此得出结论，一个君子对儿子并没有特别的亲密，陈亢的原话是："问一得三，闻《诗》，闻《礼》，又闻君子之远（yuàn）其子也。"（见《论语·季氏》）。"远其子"，"远"字是形容词作动词用，疏远之意。

（6）对曰："有是也，盖君子之不亲教其子也，《诗》有讽刺之辞，《礼》有嫌疑之诫，《书》有悖乱之事，《春秋》有邪僻之讥，《易》有备物之象：皆非父子之可通言，故不亲授耳。"："有是也"，有这回事。"是"，这、这个，代词。《诗》，指《诗经》。"嫌疑之诫"，指避嫌的教训，例如男女授受不亲、叔嫂不通问之类。《书》，指《尚书》。"悖乱之事"，指造反、作乱、臣弑君之类的事。《春秋》，鲁国的史书。"邪僻之讥"，对淫邪的讥讽。《易》，即《易经》，又名《周易》。"备物之象"，"备物"，备办各种器物，以应需要。"《易》有备物之象"这句话有点费解，有人推测是指《周易》中有"男女构精，万物化生"之类的话，所以也不适合在父子之间讲。可供参考。

【译文】

父亲对儿子要有威严，所以不可以过分亲昵；骨肉之间要相亲相爱，不能太简慢。如果太简慢，父亲和儿子就会疏远；如果过分亲昵，儿子对父亲就容易放肆不敬。凡是有官位的读书人，父子不住同一间房，这就是为了不过分亲昵；父亲有痛痒，儿子要帮父亲搔痒按摩；父亲起床之后，要替父亲把被子叠好挂起来，把枕头放进箱子里，这就是为了防止简慢。有人要问："陈亢听到君子跟自己的儿子保持距离，很高兴，这是为什么呢？"我的回答是："是有这回事，因为君子不亲自教授自己的孩子。《诗经》中有讽刺批评的言辞，《礼记》中有回避嫌疑的教导，《尚书》中有造反叛乱的记载，《周易》中有包容阴阳万物的卦象，这些都不是父子之间可以直接谈论的，所以君子就不亲自教授自己的孩子。"

2.6 齐武成帝子琅邪王，太子母弟也。生而聪慧，帝及后并笃爱之，衣服饮食，与东宫相准。帝每面称之曰："此黠儿也，当有所成。"及太子即位，王居别宫，礼数优僭，不与诸王等；太后犹谓不足，常以为言。年十许岁，骄恣无节，器服玩好，必拟乘舆；尝朝南殿，见典御进新冰，钩盾献早李，还索不得，遂大怒，訽曰："至尊已有，我何意无？"不知分齐，率皆如此。识者多有叔段、州吁之讥。后嫌宰相，遂矫诏斩之，又惧有救，乃勒麾下军士，防守殿门；既无反心，受劳而罢，后竟坐此幽薨。

【注释】

（1）**齐武成帝子琅邪王，太子母弟也**："齐武成帝"，北齐皇帝高湛。"琅邪王"，高湛的第三子高俨，被封为琅邪王，琅邪即琅琊，在今山东临沂一带。"母弟"，意为同母弟弟。

（2）**生而聪慧，帝及后并笃爱之，衣服饮食，与东宫相准**："东宫"，指太子高纬。"相准"，相同、一样。

（3）**帝每面称之曰："此黠儿也，当有所成。"**："面称"，当面称赞。"黠（xiá）儿"，聪慧的孩子。

（4）**及太子即位，王居别宫，礼数优僭，不与诸王等**："及"，追及、等到。"礼数"，按名位而分的礼仪和待遇。"优僭（jiàn）"，"优"，优厚。"僭"，僭越。这里指礼仪和待遇过于优厚，超过了他应该得到的。"不与诸王等"，不跟其他的王子一样。

（5）**太后犹谓不足，常以为言**："犹谓"，还认为。"以为言"，"以"字后面省略了代词"之"，"以之为言"，意为拿这个来说话，也就是常常唠叨这件事。

（6）**年十许岁，骄恣无节，器服玩好，必拟乘舆**："十许岁"，十来岁，"许"，余、左右。"骄恣"，傲慢放肆。"无节"，没有节制、不自律。"玩（wàn）好（hào）"，供把玩的艺术品。"乘（shèng）舆"，帝王坐的轿子，这里代称帝王。

（7）**尝朝南殿，见典御进新冰，钩盾献早李，还索不得，遂大怒**："典御"，"典"，主管；"御"，皇帝。"典御"，主管皇帝饮食的官员。"钩盾"，主管皇家园林的官署。"还索不得"，回来向有关官员索取，没有得到。

（8）**訽曰："至尊已有，我何意无？"**："訽"，通"诟"，骂。"至尊"，至高无上的尊贵，古代多指皇帝。

（9）**不知分齐，率皆如此**："分齐（jì）"，分际、分寸。"率"，大略，差不多。

（10）**识者多有叔段、州吁之讥**："叔段"，共（gōng）叔段，也称太叔段，春秋初年郑庄公之弟，从小即受到母亲的偏爱纵容，后来终于发动叛乱，被郑庄公平定，事见《左传·隐公元年》。"州吁（xū）"，春秋初年卫庄公之子，骄纵凶残，杀其兄卫桓公自立，不久也被其他人杀掉，见《左传》隐公三年、四年。

（11）**后嫌宰相，遂矫诏斩之，又惧有救，乃勒麾下军士，防守殿门**："嫌"，嫌恶、不满。"矫诏"，假传圣旨，"诏"，皇帝下的诏书。"勒"，指挥。"麾下"，手下，"麾"，军旗。

（12）**既无反心，受劳而罢，后竟坐此幽薨**："既"，本来。"受劳（lào）"，接受安抚。"罢"，罢兵。"坐"，因、因为。"幽薨"，软禁而死，或暗中处死。"幽"，幽禁。"薨（hōng）"，诸侯死亡叫"薨"。高俨因举兵诛杀宰相和士开，而被秘密处死之事，见《北齐书·琅邪王（高）俨传》。

【译文】

北齐武成帝高湛的儿子琅邪王高俨，是太子高纬的同母弟弟。他生来天资聪颖，武成帝和皇后都非常喜爱他，穿着和饮食跟太子高纬没有区别。武成帝经常当着他的面称赞说："这是个聪慧的孩子，将来一定会大有成就。"等到太子高纬即位，琅邪王移居到别的官殿，给他的待遇很优厚，超过了本分，跟其他几个兄弟都不一样。但是太后还以为不够，老是唠叨这个事。等到他长到十来岁，骄纵放肆，毫无节制，用品服饰、珍奇玩物一定要跟当皇帝的哥哥一样。有一次他去南殿朝拜，见典御向皇帝送上新做的冰块，钩盾献上早熟的李子，他回去后，就派人向有关的官员索要，未能如愿就大发脾气，骂骂咧咧地说："皇帝已经有了，为什么我就没有？"他做事不懂得分寸，差不多都是这样。有识之士大多讥讽他像共叔段、州吁那样不懂君臣之分。后来，他不满宰相和士开，就假传圣旨把和士开给杀了，又怕皇帝派人来救，竟指挥手下军士把守宫门。因为他本来没有造反之心，受到安抚以后就撤了兵，但后来终究还是因为这件事情被秘密处死。

2.7　人之爱子，罕亦能均；自古及今，此弊多矣。贤俊者自可赏爱，顽鲁者亦当矜怜，有偏宠者，虽欲以厚之，更所以祸之。共叔之死，母实为之。赵王之戮，父实使之。刘表之倾宗覆族，袁绍之地裂兵亡，可为灵龟明鉴也。

【注释】

（1）**人之爱子，罕亦能均；自古及今，此弊多矣**：首句的"之"字，不是代词也不是连词，它是一个只有语法功能的助词，把"人爱子"这个句子变成一个主谓词组，充当"罕亦能均"的主语。

（2）**贤俊者自可赏爱，顽鲁者亦当矜怜，有偏宠者，虽欲以厚之，更所以祸之**："贤俊"，聪明漂亮。"顽鲁"，顽劣鲁钝。"欲以厚之"，"以"的后面省略了一个"之"字，"以之"就是用这种方式、通过这个途径。"所以祸之"，结构与上句同。

（3）**共叔之死，母实为之。赵王之戮，父实使之**："共叔"，即前段所说的共叔段。"赵王"，指汉高祖刘邦的儿子刘如意（曾封为赵王），是刘邦宠妃戚夫人所生的儿子，戚夫人曾向刘邦哭求以如意取代太子，刘邦心动，但终于因吕后的反对而未成。刘邦死后，吕后毒死如意，并且砍掉戚夫人的四肢，装在一个坛子里，称为"人彘"，折磨致死。事见《史记·吕太后本纪》。

（4）**刘表之倾宗覆族，袁绍之地裂兵亡，可为灵龟明鉴也**："刘表"，字景升，东汉末年割据长江中游一带的军阀。刘表有二子刘琦、刘琮，刘表后妻蔡氏偏宠己子刘琮而厌恶刘琦，屡向刘表说刘琦坏话，竟使刘表信从。刘琦深感自危，即请求外出任职。后刘表生病，蔡氏将回来探视的刘琦拒之门外，并乘机立刘琮为继承人，致使兄弟反目。刘表死后，刘琦逃往江南，刘琮向大兵压境的曹操投降。事见《后汉书·刘表传》。"袁绍"，字本初，东汉末年割据河北、山东一带的军阀。袁绍有三子袁谭、袁熙、袁尚。袁绍后妻刘氏偏宠己子袁尚，致其兄弟不和。袁绍在官渡之战中为曹操所败，发病而死，未及确定继承人。其部下有意拥立长子袁谭，而亲近袁尚者则假传袁绍遗命，立袁尚为继承人，终使兄弟反目，以至兵戎相见，最后被曹操各个击破。事见《后汉书·袁绍传》。"灵龟"，有灵应的龟兆，古人有以灵龟占卜的习俗，"灵龟明鉴"，像灵龟那样灵验的明鉴。"鉴"，镜子。

【译文】

人们疼爱子女，很少能做到平等对待、一视同仁，从古至今，这样的弊病太多了。聪明漂亮的孩子当然值得欣赏喜爱，但顽劣鲁钝的孩子也该同情怜悯。

那些有偏爱之心的父母，虽然本意是想厚待自己喜欢的孩子，结果却反而给他们带来灾难。共叔段的死，实际上是他母亲造成的，赵王如意的被杀，则是他的父亲促成的。刘表的宗族倾覆，袁绍的兵败地失，他们的故事都可以作为像灵龟一样的明镜，供后人吸取教训。

2.8 齐朝有一士大夫，尝谓吾曰："我有一儿，年已十七，颇晓书疏，教其鲜卑语及弹琵琶，稍欲通解，以此伏事公卿，无不宠爱，亦要事也。"吾时俛而不答。异哉，此人之教子也！若由此业，自致卿相，亦不愿汝曹为之。

【注释】

（1）**齐朝有一士大夫，尝谓吾曰**："士大夫"，古代泛指做官的读书人。"谓吾曰"，对我说。

（2）**我有一儿，年已十七，颇晓书疏，教其鲜卑语及弹琵琶，稍欲通解，以此伏事公卿，无不宠爱，亦要事也**："书疏"，六朝人习语，指书信公文一类的东西。"鲜卑语"，当时地方政权是鲜卑人建立的，鲜卑语是当时统治集团内部使用的语言，就像清朝满人之间说满语一样。"琵琶"，乐器，当时鲜卑人喜欢的乐器。"稍"，渐渐。"伏事"，通服侍。

（3）**吾时俛而不答**："时"，当时。"俛而不答"，低头不接话。"俛"，同"俯"。

（4）**异哉，此人之教子也**：这也是个倒装句，"此人之教子"是主语，"异哉"是谓语，主谓倒置。这里的"之"，语法助词，把"此人教子"这个完整的句子化为一个主谓词组，跟我们前面看到的"人之爱子"是一样的结构。

（5）**若由此业，自致卿相，亦不愿汝曹为之**："此业"，这个办法、这种手段。"汝曹"，你们。

【译文】

齐朝有一位士大夫有一次对我说："我有一个儿子，已经十七岁了，对写公文写信这一类事情还懂得一些，我还让他学鲜卑语、弹琵琶，他慢慢也学会了。他用这些特长去服侍公卿大夫，没有一个不喜欢的。这也是一桩重要的事情啊。"我当时低头没有接话。这个人如此教育儿子，真是奇怪！如果用这种讨好贵人的手段，就算可以当到大臣宰相，我也是不愿意你们去做的。

【评析】

这是《颜氏家训》序言后的第一篇,讲的是教育子女的问题。颜之推在这一篇中提出了几个关于教育子女的重要原则,我以为对我们今天做父母的仍然有参考价值。

一、教子原则之一:从小开始,越早越好

颜之推在这一篇里首先提出了一个教育子女的重要原则,就是教育必须从小开始,越早越好。

我们现在做父母的,常常有一种普遍的误解,以为教育要到孩子懂事以后才开始,至少等到小孩子上幼儿园的时候,父母才会开始重视孩子的教育问题。颜之推告诉我们,教育子女要越早越好,如果可能,在孩子出生以前就应该开始。他提到古代"圣王有胎教之法",王妃们"怀子三月,出居别宫,目不邪视,耳不妄听,音声滋味,以礼节之"。这里说到"胎教"的问题,即使以今天的科学知识来看,也是有道理的。母亲在怀孕的时候,不仅吃的东西对胎儿的成长会有影响,而且喜怒哀乐的情绪也会影响胎儿,尤其会影响到孩子未来的心智与人格。所以怀孕的时候,尽量不服用不必要的药物,少吃辛辣刺激的食物,多听美妙的音乐,多看美丽的风景与图片,不生气,不悲伤,是每一个母亲应有的常识。母亲怀孕的时候保持端正而愉快的心情与情操,对胎儿的心智健康无疑会产生良好的影响。

如果说胎教都要注意,那么孩子出生以后的教育就更应该注意了。不要以为孩子不会说话,无知无识,事实上孩子一出生,一接触到外部世界,就马上开始了他认识世界的历程,像海绵吸水一样,他时时刻刻在吸收,在学习。幼儿学习和吸收的速度跟成人比较起来要快得多,简直可以用"贪婪"两个字来形容。请想想,我们一个成年人,长大一岁,能学到多少新东西?对大多数成年人而言,几乎毫无长进,但是一个婴孩,从零岁到一岁,从一岁到两岁,他学到多少东西?一个聪慧的小孩,一岁的时候就开始牙牙学语,碰碰磕磕地学走路了,两岁的时候已经可以正常走路,并且讲很多话了,那速度简直是不可思议。尤其是语言学习能力,大人与小孩完全不能相比。我在美国留学的时候,常常看到这样的情形,一家人移民到国外,一年之后,小孩就可以跟外国小孩叽里呱啦地谈得很火热了,而成年的父母却连几句最简单的外文也没学会。我高中时候学俄文,觉得轻松得很,每堂课教的新单词我不到下课已经背熟了,还拿过武汉市俄文演讲比赛第一名,可是我四十岁到美国,学起英文来,特别是口语,简直觉得如"蜀道之难,难于上青天"。一天到晚带着单词本在身上,连等公交车都不忘记背

单词，这样花了两三年工夫，才勉强可以听得懂老师讲课。语言如此，别的也一样，教育越早开始越好。颜之推引用孔子的话说："少成若天性，习惯如自然。"这真是至理名言。好的品德一半是天赋，一半就靠少年时代养成。好的习惯则更是需要在青少年时代加以培养，一旦青少年时代养成了坏习惯，长大了就很难改过来。颜之推接着还引用当时的一句俗话，"教妇初来，教儿婴孩"，意思是教老婆要从嫁过来的时候就开始，教孩子要从婴儿时代就开始。为什么教老婆要从嫁过来的时候就开始呢？因为在传统社会，老婆刚嫁过来的时候，年纪还轻，十五六岁，又没有依靠，在家里完全没有地位，要在夫家站稳脚跟，就必须虚心接受丈夫和婆婆的指点才行，所以这个时候教育最起作用，最容易被接受。为什么教孩子要从婴儿时代就开始呢？因为孩子刚生下来，离开父母不能生存，一切都是一张白纸，这个时候教他什么就是什么，也最起作用，最容易被接受。"教妇初来，教儿婴孩""少成若天性，习惯如自然"，这十八个字，我觉得做父母的都应当重视。

二、教子原则之二：教育要从严，不能只爱不教

颜之推在这一篇中提出了教育子女的第二个重要原则，就是教育要从严，不能只爱不教。

颜之推说："父母威严而有慈，则子女畏慎而生孝矣。"一般人对子女只爱不教，他说只有父母威严，又有慈爱，子女才会畏惧谨慎，对父母产生孝顺之心。

父母对子女慈爱，是一种天性，甚至可以说是连动物都具有的本能，因为这是任何一个物种要延续自身的生命都必须具有的品性。一只母狗生了一群小狗，当陌生人走近，它便会龇牙咧嘴地发出恐吓的叫声，生怕自己的子女受到伤害。愚夫愚妇，没有受过任何教育，都知道疼爱自己的子女，所谓"水往下流""虎毒不食儿"。但对子女要严加管教，却不是每个父母都懂得的，因为这需要理性，需要有长远的目光。《古文观止》中有一篇文章叫《触詟（zhé）说赵太后》（选自《战国策》，"触詟"《史记·赵世家》作"触龙"），说战国时代赵国被秦国急攻，赵国向齐国搬救兵，而齐国要赵太后的小儿子长安君做人质，赵太后舍不得儿子远离，怕儿子吃苦，不肯答应。所有大臣的劝谏都不听，最后是一个名叫触詟的大臣说动了赵太后。他说，对子女的爱，要看得深远（"为之计深远"），现在让长安君做人质，为赵国做出贡献，在赵国打下深厚的基础，将来才能永保富贵。这样做是为长安君的长远利益考虑，而不是只看到眼前一点小损失，这才是真爱。结果赵太后接受了触詟的意见，让长安君去齐国做了人质，借

来了齐国的兵，救了赵国。但教养程度不高、理性不强的人，往往不懂得这个道理，总是怕孩子受了委屈，不忍心看孩子受眼前之苦，该骂不骂，该打不打，用颜之推的话来讲，就是"重于诃怒，伤其颜色，不忍楚挞惨其肌肤耳"，一些父母甚至溺爱自己的子女，失去是非准则，"饮食运为，恣其所欲，宜诫翻奖，应诃反笑"，就是说，孩子想吃什么就喂什么，想要什么就给什么，应该批评的反而奖励，应该责骂的却一笑而过。这样的结果，是让孩子不懂得是非，以为这样就是对的，等到长大了，习惯养成，再来管教已经不起作用了。这个时候父母的责骂反而会引起子女的反感，造成父子之间的怨恨，养出一些逆子、败家子来。

这种情况自古以来就存在，在我们今天的社会表现得更加严重。为什么今天会更加严重呢？我想这里有两个原因，一是新文化运动以来，中国自身的传统文化受到强烈的质疑和猛烈的批判，西方的观念一股脑地涌进中国，一切都被认为比中国好，比中国优秀，比中国先进。以对子女的教育而言，中国人（尤其是古代士族）从前对子女的严格管教，包括适当的打骂，都被认为是封建的，野蛮的，落后的。而西方人对儿童的态度被片面地总结为"爱的教育"，逐渐成为一时的新风，很多人误以为对子女只要一味地爱就行了，忽视了严格管教的一面，甚至认为严格管教根本就是错误的。其实这种理解相当片面，包含很多误解，一方面看不到中国传统教育强调严格的一面，其实是为子女的长远利益考虑，是一种更深的爱的表现。另一方面则过分强调西方人对儿童的正面鼓励，而没有看到西方人其实也有他们自己的严格管教的一面。比方说，在公众场合，如飞机上、火车上，西方的孩子一般都很安静，很少高声喧哗或者打打闹闹，因为他们从很小的时候开始，只要发生这种情形，就会被父母严厉禁止。又如，西方的小孩不论家庭多么富有，十五六岁，父母就会教育他们，零用钱要自己去赚，比方送报纸、给邻家除草之类，到读大学以后，都要打工赚一部分学费，到了读研究生，一般都不再用家里的钱了。这些我们中国父母能做到吗？

二是这个问题之所以今天更为严重，我以为还跟我们现在特殊的家庭结构有关。特别是实行一胎化以来，一对父母只有一个儿女，一个孩子六个人（父亲、母亲、爷爷、奶奶、外公、外婆）疼，自然宝贝得不得了，捧在手里怕摔了，含在嘴里怕化了，要什么给什么，生怕孩子不高兴不满足。当官发财的，更是把儿女视为掌上明珠，上学放学都有专车接送。上了大学，还要父母亲自送到学校，放好行李，铺好床铺，甚至住在学校附近租房陪读。不久前看到报载一条消息，说一对住在香港的父母，居然舍得让十六岁的孩子到武汉来求学。这样一件小事，就大登特登，好像父母孩子都很了不起。我看了以后只有苦笑，这种故事在报上宣扬，正好反衬出我们这个时代大多数父母过分呵护子女，而大多数青年又缺乏独立奋斗的能力。我自己七岁离开父母，十二岁考上初中，学校离家一百一十里路，学校在什么地方，门朝哪里开都不知道，不要说没有汽车可坐，连一个带路的人都没有。开学的那天，只有起个大早，背上包袱，跟着一个做生意的小贩，一路小跑，鼻孔流血，双腿肿胀，但最后还是走到了学校。这是我人生的重要一课，我由此懂得，人生的路是必须自己去走的，只要有勇气，有毅力，不怕吃苦，也总是走得出来的。朋友们有兴趣，可以参看我的散文集《江海平生》中《上学的路》一文。我们的孩子为什么今天就变得如此娇嫩了呢？一个个都像温室里培养出来的花草，没有经风雨，没有见世面，长大了怎么支撑中国这个大厦呢？这样的风气如果代代传承下去，连我们整个民族都会变得衰弱不堪。而世界风云变幻，人生的路波谲云诡，现实残酷，竞争激烈，我们的父母如果真爱子女，为什么不为他们的长远利益多考虑一点呢？你呵护得再周到，能管他一生一世？你的儿女终归是要自己面对生活面对世界的，为什么这样浅而易见的道理许多人却不明白？

我觉得我们今天有必要提倡严格管教子女，恢复我们祖先的优良传统，尤其是所谓"官二代""富二代"。从前有句俗话说："棍棒底下出孝子。"这话现在已经没有什么人赞成了，我却觉得大体上并没有说错，只是我们不一定要动用棍棒，精神和原则仍然是对的。我自己七十多年的人生经验告诉我，严格管教的子女，很少有成为败家子、不孝子的，而过分宠爱的子女，则不少成了丧家败业之子，甚至变成不孝子，乃至虐待、杀害父母的逆子都有。我在台湾就看到一则消息，说一个小康之家的儿子，十八岁，父母就给他买了价值百万（台币）的轿车，后来挥霍无度，不断向父母索取，父母实在给不起了，就拒绝再给，这个青年竟然用乱刀把父母双双砍死了。我们应当懂得一个道理，那就是：慈是天性，是不需要教的，而孝却不是天性，是需要教的。所以我们看传统的《十三经》，里面有一部《孝经》，却没有《慈经》，就是这个道理。康有为在《大同书》里也说过："人之情，于慈为顺德，于孝为逆德故耶？""顺德"是顺天性而得到的，是无须教的；"逆德"则是逆天性才有的，所以必须教。如果我们不想自己的子女将来变成不孝子、逆子，那就请你从小严加管教吧，否则将来后悔就来不及了。

颜之推在本篇中举了一严一宠两个例子，一个是梁朝的名将王僧辩，母亲管教甚严，他已经做了将军，年过四十，做错了事，母亲还会拿棍子打他，结果他一生为人做事兢兢业业，不敢懈怠，终于成就了一番大功业。另外一个例子是梁朝的一个学士，很聪明，有点小才华，父母逢人便夸奖，错误则替他掩盖，结果从小养成了骄傲自大的习惯，后来做武将周逖的幕僚，因为言语顶撞，被周逖杀了，连肠子都抽出来，以血涂鼓。所以父母对儿女太过宠爱，反而会害了他们，而严加管教，才是真正的长远的爱。《礼记·学记》说："玉不琢，不成器；人不学，不知道。"《三字经》说："养不教，父之过。教不严，师之惰。"俗话说："养子不教如养驴，养女不教如养猪。"这些话都很对。养而不教，教而不严，无论对自己，对子女，都是罪过，值得所有为人父母者警惕。

在严格管教方面，我个人觉得做母亲的特别要注意，因为孩子是从自己肚子里生出来的，所以天下的母亲几乎没有不疼爱自己的子女的。这种母爱如果缺乏理性的平衡，很容易流为没有原则的溺爱。做父亲的因为孩子毕竟不是"自己身上的肉"，比母亲多少隔了一层，加上父亲一般理性较强，社会经验丰富，怕孩子不成器，将来在社会上缺乏竞争力，所以往往对孩子要求比较严格。平时我们说"父严母慈"，称自己的父亲叫"家严"，称自己的母亲叫"家慈"，就是这样来的。我的主张倒相反，觉得做父亲的不妨慈爱一点，做母亲的却要严格才好。我主张"父慈母严"。为什么要父慈母严呢？因为母亲容易太慈，父亲容易太严，太慈则容易娇惯孩子，太严则容易产生父子间的沟通困难，母亲严一点，孩子一般不会因此疏远母亲，父亲太严了，孩子很容易疏远父亲，甚至憎恨父亲。我们如果细心观察前人的故事，尤其会觉得父慈母严是对的。古代许多著名人物，母教都严格。宋朝的抗金名将岳飞的母亲在儿子的背上刺上"精忠报国"四个大字，这不严办得到吗？宋朝的大文学家欧阳修父亲早亡，家贫，母亲用芦苇在沙上画字，教他读书，终于成为大有学问的人，如果不严办得到吗？近代的大学者胡适也是父亲早亡，母亲对他从小要求严格，做了错事就罚跪床前，一跪就几个钟头，胡适后来成为中国新文化运动的领袖，跟早年严格的母教显然是分不开的。

三、教子原则之三：保持适当距离，不可过分亲密

颜之推在本篇中还提到父母跟儿女之间，一方面要亲爱周到，另一方面又要保持适当的距离，不可以过于亲密。他说："父子之严，不可以狎；骨肉之爱，不可以简。简则慈孝不接，狎则怠慢生焉。""狎"是亲昵，亲爱得没有分寸，没有规矩；"简"是怠慢，不周到，不细致。中国传统认为，父子之间首先是一种尊卑的关系，这种关系永远不可能颠倒，连君臣关系也是仿照父子关系建立的，所以叫"君父""臣子"。这个尊卑必须严格遵守，否则整个社会都会乱套。所以父子之间再亲密，也不可以没有分寸、没有规矩。西方人父子之间直呼其名，勾肩搭背，在中国人看来是很奇怪的。中国人这种看法对不对呢？我看基本上没有错，人和人之间有平等的一面，主要是人格的平等，也有不平等的一面，

尊卑上下是必然存在的。西方人其实也并不是不讲尊卑上下，将军和士兵、总统和平民、董事长和员工，人格上是平等的，但尊卑上下仍然是明确而清楚的，不然整个社会的运作都没有办法正常进行。东西方只是在具体的做法上、细节上有些差别而已。

中国人从前对尊卑上下之间的人格平等缺乏足够的认识（也不能说完全没有认识，孔夫子讲"仁"，讲"己所不欲，勿施于人"，就是指这种人格上的平等），这一点是应该检讨的，但不能说尊卑上下不要讲。一群人生活在一起，如果不分尊卑上下，就没有秩序，没有礼貌，也就谈不上和谐。父母跟孩子之间要有一定的距离，不可以亲密过了分，才能使孩子不仅爱父母，也尊敬父母，甚至有一点畏惧，这样，教育也才能实施。《论语》中说孔子"远其子"，古人还提倡"易子而教"，就是这个道理。其实西方人在这个问题上也自有其讲究，比方孩子很小的时候，父母就让他单独睡一个房间，这不仅是为了培养孩子的独立性，也有保持一定距离的意思在里面。中国人从前因为贫穷，父母子女常常不得不睡在同一个房里，甚至同一张床上，这显然是不好的。在这一点上，我们还比不上西方人那么讲究。但是保持一定距离，只是为了更好地实施教育，并不是说对儿女不要慈爱，或儿女对父母不要孝顺，而是说慈爱与孝顺都要在承认尊卑上下的基础上进行，只要不破坏这个基础，慈爱与孝顺则愈周到愈好。

我觉得颜之推这里既提醒做父母的要跟儿女保持一定的距离，又强调父母子女之间慈孝要周到，这是很全面的看法。我们现在做父母的常常在这个问题上处理得不好，要么就是跟子女太亲密，不注意尊卑上下、应有的距离与礼节；要么就是漫不经心，关心不够。父母子女之间的种种矛盾与不睦，就是这样产生的。

四、教子原则之四：平等对待，不可偏爱

颜之推在本篇中还特别提醒做父母的对子女不可以偏爱，要平等对待。这个问题在古代的大家族中显得非常重要，但我们今天大多数家庭只有一个子女，这个问题就几乎不存在了。但农村中有两个或两个以上子女的家庭仍然不少，在城市里离婚之后再婚的家庭也常常有两个子女，甚至是两个没有血缘关系的子女，所以还是值得我们参考。父母如果在两个或两个以上的子女中偏爱一个，并且把这种偏爱明显地表达在言谈行为，甚至物质分配上，就会造成子女之间的不和睦，甚至造成子女之间的仇恨，引发严重的后果。本篇就举了好几个这样的例子（共叔段、州吁、刘琦刘琮兄弟、袁谭袁尚兄弟）。但这个问题因为在今天社会不算突出，我们就简略提过吧。

五、教子原则之五：教子要有义方

颜之推在本篇的最后一段讲了一个故事，说北齐有一个士大夫，曾经对颜之推讲，他有一个儿子，十七岁了，略通文墨，他就让儿子学鲜卑语、弹琵琶，用来服侍当时的达官贵人，很得达官贵人的宠爱。因为北齐是鲜卑人的政权，琵琶是鲜卑皇族和贵族喜欢的乐器，所以讲鲜卑话、弹琵琶，能得到达官贵人的赏爱，也因而就有当官发财的机会。讲完这个故事后，颜之推很感慨，说：

"异哉，此人之教子也！若由此业，自致卿相，亦不愿汝曹为之。"（2.8）

用今天的话来说就是："这个人教育子女的方法真奇怪啊，如果用这种歪门邪道，就是让子女当到部长、总理，我也不愿意让你们走这条路。"

在颜之推的时代，中国北方的政权都是胡人建立的，他自己也在北齐做官二十来年，所以他的话不能不说得很含蓄，但是他的感慨是明显的、深沉的。稍加分析，就知道这感叹里包含了三层意思：第一，对本民族文化也就是汉文化的热爱；第二，对趋炎附势、不择手段谋求利益的人的鄙视；第三，颜之推在这里其实还提出了教育子女中一个最核心的原则问题，即：怎么教子女？教子女什么？天下父母个个望子成龙，望女成凤，都希望子孙发达，但是怎么样才能使子成龙，使女成凤，使子孙发达呢？这就大有讲究了。一些目光短浅的父母只看到眼前的利益、一时的权势，总想走捷径，甚至不择手段通过歪门邪道来达到目的，而不知道教育子女的根本原则是要让他们走正道，让他们做一个堂堂正正的人。用古人的话来讲，就是"教子要有义方"（朱伯庐《治家格言》），《三字经》说："窦燕山，有义方。教五子，名俱扬。"什么是"义方"？怎样才叫"有义方"？简单地说，就是以"圣贤之道"来教育子孙，用我们今天的话来讲，就是要教给子女正确的三观。但是什么才是正确的三观？这就取决于父母自身的思想境界了。这样就归结到一个最根本性的问题，即教育子女的前提和根本乃是教育自己，提高自己。自己境界不高，却要教出优秀的子女来，恐怕很难。

当然，世界上也有很多并不优秀的父母却生出了优秀的子女，俗话说"歹竹出好笋"，就是这个意思。但那不是歹竹的功劳，而是子女自己争气，从社会从书本学到了正道。这样的父母是不能贪天之功以为己有，或者贪社会之功以为己有的。其实父母对子女的教育更多的是靠身教，而非言教，自己思想境界高，堂堂正正，事业有成就，对社会有贡献，就是子女的最好榜样。《世说新语·德行篇》有一个故事说，谢安的太太教训儿子，却看到丈夫很少教儿子，就问他，怎么从没有看到你教儿子？谢安回答说，我怎么没有教？"我常自教儿"。谢安的话是什么意思呢？就是说，我的一言一行，儿子耳闻目见，都是在教育他。这就是常言说的"身教重于言教"，如果做父母的自己不走正道，却要儿女走正道；自己天天打麻将，甚至沉溺于赌博，却要子女不打麻将，不沉溺网络，这如何办得到呢？本篇最后一段提到的那个教儿子说鲜卑语、弹琵琶的北齐士人，不难想象，他自己就是一个趋炎附势不懂大义的小人。

在我看来，父母教子女，最根本的一条，就是要注意子女人格的养成。现在的父母，往往只注意孩子的书念得好不好，成绩怎么样，将来能不能赚很多钱，过富裕的生活。这个重不重要呢？当然重要。但是如果把这看成是第一等重要，那就错了。还有更重要的，那就是要教育子女养成健康高尚的人格，做一个光明正大的君子，而不做卑鄙龌龊的小人。君子和小人之别，是人和人之间最本质的区别，其余贫与富、贱（地位低）与贵（地位高）、知识的多少、职业的不同、政治立场的差异、宗教信仰的区别等，其实都是比较次要的问题。而且这些方面主要取决于子女成人后的自我选择，父母的影响其实是有限的。但做一个君子还是做一个小人，则对子女的一生至关重要，而在这一点上，父母的言传身教真能产生很重要的作用。

兄弟第三

3.1 夫有人民而后有夫妇，有夫妇而后有父子，有父子而后有兄弟：一家之亲，此三而已矣。自兹以往，至于九族，皆本于三亲焉，故于人伦为重者也，不可不笃。兄弟者，分形连气之人也，方其幼也，父母左提右挈，前襟后裾，食则同案，衣则传服，学则连业，游则共方，虽有悖乱之人，不能不相爱也。

【注释】

（1）**夫有人民而后有夫妇，有夫妇而后有父子，有父子而后有兄弟：一家之亲，此三而已矣**："此三"，这三者，即夫妇、父子、兄弟，再加君臣和朋友就是儒家所说的"五伦"了。

（2）**自兹以往，至于九族，皆本于三亲焉，故于人伦为重者也，不可不笃**："自兹以往"，从这里往后、从这里延伸下去。"笃"，诚实、厚重。

（3）**兄弟者，分形连气之人也**："分形连气"，形体虽然是分开的，气禀却是相通的。古人认为，万物都是阴阳二气，相冲相合而构成的，人也不例外。兄弟都禀气于父母，所以说连气。

（4）**方其幼也，父母左提右挈，前襟后裾，食则同案，衣则传服，学则连业，游则共方**："方其幼也"，当他们幼小的时候，"也"是表示停顿的语助词。"左提右挈（qiè）"，"挈"也是"提"的意思，左边牵一个，右边牵一个。"前襟后裾"，指兄弟拉着父母的前襟和后摆。"案"，食盘，一般是方形，下面有四个短脚，成语"举案齐眉"的"案"就是这个"案"。"传服"，指哥哥穿过的衣服，弟弟再穿。"连业"，指哥哥用过的书籍，弟弟再用，或兄弟合用。"业"，本指书写经籍的大板，后来引申为学业，所以先生传授弟子叫"授业"，弟子接受先生的教导叫"受业"。"共方"，同一个方向，"游则共方"指一起外出、一起旅行。

（5）**虽有悖乱之人，不能不相爱也**："悖乱"，"悖"同"背"，不守礼、不讲理；"乱"，作乱、乱来。

【译文】

有了人才有了夫妇，有了夫妇才有父子，有了父子才有兄弟。一个家庭的亲人，就不过这三种关系。由此延伸发展，一直到九族的亲戚，都是源于这三种至亲的关系。所以在人伦中，这三种关系是最重要的，不可以不真诚相待。所谓兄弟，只是形体各异而气禀是相通的。他们幼小的时候，父母亲左边牵一个右边牵一个，一个拉着前襟一个拉着后摆，吃饭共一个食案，弟弟穿哥哥留下的衣服，用哥哥读过的课本，一起外出一起旅游，就算是蛮横胡来的人，兄弟之间也不得不相亲相爱。

3.2 及其壮也，各妻其妻，各子其子，虽有笃厚之人，不能不少衰也。娣姒之比兄弟，则疏薄矣；今使疏薄之人，而节量亲厚之恩，犹方底而圆盖，必不合矣。惟友悌深至，不为旁人之所移者，免夫！

【注释】

（1）**及其壮也，各妻其妻，各子其子**："及其壮也"，到了他们成年之后，"也"是表示句中停顿的语助词。"各妻其妻"，两个"妻"字，前面一个名词作动词用，意为像丈夫对待妻子那样对待，也就是爱。"各子其子"，结构同前句。

（2）**虽有笃厚之人，不能不少衰也**：即使是很诚笃的人，兄弟之间的感情也不能不有所衰减。

（3）**娣姒之比兄弟，则疏薄矣**："娣（dì）姒（sì）"，即妯娌。

（4）**今使疏薄之人，而节量亲厚之恩，犹方底而圆盖，必不合矣**："疏薄之人"，感情不深的人，这里指"娣姒"。"亲厚之恩"，浓厚的恩情，这里指兄弟。"节量（liáng）"，控制、限量。

（5）**惟友悌深至，不为旁人之所移者，免夫**："友悌深至"，兄弟感情深厚，"友悌"，兄友弟恭。"不为旁人之所移"，不受别人的影响、不被别人改变。"免夫"，"免"，避免；"夫"，句末语气词，一般读第二声。

【译文】

等到成人以后,各自有了妻子和孩子,就去爱自己的妻子和孩子了,即使是重兄弟感情的人,也不得不有所衰减,至于妯娌,跟兄弟相比,感情自然又更淡薄一些。现在如果让妯娌这种比较淡薄的关系去掌控兄弟这种笃厚的恩情,那就像一个容器,底是方的,盖是圆的,一定是合不好的。只有那种兄弟感情特别深厚,不受别人影响而改变的人,才可以避免吧。

3.3 二亲既殁,兄弟相顾,当如形之与影,声之与响;爱先人之遗体,惜己身之分气,非兄弟何念哉?兄弟之际,异于他人,望深则易怨,地亲则易弭。譬犹居室,一穴则塞之,一隙则涂之,则无颓毁之虑;如雀鼠之不恤,风雨之不防,壁陷楹沦,无可救矣。仆妾之为雀鼠,妻子之为风雨,甚哉!

【注释】

(1) **二亲既殁,兄弟相顾,当如形之与影,声之与响**:"既殁(mò)",已死、死后,"殁",也可以写作"没",死亡的意思。"相顾",互相照料。
(2) **爱先人之遗体,惜己身之分气,非兄弟何念哉**:"遗体",古人称身体为父母之遗体,《礼记·祭义》:"身也者,父母之遗体也。""分气",从父母分得的血气。
(3) **兄弟之际,异于他人,望深则易怨,地亲则易弭**:"望深",(对对方)期待过高、期望太多,"望",期待。"地亲",血缘亲近。"弭",消除、停止。这两句的意思是说,兄弟之间的关系跟别人不同,对对方期待过高了就会产生怨恨,但由于血缘亲近,所以这种怨恨也容易消除。
(4) **譬犹居室,一穴则塞之,一隙则涂之,则无颓毁之虑**:"譬犹",譬如。"颓毁",倒塌。
(5) **如雀鼠之不恤,风雨之不防,壁陷楹沦,无可救矣**:"如",如果、假如。"雀鼠之不恤","不恤",不担忧、不关切。"壁陷楹沦",墙壁倒塌,梁柱折断;"楹",柱子;"陷""沦"都是毁坏、倒塌的意思,现在还有"沦陷"一词。
(6) **仆妾之为雀鼠,妻子之为风雨,甚哉**:"甚",非常、更加。

【译文】

父母去世以后,兄弟之间互相照应,应当像形体与影子、声音与回响一样密切。爱惜先人所给予的身体，珍惜从父母那里所分得的血气，除了兄弟，还能从哪里去想念呢？兄弟之间的关系与其他人的关系不同，彼此期望太高就容易产生怨恨，但毕竟血缘亲近，也容易消除。好比一间居室，破了一个洞就马上补上，出现一条缝就及时封住，这样就不会有倒塌的忧虑了。但如果对雀鼠的危害不担心，对风雨的侵袭不提防，等到墙壁塌陷、梁柱摧折，就不可挽救了。家里的仆人和侍妾就像麻雀老鼠，老婆和儿子就像风雨，对兄弟感情的损害会更加厉害啊！

3.4　兄弟不睦，则子侄不爱；子侄不爱，则群从疏薄；群从疏薄，则僮仆为仇敌矣。如此，则行路皆踏其面而蹈其心，谁救之哉？人或交天下之士，皆有欢爱，而失敬于兄者，何其能多而不能少也！人或将数万之师，得其死力，而失恩于弟者，何其能疏而不能亲也！

【注释】

（1）**兄弟不睦，则子侄不爱；子侄不爱，则群从疏薄；群从疏薄，则僮仆为仇敌矣**："群从（zòng）"，"从"，后来也叫"堂"，如"从兄从弟"就是"堂兄堂弟"，但"从父"则指父亲的兄弟，伯父；"群从"指同族子弟，比子侄又疏一些。

（2）**如此，则行路皆踏其面而蹈其心，谁救之哉**："行路"，行路人的省称，即路人、陌生人。"踏（jí）其面而蹈其心"，"踏""蹈"都是践踏的意思。

（3）**人或交天下之士，皆有欢爱，而失敬于兄者，何其能多而不能少也**："人或"，有的人，假设之词。"失敬于兄"，对哥哥缺乏尊敬。"何其"，"其"无义，只起加强语气的作用。

（4）**人或将数万之师，得其死力，而失恩于弟者，何其能疏而不能亲也**：这句话的结构全同上句。"失恩于弟"，对弟弟缺乏恩爱。

【译文】

如果兄弟不和睦，那么子侄之间就不会互相友爱；子侄之间不友爱，那么族内子弟就会疏远淡薄；族内子弟疏远淡薄，那么仆人奴婢之间就会变成仇敌了。如果这样，路上的陌生人都可以随便欺负他们，谁会来相救呢？有的人也许能够结交天下之士，都相处得很好，而对于自己的兄长却缺乏敬意，为什么他们对那么多人都能做到的事，对很少的几个兄长反而办不到呢？有的人也许可以统率上万的军队,让士兵们都拼死效力,而对自己的弟弟却缺乏恩爱,为什么他们对关系疏远的人可以办得到的事,对关系亲密的人反而办不到呢?

3.5　娣姒者,多争之地也,使骨肉居之,亦不若各归四海,感霜露而相思,伫日月之相望也。况以行路之人,处多争之地,能无间者,鲜矣。所以然者,以其当公务而执私情,处重责而怀薄义也;若能恕己而行,换子而抚,则此患不生矣。

【注释】

(1) **娣姒者,多争之地也,使骨肉居之,亦不若各归四海,感霜露而相思,伫日月之相望也**:"各归四海",分居各地。"感霜露而相思",因为有感于霜露而互相思念,这句话来源于《诗经·秦风·蒹葭》:"蒹葭苍苍,白露为霜,所谓伊人,在水一方"。"伫(zhù)日月之相望",像等待日月一样地互相盼望,"伫",站着等待。

(2) **况以行路之人,处多争之地,能无间者,鲜矣**:"行路之人",陌生人。"无间(jiàn)",亲密、没有嫌隙。"鲜(xiǎn)",少。

(3) **所以然者,以其当公务而执私情,处重责而怀薄义也**:"所以",原因,"以"当"因"讲,仍是所字结构,与现代汉语中的"所以"略有不同;"然",这样;"所以然者",造成这种状况的原因,今天口语中仍有"之所以会这样"的说法;"者",这里的"者"字表句中停顿。"当公务而执私情",处理公共事务,却不能抛开私心,"执",执着。"处重责而怀薄义",担负重大责任,却心怀小恩小惠。

(4) **若能恕己而行,换子而抚,则此患不生矣**:"恕己","恕",仁恕、体谅,"恕己"就是扩充自己仁爱之心去体谅别人(注意:不要把"恕己"理解为宽恕自己)。"换子",交换子女,这里的意思是将别人的子女当作自己的子女一样看待。

【译文】

妯娌这种关系,本来就很容易引起纠纷。就算妯娌是骨肉亲人,也不如分居各地,这样她们反而会在季节变换的时候互相思念,像盼望日月那样等待相见之时。何况一般的妯娌本来就是陌生之人,又处在这种容易起纠纷的位置,互相之间要不产生嫌隙,实在很少有人能做到。之所以会这样,是因为面对大家的事务,却都抛不开私心,肩负全家的重责,而又都甩不开各自的小恩小惠。如果能够扩充自己仁爱之心体谅别人，把兄弟的孩子看成自己的孩子一样，那么这样的弊病就不会产生了。

3.6 人之事兄，不可同于事父，何怨爱弟不及爱子乎？是反照而不明也。沛国刘瓛，尝与兄瓛连栋隔壁，瓛呼之数声不应，良久方答；瓛怪问之，乃曰："向来未着衣帽故也。"以此事兄，可以免矣。

【注释】

（1）**人之事兄，不可同于事父，何怨爱弟不及爱子乎**："人之事兄"的"之"，助词，无义。"不可"，不肯、不能、做不到。"爱弟不及爱子"前面省略了"兄"。
（2）**是反照而不明也**："是"，这，代词。"反照"，反光，这里指反观自己。
（3）**沛国刘瓛（jīn），尝与兄瓛（huán）连栋隔壁，瓛呼之数声不应，良久方答**："沛国"，今安徽濉（suī）溪西北。刘瓛、刘瓛都是南北朝时南齐的学者，事见《南齐书·刘瓛传》。
（4）**瓛怪问之，乃曰："向来未着衣帽故也。"**："怪问"，因奇怪而问。"向来"，刚才。"……故也"，因为……的原因。
（5）**以此事兄，可以免矣**："免"，古文中"免"字单独用的时候，有免死、免罪、免过等义，视上下文而定。

【译文】

如果一个人侍奉兄长，做不到像侍奉父亲一样，那么怎么能怪兄长疼爱弟弟不如疼爱自己的儿子一样呢？这是反观自己就看不清楚了。沛国的刘瓛有一阵子跟他的哥哥刘瓛住一栋房子，中间只隔了一堵墙，有一次刘瓛喊刘瓛，连喊几声都没人答应，过了好一阵才听见刘瓛答应。刘瓛感到很奇怪，问他什么原因，刘瓛回答说："因为刚才我还没有穿好衣服戴好帽子（所以不敢回答你）。"用这样恭敬的态度来侍奉兄长，应该就不会犯错了。

3.7 江陵王玄绍，弟孝英、子敏，兄弟三人，特相爱友，所得甘旨新异，非共聚食，必不先尝，孜孜色貌，相见如不足者。及西台陷没，玄绍以形体魁梧，为兵所围，二弟争共抱持，各求代死，终不得解，遂并命尔。

【注释】

（1）**江陵王玄绍，弟孝英、子敏，兄弟三人，特相爱友**："江陵"，即今湖北荆州。"王玄绍"，人名，事迹不详。

（2）**所得甘旨新异，非共聚食，必不先尝，孜孜色貌，相见如不足者**："甘旨"，"甘"，甜；"旨"通"脂"，肥美；"甘旨"指好吃的食物。"新异"，珍奇的、从前没有吃过的食物。"孜孜"，勤勉，不倦怠。"如不足者"，像不够的样子。

（3）**及西台陷没，玄绍以形体魁梧，为兵所围，二弟争共抱持，各求代死，终不得解，遂并命尔**："西台"，指江陵，《资治通鉴》胡三省注："江陵在西，故曰西台。""西台陷没"，指梁元帝承圣三年（554）九月，西魏派兵来攻江陵，元帝被害，事见《梁书·元帝纪》。"并命"，一起死，汉魏六朝习语。"尔"，句末语气词，通"耳"。

【译文】

江陵的王玄绍和弟弟王孝英、王子敏，兄弟三人非常友爱，得到什么鲜美新奇的食物，除非是三人一起吃，绝不会一个人先尝。三人在一起总是喜形于色，永不疲倦，好像老是见不够似的。后来西魏的军队攻打南梁，江陵城陷，王玄绍因为长得高大，被西魏的兵士围困，两个弟弟争着去保护他，请求代替哥哥去死，兵士们拉都拉不开，最后一起被害。

【评析】

这一篇讲如何处理好兄弟关系。儒家认为人际关系最重要的是"五伦"，即君臣、父子、夫妇、兄弟、朋友，其中关于家族的是父子、夫妇、兄弟三伦。所以兄弟是人生最重要的人际关系之一，尤其在家族关系中。

传统的中国社会是农耕社会，三代同堂的很多，即使分了家，兄弟也常常住在附近，那么处理好兄弟及其各自家庭的关系，就显得特别重要了。而魏晋南北朝是一个士族居统治地位的时代，家族内部的和睦相处是保持士族优越的社会地位不可或缺的要素。所以颜之推在《教子》之后，紧接着就讲《兄弟》，是很自然的，足见他对兄弟关系的重视。

兄弟关系的基础是血缘，用颜之推的话来讲，就是"兄弟者，分形连气之人也"，形体各异而气禀相同。用今天的话来讲，就是有共同的遗传，有共同的DNA。这种血缘使兄弟之间有一种天然的亲近和信赖，这种亲近和信赖，是除了父母之外，其他的人际关系所不具备的。尤其在人生危难的时刻，它的重要性就会特别地显露出来。俗话说："打虎亲兄弟，上阵父子兵"，就是这个道理。

兄弟关系亲密，则子侄关系也会跟着亲密，两个家庭的关系都会跟着亲密，反之亦然。父母双亡、兄弟分家之后，这点尤其重要。魏晋南北朝时期，家族的兴衰荣枯，对于出身于士族的精英分子是生死攸关的问题，而兄弟关系的好坏对家族的兴衰荣枯显然是关键之关键。今天社会结构已经与那个时代有很大的区别，核心家庭的利益与家族的利益已经关系不大，所以今天的兄弟关系也就远不如从前重要。但是亲密的兄弟关系显然比淡薄的兄弟关系要好得多，不仅危难时可以期望相互支撑，发达时也会相互鼓舞，这是不须多说的。

如何才能建设良好的兄弟关系？儒家的主张是"兄友弟恭"，就是从哥哥一方讲，要做到友爱、关心，从弟弟一方讲，要做到恭敬、尊重，最高的标准就是哥哥爱弟弟要像爱儿子一样，弟弟尊敬哥哥要像尊敬父亲一样，民间常说"长兄若父"，就是这个意思。这样的高标准今天的人是做不到了，古人中做到这样的虽然也不多，但毕竟还有一些。颜之推在这一篇中就讲到刘璡和刘瓛的故事，刘瓛在隔壁呼唤刘璡，刘璡在穿戴好之前都不敢回答，如果做弟弟的对做哥哥的能如此恭敬小心，那兄弟关系能不好吗？颜之推讲的另外一个故事更感人，说江陵的王玄绍、王孝英、王子敏兄弟三人，平生特相友爱，后来在北魏攻打南梁的战乱中，两个弟弟为了保护哥哥，都请求代死，最后竟然互相紧紧抱着，至死不放手，三个人一同被害。

世上兄弟关系处理得不好的，也时有所见，疏远淡薄就不说了，严重的甚至兄弟阋墙，公堂对簿，闹得家丑外扬，为人不齿，我们现在在报纸上、网络上常常读到这一类的报道。出现这种情况多半是由于两种原因：一是分产不均，二是妯娌不和。兄弟争产的事情，往往与父母有关，颜之推在下篇《后娶》中会再谈，这一篇则把重点放在妯娌不和上。

兄弟之间有血缘关系，妯娌之间则没有，所以妯娌关系的处理就天然地难于兄弟关系，这恐怕古今中外都一样。何况妯娌之间还常常会有互相攀比、互相嫉妒的情况，如果各自的修养不够，或者天性多事，那么枕头风吹起来，就常常会让本来还不错的兄弟关系平地生波。颜之推把妯娌不睦引起兄弟失和比喻成雀鼠风雨对房屋的损害，今天穿一个洞，明天裂一条缝，久而久之，房子就免不了损坏破弊，终至于不可挽救。这个道理，如果去掉其中隐含的男尊女卑的过时意识，今天也还值得我们所有追求家庭和睦的人认真思考。

后娶第四

4.1　吉甫，贤父也，伯奇，孝子也，以贤父御孝子，合得终于天性，而后妻间之，伯奇遂放。曾参妇死，谓其子曰："吾不及吉甫，汝不及伯奇。"王骏丧妻，亦谓人曰："我不及曾参，子不如华、元。"并终身不娶。此等足以为诫。其后，假继惨虐孤遗，离间骨肉，伤心断肠者，何可胜数。慎之哉！慎之哉！

【注释】

（1）**吉甫，贤父也，伯奇，孝子也，以贤父御孝子，合得终于天性，而后妻间之，伯奇遂放**："吉甫"，即西周重臣尹吉甫，字伯吉甫，"伯奇"，尹吉甫的长子。伯奇母早亡，尹吉甫娶了后妻，后妻想让自己的儿子继承尹吉甫的爵位，就向尹吉甫进谗言，说伯奇对他有邪念，尹吉甫中计，放逐了伯奇。伯奇自伤，作琴曲《履霜操》以抒怀。吉甫感悟，射杀后妻。此事见《太平御览》引《列女传》。"御"，控制、约束。"合得"，应该做到、应该可以。"间（jiàn）之"，离间他们。

（2）**曾参妇死，谓其子曰："吾不及吉甫，汝不及伯奇。"王骏丧妻，亦谓人曰："我不及曾参，子不如华、元。"并终身不娶。此等足以为诫**："曾参"，即孔子的弟子曾子，字子舆。"王骏"，西汉成帝时大臣，丧妻后不再娶，说："我的德行赶不上曾参，儿子的德行不如曾华、曾元，我怎么敢再娶？"事见《汉书·王吉传》。曾华、曾元是曾参的儿子。

（3）**其后，假继惨虐孤遗，离间骨肉，伤心断肠者，何可胜数。慎之哉！慎之哉**："其后"，那以后，"其"是代词。"假继"，假母、继母。"假"，非亲生之意。"孤遗"，前妻留下的小孩。"何可胜（shēng）数（shǔ）"，怎么数得完。

【译文】

尹吉甫是贤明的父亲，伯奇是孝顺的儿子，以贤明的父亲来管教孝顺的儿子，照理说应该可以得享天伦之乐。然而由于后妻从中离间，结果伯奇竟被逐出家门。曾参在妻子死后，对儿子说："我赶不上吉甫，你们赶不上伯奇。"王骏在丧妻之后也对人说："我比不上曾参，我的儿子比不上曾华、曾元。"他们两个丧妻后都终身未娶。他们的故事足以让人引为借鉴。后世继母虐待前妻的孩子，离间父子的关系，这一类伤心断肠的事情哪里数得完？所以对续弦再娶的事要慎之又慎啊！

4.2　江左不讳庶孽，丧室之后，多以妾媵终家事；疥癣蚊虻，或未能免，限以大分，故稀斗阋之耻。河北鄙于侧出，不预人流，是以必须重娶，至于三四，母年有少于子者。后母之弟，与前妇之兄，衣服饮食，爱及婚宦，至于士庶贵贱之隔，俗以为常。身没之后，辞讼盈公门，谤辱彰道路，子诬母为妾，弟黜兄为佣，播扬先人之辞迹，暴露祖考之长短，以求直己者，往往而有。悲夫！自古奸臣佞妾，以一言陷人者众矣！况夫妇之义，晓夕移之，婢仆求容，助相说引，积年累月，安有孝子乎？此不可不畏。

【注释】

（1）**江左不讳庶孽，丧室之后，多以妾媵终家事**："江左"，即江南，又称江东，长江在芜湖至南京一段，从西南向东北流，如果从中原的角度看，江南就在长江的东边、左手边，所以魏晋间习称江南为江东或江左。"不讳"，不忌讳不顾忌。"庶孽"，非正妻生的孩子。"丧室"，正妻死亡，"室"指正妻。"妾媵（yìng）"，泛指正妻以外的婢妾；"媵"，本指随妻子嫁过来的婢女。

（2）**疥癣蚊虻，或未能免，限以大分，故稀斗阋之耻**："疥癣蚊虻"，被蚊虫咬伤起的疱疹，这里指小麻烦。"限以大分（fèn）"，以大分所限，被名分所限制。"斗阋（xì）"，争吵、打架，已见前（1.1）注。

（3）**河北鄙于侧出，不预人流，是以必须重娶，至于三四，母年有少于子者**："鄙于侧出"，侧出是被鄙视的，侧出就是非正妻所生的孩子，跟前文的"庶孽"同义。"不预人流"，"人流"，人的品流，即一定的社会地位，"流"即九流十家、三教九流的"流"；"不预"，不参加、不进入，这里有"不被赋予"的意思。"是以"，所以。

(4) **后母之弟，与前妇之兄，衣服饮食，爱及婚宦，至于士庶贵贱之隔，俗以为常**："爱及"，至于；"爱"，乃、逮。"婚宦"，婚姻与从政。"士庶"，士族和庶族，魏晋南北朝时期，士族是统治阶级，垄断社会的政治、经济、文化资源，庶族是平民，是寒门，士族和庶族之间地位悬殊，所谓"士庶天隔"，特别表现在婚、宦两端，士庶之间是不能通婚的，士族要做官很容易，所谓"贵仕素资，皆由门庆，平流进取，坐至公卿"（见《南齐书·褚渊王俭传》），而庶族要做官则很难，升迁更不容易。

(5) **身没之后，辞讼盈公门，谤辱彰道路**："身没（mò）"，这里指父亲过世，"没"同"殁"。"辞讼"，写状子打官司。"公门"，衙门。"谤辱"，诽谤侮辱。"彰道路"，彰显于道路，也就是弄得人人皆知。

(6) **子诬母为妾，弟黜兄为佣，播扬先人之辞迹，暴露祖考之长短，以求直己者，往往而有**："诬"，诬蔑。"黜"，贬斥。"祖考"，祖先，"考"本义为亡父。"辞迹""长短"，原意为言辞行为，长处短处，但这里"辞迹"重在"辞"，"长短"重在"短"，语法上叫偏义复词。"以求直己"，"以"的后面省略了"之"字；"直己"，证明自己有理，"直"在这里是形容词作动词用。"往往而有"，常常有、到处都有。

(7) **悲夫！自古奸臣佞妾，以一言陷人者众矣**："夫"，感叹语气词，读第二声，通"乎"。"佞妾"，以谄媚得宠的小妾。

(8) **况夫妇之义，晓夕移之，婢仆求容，助相说引，积年累月，安有孝子乎？此不可不畏**："移之"，影响丈夫，"之"指丈夫。"求容"，讨喜欢。"说（shuì）引"，劝说、引诱。

【译文】

江南的风俗，不忌讳妾媵所生的孩子，所以妻子死后，大多就让妾媵来主持家事，这样家里鸡毛蒜皮的小纠纷或许不能避免，但由于有名分的限制，很少发生兄弟争斗的家门之耻。而北方的风俗，则鄙视妾媵所生的孩子，不给他们平等的社会地位，因而正妻死了以后，必须再娶（即女子要明媒正娶以取得妻子的名分，免得自己的孩子将来受辱），甚至娶三次四次的都有，后母有时候比儿子还年轻。因为后母宠爱自己的孩子而虐待前妻的孩子，以至于后母所生的弟弟和前妻所生的哥哥，从衣服饮食到结婚从政，都不一样，甚至会有像士族和寒门的差别那么大，世俗也习以为常。结果父亲死后，往往上衙门打官司，互相诽谤侮辱，弄得路人皆知。前妻之子诬蔑后妈是小妾，后妈之子则贬斥前妻之子为仆人，到处传扬亡父的遗言，暴露先人的短处，以此向人证明自己有理，这种事到处都有。可悲啊！自古以来，奸臣佞妾往往一句话就把人给陷害了，何况以夫妻的关系，可以日夜向丈夫进谗言，而仆人婢女又为了讨主人欢心，帮着劝说引诱，这样长年累月，还会有孝子吗？这不能不使人感到可怕。

4.3 凡庸之性，后夫多宠前夫之孤，后妻必虐前妻之子；非唯妇人怀嫉妒之情，丈夫有沈惑之僻，亦事势使之然也。前夫之孤，不敢与我子争家，提携鞠养，积习生爱，故宠之；前妻之子，每居己生之上，宦学婚嫁，莫不为防焉，故虐之。异姓宠则父母被怨，继亲虐则兄弟为仇，家有此者，皆门户之祸也。

【注释】

（1）**凡庸之性，后夫多宠前夫之孤，后妻必虐前妻之子；非唯妇人怀嫉妒之情，丈夫有沈惑之僻，亦事势使之然也**："凡庸"，一般人。"沉惑"，沉溺、迷惑。"僻"，同"癖"，嗜好。"使之然"，使他们这样，"之"，代词，指代前面所说的"后夫""后妻"。

（2）**前夫之孤，不敢与我子争家，提携鞠养，积习生爱，故宠之；前妻之子，每居己生之上，宦学婚嫁，莫不为防焉，故虐之**："鞠养"，亲自抚养。"宠之"的"之"，指前夫之孤。"莫不为防"，"莫不"，无不、没有哪件事情不；"为防"，"为之防"，省略的"之"指代前面所说的宦学婚嫁。"焉"，语尾助词。"虐之"的"之"指前妻之子。

（3）**异姓宠则父母被怨，继亲虐则兄弟为仇，家有此者，皆门户之祸也**："异姓"，指前夫之子，从生父姓，故与继父及其子女异姓。"继亲"，这里指继母。

【译文】

按一般人的秉性，后夫大多宠爱前夫留下的孩子，而后妻必定虐待前妻留下的孩子。这倒并不是因为女人有嫉妒的心理，男人有沉溺的癖好，也是事情发展的趋势使他们这样。前夫的孩子作为异姓，不敢与自己的孩子争家业，所以会尽心照顾，日积月累就会产生爱心，因此后夫往往宠爱前夫的孩子；而女人对于前妻的孩子，因为他们的地位往往在自己的孩子之上，求学做官、婚姻嫁娶，没有哪一件事不需要提防，所以后母往往虐待前妻的孩子。如果异姓的孩子受到宠爱，那么父母就会受到亲生孩子的怨恨；如果继母虐待前妻的孩子，那么前妻的孩子和继母的孩子就会变成仇敌。任何人家发生这种事情，都是家庭的不幸。

4.4 思鲁等从舅殷外臣，博达之士也。有子基、谌，皆已成立，而再娶王氏。基每拜见后母，感慕呜咽，不能自持，家人莫忍仰视。王亦凄怆，不知所容，旬月求退，便以礼遣，此亦悔事也。

【注释】

（1）**思鲁等从舅殷外臣，博达之士也**："思鲁等"，思鲁兄弟，思鲁，字孔归，颜之推长子，次子叫愍楚。"从（zòng）舅"，堂舅，即思鲁、愍楚母亲的堂兄弟。"博达"，知识广博，性格通达。

（2）**有子基、谌，皆已成立，而再娶王氏**："谌"，读音为chén。"成立"，成家立业。

（3）**基每拜见后母，感慕呜咽，不能自持，家人莫忍仰视**："感慕呜咽"，（想起自己的母亲就）伤心哭泣。"不能自持"，没办法自我控制。

（4）**王亦凄怆，不知所容，旬月求退，便以礼遣**："凄怆"，凄切悲伤。"不知所容"，不知怎么办才好，"所容"，安放（自己的）地方。"旬月"，满一月。"以礼遣"，按照礼节送回（娘家）。

（5）**此亦悔事也**："悔事"，悔恨的事、遗憾的事。

【译文】

思鲁兄弟的堂舅殷外臣，是一个博学通达的读书人，他有两个儿子，殷基、殷谌，都已经成家立业，而殷外臣又续娶王氏为妻。殷基每次拜见后母的时候，都会因想起生母而伤心哭泣，不能控制自己的情绪，家里其他人也不忍心抬头看他。王氏也凄切悲伤，不知怎么办才好，一个月就请求退亲，殷外臣只好按照礼节把她送回娘家，这也是一件令人遗憾的事。

4.5 《后汉书》曰："安帝时，汝南薛包孟尝，好学笃行，丧母，以至孝闻。及父娶后妻而憎包，分出之。包日夜号泣，不能去，至被殴杖。不得已，庐于舍外，且入而洒扫。父怒，又逐之，乃庐于里门，昏晨不废。积岁余，父母惭而还之。后行六年服，丧过乎哀。既而弟子求分财异居，包不能止，乃中分其财。奴婢引其老者，曰：'与我共事久，若不能使也。'田庐取其荒顿者，曰：'吾少时所理，意所恋也。'器物取其朽败者，曰：'我素所服食，身口所安也。'弟子数破其产，还复赈给。建光中，公车特征，至拜侍中。包性恬虚，称疾不起，以死自乞。有诏赐告归也。"

【注释】

（1）《后汉书》曰：《后汉书》，刘宋时范晔撰，后汉即东汉。下面所引文见《后汉书》卷三十九刘平等人传开头的序言（见中华书局标点本第五册第1294—1295页）。

（2）**安帝时，汝南薛包孟尝，好学笃行，丧母，以至孝闻**："安帝"，汉安帝刘祜，106—125年在位。"汝南"，郡名。汉高帝四年置，治所在上蔡（今河南上蔡西南）。"薛包孟尝"，名包，字孟尝。"至孝"，非常孝顺，"至"，很、极。

（3）**及父娶后妻而憎包，分出之**："分出之"，把他从家里分出去。

（4）**包日夜号泣，不能去，至被殴杖**："不能去"，不肯离开，"能""肯"古义通，"去"，离开。"殴杖"，用棍子打，"殴"和"杖"在这里都是动词。

（5）**不得已，庐于舍外，旦入而洒扫**："庐于舍外"，在房子外面搭个棚子。"庐"，棚子，这里用作动词，意为搭棚子。

（6）**父怒，又逐之，乃庐于里门，昏晨不废**："里门"，里坊的门。"昏晨不废"，"昏晨"这里指昏定晨省之礼，即晚上为父母安顿床席，清早向父母问候，是古代子女侍候父母的礼节，"昏晨不废"就是说薛包虽然是在里门外搭棚居住，仍然遵守侍候父母的礼节。

（7）**积岁余，父母惭而还之**："积岁余"，这样过了一年多，"积"，累积。"还之"，让他回家来，"还"，本来是不及物动词，这里当及物动词用，使动用法。

（8）**后行六年服，丧过乎哀**："服"，指服丧，古代父母去世，子应行服三年，而薛包行服六年，所以说"丧过乎哀"，"乎"同"于"，"哀"，哀礼，即礼所规定的服丧期限。

（9）**既而弟子求分财异居，包不能止，乃中分其财**："弟子"，古代泛指为人弟、为人子者，也可指学生，这里是偏义复词，单指弟弟。"分财异居"，分家产，别立门户。"中分"，平分。

（10）**奴婢引其老者，曰："与我共事久，若不能使也。"**："引"，取、引取。"若"，你。

（11）**田庐取其荒顿者，曰："吾少时所理，意所恋也。"**："荒顿"，荒废。"理"，

（12）器物取其朽败者，曰："我素所服食，身口所安也。"："服"，用，古文中"服"常当"用"讲，今天口语中还有"服用"一词。

（13）弟子数破其产，还复赈给："数（shuò）破其产"，屡次败掉了自己的家产。"还复"，还、还是、仍然，还、复义同。"赈给"，救济、给予。

（14）建光中，公车特征，至拜侍中："建光"，东汉安帝年号（121—122）。"公车"，汉代官署名，为卫尉的下属机构，处理上书及征召等事宜。"侍中"，官名，始置于秦代，为丞相属官，汉承秦制，其职责为侍奉皇帝左右，辅助宰相，顾问应对。

（15）包性恬虚，称疾不起，以死自乞："恬虚"，"恬"，恬静，"虚"，谦退，"恬虚"谓淡泊名利。"称疾不起"，借口自己有病，不能做官。"以死自乞"，以死来乞求皇帝宽恕自己（不答应做官）。

（16）有诏赐告归也："赐告"，汉代制度，官吏告病在家休养满三个月就要免职，若皇帝优待，特许其带着印绶和部属归家养病者，称之为"赐告"。

【译文】

《后汉书》上说："安帝的时候，汝南有个人叫薛包，字孟尝，为人好学而诚恳，母亲死的时候，他极尽孝道，远近闻名。后来父亲娶了后妻，嫌恶薛包，便将他分出去另外住。薛包日夜号啕痛哭，不肯离开，以至于被棍子驱打。薛包实在没有办法，就在屋外搭了个棚子栖身，每天天亮就进来打扫庭院。他父亲很恼怒，又赶他走。薛包无奈，只好在里门外搭个棚子居住，但还是不忘记早晚来问候父母。这样过了一年多，薛包的父母也感到惭愧，于是让他回来住。父母死的时候，薛包守孝六年，超过丧礼的规定。后来，弟弟要求分割家产，分开居住，薛包无法劝止，于是将家产平均分配。奴婢，他要的是年老的，说：'他们跟我相处的时间长，你使唤不动他们。'田地房产，他要的是荒芜破败的，说：'这些都是我年轻的时候经营过的，我心里恋旧。'器具物品，他取的是破旧的，说：'这些东西是我平常用惯的，用起来安心。'后来他的弟弟几次破产，他每次都救济弟弟。安帝建光年间，公车署特地征他做官，甚至给他侍中的高位，但是他淡泊名利，借口生病加以推辞，死也不应诏。最后朝廷只好另外下诏，特许他带着官职回家养病。"

【评析】

中国传统的婚姻，并不是严格的一夫一妻制，也不是一夫多妻制，上层阶级通常是一夫一妻多妾制，下层阶级限于经济条件，一般是一夫一妻，但也并非体制如此，只要经济条件许可，照样可以一夫一妻多妾。这种制度跟西方基督教文化中的严格的一夫一妻制区别很大，今天的中国人大概也觉得难以接受，但在传统社会中，它的存在自有其合理性，也并不见得比一夫一妻制会引起更多的社会问题。当然它的前提是男尊女卑，这是现代文明所不赞成的，因而现代人看起来就有点不可思议了。

在这样的婚姻制度里，妻妾的区别是明确的，连带子女也有嫡庶之分，在地位上、财产分配上，都有明显的差别。但这只是理论如此，具体实践起来，各个家庭又会存在种种差异。其中，最常见也最棘手的问题，是妻妾争宠、嫡庶争产，甚至会发展到惨烈乃至血腥的程度，其对家族和家族成员所造成的损害和痛苦，往往不可言喻。颜之推出身士族，又历经南北多个朝代，对这类事情自然见得多，感触也更深。这篇《后娶》就是他对这个问题的思考，以《后娶》为名，是因为这类事情多发生在妻死再娶之后。

他比较了当时南北风俗的不同，南方是丧妻之后多不再娶，妾媵也不扶正，妾媵所生子女社会也不歧视；而北方则歧视庶出的子女，不给庶出子女以平等的待遇，他们进入社会会受到种种限制。为了避免这种情况，正妻死后就必须再娶。而再娶之后，后妻和前妻之子女又往往会产生种种矛盾，甚至造成家庭悲剧。而南方因为不再娶，妻妾的名分固定，社会又不歧视庶出，所以导致家庭悲剧的情况较少。颜之推显然比较欣赏南方的风俗，他自己早年也出身南方，后来才到北方，他害怕子孙染上北方的风气，所以特别在《家训》中作《后娶》一篇，告诫子孙再娶要慎重。

今天的社会已经大不同于传统，一夫一妻多妾制也已经从法律上正式废止，那么颜之推的感慨和告诫对我们还有意义吗？我看还有。现在虽然是一夫一妻制，但是"执子之手，与子偕老"的理想婚姻并不普遍，即使"偕老"，也未见得有几个恩爱如初的，而离婚、再婚的情形也屡屡发生。离婚、再婚之后，就会存在前妻之子、前夫之子和继父、继母等复杂的关系，这关系中有感情的问题，也有财产的问题，形式或许不同于传统的社会，但本质上还是有相似之处，因此颜之推的告诫至少对我们有触类旁通之用。

我这里特别想谈谈离婚的问题。据资料显示，自2003年起，我国离婚率十多年来连续上涨，离婚率的增高，或许也说明社会的进步，说明女性地位提高，社会文明程度提高，但离婚再婚所消耗的社会成本显然也会相应提高，这是不用怀疑的。首先，在离婚再婚的过程中，恐怕受伤害最大的还是子女。如果双方都没有子女，自然不存在这个问题，但只要一方有子女，就不能不考虑子女所受到的伤害，尤其是心理上的伤害。这种伤害有时候甚至会延续一生，严重的甚至会毁掉一个孩子的整个未来，这是为人父母者必须认真考虑的问题。其次，受损害较大的多半是女性，很多离婚妇女甚至独立抚养子女，艰难地辗转在生活的旋涡中，自己疲累，职业受损，再婚艰难，我们在很多离婚的女性身上看到这些无奈。

男女的交往、恋爱是最美好的，理想而浪漫，只要两心相契，可以忘记一切。但是，一论及婚嫁就不能不多方考虑，谨慎以对。既已结婚，就要许以终身，考虑家庭，考虑孩子，考虑未来，不要轻萌离婚之意。如果实在没有办法，走到离婚的地步，再婚就更要慎重，绝不可草率从事，其中最重要的就是要对孩子负责，要把对孩子的伤害降到最小。

我想，这些是我们读《颜氏家训·后娶》一篇可以得到的教训。

治家第五

5.1 夫风化者，自上而行于下者也，自先而施于后者也。是以父不慈则子不孝，兄不友则弟不恭，夫不义则妇不顺矣。父慈而子逆，兄友而弟傲，夫义而妇陵，则天之凶民，乃刑戮之所摄，非训导之所移也。

【注释】

（1）**夫风化者，自上而行于下者也，自先而施于后者也**："风化"，教育感化。孔子曰："君子之德风，小人之德草，草上之风必偃。"（见《论语·颜渊》）《毛诗序》："上以风化下，下以风刺上。"

（2）**是以父不慈则子不孝，兄不友则弟不恭，夫不义则妇不顺矣**："是以"，即"以是"，因此。

（3）**父慈而子逆，兄友而弟傲，夫义而妇陵，则天之凶民，乃刑戮之所摄，非训导之所移也**："逆"，忤逆，即不孝。"傲"，傲慢无礼，即不恭。"陵"，欺凌，即不顺，"陵"通"凌"。"凶民"，天生的恶人。"摄"，古通"慑"，使之畏惧。"移"，改变。

【译文】

所谓教育感化，是从上面而推行到下面、从前人而延续到后人的。因此，如果父亲不慈爱，儿子就不会孝顺；兄长不友爱，弟弟就不会恭敬；丈夫不讲道义，妻子就不会温顺。如果父亲慈爱而儿子忤逆；兄长友爱而弟弟傲慢；丈夫讲道义而妻子蛮横，这样的人就是天生的恶人，只有用刑罚杀戮使他们畏惧，而不是教育引导可以改变的。

5.2 笞怒废于家,则竖子之过立见;刑罚不中,则民无所措手足。治家之宽猛,亦犹国焉。

【注释】

(1) **笞怒废于家,则竖子之过立见**:"笞怒",惩罚小孩的错误,"笞",鞭打,"怒",发怒。《吕氏春秋·荡兵》:"家无笞怒,则竖子婴儿之有过也立见。""竖子",未成年的孩童,有时是骂人的话。"立见(xiàn)",马上出现,"见"即"现"。

(2) **刑罚不中,则民无所措手足**:这是孔子讲过的话,见《论语·子路》。"不中",不得当、过严或过宽。"无所措手足",没地方放手脚,"措",放,今有成语"手足无措"。

(3) **治家之宽猛,亦犹国焉**:"犹国",跟治理国家一样,这里省掉了"治"字。

【译文】

如果家里废掉打骂的规矩,那么孩子的过错立刻就会出现。孔子说过,如果刑罚不得当,老百姓就会手足无措。治理一个家庭,宽严也要适中,就好像治理国家一样。

5.3 孔子曰:"奢则不孙,俭则固;与其不孙也,宁固。"又云:"如有周公之才之美,使骄且吝,其余不足观也已。"然则可俭而不可吝也。俭者,省约为礼之谓也;吝者,穷急不恤之谓也。今有施则奢,俭则吝;如能施而不奢,俭而不吝,可矣。

【注释】

(1) **孔子曰:"奢则不孙,俭则固;与其不孙也,宁固。"**:这句话见《论语·述而》。"孙",音、义都同"逊","不孙"就是骄傲。"固",固陋、狭隘。

(2) **又云:"如有周公之才之美,使骄且吝,其余不足观也已。"**:这也是孔子的话,见《论语·泰伯》。"周公之才之美"中"之才"与"之美"并不是并列的,不是周公的才华和美丽,这句的结构是"周公/之/才之美",意思是,周公的美好才华。"使",假设。"也已",句尾复合语气词,"已"也作"矣"。

(3) **然则可俭而不可吝也**:"然则",如此……那么;既然如此,那么;如此说来，由此可见："然"是肯定前面的意思，"则"表示转折。
（4）**俭者，省约为礼之谓也**："XX者，XX之谓也"，这是文言文中常见的解释句的句式，如果译成白话就是"所谓XX，说的是XX"。"省约为礼"，节俭而合乎礼数。
（5）**吝者，穷急不恤之谓也**："穷急"，穷困、急难。"恤"，同情、接济。
（6）**今有施则奢，俭则吝；如能施而不奢，俭而不吝，可矣**："施"，施舍。"吝"，小气。

【译文】

孔子说："一个人如果奢侈就容易骄傲，如果太节俭了又会显得狭隘。与其骄傲，宁取狭隘。"孔子又说："如果一个人有周公那么美好的才华，但却既骄傲又吝啬，那么其他的方面就不值得看了。"可见，为人可以节俭，但不可以吝啬。节俭，是节约省检又合乎礼数的意思；吝啬，是对穷困急难的人也不周济的意思。现在有些人施舍起来很奢侈，节约起来又很吝啬。如果能做到施舍而不奢侈，节俭而不吝啬，那就好了。

5.4 生民之本，要当稼穑而食，桑麻以衣。蔬果之畜，园场之所产；鸡豚之善，埘圈之所生。爰及栋宇器械，樵苏脂烛，莫非种殖之物也。至能守其业者，闭门而为生之具以足，但家无盐井耳。今北土风俗，率能躬俭节用，以赡衣食；江南奢侈，多不逮焉。

【注释】

（1）**生民之本，要当稼穑而食，桑麻以衣**："生民"，民生。"要"，要点、关键。"稼穑（sè）"，种叫"稼"，收叫"穑"。"桑麻"，种桑织麻，名词作动词用。"以"，义同"而"，在文言对偶句中，"以""而"常常交替使用。
（2）**蔬果之畜，园场之所产**："畜"，蓄积。"园场"，果园菜圃。
（3）**鸡豚之善，埘圈之所生**："善"，通"膳"，饭食。"埘（shí）圈（juàn）"，"埘"，鸡窝，"圈"，猪圈。
（4）**爰及栋宇器械，樵苏脂烛，莫非种殖之物也**："爰及"，以及。"栋宇"，房子。"器械"，农具、用具。"樵苏"，柴草。"殖"，通"植"。
（5）**至能守其业者，闭门而为生之具以足，但家无盐井耳**："至"，在这里是连接语气词，在白话中可译为"至于"或"所以"，视上下文而定。"为生之具",维持生活的各种必需品。"以足",已经足够,"以"通"已"。"盐井",为汲水煮盐而挖的井,所制的盐叫井盐。

(6) **今北土风俗,率能躬俭节用,以赡衣食**:"率",大率、多半。"躬俭",力行节俭。"节用",节省开销。"赡",丰足。

(7) **江南奢侈,多不逮焉**:"不逮",赶不上。

【译文】

老百姓生存的根本,关键在于种植谷物解决吃的问题,栽桑织麻解决穿的问题。蔬菜水果的积蓄,靠的是果园、菜圃的出产;鸡肉、猪肉的食用,靠的是鸡窝、猪圈的蓄养。至于房屋器具、柴草蜡烛,没有一样不是地里种植出来的。所以那些能够守住家业的人,无须出门,而维持生计的必需品就足够了,家里只差一个盐井罢了。如今北方的风俗,大多能力行节俭,以保障衣食的丰足;而江南则比较奢侈浪费,在持家方面多半赶不上北方。

5.5 梁孝元世,有中书舍人,治家失度,而过严刻,妻妾遂共货刺客,伺醉而杀之。

【注释】

(1)"梁孝元",南朝梁世祖孝元帝萧绎,552—554年在位。已见前(2.4)注。"中书舍人",官名,为中书省属官,任起草诏令之职。"失度",没有掌握好尺度。"过",过于。"货刺客",用钱买通刺客,"货",买,在这里是动词。

【译文】

梁孝元帝年间,有一个中书舍人,治家没有把握好尺度,过于严厉苛刻,妻妾便共谋买通刺客,趁他喝醉时把他给杀了。

5.6 世间名士,但务宽仁;至于饮食饷馈,僮仆减损,施惠然诺,妻子节量,狎侮宾客,侵耗乡党:此亦为家之巨蠹矣。

【注释】

(1) **世间名士,但务宽仁**:"名士",当时士族中有名气的精英人士。"务",致力于、努力追求。

（2）**至于饮食饷馈，僮仆减损，施惠然诺，妻子节量，狎侮宾客，侵耗乡党**："饷馈"，赠送的食物，这里指招待客人的食物。"僮仆减损"，被仆人克扣。"施惠然诺"，答应施舍给别人的物品，"然"和"诺"都是答应。"妻子节量"，被妻子减损。"狎侮"，戏弄轻侮。"侵耗"，侵害剥削。

（3）**此亦为家之巨蠹矣**："巨蠹"，大害，"蠹（dù）"，蛀虫。

【译文】

世间一些号称名士的人，只是一味地追求对手下人宽厚仁爱的名声，以至于招待客人的饮食，仆人也敢于克扣；答应施舍给别人的物品，妻子也敢于减损，甚至还会发生戏弄宾客、剥削乡亲的事情。这也是家中一大害啊。

5.7 齐吏部侍郎房文烈，未尝嗔怒，经霖雨绝粮，遣婢籴米，因尔逃窜，三四许日，方复擒之。房徐曰："举家无食，汝何处来？"竟无捶挞。尝寄人宅，奴婢彻屋为薪略尽，闻之颦蹙，卒无一言。

【注释】

（1）**齐吏部侍郎房文烈，未尝嗔怒**："吏部侍郎"，官名，吏部的副长官，吏部是掌握官员的任免、考课、升迁等事的部门。

（2）**经霖雨绝粮，遣婢籴米，因尔逃窜，三四许日，方复擒之**："霖雨"，连绵大雨。"籴（dí）米"，买米。"因尔"，借此，趁这个机会。

（3）**房徐曰："举家无食，汝何处来？"竟无捶挞**："举家"，全家。

（4）**尝寄人宅，奴婢彻屋为薪略尽，闻之颦蹙，卒无一言**："寄人宅"，以宅寄人，就是把房子借给别人住。"彻"，通"撤"，拆除。"颦（pín）蹙（cù）"，"颦"，皱眉，"蹙"，皱额头。"卒"，终于。

【译文】

北齐的吏部侍郎房文烈，从不生气发怒。有一次因为连绵大雨，家中断粮，他便派一个侍女去买米。不料这个侍女竟借这个机会逃跑了，过了三四天才把她抓回来。房文烈语气和缓地说："全家都没饭吃了，你跑到哪去了？"竟然都没有鞭打这个侍女。房文烈曾把房子借给别人住，这人的仆人把房子拆了当柴烧，差不多都拆光了。房文烈听到这件事，也只是皱了皱眉头，始终没说一句批评话。

5.8 裴子野有疏亲故属饥寒不能自济者，皆收养之。家素清贫，时逢水旱，二石米为薄粥，仅得遍焉，躬自同之，常无厌色。邺下有一领军，贪积已甚，家童八百，誓满一千；朝夕每人肴膳，以十五钱为率，遇有客旅，更无以兼。后坐事伏法，籍其家产，麻鞋一屋，弊衣数库，其余财宝，不可胜言。南阳有人，为生奥博，性殊俭吝，冬至后女婿谒之，乃设一铜瓯酒，数脔獐肉；婿恨其单率，一举尽之。主人愕然，俛仰命益，如此者再。退而责其女曰："某郎好酒，故汝常贫。"及其死后，诸子争财，兄遂杀弟。

【注释】

（1）**裴子野有疏亲故属饥寒不能自济者，皆收养之**："裴子野"，南朝梁人，字几原。历任中书侍郎、鸿胪卿，以孝行著称。《梁书·裴子野传》："子野在禁省十余年，静默自守，未尝有所请谒。外家及中表贫乏，所得俸悉分给之。无宅，借官地二亩，起茅屋数间。妻子恒苦饥寒，唯以教诲为本。子侄祗畏，若奉严君。""疏亲"，远亲。"故属"，老部下。

（2）**家素清贫，时逢水旱，二石米为薄粥，仅得遍焉，躬自同之，常无厌色**："躬自"，亲自。

（3）**邺下有一领军，贪积已甚，家童八百，誓满一千**："邺下"，邺城，今河北临漳西南，当时是北齐的首都。"领军"，官名。东汉末曹操为丞相时始设，后更名中领军；魏晋时有领军将军，均统率禁军。南朝沿设，北朝略同。与护军将军或中护军同掌中央军队，为重要军事长官之一。李慈铭认为此领军即北齐领军大将军厍（shè）狄伏连。此人专事聚敛，性甚吝啬。事见《北齐书·慕容俨传》。

（4）**朝夕每人肴膳，以十五钱为率，遇有客旅，更无以兼**："肴膳"，饭菜。"率（lǜ）"，标准。"更无以兼"，也不额外增加。

（5）**后坐事伏法，籍其家产，麻鞋一屋，弊衣数库，其余财宝，不可胜言**："坐事伏法"，因犯罪而处死，"坐"，因。"不可胜言"，说不完。

（6）**南阳有人，为生奥博，性殊俭吝，冬至后女婿谒之，乃设一铜瓯酒，数脔獐肉**："为生奥博"，"为生"，治生，积累家财之意，"奥博"，在这里是家产富厚的意思；"奥"，深，"博"，广。"瓯（ōu）"，酒器。"脔（luán）"，肉块。"獐"，兽名，似鹿。

（7）**婿恨其单率，一举尽之**："恨"，遗憾、不满。注意：古语"憾"是今语"恨"的意思，古语"恨"是今语"憾"的意思。"单率（shuài）"，单薄、草率。

（8）**主人愕然，俛仰命益，如此者再**："俛仰"，即俯仰，在这里有应付、周旋的意思。"再"，两次。

（9）**退而责其女曰："某郎好酒，故汝常贫。"**："好（hào）酒"，喜欢喝酒。

（10）**及其死后，诸子争财，兄遂杀弟**："及其"，等到。

【译文】

南朝梁时有个人叫裴子野，他碰到远亲旧属中有挨饿受冻不能自给的人，都加以收养。他家里一向清贫，当时正好碰上旱涝成灾，他用两石米煮成稀粥，也才能够每人喝一点。他也跟大家一样喝稀粥，脸上从来没有厌烦的表情。邺城有一位领军，非常贪婪，家中已经有僮仆八百人，他还发誓要达到一千人。每人每天的伙食费，以十五个钱为标准，来了客人也不添加。后来他因为犯罪被处死，朝廷抄没他的家产，麻鞋就有一屋，旧衣堆满了几个库房，其他的财宝多得说不清。南阳有个人，家业富足而生性吝啬，有一年的冬至，女婿前来拜访，他只摆出一小壶酒、几块獐肉。女婿不满酒菜少，一下子就把酒菜吃光了。这个人吃了一惊，只得应付着添酒加菜，这样加了两次。下来后，他骂他的女儿说："你这个丈夫好酒贪杯，所以你家里老是穷。"等到他死后，几个儿子争夺家产，哥哥竟然把弟弟给杀了。

5.9 妇主中馈，惟事酒食衣服之礼耳。国不可使预政，家不可使干蛊。如有聪明才智，识达古今，正当辅佐君子，助其不足，必无牝鸡晨鸣，以致祸也。

【注释】

（1）**妇主中馈，惟事酒食衣服之礼耳**："中馈（kuì）"，旧时指家事，主要是膳食。

（2）**国不可使预政，家不可使干蛊**："预政"，参与政治。"干蛊（gǔ）"，办事、主事，语出《周易·蛊卦》："初六。干父之蛊，有子考无咎，厉，终吉。""干父之蛊"就是替父亲办事，补父亲之不足。

（3）**如有聪明才智，识达古今，正当辅佐君子，助其不足，必无牝鸡晨鸣，以致祸也**："正当"，止当。"正"，作"止"或"只"讲，魏晋南北朝常见。"必无"，必勿，"无""勿"古通。"牝（pìn）鸡晨鸣"，即牝鸡司晨，母鸡报晓之意，"牝鸡"，母鸡。语出《尚书·牧誓》："牝鸡无晨；

牝鸡之晨，惟家之索。"

【译文】

妇人主持家务，只是负责操办有关酒食、衣服方面的礼仪而已。在国家不可以让她们参与政治，在家里不可以让她们主持家政。如果碰到有聪明才智的妇人，通达古今事理，也只能让她们辅助丈夫，弥补丈夫的不足，一定不要让她们主宰家庭的大政，像母鸡代替公鸡早晨打鸣报晓那样，从而招致灾祸。

5.10 江东妇女，略无交游。其婚姻之家，或十数年间，未相识者，惟以信命赠遗，致殷勤焉。邺下风俗，专以妇持门户，争讼曲直，造请逢迎，车乘填街衢，绮罗盈府寺，代子求官，为夫诉屈。此乃恒、代之遗风乎？南间贫素，皆事外饰，车乘衣服，必贵齐整；家人妻子，不免饥寒。河北人事，多由内政，绮罗金翠，不可废阙，羸马悴奴，仅充而已；倡和之礼，或尔汝之。河北妇人，织纴组紃之事，黼黻锦绣罗绮之工，大优于江东也。

【注释】

（1）**江东妇女，略无交游。其婚姻之家，或十数年间，未相识者，惟以信命赠遗，致殷勤焉**："江东"即江南，参见前（4.2）注。"略无"，一点都没有、很少。"信命"，口信、书信、问候。"赠遗（wèi）"，"遗"也是"赠"的意思。"殷勤"，关切、情谊。

（2）**邺下风俗，专以妇持门户，争讼曲直，造请逢迎，车乘填街衢，绮罗盈府寺，代子求官，为夫诉屈**："持门户"，主持家政、当家。"争讼曲直"，指打官司。"造请逢迎"，"造"，拜访，"请"，请托，"逢迎"，指抛头露面去见人。"车乘（shèng）"，即车马，古代称一车一马为一乘。"街衢"，即街道。

（3）**此乃恒、代之遗风乎**："恒""代"，古地名，在今河北一带，当时鲜卑人拓跋氏在这一带活动，所以"恒、代之遗风"即指鲜卑的风俗。

（4）**南间贫素，皆事外饰，车乘衣服，必贵齐整；家人妻子，不免饥寒**："南间"，南方，即前文说的江东。"事外饰"，追求外在的装饰。

（5）**河北人事，多由内政，绮罗金翠，不可废阙，羸马悴奴，仅充而已；倡和之礼，或尔汝之**："由内政"，由老婆主持家政。"废阙"，缺少。"羸马"，瘦马。"悴奴"，憔悴的仆人。"倡和之礼"，即夫妇之礼，"倡和"，夫唱妇随，"倡"通"唱"。"尔汝"，是一般人互相称呼的粗俗之词，不讲究男尊女卑的礼节。

(6) **河北妇人，织纴组紃之事，黼黻锦绣罗绮之工，大优于江东也**："织纴（rèn）组紃（xún）之事"，指纺织、缝纫一类的事情。"组紃"，丝带，这里作动词用。"黼黻（fǔ fú）锦绣罗绮之工"，泛指绣花一类的功夫，黼黻、锦绣、罗绮都是指绣花的丝绸制品。

【译文】

江东妇女，很少与外人交往，就连亲家之间，有的也十几年不见面，只是派人问候、互赠礼品来表达情意。邺城的风俗，却是女人当家，打官司、请客送礼、逢迎长官，都是妇女出面，以至于街道上充满了她们的车马，衙门里也到处可见她们穿绸着缎的身影，或者替儿子求官，或者为丈夫叫屈。这恐怕是河北一带鲜卑族的遗风吧？南方即便是贫寒的家庭，都追求外表好看，车马衣服都讲究齐齐整整，可家里的妻子儿女，却免不了忍饥受冻。河北人的交际应酬，多半由老婆出面，所以绫罗绸缎、金银首饰都是不可缺少的东西，至于马匹瘦弱、僮仆憔悴就不管了，凑个数而已。家里面也没有夫唱妇随之礼，互相讲话也都粗里粗气的。但河北妇人，在纺织、缝纫、绣花等方面则比江南妇女强得多。

5.11 太公曰："养女太多，一费也。"陈蕃曰："盗不过五女之门。"女之为累，亦以深矣。然天生蒸民，先人传体，其如之何？世人多不举女，贼行骨肉，岂当如此而望福于天乎？吾有疏亲，家饶妓媵，诞育将及，便遣阍竖守之。体有不安，窥窗倚户，若生女者，辄持将去；母随号泣，使人不忍闻也。

【注释】

(1) **太公曰："养女太多，一费也。"**："太公"，姜太公，即吕尚，民间多称姜子牙。

(2) **陈蕃曰："盗不过五女之门。"**："陈蕃"，东汉末年大臣。字仲举，汝南平舆人。汉桓帝的时候任太尉，有大名。

(3) **女之为累，亦以深矣**："累（lèi）"，拖累。"亦以"，"以"是语气词，无义。

(4) **然天生蒸民，先人传体，其如之何**："蒸民"，百姓。"传体"，传下来的骨肉。"其如之何"，"其"是加强语气词，"如之何"，把她怎么办。

（5）世人多不举女，贼行骨肉，岂当如此而望福于天乎："举"，抚育。"贼行骨肉"，"贼"，残忍，"贼行"，在这里指杀害。

（6）吾有疏亲，家饶妓媵，诞育将及，便遣阍竖守之："妓媵"，歌女侍妾。"诞育将及"，快要生育的时候。"阍竖"，僮仆，"阍"，守门者，"竖"，奴隶、仆人。

（7）体有不安，窥窗倚户，若生女者，辄持将去；母随号泣，使人不忍闻也："体有不安"，这里指临产前身体的反应，如阵痛之类。"号（háo）泣"，号啕痛哭。"辄持将去"，便抱走（加以杀害），"辄"，便，"持将"，抱持，"去"，离开。

【译文】

姜太公说："女儿养得太多，实在是一种浪费。"陈蕃说："一个家庭有五个女儿，连强盗都不会去抢。"可见女儿带来的拖累，也实在太重了。但天生百姓，女儿也是父母传下来的骨肉，能拿她怎么办？世人大多不愿意养育女儿，往往残忍地加以杀害，怎么可以做这种残忍的事，还指望得到上天的福报呢？我有一个远亲，家中有很多歌女姬妾，她们中如果有人快要生产了，便派仆人去守着。一旦产妇快要分娩，仆人就从窗户向里窥视，守在门边，如果生下来是女孩，便立即抱走。母亲跟着号啕大哭，真让人不忍心听下去。

5.12 妇人之性，率宠子婿而虐儿妇。宠婿，则兄弟之怨生焉；虐妇，则姊妹之谗行焉。然则女之行留，皆得罪于其家者，母实为之。至有谚云："落索阿姑餐。"此其相报也。家之常弊，可不诫哉！

【注释】

（1）妇人之性，率宠子婿而虐儿妇："子婿"，女婿。"儿妇"，儿媳。

（2）宠婿，则兄弟之怨生焉；虐妇，则姊妹之谗行焉："兄弟"，指女儿的兄弟。"姊妹"，指儿子的姐妹。

（3）然则女之行留，皆得罪于其家者，母实为之："行留"，"行"，出嫁，"留"，留在家里。

（4）至有谚云："落索阿姑餐。"："落索"，冷落、寂寞。"阿姑"，婆婆。

（5）此其相报也："相报"，王利器《颜氏家训集解》：孔齐《至正杂记》论述女扰母家，引证颜氏此文，并云："夫妇皆人女，女必为人妇，久之即为人母，自受之，又自作之，其不悟为可叹也。"按："夫妇皆人女"，应读为"夫（fú）/妇皆人女"，"夫""妇"不应连读，这里的"夫"是发语词。

(6) **家之常弊，可不诚哉**："常弊"，常见的弊端。

【译文】

妇人的秉性，大都宠爱女婿而虐待媳妇。宠爱女婿，就会导致自己的儿子心里怨恨，虐待媳妇，就会引起自己的女儿趁机进谗言。那么一个女孩子不论出嫁还是没出嫁，都会得罪家里人，这实在是母亲造成的。以至于民间有俗话说："婆婆吃饭好落寞。"这是她自作自受的报应啊。一般的家庭常有这样的弊端，能不引以为戒吗！

5.13 婚姻素对，靖侯成规。近世嫁娶，遂有卖女纳财，买妇输绢，比量父祖，计较锱铢，责多还少，市井无异。或猥婿在门，或傲妇擅室，贪荣求利，反招羞耻，可不慎欤？

【注释】

(1) **婚姻素对，靖侯成规**："素对"，清白的配偶。"靖侯"，颜含，字宏都，东晋人，颜之推的九世祖，因功封西平县侯，官拜侍中。"成规"，前人定下的规矩。《颜鲁公集·晋侍中右光禄大夫本州大中正西平靖侯颜公大宗碑铭》："桓温求婚，以其盛满不许，因诫子孙云：'自今仕宦不可过二千石，婚姻勿贪世家。'"成规指此。

(2) **近世嫁娶，遂有卖女纳财，买妇输绢，比量父祖，计较锱铢，责多还少，市井无异**："纳财"，接受对方的钱财。"输绢"，送绢帛，也就是送钱财。"责多还少"，要得多还得少，"责"，索取。"市井无异"，跟做生意没有两样，"市井"，市面、商场。

(3) **或猥婿在门，或傲妇擅室，贪荣求利，反招羞耻，可不慎欤**："猥婿"，猥琐的女婿。"傲妇"，凶悍的媳妇。"擅室"，把持家政。"欤"，语尾助词，略有疑问之意。

【译文】

婚姻要找家世清白的配偶，这是我们先祖靖侯定下的规矩。近代人嫁女娶妇，竟然有人把女儿当商品一样卖出去，收受对方的钱财，也有用钱财去买媳妇的，互相比较对方父祖辈的地位，斤斤计较，总想要得多给得少，跟做生意没有两样。结果是，要么找到一个猥琐无能的女婿，要么娶回一个凶悍霸道的媳妇。他们本来是贪图虚荣，追求钱财，却反而招致耻辱，对此能不慎重？

5.14 借人典籍，皆须爱护，先有缺坏，就为补治，此亦士大夫百行之一也。济阳江禄，读书未竟，虽有急速，必待卷束整齐，然后得起，故无损败。人不厌其求假焉。或有狼籍几案，分散部帙，多为童幼婢妾之所点污，风雨虫鼠之所毁伤，实为累德。吾每读圣人之书，未尝不肃敬对之；其故纸有五经词义，及贤达姓名，不敢秽用也。

【注释】

（1）借人典籍，皆须爱护，先有缺坏，就为补治，此亦士大夫百行之一也："士大夫百行"，士大夫应该有的各种德行。

（2）济阳江禄，读书未竟，虽有急速，必待卷束整齐，然后得起，故无损败："济（jǐ）阳"，属今河南兰考东北。"江禄"，南朝梁人，字彦遐，笃学能文，位太子洗马，后为唐侯相。《南史》有传，见中华书局标点本《南史》第三册第944—945页。"未竟"，没有完成，"竟"，完。"急速"，紧急突发之事。"卷束"，包裹，动词；古代在雕版印刷发明之前，书文都写在竹简或布帛上面，收藏的时候需要卷起来包好。

（3）人不厌其求假焉："求假"，这里指借书，"假"，借。

（4）或有狼籍几案，分散部帙，多为童幼婢妾之所点污，风雨虫鼠之所毁伤，实为累德："部帙（zhì）"，指书籍的分部和卷帙，"帙"，原指包书的布。"点污"，"点"通"玷"。"累（lèi）德"，不好的德行，"累"，拖累。

（5）吾每读圣人之书，未尝不肃敬对之；其故纸有五经词义，及贤达姓名，不敢秽用也：五经，即《诗》《书》《礼》《易》《春秋》。"贤达"，贤人、达士以及有才德、有声望的人。"秽用"，用在不干净的地方，"秽"，污秽。

【译文】

借了别人的书，都要加以爱护，如果借之前书就有损坏，要帮人家修补好，这也是士大夫各种好品德的一种。济阳有个叫江禄的人，正在读书还没读完的时候，即使突然遇到急事，也要把书整理包好，然后再起身，所以书都不会损坏，也因此别人都不讨厌他借书。有的人把书籍乱七八糟地堆在书桌上，部卷都弄乱了，还常常被小孩、婢妾把书弄脏，或者被风雨虫子老鼠弄坏，这实在是一种不好的德行。我每次读圣人的书，从来都恭敬严肃对待，如果纸上写有"五经"的字句和贤达的姓名，这样的纸绝不敢拿来用在不干净的地方。

5.15 吾家巫觋祷请，绝于言议；符书章醮，亦无祈焉，并汝曹所见也。勿为妖妄之费。

【注释】

（1）**吾家巫觋祷请，绝于言议**："巫觋（xí）"，即巫师，男为巫，女为觋，传统民间习俗，向鬼神祈祷要经过巫觋，巫觋是人和神鬼的中介。
（2）**符书章醮，亦无祈焉，并汝曹所见也**："符书"，又称符箓，是道教信奉的一种秘密文书，可以通神、止妖。"章醮（jiào）"，跟符箓类似，把祈祷的内容写下来，向鬼神拜祭，叫章醮。
（3）**勿为妖妄之费**：不要把钱花在妖妄的事情上。

【译文】

对于请巫师向鬼神祈祷这种事，我们家是从来谈都不谈的。道教那一套画符驱鬼、设坛拜祭的做法，我们也从不做，这是你们都看到的。不要在妖妄的事情上破费钱财。

【评析】

我在第一篇的"评析"中已经说过，魏晋时期中国社会出现了一个新的阶级，历史学家一般把它叫作"士族阶级"。士族形成的历史最早要追溯到西汉。汉武帝采纳了著名学者董仲舒的意见，"罢黜百家，独尊儒术"，将儒家思想作为整个社会的意识形态，并创办太学，为国家培养文官人才。太学的课程是儒家的五经，老师则为"五经博士"。太学发展到东汉末期，曾经大到有三万名学生，汉朝的文官都从太学学生中选拔，"通经致仕"成为常态。"五经博士"门生遍天下，他们的家族逐渐成为代代做学问、代代当官、代代富裕，在文化、政治、经济各方面都实力雄厚的大家族。大家都看过《三国演义》，应该记得袁绍和袁术两兄弟，他们跟曹操、孙权、刘备一样，都是各霸一方、兵强马壮、想争天下的野心家，最初的实力比曹、孙、刘还大，这两兄弟所出身的河南阳夏袁氏就是一个这样的大家族。《三国志》说他们家"四世三公"，什么是"四世三公"呢？就是说袁绍以上四代，每代都有当"三公"（司空、司徒、太尉）的大官。"三公"是当时文官当中的最高一级，你看这个家族显赫不显赫？当时还有一个同样显赫的大家族，就是河南弘农杨氏，也就是曹操手下的大谋士杨修的家族，他们家也是祖孙四代每代都有人做到"三公"。袁、杨两家都是靠儒学起家的大士族，袁氏世世家传"孟氏易"，而杨氏则世世精通"欧阳尚书"。到汉末，由各种途径发展起来的类似家族逐渐增多，终于形成了一个"士族阶级"。据《世说新语》记载，魏晋时期的大士族（或称门阀士族）至少有百余个，另外还有许多小士族。一个士族往往是一个由几百人甚至几千人组成的集团，除了主人之外，还有大量的农民依附，这个集团拥有大量的土地和充足的生产资料与工具，集团成员分工合作，种田的种田，织布的织布，养猪的养猪，种树的种树，结成一个自给自足的经济团体。

于是，对当时的士族阶级而言，如何治理好这样一个庞大的家族，如何维持它长盛不衰，就成为一个很重要的问题。

《颜氏家训》的《治家》篇就是颜之推在这个问题上的一些看法和他留给子孙的告诫。今天中国社会的家庭结构跟魏晋时期的大士族当然已经有了很大的不同，所以颜氏的看法跟告诫并不能完全适用于今天。但我觉得他提出的某些原则性的观点，仍然可以给现代中国人提供一些参考。下面我就从《治家》篇当中择出几个在今天仍有意义的问题来谈谈，看对我们有什么启发。

一、家庭伦理与家风问题

《治家》篇第一段说：

夫风化者，自上而行于下者也，自先而施于后者也。是以父不慈则子不孝，兄不友则弟不恭，夫不义则妇不顺矣。父慈而子逆，兄友而弟傲，夫义而妇陵，则天之凶民，乃刑戮之所摄，非训导之所移也。（5.1）

颜之推在这里首先提到，家庭的管理教育就是要在家庭里形成"风化"，"风"就是风气、家风、门风，是一个家庭长期以来所形成的传统，"化"就是教化、教育，风与化都含有上对下的影响与教育的意思，古人说"草上之风，必偃"，也就是说风吹过草上，草就会顺着风的方向倒下来。家庭教育也是这样，要由长辈的言行带动影响小辈，所以在治理家庭的问题上，长辈是关键，长辈要给小辈做出榜样。要儿女孝顺，首先父母对子女要慈爱，父母对儿女不慈爱，没有尽到自己的教养责任，就没有理由责备子女不孝顺父母；哥哥对弟弟要友善亲爱，不友善亲爱，就没有理由责备弟弟对哥哥不恭敬；丈夫对妻子要遵守道义，违背了道义，就没有理由责备妻子不顺从自己。反之，父母慈爱，子女就要孝顺，兄长友爱，弟弟就要恭敬，丈夫遵循道义，妻子就要顺从丈夫。如果父母慈爱而子女忤逆，哥哥友爱而弟弟倨傲，丈夫不背道义而老婆习横，这样的人，就是天生的恶人，对他们就不是教育可以解决的问题，而要靠法律来制裁了。

颜之推在这里强调一个家庭要养成一种父慈子孝、兄友弟恭、夫义妇顺的风气，而这种风气的形成，长辈起着主导性的作用，我以为这个意见今天还是适用，而且放之四海而皆准，世界上凡重视家庭的民族大抵都是如此。因为，家庭成员之间的关系无非就是父子、兄弟、夫妇这三种，理想的父子关系今天也还是父慈子孝，理想的兄弟关系今天也还是兄友弟恭。只有夫妻关系今天略有变化，古代男尊女卑的观念已经不适用于今天，所以不能片面强调妻子顺从丈夫，而是要互相包容，互相爱护。但即使如此，在夫妻关系中，丈夫的一面多少还是起着主导作用，丈夫用道义的标准来要求自己，妻子多照顾一点丈夫的尊严，多顺从一点丈夫的意见，还是有助于建设良好的夫妻关系。现在全世界女权主义都在抬头，女权主义的主流提倡男女平等，要求给予妇女与男人同样的权利与尊严，这是对的，我也很赞成。但某些激进的女权主义隐含着男女对立的主张，把男女平等强调到一种不适当的程度，忽视男女天生的差异，例如体力、性格、情感以及思维方式的差异，甚至试图造成一种女强男弱的局面，这是不恰当的，是我所不赞成的。如果照着这种激进的女权主义去做，夫妻关系必定处理不好，家庭和谐也没有希望。

二、钱财管理问题

颜之推在《治家》篇中提出的第二个问题，就是一个家庭在财物金钱的使用上面要做到适度，不可奢侈，也不可吝啬，不可过于宽松，也不可失之严苛。前面我说过魏晋南北朝时候的士族基本上是一种自给自足的经济体，这种家庭只要调度得当，不懒惰不浪费，基本上都可以做到丰衣足食。颜之推有一段话写这种家庭自给自足的经济状况非常经典，他说：

生民之本，要当稼穑而食，桑麻以衣。蔬果之畜，园场之所产；鸡豚之善，埘圈之所生。爰及栋宇器械，樵苏脂烛，莫非种殖之物也。至能守其业者，闭门而为生之具以足，但家无盐井耳。（5.4）

但如果治家失度，管理不善，僮仆懒惰，家人浪费，就会产生种种恶果，他在下文举了几个例子，有的治家过于严苛，结果被妻妾买刺客杀死，或者死后兄弟争财而互相残杀；有的是对僮仆、妻子过于宽松，使得他们敢于克扣施予，中饱私囊，而得罪宾客、乡党。

我们今天社会的家庭状况跟魏晋南北朝当然已经大不相同，现在都是核心小家庭而没有大家族，三世同堂都不多见了，更没有僮仆的问题。但我以为颜之推对家庭经济管理所提出的原则仍然是有参考价值的。比如说他所提出的"施而不奢，俭而不吝"的原则，即使在今天仍然是我们持家待客应当遵循的尺度。中国人讲勤俭节约，这没有错，今天也还适用，但是如果强调得过分，就会产生很多弊端，尤其在今天这种社交频繁、重视消费的社会里，会更显得不合时宜。在家庭经济许可的基础上，该消费的就要消费，一味节俭，今天看来并非美德，它不仅有碍社会财富的流通，也有损我们自己的生活品质，尤其是在必要的时候帮助朋友、接济亲人、捐赠弱势人群，都不可吝啬，否则就会因为吝啬而显得没有人情味，也无助于社会的和谐。尤其是经济状况比较好的家庭，更应该慷慨一些，这也是一种对社会的回馈。财富无论以何种途径取得（当然是正当合法的途径，非法的这里不讨论），总是这个社会所给予的，那么自然应当以某种方式回馈给这个社会，而不应当永远据为己有，或只留给自己的子孙。

但是，无论是持家、理财或者帮助朋友、接济亲人、捐赠弱势人群，都应该把握"施而不奢，俭而不吝"的尺度。也就是说，持家、理财当然以节约不浪费为原则，但不可把钱财看得太重，捏得太死，要做到"俭而不吝"。古人说："钱者，泉也。"今人把钱叫作通货、动产，如果钱一味地积蓄而不保持流通，就失去了它的意义，社会的经济也发展不起来。而在帮助朋友、接济亲人、捐赠弱势人群时，则要做到"施而不奢"，即施舍要慷慨，但不可讲虚荣、装阔，超出自己的经济能力。

在钱财的处理问题上，我自己有一个原则，就是"借不望还，施不望报"，只要钱出了我的手，我就不指望它再回来。所以，如果有人向我借钱，而钱的数目太大，不是我所能损失的，我就宁可不借。如果不是借钱，而是送礼，或者资助，我的原则也是如此。必须在我所能损失的范围之内，一经拿出，我就再不去想它了，绝不指望回报。打肿脸充胖子，讲哥们儿义气，明明损失不起，却又心不甘情不愿地借出去，借出去之后还念念不忘，还钱慢了就心生怨恨，在我看来这是既折磨别人又折磨自己的极不明智的事情。尤其是送礼或资助，心心念念想着别人回报，而且最好是回报超出自己送出的，那跟做生意、买股票有什么区别？有一句话说："助人为快乐之本。"但如果是这种助法，那收获的就不是快乐而是痛苦了。借而望还，不如不借；施而望报，不如不施。这是我在钱财问题上的一个基本态度，提供给大家参考。

三、婚姻嫁娶问题

颜之推在《治家》篇里告诫子孙，在婚姻嫁娶问题上不可以贪势求利，他说：

> 婚姻素对，靖侯成规。近世嫁娶，遂有卖女纳财，买妇输绢，比量父祖，计较锱铢，责多还少，市井无异。或猥婿在门，或傲妇擅室，贪荣求利，反招羞耻，可不慎欤？（5.13）

我觉得颜之推在这里提出的问题很值得我们今天的人认真思考，婚姻问题向来是人类社会的大问题。古代没有爱情自由的观点，所以婚姻的原则主要是门当户对。现代则主张恋爱自由，新文化运动反传统以来，一部分知识分子把恋爱自由演绎为爱情至上，觉得门当户对完全是陈腔滥调，不值一提。1949年以后爱情至上跟门当户对都被阶级、政治所取代，造成一段时期中婚恋以对方的政治条件为第一考虑的社会现象。但是最近几十年来随着改革开放、经济发展、财富增加，又产生了婚恋以对方的经济条件为第一考虑的另一种奇怪的社会现象。今天的青年面对婚恋时常常提到面包与爱情如何取舍的问题，这里的"面包"主要是经济，但也包含有社会地位的因素。如何处理面包与爱情的问题，成为今天社会面对婚恋时的讨论热点。古人的门当户对已不被大多数青年所信奉，而新文化运动以来的爱情至上也被今天的青年视为不现实，越来越多的青年把面包问题视为婚恋因素中最重要的一项，相当于又回到了颜之推所批判的嫁娶时"贪荣求利"的现象。所以颜之推在婚姻嫁娶上的观点并没有过时，它仍然值得我们今天的中国人，尤其是待婚男女及其家长好好重新审视一番。

颜之推在这里提出的原则，简单说就是婚姻要门当户对，不可攀高附贵、贪求势利。颜家是读书人，所以他的先祖颜含告诫子孙婚姻要"素对"，也就是要找家世清白的读书人，而不要攀附势家权门。婚姻讲门当户对到底对不对呢？近代中国人尤其是知识分子，几乎把它批得一钱不值，我却觉得这原则虽不能说绝对正确，但大体上并没有错，不要说在古代，即便是讲自由恋爱的现代，也还是值得我们多多思考的。谈恋爱或许不必门当户对，因为恋爱的动力是男女激情，互相来电就好了，家庭在这个时候显得并不重要。但是如果真正谈婚论嫁了，情形就不一样了。恋爱只是两个人之间的事，而婚姻却是两个家庭、两个家族、两个群体（亲戚、朋友、同事等）的事。门不当户不对的婚姻在激情过后，两方亲友之间往往容易产生不和，甚至冲突，最终影响到当事人双方的感情，严重的则导致婚姻破裂。而门当户对的婚姻则比较不易产生此类不和与冲突，即使有，程度上也会轻得多，比较容易解决，而不至于引起严重的后果。我们还记得四十年前在极左思潮的影响下，找对象只看家庭出身、政治条件，知识分子或出身不好的女孩多选择革干子弟、工人子弟，甚至有上山下乡的女青年嫁给没有文化的农民，以表示自己很"革命"。这些故事开始时很时髦，但多半以悲剧收尾。李锐的长篇小说《旧址》就写了一个知识女青年李延安为了表明自己坚决接受贫下中农再教育，彻底革命，脱胎换骨的决心，因此把自己嫁给了大字都不认得一个的羊倌歪歪。歪歪一辈子没洗过澡，圆房前打了半盆水随便洗了一下，可还是脏臭得让延安受不了，几乎无法完成新婚仪式。那最后的结果自然可想而知，几年之后还是以离婚收场。这是小说，那时比这还糟糕的例子都有，这里就不多说了。

像李延安这样的例子，今天是绝对看不到了，但今天又出现另外一个极端，有些青年尤其是女青年，既不重视家庭，也不重视感情，一味向钱看，傍大款，附新贵，争嫁"富二代""官二代"。这种社会现象几乎天天可以在报纸上看到，而由此引发的问题已经成了我们今天社会的焦点之一。颜之推讲的"卖女纳财，买妇输绢，比量父祖，计较锱铢，责多还少，市井无异"的现象，在今天只是换了一种时髦的面目出现罢了。这实在是一件值得我们深思的事，还是让我们多想想颜之推在这个问题上对子孙的告诫吧！

以上三点，我觉得是《颜氏家训·治家篇》中对我们今天治家仍然有参考价值的东西，归纳起来就是：第一，要树立"父慈子孝、兄友弟恭、夫义妇顺"的风气；第二，在钱财的处理上要做到"施而不奢，俭而不吝"；第三，在子女的嫁娶上要讲究"素对"，不要"贪荣求利"。

风操第六

6.1 吾观《礼经》,圣人之教:箕帚匕箸,咳唾唯诺,执烛沃盥,皆有节文,亦为至矣。但既残缺,非复全书;其有所不载,及世事变改者,学达君子,自为节度,相承行之,故世号士大夫风操。而家门颇有不同,所见互称长短;然其阡陌,亦自可知。昔在江南,目能视而见之,耳能听而闻之;蓬生麻中,不劳翰墨。汝曹生于戎马之间,视听之所不晓,故聊记录,以传示子孙。

【注释】

(1) **吾观《礼经》,圣人之教:箕帚匕箸,咳唾唯诺,执烛沃盥,皆有节文,亦为至矣**:《礼经》,通常指《仪礼》。颜书此篇内容多取自《仪礼》和《礼记》。"箕帚匕箸",畚箕、扫帚、调羹、筷子。"咳唾",咳嗽、吐痰。"唯诺",应答。"执烛",手持蜡烛。"沃盥",洗脸洗手。"节文",制定规矩,使人照此行事。

(2) **但既残缺,非复全书;其有所不载,及世事变改者,学达君子,自为节度,相承行之,故世号士大夫风操**:"自为节度",自己斟酌,制定规矩。

(3) **而家门颇有不同,所见互称长短;然其阡陌,亦自可知**:"家门",家族、家庭。"阡陌","阡"和"陌"都指小路,合起来就是路径的意思,在这里引申为大致情形。

(4) **昔在江南,目能视而见之,耳能听而闻之;蓬生麻中,不劳翰墨**:"蓬生麻中",《荀子·劝学》:"蓬生麻中,不扶自直。"意思是说,蓬草长在笔直的麻秆之间,不必去扶它,也不会歪歪倒倒。"不劳翰墨",王利器《颜氏家训集解》推测此句与之前有脱落，或"翰墨"是"绳墨"之误，"不劳绳墨"即不要绳墨也会挺直，也就是"不扶自直"之意，绳墨是传统木匠使用的墨线墨斗，锯木板时用它来进行校正。

（5）**汝曹生于戎马之间，视听之所不晓，故聊记录，以传示子孙**："戎马"，战争、动乱。

【译文】

我看《礼经》上圣人的教导，细到像扫地、吃饭摆筷子、应答长辈、举蜡烛照明、洗手洗脸都有明确的规定，可以说相当完备了。但是这本书已经残缺，不再有完整的本子，那么书上因为残缺而没有记载的，以及随着世事的变迁应该加以改变的，学问通达之士便加以调整，一代一代相承下来，形成一套通行的做法，这就叫作士大夫风操。但各个家族的规矩并不完全一致，互相有长有短，不过大致情形是可以知道的。从前在江南太平时期，眼睛能看得到，耳朵能听得到，很自然就学到了，好像蓬草长在麻秆中，不要扶持也不会东倒西歪。你们这一代，出生在动乱之中，眼睛没看到，耳朵没听到，所以我把这些士大夫的风度节操写下来，给子孙们传看。

6.2　《礼》云："见似目瞿，闻名心瞿。"有所感触，恻怆心眼；若在从容平常之地，幸须申其情耳。必不可避，亦当忍之。犹如伯叔兄弟，酷类先人，可得终身肠断，与之绝耶？又："临文不讳，庙中不讳，君所无私讳。"益知闻名，须有消息，不必期于颠沛而走也。梁世谢举，甚有声誉，闻讳必哭，为世所讥。又有臧逢世，臧严之子也，笃学修行，不坠门风。孝元经牧江州，遣往建昌督事，郡县民庶，竞修笺书，朝夕辐辏，几案盈积，书有称"严寒"者，必对之流涕，不省取记，多废公事，物情怨骇，竟以不办而退。此并过事也。近在扬都，有一士人讳审，而与沈氏交结周厚，沈与其书，名而不姓，此非人情也。

【注释】

（1）**《礼》云："见似目瞿，闻名心瞿。"**："《礼》"这里指《礼记》。"见似"，见到面目像父母的人。"闻名"，听到与父母相同的名字。这两句中的"父母"根据《礼记》原文中上下文的意思可以理解，所以省略了。"瞿"同"惧（懼）"，吃惊的意思。

（2）**有所感触，恻怆心眼**："恻怆心眼"，就是前句"心瞿""目瞿"的意思，而这是因为听到与父母相同的名字、看到与父母相像的样子而引起的，所以说"有所感触"。

（3）**若在从容平常之地，幸须申其情耳**："幸须"，在这里是表达一种希望的语气，"幸"有希望之意。"申其情"，宣泄自己的感情。

（4）**必不可避，亦当忍之**："必"，一定、实在。

（5）**犹如伯叔兄弟，酷类先人，可得终身肠断，与之绝耶**："酷"，很、极。"可得……耶"，难道能够……吗。

（6）**又："临文不讳，庙中不讳，君所无私讳。"**："临文"，读书作文的时候。"不讳"，不避讳（先人的名字）。"庙中"，在庙中祭祀的时候。"君所"，在国君那里，跟国君说话的时候。

（7）**益知闻名，须有消息，不必期于颠沛而走也**："消息"，"消"，消减，"息"，生息、增加。"消息"就是加加减减，这里有斟酌的意思。"不必期于"，不一定要弄到。"颠沛而走"，慌里慌张地跑开。

（8）**梁世谢举，甚有声誉，闻讳必哭，为世所讥**："闻讳"，听到已故父母的名字。

（9）**又有臧逢世，臧严之子也，笃学修行，不坠门风**："不坠门风"，谨守家风，不使败坏。

（10）**孝元经牧江州，遣往建昌督事，郡县民庶，竞修笺书，朝夕辐辏，几案盈积，书有称"严寒"者，必对之流涕，不省取记，多废公事，物情怨骇，竟以不办而退**："孝元"，梁元帝萧绎。"经牧"，经营管理。"江州"，今江西九江一带。萧绎在继位前曾任江州刺史。"辐辏（còu）"，聚集，像车轮上的辐条聚集到毂上一样。"不省（xǐng）"，不记得，没想起。"不办"，没办好，不称职。

（11）**此并过事也**："并"，都是。"过事"，因做过了头而没有办好的事。

（12）**近在扬都，有一士人讳审，而与沈氏交结周厚，沈与其书，名而不姓，此非人情也**："扬都"，即今南京，南北朝时称为建康，又称扬都。"周厚"，亲密深厚。

【译文】

《礼记》上说："看见样子像父母的人，眼睛会惊惧，听到跟父母相同的名字，心里会惊惧。"这是因为受了触动，所以心跟眼都有凄怆的感觉。如果是在平时没什么事情的时候，是应该把这种感情宣泄出来的，但遇到实在没办法避开的情况，那就应该忍痛。比如伯伯叔叔长得很像父亲，难道可以一辈子都因为伤痛不见面吗?《礼记》上又说:"读书写文章的时候不用避讳,在宗庙里祭祀的时候不用避讳,在国君面前谈话的时候不用避私讳。"由此更可以知道,听到已故父亲名字的时候,要斟酌情况,不一定都要慌慌张张地跑走。梁朝有个谢举,很有名声,每次听到父亲的名字一定会哭,结果被世人所讥笑。还有一个臧逢世,父亲叫臧严,臧逢世勤奋好学,又注意品性的修养,能保持自家的门风。梁孝元帝担任江州刺史的时候,派他到建昌督察公事。当地的民众竞相给他写来书信,从早到晚,办公桌上都堆得满满的。这些书信中有提到"严寒"的,他就痛哭流涕,(因为想起了父亲臧严)结果忘记了看书信,耽误了公事,以至于引起大家的埋怨和惊异,最后竟因为不称职而被罢免。以上这些事情都是因为避讳过了头而没办好。最近有一个读书人,名审,他跟一个姓沈的人交情深厚,姓沈的人给他写信,只署名而不署姓,这就不合人之常情了。

6.3 凡避讳者,皆须得其同训以代换之:桓公名白,博有五皓之称;厉王名长,琴有修短之目。不闻谓布帛为布皓,呼肾肠为肾修也。梁武小名阿练,子孙皆呼练为绢;乃谓销炼物为销绢物,恐乖其义。或有讳云者,呼纷纭为纷烟;有讳桐者,呼梧桐树为白铁树,便似戏笑耳。

【注释】

(1)**凡避讳者,皆须得其同训以代换之**:"同训",意义相同的字,"训",训诂、释义。

(2)**桓公名白,博有五皓之称;厉王名长,琴有修短之目**:"桓公",齐桓公,春秋五霸之一,名小白。"博",古代一种游戏,今天的赌博即由此而来。"厉王",汉高祖刘邦的儿子刘长,初封淮南王,他死后儿子刘安继为淮南王,召集文士撰写《淮南子》,书中遇到"长"字都写作"修",修也是长的意思。

(3)**不闻谓布帛为布皓,呼肾肠为肾修也**:"帛",古音同"白"。"肠"古音同"长"。

(4)**梁武小名阿练,子孙皆呼练为绢;乃谓销炼物为销绢物,恐乖其义**:"梁武",梁武帝萧衍,字叔达,小字练儿。"练""绢"都是精细的丝织品。"炼""练"音同而义不同。

(5)**或有讳云者,呼纷纭为纷烟;有讳桐者,呼梧桐树为白铁树,便似戏笑耳**:"戏笑",开玩笑。

【译文】

凡要避讳的字，都必须用它的同义字来替换，比如齐桓公名小白，为了避讳"白"，博戏当中的"五白"就称为"五皓"（"皓"是"白"的同义字）；汉淮南厉王叫刘长，为了避讳"长"，《淮南子》中"胫有长短"这句话就改写成"胫有修短"（"修"是"长"的同义词）。没有听说把"布帛"称为"布皓"，把"肾肠"称为"肾修"的（因为"帛、白""肠、长"同音而不同义）。梁武帝小名叫阿练，为了避讳，他的子孙都把"练"说成"绢"；如果把"销炼"物品说成"销绢"物品，恐怕就把意思都扭曲了。有的人讳"云"，就把"纷纭"写作"纷烟"；有的人讳"桐"，就把"梧桐树"叫作"白铁树"，这就有点像开玩笑了。

6.4 周公名子曰禽，孔子名儿曰鲤，止在其身，自可无禁。至若卫侯、魏公子、楚太子，皆名虮虱；长卿名犬子，王修名狗子，上有连及，理未为通。古之所行，今之所笑也。北土多有名儿为驴驹、豚子者，使其自称及兄弟所名，亦何忍哉？前汉有尹翁归，后汉有郑翁归，梁家亦有孔翁归，又有顾翁宠；晋代有许思妣、孟少孤，如此名字，幸当避之。

【注释】

（1）**周公名子曰禽，孔子名儿曰鲤，止在其身，自可无禁**：周公的儿子叫伯禽，孔子的儿子叫鲤，字伯鱼。"名"，取名，名词作动词用。"禁"，禁忌。

（2）**至若卫侯、魏公子、楚太子，皆名虮虱；长卿名犬子，王修名狗子，上有连及，理未为通。古之所行，今之所笑也**："魏公子"，前人已指出是韩公子之误。译文据此改。"长卿"，西汉的著名文学家司马相如，字长卿。"王修"，东晋人，王蒙之子，能清谈，早逝。

（3）**北土多有名儿为驴驹、豚子者，使其自称及兄弟所名，亦何忍哉**："驴驹"，幼驴。"豚子"，小猪。

（4）**前汉有尹翁归，后汉有郑翁归，梁家亦有孔翁归，又有顾翁宠；晋代有许思妣、孟少孤，如此名字，幸当避之**："归"，归去，隐含有去世的意思，所以不佳。"妣"，已故的母亲。"孤"，少年丧父为孤。

【译文】

周公给儿子取名叫禽，孔子给儿子取名叫鲤，这些名字不牵连到他人，自然不需要禁忌。至于像卫侯、韩公子、楚太子都以虮虱为名；司马相如小名犬子，王修小名狗子，这就牵涉到父辈了，实在是不通。古人不讲究，今天就变成笑话了。北方有很多名字叫驴驹、豚子的，让他自己这样叫自己，他的兄弟这样叫他，怎么忍心呢？西汉有人叫尹翁归，东汉有人叫郑翁归，梁代也有人叫孔翁归，还有人叫顾翁宠；晋代又有人叫许思妣、孟少孤，像这一类名字，都应该尽量避免才好。

6.5 今人避讳，更急于古。凡名子者，当为孙地。吾亲识中有讳襄、讳友、讳同、讳清、讳和、讳禹，交疏造次，一座百犯，闻者辛苦，无憀赖焉。昔司马长卿慕蔺相如，故名相如，顾元叹慕蔡邕，故名雍，而后汉有朱伥字孙卿，许遝字颜回，梁世有庾晏婴、祖孙登，连古人姓为名字，亦鄙事也。

【注释】

（1）**今人避讳，更急于古**："今人"，现在的人，即南北朝时期的人。"更急于古"，比古人更讲究。

（2）**凡名子者，当为孙地**："名子"，给儿子取名，"名"在这里作动词用。"为孙地"，为孙子留出余地，就是要为孙子考虑的意思。

（3）**吾亲识中有讳襄、讳友、讳同、讳清、讳和、讳禹，交疏造次，一座百犯，闻者辛苦，无憀赖焉**："交疏"，交情不深。"造次"，仓促。"憀赖"，即聊赖，"憀"音、义均同"聊"。

（4）**昔司马长卿慕蔺相如，故名相如，顾元叹慕蔡邕，故名雍，而后汉有朱伥字孙卿，许遝字颜回，梁世有庾晏婴、祖孙登，连古人姓为名字，亦鄙事也**："司马长卿"，即司马相如，长卿为其字。《史记·司马相如列传》："相如既学，慕蔺相如之为人，更名相如。""蔺相如"，战国时赵国大臣，有"完璧归赵""将相和"等美谈传世。事见《史记·廉颇蔺相如列传》。"顾元叹"，即顾雍，元叹为其字。《三国志·吴志·顾雍传》引《江表传》云："雍从伯喈学，专一清静，敏而易教。伯喈贵异之，谓曰：'卿必成致，今以吾名与卿。'故雍与伯喈同名，由此也。""蔡邕"，字伯喈，东汉著名学者，善辞赋，工书法，《后汉书》有传。"雍"与"邕"同。"朱伥（chāng）"，《后汉书·顺帝纪》：永建元年二月丙戌，"长乐少府九江朱伥为司徒"。李贤注："朱伥字孙卿，寿春人也。""孙卿"，即荀卿（荀子），战国时著名思想家。汉朝人避汉宣帝刘询讳，故以"孙"代"荀"。"许遐"，其人事迹不详。"颜回"，春秋末年鲁国人，名回，字子渊，孔子最欣赏的弟子。"庾晏婴"，南朝梁人。出身名门，为东晋司空庾冰六世孙。"晏婴"，春秋时齐国大夫，字平仲，继父之后任齐卿，历仕灵公、庄公、景公三世，史称其善辞令，出使不辱君命。世传《晏子春秋》，系后人依托。"祖孙登"，南朝梁、陈之际人，与徐伯阳、贺循等人为文会之友，有诗歌辑入《文苑英华》《乐府诗集》，事见《陈书·徐伯阳传》。"孙登"，三国魏隐士。好读《易》，善啸，事见《晋书·隐逸传》。"鄙事"，低俗之事、浅薄之事。

【译文】

今天的人在避讳这件事上，比古人更讲究更严格，所以给儿子取名的时候，要为孙子考虑。我的亲友中有要避讳襄、友、同、清、和、禹字的，（因为这些都是常用字，所以）遇到交情不深的人，匆忙之间很容易犯讳，弄得满座都无所适从。从前司马长卿倾慕蔺相如，所以就取名相如，顾元叹钦慕蔡邕，所以取名雍，而东汉有一个叫朱张的，取字叫孙卿，许遐取字颜回，梁代有叫庾晏婴、祖孙登的，这就连古人的姓也放到自己的名字里了，实在是一件很浅薄俗气的事。

6.6 昔刘文饶不忍骂奴为畜产，今世愚人遂以相戏，或有指名为豚犊者。有识傍观，犹欲掩耳，况当之者乎？

【注释】

（1）昔刘文饶不忍骂奴为畜产，今世愚人遂以相戏，或有指名为豚犊者。有识傍观，犹欲掩耳，况当之者乎："刘文饶"，刘宽，字文饶，东汉人。《后汉书·刘宽传》："尝坐客，遣苍头市酒，迂久，大醉而还。客不堪之，骂曰：'畜产'。宽须臾遣人视奴，疑必自杀。顾左右曰：'此人也，骂言畜产，辱孰甚焉！故吾惧其死也。'""畜产"，骂人语，犹畜生。

【译文】

从前，刘宽不忍心骂仆人为畜生，而今天的蠢人们却拿"畜生"这类字眼来互相开玩笑，有的人干脆称对方作猪仔、牛犊。有修养的人在旁边听都听不下去，直想把耳朵捂起来，何况那些当事者呢？

6.7 近在议曹，共平章百官秩禄，有一显贵，当世名臣，意嫌所议过厚。齐朝有一两士族文学之人，谓此贵曰："今日天下大同，须为百代典式，岂得尚作关中旧意？明公定是陶朱公大儿耳！"彼此欢笑，不以为嫌。

【注释】

（1）**近在议曹，共平章百官秩禄，有一显贵，当世名臣，意嫌所议过厚**："议曹"，官署名。"平章"，讨论。"秩禄"，薪水。"过厚"，太高、太优厚。

（2）**齐朝有一两士族文学之人，谓此贵曰："今日天下大同，须为百代典式，岂得尚作关中旧意？明公定是陶朱公大儿耳！"彼此欢笑，不以为嫌**："今日天下大同"，"大同"，统一，从这句话可以推测《颜氏家训》完成的时候已经是隋朝统一天下了。"关中"，今陕西一带，是北齐政权的政治中心。"明公"，当时对对方的尊称。"陶朱公"，即春秋时期的吴国的大臣范蠡，他离开勾践后居住在陶地，自称陶朱公，经商致大富，后世奉为财神。范蠡次子在楚国杀人被囚，范的长子携巨金前去营救，因各啬钱财而致其弟被杀。

【译文】

我最近在议曹跟大家一起商讨百官的薪俸，有一位显贵是当世的名臣，他嫌所议的百官的薪俸过于优厚。有一两个在原北齐做过文学侍从的人，就对这位显贵说："今天天下都统一了，我们应该为后世树立一个典范，怎么可以还守原来在关中的老规矩呢？明公如此吝啬，一定是陶朱公的大儿子吧！"大家互相开玩笑，竟然都不觉得不礼貌。

6.8 昔侯霸之子孙，称其祖父曰家公；陈思王称其父为家父，母为家母；潘尼称其祖曰家祖：古人之所行，今人之所笑也。今南北风俗，言其祖及二亲，无云家者；田里猥人，方有此言耳。凡与人言，言己世父，以次第称之，不云家者，以尊于父，不敢家也。凡言姑姊妹女子子：已嫁，则以夫氏称之；在室，则以次第称之。言礼成他族，不得云家也。子孙不得称家者，轻略之也。蔡邕书集，呼其姑姊为家姑家姊，班固书集，亦云家孙，今并不行也。

【注释】

（1）昔侯霸之子孙，称其祖父曰家公："侯霸"，东汉名臣，字君房，河南密县今河南新密东南人，官至大司徒。据卢文弨考证，此句中的"孙"和"祖"或是误衍。

（2）陈思王称其父为家父，母为家母："陈思王"，即曹操之子曹植，字子建。

（3）潘尼称其祖曰家祖："潘尼"，字正叔，晋代文学家，潘岳之侄。

（4）古人之所行，今人之所笑也："所行"，流行的。"所笑"，可笑的。

（5）今南北风俗，言其祖及二亲，无云家者；田里猥人，方有此言耳："田里猥人"，乡巴佬，"猥人"，鄙俗之人。

（6）凡与人言，言己世父，以次第称之，不云家者，以尊于父，不敢家也："世父"，伯父。

（7）凡言姑姊妹女子子：已嫁，则以夫氏称之；在室，则以次第称之："女子子"，即女儿，这是当时的叫法。

（8）言礼成他族，不得云家也："礼成他族"，指女子出嫁到婆家。

（9）子孙不得称家者，轻略之也："轻略"，轻忽，不重视。

（10）蔡邕书集，呼其姑姊为家姑家姊，班固书集，亦云家孙，今并不行也："蔡邕"已见前（6.5）注。"班固"，字孟坚，东汉史学家，继承其父班彪之业，续撰《汉书》。

【译文】

从前侯霸的儿子称自己的父亲叫家公，曹植称他的父亲叫家父，母亲叫家母，潘尼称他的祖父叫家祖。这是古代流行的叫法，今天的人就觉得可笑了。现在南北的风俗，谈到祖父和双亲的时候，没有人在前面加"家"字的，只有乡里没文化的人才会这样叫。凡是跟人谈话，谈到自己的伯父，只用排行来称呼，不说"家"，因为伯父比父亲年长，不敢用"家"字来称之。凡是提到自己的姑表姊妹，已经出嫁的，就用丈夫的姓来称呼，没有出嫁的，就用排行来称呼。这是说女子出嫁后就成了夫家的人，不能再用"家"来称呼。子孙也不得称"家"，（因为他们是晚辈）以表示轻忽。蔡邕的文集中，称呼他的姑姑、姐姐为家姑、家姊，班固的文集里也称孙子为家孙，这些现在都不时行了。

6.9 凡与人言，称彼祖父母、世父母、父母及长姑，皆加尊字，自叔父母已下，则加贤字，尊卑之差也。王羲之书，称彼之母与自称己母同，不云尊字，今所非也。

【注释】

(1) 凡与人言，称彼祖父母、世父母、父母及长姑，皆加尊字，自叔父母已下，则加贤字，尊卑之差也："世父母"，伯父母。"已下"，即以下，"已""以"古通。

(2) 王羲之书，称彼之母与自称己母同，不云尊字，今所非也："王羲之"，字逸少，东晋著名书法家，《晋书》有传。"今所非也"，"今"字后面省略了"之"字。"所非"，所字结构；"所非"即非的东西、非的事物。"非"在这里的意思是非议、认为不对。

【译文】

凡是与人交谈的时候，称呼对方的祖父母、伯父母、父母以及长姑，前面都要加个"尊"字，叔父母以下，则在前面加一个"贤"字，这是表示长幼尊卑的差别。王羲之写的信，称对方的母亲和自己的母亲一样，没有加"尊"字，今天认为这样是不对的。

6.10 南人冬至岁首，不诣丧家；若不修书，则过节束带以申慰。北人至岁之日，重行吊礼；礼无明文，则吾不取。南人宾至不迎，相见捧手而不揖，送客下席而已；北人迎送并至门，相见则揖，皆古之道也，吾善其迎揖。

【注释】

(1) 南人冬至岁首，不诣丧家；若不修书，则过节束带以申慰："冬至"，二十四节气之一，古人认为"冬至一阳生"，是新一轮阴阳的最早起点，所以非常重视冬至这个节气。"岁首"，农历大年初一。"诣（yì）"，去、到。"修书"，写信，这里指写吊唁函。"过节"，过了冬至、岁首这两个节气。"束带"，整装。"申慰"，表达慰问。

(2) 北人至岁之日，重行吊礼；礼无明文，则吾不取："至岁"，冬至、岁首两个节气的缩略语。"重（chóng）行"，"重"在这里有仍然的意思，因为一方面是庆礼，另一方面是吊礼，两个重叠而不避忌，所以叫"重"。

(3) 南人宾至不迎，相见捧手而不揖，送客下席而已："捧手"，拱手，拱手时不弯腰叫捧手，同时弯腰则叫揖。"下席"，离开座位，古人席地而坐，不用椅凳。

(4)北人迎送并至门，相见则揖，皆古之道也，吾善其迎揖："吾善其迎揖"，我很赞成这种迎揖的做法。"善"在这里是赞赏、喜欢的意思；"其"，这种、那种，指示代词。

【译文】

南方人在冬至、岁首这两个节气，不去办丧事的人家吊唁，如果不写唁函，就在过了节气之后，再整装去吊唁，以表达慰问之意。北方人冬至、岁首这两个节气，仍然行吊唁之礼，这种做法在礼仪上没有根据，我觉得不可取。南方人来了客人不迎接，相见的时候只拱手不作揖，送客的时候也仅仅是离开座位而已，北方人则迎客送客都要到门口，宾主见面的时候要作揖，这是古人的做法，我赞赏这种迎送的礼节。

6.11 昔者，王侯自称孤、寡、不榖，自兹以降，虽孔子圣师，与门人言皆称名也。后虽有臣、仆之称，行者盖亦寡焉。江南轻重，各有谓号，具诸《书仪》；北人多称名者，乃古之遗风，吾善其称名焉。

【注释】

(1)昔者，王侯自称孤、寡、不榖，自兹以降，虽孔子圣师，与门人言皆称名也："昔者"，从前。"自兹以降"，从此以下，即王侯以下。
(2)后虽有臣、仆之称，行者盖亦寡焉："盖"，推断语气词，可视上下文译为或许、大约、好像。"寡"，少。
(3)江南轻重，各有谓号，具诸《书仪》："轻重"，指尊卑贵贱。"谓号"，称谓、名号。"具诸《书仪》"，"具"，详备，"诸"是"之于"的合音，《书仪》，泛指旧时士大夫家庭关于书信体式、礼节规矩之类的书籍。
(4)北人多称名者，乃古之遗风，吾善其称名焉："遗风"，流传下来的风俗、习惯、规矩。

【译文】

从前，帝王、诸侯都用孤、寡、不榖来称呼自己，王侯以下，即使是孔子这样的圣人，跟他的弟子们谈话时都用自己的名字来自称。后来虽然也有自称为臣、仆的，但这样做的好像也不多。江南人家尊卑贵贱的自称方式各有不同，这在《书仪》里都有详备的记载。北方人大多用自己的名字来自称，这是古代传下来的规矩，我赞赏这种称名的办法。

6.12 言及先人，理当感慕，古者之所易，今人之所难。江南人事不获已，须言阀阅，必以文翰，罕有面论者。北人无何便尔话说，及相访问。如此之事，不可加于人也。人加诸己，则当避之。名位未高，如为勋贵所逼，隐忍方便，速报取了；勿使烦重，感辱祖父。若没，言须及者，则敛容肃坐，称大门中，世父、叔父则称从兄弟门中，兄弟则称亡者子某门中，各以其尊卑轻重为容色之节，皆变于常。若与君言，虽变于色，犹云亡祖亡伯亡叔也。吾见名士，亦有呼其亡兄弟为兄子弟子门中者，亦未为安贴也。北土风俗，都不行此。太山羊侃，梁初入南；吾近至邺，其兄子肃访侃委曲，吾答之云："卿从门中在梁，如此如此。"肃曰："是我亲第七亡叔，非从也。"祖孝徵在坐，先知江南风俗，乃谓之云："贤从弟门中，何故不解？"

【注释】

（1）**言及先人，理当感慕，古者之所易，今人之所难**：这是一个复合句，前面两句是整个复合句的主语，后面两句是谓语，我们可以看作是后面两句的前面省略了一个"此"字。"感慕"，感伤追怀。

（2）**江南人事不获已，须言阀阅，必以文翰，罕有面论者**："事不获已"，碰到不得已的事，"不获已"犹言不得已。"阀阅"，家世、门阀。"以文翰"，以文字、书信的方式。"面论"，当面谈论。

（3）**北人无何便尔话说，及相访问**："无何"，无故、没什么理由。"访问"，询问。

（4）**如此之事，不可加于人也。人加诸己，则当避之**："加于人"，用在别人的身上，即今天说的强加于人。"加诸己"，加之于己，"诸"是之于的合音。

（5）**名位未高，如为勋贵所逼，隐忍方便，速报取了；勿使烦重，感辱祖父**："隐忍"，克制、忍耐。"方便"，随机应变。"速报取了"，简单地回答，迅速结束谈话，"报"，回答，"了"，结束。"烦重（chóng）"，这里是说讲话多，反反复复。"祖父"，祖父和父亲，亦即先人之意。

（6）**若没，言须及者，则敛容肃坐，称大门中，世父、叔父则称从兄弟门中，兄弟则称亡者子某门中，各以其尊卑轻重为容色之节，皆变于常**："没（mò）"，亡殁。"敛容肃坐"，让自己表情严肃，坐姿端正。"变于常"，与平常不同。

（7）**若与君言，虽变于色，犹云亡祖亡伯亡叔也**："君"，君王。

（8）吾见名士，亦有呼其亡兄弟为兄子弟子门中者，亦未为安贴也："呼其亡兄弟为兄子弟子门中"，此语的意思是，当他要称呼亡兄的时候，不说亡兄的名字，而说亡兄之子"某某门中"，当他要称呼亡弟的时候，不说亡弟的名字，而说亡弟之子"某某门中"。

（9）北土风俗，都不行此：北方的风俗都没有这些讲究。

（10）太山羊侃，梁初入南："太山"，即泰山，郡名，在今山东泰安东南。"羊侃"，字祖忻，泰山梁父人，梁武帝大通三年（529）从北魏投奔梁，授徐州刺史。《梁书》有传。

（11）吾近至邺，其兄子肃访侃委曲，吾答之云："卿从门中在梁，如此如此。"肃曰："是我亲第七亡叔，非从也。"："其兄子肃"，羊侃哥哥的儿子羊肃。"访侃委曲"，问羊侃的详细情况，"委曲"，原委。"卿从（zòng）门中"，即羊侃，按前面所说的南方的习俗，羊侃已亡，为了避讳，颜之推就不提羊侃的名字，而以羊侃儿子门中来称呼羊侃，羊侃儿子与羊肃为从兄弟，所以称"卿从"，"卿"，你，是对晚辈的亲切称呼。羊肃因为生长在北方，不懂南方的习俗，所以就误解了颜之推的意思，以为"卿从"是指你的从叔，所以就纠正颜之推说羊侃是我的亲叔叔，排行老七，不是从叔。

（12）祖孝徵在坐，先知江南风俗，乃谓之云："贤从弟门中，何故不解？"："祖孝徵"，即祖珽，字孝徵，在北方为官。《北齐书》有传。这句话是说，祖珽虽然是北方人，但是他见多识广，知道南方人习俗，所以他懂得颜之推的话，于是就纠正羊肃："你为何不懂'贤从弟门中'的意思呢？"

【译文】

当谈话涉及先人的时候，按理应当伤感不愿提及，这对古人来说是很容易的事，但现在人却觉得很难。江南的人除非万不得已，一定得谈到自己的家世，也多半采取书信的方式，很少有当面谈论的。北方人没这些讲究，随随便便就提到了，甚至互相询问对方家世。这一类的事情（因为南北风俗不同）不要强加于人，如果别人问到你，则尽力加以回避。如果你名声地位还不高，又遇到权贵逼问，那你就只好克制忍耐，随机应变，简单回答，快速结束谈话，别让这种谈话啰啰唆唆，而污辱到自己的先人。如果先人过世而又必须提到的话，就收敛自己的面容，端正自己的坐姿，口称"大门中"，亡伯、亡叔则称"从兄弟门中"，如果提到亡兄、亡弟则称死者儿子"某某门中"，并且要根据他们各自的长幼尊卑，来调整自己的脸色，总之与平常的表情不一样。如果是跟君王谈话，提到自己已故的长辈，虽然脸色悲戚，但是口里称呼只说"亡祖、亡伯、亡叔"（而不说"某某门中"）。我看见有些名士，（在君王面前）也有称呼亡兄为兄子"某某门中"，亡弟为弟子"某某门中"，这也是不太妥当的。北方的风俗都不讲究这些，比如说泰山的羊侃，在梁武帝的时候投奔南方。我最近到邺城，羊侃哥哥的儿子羊肃向我问起羊侃的详细情况（羊侃已亡），我就回答他说："你从兄弟门中在梁朝如何如何。"羊肃（居然听不懂）说："羊侃是我亲叔，排行第七，不是从叔。"当时祖珽在座，他先就知道江南的风俗，于是对羊肃说："是说你从弟门中，你怎么不理解呢？"

6.13 古人皆呼伯父叔父，而今世多单呼伯叔。从父兄弟姊妹已孤，而对其前，呼其母为伯叔母，此不可避者也。兄弟之子已孤，与他人言，对孤者前，呼为兄子弟子，颇为不忍；北土人多呼为侄。案：《尔雅》《丧服经》《左传》，侄虽名通男女，并是对姑之称。晋世已来，始呼叔侄；今呼为侄，于理为胜也。

【注释】

（1）**古人皆呼伯父叔父，而今世多单呼伯叔**：伯仲叔季是兄弟排行，如大哥可以叫伯兄，现在用来称呼父亲的兄弟，照理应该在后面加一个"父"字，如伯父、叔父，后世简称伯、叔。颜之推大概觉得这是不妥当的，但已经相沿成习，那也只好从俗。

（2）**从父兄弟姊妹已孤，而对其前，呼其母为伯叔母，此不可避者也**："从父兄弟姊妹"，即伯父、叔父的子女。这里是说，伯、叔的子女丧父以后，如果在他们面前提到他们的母亲要称伯母、叔母，不能因为不忍心提起伯、叔就不讲伯母、叔母，因为这是不可回避的事。

（3）**兄弟之子已孤，与他人言，对孤者前，呼为兄子弟子，颇为不忍；北土人多呼为侄。案：《尔雅》《丧服经》《左传》，侄虽名通男女，并是对姑之称**：这里是说，男女都可以叫"侄"，因为是相对于"姑"而言的。翼明案：正因为是对姑而言，所以"姪"字从女，写单人旁是后起的，并非侄女用"姪"，侄儿用"侄"，现在"侄""姪"通用，两个都不算错。《尔雅》，中国最早的字典，清代列为十三经之一。《丧服经》，《仪礼》中的一篇。

（4）**晋世已来，始呼叔侄；今呼为侄，于理为胜也**：这里是说，本来"侄"

是对"姑"而言，最早只讲姑侄，晋朝以后才开始讲叔侄，颜之推认为这样是好的。"于理为胜"，在道理上讲（这个）比较好、比较妥当。

【译文】

古代的人都称呼伯父、叔父，现在单称伯、叔，如果伯父、叔父的子女丧父，那么在他们面前，称呼他们的母亲为伯母、叔母，这个是不可回避的。如果兄弟的儿子丧父，你当着他们与别人讲话，称他们为兄子、弟子，这未免有点不忍心。北方人大多称呼他们为侄，根据《尔雅》《丧服经》《左传》来看，"侄"是男女通用，但都是对"姑"而言，晋朝以后才开始讲叔侄。现在无论对"姑"对"叔"都通称为"侄"，我觉得在从道理上看这样是更妥当的。

6.14 别易会难，古人所重；江南饯送，下泣言离。有王子侯，梁武帝弟，出为东郡，与武帝别，帝曰："我年已老，与汝分张，甚以恻怆。"数行泪下。侯遂密云，赧然而出。坐此被责，飘飖舟渚，一百许日，卒不得去。北间风俗，不屑此事，歧路言离，欢笑分首。然人性自有少涕泪者，肠虽欲绝，目犹烂然；如此之人，不可强责。

【注释】

（1）**别易会难，古人所重；江南饯送，下泣言离**："别易会难"，分别容易，再见很难，古代交通不发达，所以都把离别看得很重。"饯送"，饯行送别。"下泣言离"，即言离泣下，说到分别就流泪。

（2）**有王子侯，梁武帝弟，出为东郡，与武帝别，帝曰："我年已老，与汝分张，甚以恻怆。"数行泪下**："王子侯"，爵名，封给天子及诸王的儿子的，始于汉武帝时，《汉书》有《王子侯表》。"分张"，分别。"恻怆"，伤心。

（3）**侯遂密云，赧然而出**："密云"，是"密云不雨"的省语，这里比喻眼泪流不下来。"赧（nǎn）然"，因羞惭而脸红的样子。

（4）**坐此被责，飘飖舟渚，一百许日，卒不得去**："坐此"，因此。"舟渚"，停船的岸边，"渚"，水边。"卒"，终于。

（5）**北间风俗，不屑此事，歧路言离，欢笑分首**："分首"，分手、分别。

（6）**然人性自有少涕泪者，肠虽欲绝，目犹烂然；如此之人，不可强责**："烂然"，目光闪闪。

【译文】

　　分别容易再见很难，所以古人很看重离别之情。南方人在分别的时候，都会设宴饯行，谈到离别眼泪就流下来。有一个王子侯，是梁武帝的弟弟，在离开京城前往东方州郡任职之前，去向梁武帝告别，梁武帝说："我年纪已经老了，跟你分别，非常感伤。"说着说着就流泪了。王子侯也显出很难过的样子，但是却挤不出眼泪，只好尴尬地退出来。他因为这件事而受到指责，舟船在岸边漂荡了一百多天，终于没能离开。北方的风俗，不屑于这样做，在分别的路上谈起分手的事，还是高高兴兴的。有的人天生就很少流眼泪，即使悲痛得肠子都要断了，眼睛还是闪闪发光，对这样的人就不可勉强而加以指责。

　　6.15　凡亲属名称，皆须粉墨，不可滥也。无风教者，其父已孤，呼外祖父母与祖父母同，使人为其不喜闻也。虽质于面，皆当加外以别之；父母之世叔父，皆当加其次第以别之；父母之世叔母，皆当加其姓以别之；父母之群从世叔父母及从祖父母，皆当加其爵位若姓以别之。河北士人，皆呼外祖父母为家公家母，江南田里间亦言之，以家代外，非吾所识。

【注释】

（1）**凡亲属名称，皆须粉墨，不可滥也**："粉墨"，白黑，这里用作动词，意为区分黑白，分辨清楚。

（2）**无风教者，其父已孤，呼外祖父母与祖父母同，使人为其不喜闻也**："无风教者"，缺乏教养的人。"风教"，主要指家风、家教，已见前（1.2）注。

（3）**虽质于面，皆当加外以别之**："质于面"，当面。

（4）**父母之世叔父，皆当加其次第以别之；父母之世叔母，皆当加其姓以别之；父母之群从世叔父母及从祖父母，皆当加其爵位若姓以别之**："世叔父"，伯父和叔父。"世叔母"，伯母、叔母。"群从（zòng）世叔父母"，各位堂伯母、堂叔母。"爵位若姓"，爵位或者姓氏，"若"，或者。

（5）**河北士人，皆呼外祖父母为家公家母，江南田里间亦言之，以家代外，非吾所识**："家公家母"，梁章钜《称谓录》卷三："北人称母为家家，故谓母之父母为家公、家母。"

【译文】

　　凡是亲属的称呼，都要分辨清楚，不可以随便乱叫。有些缺乏教养的人，在祖父母过世以后，称呼外祖父、外祖母与祖父、祖母相同，让人听了不高兴。即使是当着外祖父、外祖母的面，都应该加个"外"字以示区别。称呼父母亲的伯父、叔父，应当以排行加以区别。父母亲的伯母、叔母，应当加上他们的姓来区别。称呼父母的堂伯父、堂伯母、堂叔父、堂叔母以及堂祖父、堂祖母，应当加上爵位或姓氏来区别。北方的读书人，都把外祖父、外祖母叫作家公、家母，江南乡下有时候也这样称呼。用"家"来代"外"，这是什么原因，我实在搞不清楚。

　　6.16　凡宗亲世数，有从父，有从祖，有族祖。江南风俗，自兹已往，高秩者，通呼为尊；同昭穆者，虽百世犹称兄弟；若对他人称之，皆云族人。河北士人，虽三二十世，犹呼为从伯从叔。梁武帝尝问一中土人曰："卿北人，何故不知有族？"答云："骨肉易疏，不忍言族耳。"当时虽为敏对，于礼未通。

【注释】

（1）**凡宗亲世数，有从父，有从祖，有族祖**："宗亲"，同宗的亲人。

（2）**江南风俗，自兹已往，高秩者，通呼为尊；同昭穆者，虽百世犹称兄弟；若对他人称之，皆云族人。河北士人，虽三二十世，犹呼为从伯从叔**："高秩"，这里泛指地位高者，"秩"，官职，品位。"同昭穆"，中国古代的宗庙之制，太祖居中，父居左为昭，子居右为穆，这样排下来，天子之庙排七代，诸侯之庙排五代，大夫之庙排三代，士人排一代，见《礼记·王制》，这里说"同昭穆"，意思是同一个老祖宗。

（3）**梁武帝尝问一中土人曰："卿北人，何故不知有族？"答云："骨肉易疏，不忍言族耳。"当时虽为敏对，于礼未通**："中土"，中原，当时就是北方。"敏对"，聪明的对答。这段话背后有个故事，据王利器考证，这个中土人是夏侯亶（dǎn），他的族人夏侯溢被任命为衡阳内史，前来向梁武帝辞别，当时夏侯亶也在场，梁武帝问夏侯亶："夏侯溢跟你是什么关系？"夏侯亶说："是我的堂弟。"梁武帝知道夏侯亶和夏侯溢应该没那么亲，梁武帝认为夏侯亶应该称夏侯溢为族弟，就说："你们北方人怎么都不分族和堂？"夏侯亶回答说："我听说太讲究世系辈分容易疏远，所以不忍心称族弟。"这件事情可参看《梁书·夏侯亶传》。

【译文】

　　同宗亲属的世系辈分,有堂父、堂祖、族祖的区别。江南的风俗,祖辈以上地位高的通称为尊。同一个老祖宗而辈分相同的,就算隔了很多代还称作兄弟,但如果是对外人称呼自己宗族的人,则一律称为族人。而北方的士人,虽然隔了很多代,还是称作堂伯、堂叔。梁武帝曾经问一个中原士人:"你们北方人怎么不知道有族人的称呼?"这个人回答:"同一个老祖宗的后代隔远了就容易疏远,所以我们不忍心叫族人。"这在当时是算很聪明的回答,但从礼仪的角度看是讲不通的。

6.17　吾尝问周弘让曰:"父母中外姊妹,何以称之?"周曰:"亦呼为丈人。"自古未见丈人之称施于妇人也。吾亲表所行,若父属者,为某姓姑;母属者,为某姓姨。中外丈人之妇,猥俗呼为丈母,士大夫谓之王母、谢母云。而《陆机集》有《与长沙顾母书》,乃其从叔母也,今所不行。齐朝士子,皆呼祖仆射为祖公,全不嫌有所涉也,乃有对面以相戏者。

【注释】

（1）**吾尝问周弘让曰:"父母中外姊妹,何以称之?"周曰:"亦呼为丈人。"**:"周弘让",陈朝学者,史称他"博学多通"。"中外",又称中表,中是内,表是外,姑姑的子女称为"外",舅舅的子女称为"内",通称"中外"或"中表",后世也称"姑表""舅表",通称为"表亲",南北朝的时候最重表亲。

（2）**自古未见丈人之称施于妇人也。吾亲表所行,若父属者,为某姓姑;母属者,为某姓姨**:"施于",用在。"亲表",即表亲。"父属""母属",父系、母系。颜之推在这里说,从古以来没有把丈人这个称呼用在妇人身上的,清朝学者惠栋《松崖笔记》卷二曾指出颜氏此语是错误的,而周弘让倒是对的,他特别引用《古诗为焦仲卿妻作》诗中"三日断五匹,丈人故嫌迟"为证,这里的"丈人"明显是指婆婆,可见古代丈人是可以施于妇人的。按后世所见各本"丈人故嫌迟"均作"大人故嫌迟",惠栋认为"大人"是"丈人"之误,是后人受颜之推的影响而误改的。参见王利器《颜氏家训集解》此条注。

（3）**中外丈人之妇,猥俗呼为丈母,士大夫谓之王母、谢母云**:"猥俗",俗气、不高雅,这里指民间。

(4)而《陆机集》有《与长沙顾母书》，乃其从叔母也，今所不行："陆机"，西晋文学家。字士衡，吴郡吴县（今上海松江区）人。少有异才，文章盖世。其父陆抗为吴将帅。吴灭后，与弟陆云入洛阳，文才倾动一时，号称二陆。后在八王之乱中，为司马颖所杀。原有文集，已散佚，后人辑有《陆士衡集》。

(5)齐朝士子，皆呼祖仆射为祖公，全不嫌有所涉也，乃有对面以相戏者："祖仆射（yè）"，即祖珽，字孝徵。已见前（6.12）注，"仆射"，官名，东汉尚书仆射为尚书令的副手，魏晋以后，令、仆同居宰相之位。"有所涉"，有牵涉之处，因为祖珽的祖跟祖父的祖相同，称祖公就会使人误会成自己的祖父。

【译文】

我曾经问周弘让："父母亲的中表姐妹，应该怎么称呼？"周弘让说："也都称为丈人。"自古以来没有见过把丈人这个称呼用在女人身上的。我的表亲是这样称呼的：如果是父亲的中表姐妹，就称她为某姓姑，如果是母亲的中表姐妹，就称她为某姓姨。中表长辈的妻子，民间称为丈母，读书人则称她们为王母、谢母等。《陆机集》中有《与长沙顾母书》，这里的顾母指的是他的堂叔母，（把堂叔母称为某姓母）这种称法现在不通行了。齐朝的士子都称呼祖仆射祖珽为祖公，完全不忌讳这会牵涉到自己的祖父，甚至还有人当着祖珽的面拿这个开玩笑。

6.18 古者，名以正体，字以表德，名终则讳之，字乃可以为孙氏。孔子弟子记事者，皆称仲尼；吕后微时，尝字高祖为季；至汉爰种，字其叔父曰丝；王丹与侯霸子语，字霸为君房；江南至今不讳字也。河北士人全不辨之，名亦呼为字，字固呼为字。尚书王元景兄弟，皆号名人，其父名云，字罗汉，一皆讳之，其余不足怪也。

【注释】

(1)古者，名以正体，字以表德，名终则讳之，字乃可以为孙氏："正体"，端正礼仪。"表德"，表明德行。"名终则讳"，人死之后名就要避讳。"字乃可以为孙氏"，字却可以为孙子的氏。"氏"，古人有姓有氏，姓大于氏，一个姓下面可以分几个氏，祖父的字，孙子可以拿来作氏。

(2)孔子弟子记事者，皆称仲尼；吕后微时，尝字高祖为季；至汉爰种，字其叔父曰丝；王丹与侯霸子语，字霸为君房；江南至今不讳字也：这里举孔子的学生称呼孔子、吕雉称呼刘邦、袁种称呼他的叔父袁盎、王丹称呼侯霸等几个例子说明古人是不避讳字的，江南一直到现在都如此。"仲尼"，孔子名丘，字仲尼。"吕后"，汉高祖刘邦的妻子，名雉。"微时"，尚未发达的时候。"高祖"，指刘邦，刘邦字"季"。"爰种"，即袁种，"爰"后世都作"袁"，西汉大臣袁盎之侄。袁盎字丝，因数度直谏，徙为吴相。临行时，袁种谓盎曰："吴王骄日久，国多奸，今丝欲刻治，彼不上书告君，则利剑刺君矣。"事见《汉书·爰盎传》。"王丹"，东汉官吏，字仲回，历任太子少傅、太子太傅。"侯霸"，已见前（6.8）注。《后汉书·王丹传》："时大司徒侯霸欲与交友，及丹被征，遣子昱候于道。昱迎拜车下，丹下答之。昱曰：'家公欲与君结交，何为见拜？'丹曰：'君房有是言，丹未之许也。'"

（3）河北士人全不辨之，名亦呼为字，字固呼为字。尚书王元景兄弟，皆号名人，其父名云，字罗汉，一皆讳之，其余不足怪也：这里讲河北读书人不懂得区分名和字，并举王元景兄弟为例，他们对父亲名也讳字也讳，颜之推认为这样是不对的。"王元景"，即北齐官吏王昕，字符景，北海郡（今山东寿光南）人。少时笃学不倦，官拜银青光禄大夫，判祠部尚书事。其弟王晞，字叔朗，小名沙弥，幼而孝谨，好学不倦。《北齐书》有王元景兄弟传。其父王云，字罗汉，官兖州刺史。

【译文】

在古代，（一个人有名有字）名是用来端正礼仪的，字是用来表明德行的。人死了之后名是要避讳的，字却可以做后代的氏（是不需要避讳的）。孔子的学生们追叙往事的时候，都称呼孔子为仲尼；吕后在还没发达的时候，称呼刘邦为季；到汉朝的袁种，称呼叔父袁盎叫丝；王丹跟侯霸的儿子交谈的时候，称呼侯霸为君房。江南人到现在还不避讳字。而河北读书人却不加区分，名也叫作字，字本来就叫字。尚书王元景兄弟，都号称名人，他们的父亲名云，字罗汉，云和罗汉他们都避讳，（王元景兄弟尚且如此）其他的人不懂得名与字的区别就不奇怪了。

6.19《礼·间传》云："斩缞之哭，若往而不反；齐缞之哭，若往而反；大功之哭，三曲而偯；小功缌麻，哀容可也，此哀之发于声音也。"《孝经》云："哭不偯。"皆论哭有轻重质文之声也。礼以哭有言者为号，然则哭亦有辞也。江南丧哭，时有哀诉之言耳；山东重丧，则唯呼苍天，期功以下，则唯呼痛深，便是号而不哭。

【注释】

（1）《礼·间传》云："斩缞之哭，若往而不反；齐缞之哭，若往而反；大功之哭，三曲而偯；小功缌麻，哀容可也，此哀之发于声音也。"：《礼·间传》，《间传》是《仪礼》中的一篇，主要是讲服丧的轻重区别。"斩缞（cuī）"，古代五种丧服之中最重的一种，"缞"指丧服的边，"斩"就是不缝边。丧服用生麻布制成，不缝边，服丧三年，儿子对父母、媳妇对公婆、妻妾对丈夫都服斩缞。"齐（zī）缞"，五种丧服中次于斩缞的一种，下摆缝齐，服丧的时间长短根据对象的不同，从三月到三年。"大功"，五种丧服中次于齐缞的一种，丧服以熟布制成，服丧九月。"三曲而偯（yǐ）"，"偯"，哭的尾声。《仪礼·间传》郑玄注："三曲，一举声而三折也；偯，声余从容也。""小功"，五种丧服中次于大功的一种，服丧五月。"缌（sī）麻"，五种丧服中最轻的一种，服丧三月。

（2）《孝经》云："哭不偯。"皆论哭有轻重质文之声也：《孝经》，《十三经》之一，一般说是曾子根据孔子的教导撰写的。"哭不偯（yǐ）"，意思是因为太悲哀哭得声嘶力竭，没有尾声了。"皆"，都是，指上面的《礼经》和《孝经》。

（3）礼以哭有言者为号，然则哭亦有辞也。江南丧哭，时有哀诉之言耳；山东重丧，则唯呼苍天，期功以下，则唯呼痛深，便是号而不哭：这几句是具体说明前句"哭有轻重质文之声"。"号（háo）"，大哭，有各种说法，有的把一边哭一边诉说叫号，也有的把没有诉说的哭叫号，还有的把没有眼泪的叫号。"山东"，指太行、恒山以东，即河北一带。南北朝时期，山东常常就是北方的意思。"期（jī）功"，指服一年的齐缞，"期"，一周年。

【译文】

《礼记·间传》说："斩缞的哭，好像一哭就气绝，再也回不过气来；齐缞的哭，要哭了再哭，哭得死去活来；大功的哭，要拉长声音地哭，一声三折；小功和缌麻只要表示出悲哀的脸色就行了。这就是哀痛之情以声音来表现的不同情况。"《孝经》说："（孝子在哭父母之丧的时候）哭得声嘶力竭，气都喘不过来。"这些都是讲的哭丧之声有轻重文质的区别。丧礼中把一边哭一边哀诉的称作"号",这样说来哭丧是可以带有言辞的。江南人在居丧哀哭的时候,经常带有哀诉的言辞,北方人在服重丧的时候,则只呼苍天,而在服期功以下之丧时,则只喊哀痛,这便是号而不哭。

6.20 江南凡遭重丧,若相知者,同在城邑,三日不吊则绝之;除丧,虽相遇则避之,怨其不己悯也。有故及道遥者,致书可也;无书亦如之。北俗则不尔。江南凡吊者,主人之外,不识者不执手;识轻服而不识主人,则不于会所而吊,他日修名诣其家。

【注释】

(1) **江南凡遭重丧,若相知者,同在城邑,三日不吊则绝之;除丧,虽相遇则避之,怨其不己悯也**:"重丧",一般指父母之丧。"相知者",要好的人,"知",不只是知道,还含有欣赏之意。"不己悯",即不悯己,古文中动词的否定式如果宾语是代词,则该代词宾语要提到动词前面,放在否定词和动词之间。

(2) **有故及道遥者,致书可也;无书亦如之**:"致书",送上唁函。"无书亦如之",如果不送唁函也照上面的办法对待,即绝交,这里的"之"指代前面所说的态度。

(3) **北俗则不尔**:"尔",代词,这样、那样。

(4) **江南凡吊者,主人之外,不识者不执手;识轻服而不识主人,则不于会所而吊,他日修名诣其家**:"轻服",服较轻丧服的人,亦即死者不是其父母,但与之有亲属关系。"会所",吊丧的现场。"修名诣其家",写好名片到他家里(表示慰问)。

【译文】

在江南,凡家里遭逢重丧,有要好的朋友又住在同一个城市,三天之内不来吊唁,丧家就会与他绝交,丧期过后,在路上碰到他也要避开,因为怨恨他不哀悯自己。如果另有缘故或者路途遥远而不能前来吊唁,写封信表示慰问也可以,如果连信也不写,那丧家也会与他绝交。北方的风俗则没有这个讲究。江南地区凡是来吊唁的人,除了丧主之外,不跟不相识的人握手,如果只认识服丧较轻的亲属而不认识丧主,就不必到治丧的现场吊唁,只要改天写好名片到丧家表示慰问就行了。

6.21 阴阳说云："辰为水墓，又为土墓，故不得哭。"王充《论衡》云："辰日不哭，哭必重丧。"今无教者，辰日有丧，不问轻重，举家清谧，不敢发声，以辞吊客。道书又曰："晦歌朔哭，皆当有罪，天夺其算。"丧家朔望，哀感弥深，宁当惜寿，又不哭也？亦不谕。

【注释】

（1）阴阳说云："辰为水墓，又为土墓，故不得哭。"："阴阳说"，阴阳家的学说。阴阳家是九流十家之一，以探讨阴阳五行为其学术的主旨。

（2）王充《论衡》云："辰日不哭，哭必重丧。"："王充"，东汉著名学者，思想家，字仲任，会稽上虞人（治今浙江上虞）。《论衡》是王充的代表作，在中国学术史上有重要地位。"重（chóng）丧"，双重的丧事，意即还要死人。

（3）今无教者，辰日有丧，不问轻重，举家清谧，不敢发声，以辞吊客："无教者"，缺乏教养的人、没有文化的人。"清谧"，清净没有声音。

（4）道书又曰："晦歌朔哭，皆当有罪，天夺其算。"："道书"，道教的书。"晦"，农历月底，即每月三十（大月）或二十九（小月）。"朔"，农历月初，即每月初一。"算"，寿命。

（5）丧家朔望，哀感弥深，宁当惜寿，又不哭也？亦不谕："望"，农历月中，即每月十五。"弥深"，更深。"宁（nìng）当"，难道应当。"不谕"，不明白。

【译文】

阴阳家说："辰日是水墓又是土墓，所以不可以哭丧。"王充在《论衡》里面说："辰日不可以哭丧，要是哭了就会再死人。"现在有些缺乏教养的人，如果辰日遇到丧事，就不管是轻丧还是重丧，全家都静悄悄的，不敢发出哭声，并且谢绝前来吊丧的宾客。道教的书上又说："晦日唱歌，朔日哭泣，都是有罪的，老天会减少他的寿命。"丧家遇到朔日和望日，哀痛比平常更深切，难道为了保命就不哭了吗？这实在不知道有何道理。

6.22 偏傍之书，死有归杀。子孙逃窜，莫肯在家；画瓦书符，作诸厌胜；丧出之日，门前然火，户外列灰，被送家鬼，章断注连。凡如此比，不近有情，乃儒雅之罪人，弹议所当加也。

【注释】

（1）偏傍之书，死有归杀："偏傍之书"，旁门左道之书。"归杀（shà）"，"杀"也作"煞"，道教迷信，说人死后若干日魂魄会回家一次叫作"归煞"，届时家里人要外出回避，叫作"避煞"。

（2）子孙逃窜，莫肯在家；画瓦书符，作诸厌胜；丧出之日，门前然火，户外列灰，祓送家鬼，章断注连："画瓦书符"，"符"是道教使用的一种变形的书法，认为可以镇妖驱鬼，把符画在瓦上就叫"画瓦"。"厌胜"，是一种巫术，画符念咒，镇妖驱鬼。"厌"，压。"胜"，胜过。"然火"，"然"同"燃"。"列灰"，把灰撒在地上。"祓送家鬼"，"祓（fú）"，是一种妖术仪式，以除灾去邪。"家鬼"，即家中先人的鬼魂。"章断注连"，向上帝送奏章求免株连。"章"，奏章。"断"，断绝。"注连"，接连不断。

（3）凡如此比，不近有情，乃儒雅之罪人，弹议所当加也："如此比"，如此之类、如此等，"比"，类、等。"儒雅"，文雅，这里指儒术、儒学。"弹议"，弹劾议论。

【译文】

旁门左道之书上说，人死了之后，灵魂会在某一天回家来。这一天子孙都逃避在外，没有人肯留在家里。在瓦上画上符箓，运用各种驱鬼镇妖的办法。还说出丧的那一天，门前要烧火，门后要撒灰，口念符咒送鬼出门，向上帝送奏章求免株连。凡是这一类事情都不近情理，是儒术的罪人，应当加以弹劾批评才对。

6.23 己孤，而履岁及长至之节，无父，拜母、祖父母、世叔父母、姑、兄、姊，则皆泣；无母，拜父、外祖父母、舅、姨、兄、姊，亦如之。此人情也。

【注释】

（1）"己孤"，一本作"若孤"。"履岁"，履端岁首，即大年初一。"长至"，冬至。"泣"，有泪无声叫作"泣"。

【译文】

父亲或母亲去世以后，在大年初一和冬至这两个节日里，如果是父亲不在了，就要拜见母亲、祖父祖母、伯父伯母、叔父叔母、姑姑、兄长、姐姐，拜时都要哭泣；如果是母亲不在了，就要拜见父亲、外祖父外祖母、舅舅、姨妈、兄长、姐姐，也一样要哭泣。这些都是人之常情。

6.24 江左朝臣，子孙初释服，朝见二宫，皆当泣涕；二宫为之改容。颇有肤色充泽，无哀感者，梁武薄其为人，多被抑退。裴政出服，问讯武帝，贬瘦枯槁，涕泗滂沱，武帝目送之曰："裴之礼不死也。"

【注释】

（1）**江左朝臣，子孙初释服，朝见二宫，皆当泣涕；二宫为之改容**："江左"，即江东、江南，前已见。"释服"，除去丧服，即丧期满，恢复正常生活。

（2）**颇有肤色充泽，无哀感者，梁武薄其为人，多被抑退**："颇"，有一些。"充泽"，丰满而有光泽。"薄其为人"，看不起他的人品，"薄"，形容词作动词用。

（3）**裴政出服，问讯武帝，贬瘦枯槁，涕泗滂沱，武帝目送之曰："裴之礼不死也。"**："出服"，即释服。"问讯"，佛家之礼，双手合十弯腰，梁武帝信佛，所以裴政用佛礼与他相见。"贬瘦"，消瘦。"涕泗滂沱"，泪如雨下，"滂沱"谓水多。"裴之礼"，字子义，裴政之父，以孝闻名。

【译文】

江南大臣去世后，他们的子孙在除去丧服之后，去朝见天子和太子，都应当哭泣流泪，天子和太子也会为之动容。但颇有一些人显得肌肤丰满，脸色光亮，没有悲哀的神色，梁武帝鄙薄他们的人品，往往将他们贬官降职。裴政出服之后，去看望问候梁武帝，他显得很消瘦憔悴，泪如雨下，梁武帝目送他离去，说："裴之礼（有这么好的儿子，可说是）没有死啊。"

6.25 二亲既没，所居斋寝，子与妇弗忍入焉。北朝顿丘李构，母刘氏夫人亡后，所住之堂，终身锁闭，弗忍开入也。夫人，宋广州刺史纂之孙女，故构犹染江南风教。其父奖，为扬州刺史，镇寿春，遇害。构尝与王松年、祖孝徵数人同集谈宴。孝徵善画，遇有纸笔，图写为人。顷之，因割鹿尾，戏截画人以示构，而无他意。构怆然动色，便起就马而去。举坐惊骇，莫测其情。祖君寻悟，方深反侧，当时罕有能感此者。吴郡陆襄，父闲被刑，襄终身布衣蔬饭，虽姜菜有切割，皆不忍食；居家惟以掐摘供厨。江宁姚子笃，母以烧死，终身不忍啖炙。豫章熊康，父以醉而为奴所杀，终身不复尝酒。然礼缘人情，恩由义断，亲以噎死，亦当不可绝食也。

【注释】

（1）**二亲既没，所居斋寝，子与妇弗忍入焉**："斋寝"，古人遇大事则沐浴斋戒，居别室，这个别室就叫斋寝。

（2）**北朝顿丘李构，母刘氏夫人亡后，所住之堂，终身锁闭，弗忍开入也**："顿丘"，今河南清丰西南。"李构"，字祖基，性方正，为当时名流所重。

（3）**夫人，宋广州刺史纂之孙女，故构犹染江南风教**："夫人"，指李构的母亲刘氏。"宋"，指南朝刘裕建立的宋朝。"广州刺史"，"广州"即今广州，当时叫番禺。"刺史"，官名，为一州之长。

（4）**其父奖，为扬州刺史，镇寿春，遇害**："其父"，他的父亲，这里指李构的父亲，即李奖。李奖，字遵穆，历任吏部郎中、相州刺史。元颢入洛，以奖兼尚书右仆射，慰劳徐州。羽林及城人不承颢旨，害奖，传首洛阳。孝武帝初，诏赠冀州刺史。颜子推称其为扬州刺史，有误。关于李构、李奖的事迹参考《北史·李崇传》。

（5）**构尝与王松年、祖孝徵数人同集谈宴**："王松年"，北齐官吏，《北齐书》有传。"祖孝徵"见前（6.12）注。"同集"，一起聚会。"谈宴"，聊天吃饭。

（6）**孝徵善画，遇有纸笔，图写为人。顷之，因割鹿尾，戏截画人以示构，而无他意。构怆然动色，便起就马而去。举坐惊骇，莫测其情**："就马"，骑马。"莫测其情"，没有人明白是什么原因，"莫"，无人、没有人。

（7）**祖君寻悟，方深反侧，当时罕有能感此者**："寻"，很快。"反侧"，辗转反侧，即不安。

（8）**吴郡陆襄，父闲被刑，襄终身布衣蔬饭，虽姜菜有切割，皆不忍食；居家惟以掐摘供厨**："吴郡"，郡名，治所在今江苏苏州。"陆襄"，曾任南梁度支尚书。弱冠时始安王萧遥光造反，中央发兵围剿，他的父亲陆闲和二哥陆绛一起被中央军斩首。陆襄是陆闲的幼子。事见《南史·陆慧晓传》。

（9）**江宁姚子笃，母以烧死，终身不忍啖炙**："江宁"，地名，今属江苏南京市江宁区。"姚子笃"，事迹不详。"啖炙"，吃烧烤的肉。"啖"，吃。

"炙"，烧烤、烤肉。

（10）豫章熊康，父以醉而为奴所杀，终身不复尝酒："豫章"，郡名，今江西南昌。"熊康"，事迹不详。

（11）然礼缘人情，恩由义断，亲以噎死，亦当不可绝食也："缘"，因、根据。

【译文】

父母亲过世后，他们生前斋戒时所住过的房间，儿子和儿媳妇就不忍心进去。北朝顿丘人李构，在他母亲刘氏去世以后，就把她生前所住的堂屋一直锁住，一辈子不忍心再打开。他母亲是宋时广州刺史刘篹的孙女，所以李构也受到南方风俗的熏陶。李构的父亲李奖做过扬州刺史，在镇守寿春的时候被杀害。李构有一次跟王松年、祖孝徵等人一起聚会，聊天吃饭。祖孝徵会画画，恰巧碰到有纸笔，就画了一个人。过了一会儿，祖孝徵拿刀割宴席上的鹿尾，顺便开玩笑把那个画的人裁断给李构看，并没有其他意思。没想到李构却哀痛得脸色大变，立刻起身骑马而去。一桌人都吓坏了，没有人知道是怎么回事。祖孝徵很快就明白了，深感不安。但是当时很少人能够感受到这一点。吴郡的陆襄，父亲陆闲被处死，陆襄穿布衣吃粗茶淡饭，即使用刀切过的生姜都不忍心吃，在家里厨房用菜只用手掐。江宁人姚子笃，母亲被烧死，他一辈子不忍心吃烤肉。豫章人熊康，父亲因为喝醉了酒被仆人所杀，他终生不碰酒。但是礼是根据人情而制定的，报恩也应该根据事理来决断。如果父母是因为吃饭而噎死的，子女也不能一辈子不吃饭吧？

6.26 《礼经》：父之遗书，母之杯圈，感其手口之泽，不忍读用。政为常所讲习，雠校繕写，及偏加服用，有迹可思者耳。若寻常坟典，为生什物，安可悉废之乎？既不读用，无容散逸，惟当缄保，以留后世耳。

【注释】

（1）《礼经》：父之遗书，母之杯圈，感其手口之泽，不忍读用：《礼经》这里指的是《礼记》，《礼记·玉藻》："父没而不能读父之书，手泽存焉尔；母没而杯圈不能饮焉，口泽之气存焉尔。""杯圈"，亦作杯棬，一种木质的饮水器。孔颖达疏："杯圈，妇人之所用，故母言杯圈。""泽"，滋润。"手口之泽"，指手汗和口气的滋润。

（2）政为常所讲习，雠校繕写，及偏加服用，有迹可思者耳："政"通"正"，只、只是。"雠（chóu）校"，校对。"缮写"，抄写。"偏"，特别。"服用"，使用。

（3）若寻常坟典，为生什物，安可悉废之乎："坟典"，书籍，原指三坟、五典，相传是中国最古老的书籍。"什物"，杂物、各种器具。

（4）既不读用，无容散逸，惟当缄保，以留后世耳："无容"，不应该、不可以。"散逸"，丢散。"缄（jiān）保"，封存，用针线缝起来叫"缄"。

【译文】

《礼记》上说，父亲遗留下的书籍，母亲生前用过的口杯，子女有感于上面留有父母的手汗和口气，就不忍心阅读和使用。因为这些是他们生前常常用来讲习、校对、抄写的，或是特别常用的，因而有痕迹会引发思念。如果只是一般的书籍、生活用的杂物，怎么能全都不用呢？如果不读不用的东西，就不可以随便丢散，应当封存起来，传给后代子孙。

6.27 思鲁等第四舅母，亲吴郡张建女也，有第五妹，三岁丧母。灵床上屏风，平生旧物，屋漏沾湿，出曝晒之，女子一见，伏床流涕。家人怪其不起，乃往抱持，荐席淹渍，精神伤怛，不能饮食。将以问医，医诊脉云："肠断矣！"因尔便吐血，数日而亡。中外怜之，莫不悲叹。

【注释】

（1）"荐席"，草席。"淹渍（zì）"，浸透。"伤怛（dá）"，伤痛。"将以"，带她去，"将"，带，"将"字后面省略了宾语"之"，"以"，连词，连接"将"和"问"两个动词。"因尔"，因此、接着。

【译文】

思鲁兄弟的四舅妈，是吴郡张建的亲生女儿，她有个五妹，三岁时就死了母亲。灵床上摆设的屏风，是她母亲生前用过的旧物。因为房子漏水而打湿了，被拿出去晒，五妹一见，就伏在床上痛哭流涕。家人奇怪她怎么久久没有起来，就过去抱她起身，只见床上的垫席都被眼泪打湿了。她精神伤痛，无法饮食。家人带她去看医生，医生诊脉以后说："肠子都断了！"五妹从此吐血，几天就死了。家人外人都怜惜她，无不悲伤感叹。

6.28　《礼》云："忌日不乐。"正以感慕罔极，恻怆无聊，故不接外宾，不理众务耳。必能悲惨自居，何限于深藏也？世人或端坐奥室，不妨言笑，盛营甘美，厚供斋食；迫有急卒，密戚至交，尽无相见之理。盖不知礼意乎！

【注释】

（1）**《礼》云："忌日不乐。"**："忌日"，指父母亲去世的日子，因为要禁忌饮酒作乐，所以叫忌日。
（2）**正以感慕罔极，恻怆无聊，故不接外宾，不理众务耳**："正"，止、只，前文已累见。"以"，因、因为。"罔极"，无极，不已。
（3）**必能悲惨自居，何限于深藏也**："何限于"，何必局限于、何必一定要。
（4）**世人或端坐奥室，不妨言笑，盛营甘美，厚供斋食**："奥室"，深宅、内室（即非厅堂）。"不妨"，这里是不忌、肆无忌惮的意思。"斋食"，斋戒时所吃的食品，通常是素食。
（5）**迫有急卒，密戚至交，尽无相见之理**："迫有急卒"，突然有急事，"迫"，急迫、突然，"卒"，同"猝"。"尽无"，全无。
（6）**盖不知礼意乎**："盖"，表推测的语气词。

【译文】

《礼记》上说："忌日不宴饮作乐。"只是因为有说不尽的感伤和思念，心里悲痛，打不起精神，所以忌日不接待宾客，也不处理各种杂务。如果确实能够悲伤自处，何必一定要把自己关起来呢？有些人虽然坐在内室里，却肆无忌惮地谈天说笑，还准备了精美的食物，丰富的斋饭。突然有急事要办，或者至亲好友来访，都不出来相见。（我想这些人）恐怕是不懂得忌日之礼的用意吧！

6.29　魏世王修，母以社日亡。来岁社日，修感念哀甚，邻里闻之，为之罢社。今二亲丧亡，偶值伏腊分至之节，及月小晦后，忌之外，所经此日，犹应感慕，异于余辰，不预饮宴、闻声乐及行游也。

【注释】

（1）**魏世王修，母以社日亡**："魏世"，指三国的曹魏。"王修"，字叔治，北海营陵（今山东潍坊昌乐县）人。七岁丧母。此段故事见《三国志·魏书·王修传》。"社日"，古时祭祀社神（即土地神）的日子。一般在立春、立秋后第五个戊日。立春后为春社，立秋后为秋社。

(2) **来岁社日，修感念哀甚，邻里闻之，为之罢社**："罢社"，停止社日的活动。古代社日是大节日，街坊邻里会聚在一起，欢庆宴饮。

(3) **今二亲丧亡，偶值伏腊分至之节，及月小晦后，忌之外，所经此日，犹应感慕，异于余辰，不预饮宴、闻声乐及行游也**："伏腊"，古代两种祭祀的名称。伏祭在夏季伏日，腊祭在农历十二月。"分"，春分、秋分。"至"，夏至、冬至。"月小晦后"，六朝时除忌日外，更有忌月之说。王利器《集解》引郑珍之言曰，"而又有此月中忌前晦前、忌后晦后各三日之说。……黄门（翼明按：黄门即颜之推，颜之推曾为北齐黄门侍郎）此云'月小晦后'，正谓忌月之晦前后三日，月小则廿七八九也；此与伏腊分至，皆在忌日之外"。"余辰"，其余的日辰，即别的日子。"不预"，不参加。

【译文】

曹魏时的王修，母亲是在社日去世的。第二年社日，王修感念母亲，非常悲痛，邻里乡亲听说这事，特别停止了这天的庆祝活动。如今，如果父母亲去世的日子刚好碰上伏祭、腊祭、春分、秋分、夏至、冬至这些节日，还有忌月晦日的前后三天，即使不在忌日，也要对去世的父母感怀思念，跟别的日子不同。在这些日子里，不参加宴饮、不听音乐、不外出游玩。

6.30 刘缅、缓、绥，兄弟并为名器，其父名昭，一生不为照字，惟依《尔雅》火旁作召耳。然凡文与正讳相犯，当自可避；其有同音异字，不可悉然。刘字之下，即有昭音。吕尚之儿，如不为上；赵壹之子，傥不作一，便是下笔即妨，是书皆触也。

【注释】

(1) **刘缅、缓、绥，兄弟并为名器，其父名昭，一生不为照字，惟依《尔雅》火旁作召耳**："名器"，名人。刘昭，字宣卿，平原高唐（今山东高唐县）人，《南史·文学》有传，称其"幼清警，通《老》《庄》义，及长，勤学善属文。"有二子缅、缓，未言三子绥，可能是传抄有误。

(2) **然凡文与正讳相犯，当自可避；其有同音异字，不可悉然**："正讳"，（死者的）正名。"悉然"，都这样。"当自可避"，即"当自避"，"可"字无义，这种用法魏晋南北朝常见，类似的还有"易可""难可""足可"

（见下17.9）"不可""未可"等。参看吴金华《世说新语考释·豪爽》"易可"条。

（3）**刘字之下，即有昭音**："刘"的繁体"劉"，下部为"钊"，与"昭"同音。

（4）**吕尚之儿，如不为上；赵壹之子，傥不作一，便是下笔即妨，是书皆触也**："尚"与"上"同音。"壹"与"一"同音。"是书"，任何书，"是"，凡是、任何、每。"赵壹"，字无叔，东汉文学家。

【译文】

刘绍、刘缓、刘绥都是名人，他们的父亲名昭，因而他们一辈子都不写"照"字，只是根据《尔雅》，用"火"旁加"召"来代替。不过，凡是与正名相同的字，自然应该避讳，但如果只是同音字，就不应当全都回避。"劉"字的下半部（"钊"），就有"昭"的音。如果吕尚的儿子不能写"上"字，赵壹的儿子不能写"一"字，那便下笔就有妨碍，任何书札都会触犯忌讳了。

6.31 尝有甲设宴席，请乙为宾；而旦于公庭见乙之子，问之曰："尊侯早晚顾宅？"乙子称其父已往。时以为笑。如此比例，触类慎之，不可陷于轻脱。

【注释】

（1）"公庭"，朝廷、公堂。"尊侯"，令尊，对对方父亲的尊称。"早晚"，什么时候，是六朝至唐人的习语。"比例"，类似的例子。"触类"，碰到同类的事情。"轻脱"，轻佻、不庄重。

【译文】

曾经有某甲安排宴席，打算请某乙做客；当他早上在朝廷见到某乙的儿子，就问："令尊什么时候能够光顾寒舍？"某乙的儿子回答说他的父亲已经去了，一时被当作笑话。遇到这类事情，自己一定要慎重一点（不要没有弄清对方的意思就匆忙作答），千万不可草率、轻佻。

6.32 江南风俗，儿生一期，为制新衣，盥浴装饰，男则用弓矢纸笔，女则刀尺针缕，并加饮食之物，及珍宝服玩，置之儿前，观其发意所取，以验贪廉愚智，名之为试儿。亲表聚集，致宴享焉。自兹已后，二亲若在，每至此日，尝有酒食之事耳。无教之徒，虽已孤露，其日皆为供顿，酣畅声乐，不知有所感伤。梁孝元年少之时，每八月六日载诞之辰，常设斋讲；自阮修容薨殁之后，此事亦绝。

【注释】

（1）**江南风俗，儿生一期，为制新衣，盥浴装饰，男则用弓矢纸笔，女则刀尺针缕，并加饮食之物，及珍宝服玩，置之儿前，观其发意所取，以验贪廉愚智，名之为试儿**："一期（jī）"，满一周岁。"服玩（wàn）"，衣服上的饰物和手中把玩的古董之类。"发意"，表现出来的意愿。这里讲的是当时试儿的风俗，后世多称之为抓周。

（2）**亲表聚集，致宴享焉**："亲表"，亲戚。"致宴享"，备好酒席供大家享受，"致"，备好送上。

（3）**自兹已后，二亲若在，每至此日，尝有酒食之事耳**："已后"，以后。此句末尾的"耳"字，有的版本作"而"，属下句读，于义为长。

（4）**无教之徒，虽已孤露，其日皆为供顿，酣畅声乐，不知有所感伤**："无教之徒"，没有教养的人。"孤露"，孤单、无所荫庇，亦即丧父、丧母或父母双亡。"供顿"，置办食物，"顿"，即一顿饭之"顿"。"酣畅"，尽兴。

（5）**梁孝元年少之时，每八月六日载诞之辰，常设斋讲；自阮修容薨殁之后，此事亦绝**："梁孝元"，南梁的孝元皇帝，即萧绎，梁武帝的儿子，552—554年在位。"载诞之辰"，生日。"斋讲"，吃斋讲经，佛教的活动。"阮修容"，梁元帝的母亲。

【译文】

江南的风俗，孩子生下来满一周岁，就为他做新衣，梳洗打扮，如果是男孩，就弄些弓箭、纸笔，如果是女孩，就弄些剪刀、尺子、针线，再加上食物和珍宝、玩具等，放在孩子的面前，看看他（她）想要拿什么，以此来检验孩子将来是贪浊还是廉洁，愚蠢还是聪明，把这个叫"试儿"。这一天，亲戚都聚在一起吃吃喝喝。从这以后，只要父母还在，每到这一天，就要置办酒席。而一些没有教养的人，即使父母已经过世了，到了这一天，仍然设宴，尽兴玩乐，而不知道应该感伤纪念父母。梁元帝年轻的时候，每到八月六号生日这一天，总要举办吃斋讲经的活动。自从他母亲阮修容去世以后，这种活动也就停办了。

6.33 人有忧疾，则呼天地父母，自古而然。今世讳避，触途急切。而江东士庶，痛则称祢。祢是父之庙号，父在无容称庙，父殁何容辄呼？《苍颉篇》有"㤹"字，《训诂》云："痛而謼也，音羽罪反。"今北人痛则呼之。《声类》音于耒反，今南人痛或呼之。此二音随其乡俗，并可行也。

【注释】

（1）**人有忧疾，则呼天地父母，自古而然**："忧疾"，忧患病痛。"自古而然"，从古代以来就是这样。

（2）**今世讳避，触途急切**："触途急切"，"触途"，处处、到处。这句话是说，如今（魏晋南北朝）更讲究避讳，到处都会碰到要避讳的情形。

（3）**而江东士庶，痛则称祢**："祢（nǐ）"，古人把庙中代表父亲的神主（宗庙里放在祭坛上的圭形木片，俗称牌位）叫作"祢"。《公羊传·隐公元年》何休注："生称父，死称考，入庙称祢。"

（4）**祢是父之庙号，父在无容称庙，父殁何容辄呼**："庙号"，一般指帝王死后在宗庙里的称呼，如某祖、某宗，这里指先人在家庙里的称呼。

（5）**《苍颉篇》有"㤹"字，《训诂》云："痛而謼也，音羽罪反。"今北人痛则呼之。《声类》音于耒反，今南人痛或呼之。此二音随其乡俗，并可行也**：《苍颉篇》，古代字书名。秦李斯撰《苍颉篇》，赵高撰《爰历篇》，胡毋敬撰《博学篇》，是为《三苍》，汉时亦合称《苍颉篇》，今已不传。"㤹（yáo）"，古人叫痛的声音，即今天哎唷的"唷"。"謼"同"呼"。"羽罪反"，反，又称反切，是古代的注音方法，即把前字的声母与后字的韵母合在一起，如这里取"羽"字的声母和"罪"字的韵母，所拼出的音，即"㤹"字的音（古音）。

【译文】

人遇到忧患或者病痛的时候，就呼喊天地父母，从古以来就这样。如今的人讲究避讳，到处都很严格。而江东的士大夫和平民百姓，哀痛的时候就呼"祢"。"祢"是已故父亲的庙号，父亲健在的时候当然不可以称庙号，死了后难道就可以称呼而不加避讳吗？《苍颉篇》有个"㤹"字，《训诂》解释说："这是悲痛时呼叫的声音，发音是羽罪二字的反切。"现在北方人悲痛的时候就叫这个音。另外，《声类》说这个字的发音是于耒两字的反切，现在南方人悲痛的时候就叫这个音。这两个发音人们可以遵循自己的乡俗，（或者读"羽罪反"，或者读

"于耒反")都是可行的。

6.34 梁世被系劾者，子孙弟侄，皆诣阙三日，露跣陈谢；子孙有官，自陈解职。子则草屩粗衣，蓬头垢面，周章道路，要候执事，叩头流血，申诉冤枉。若配徒隶，诸子并立草庵于所署门，不敢宁宅，动经旬日，官司驱遣，然后始退。江南诸宪司弹人事，事虽不重，而以教义见辱者，或被轻系而身死狱户者，皆为怨仇，子孙三世不交通矣。到洽为御史中丞，初欲弹刘孝绰，其兄溉先与刘善，苦谏不得，乃诣刘涕泣告别而去。

【注释】

（1）梁世被系劾者，子孙弟侄，皆诣阙三日，露跣陈谢；子孙有官，自陈解职："系劾"，系狱、论罪。"诣阙"，到朝廷大门前，"诣"，前往。"露跣（xiǎn）"，光头叫"露"，赤脚叫"跣"。

（2）子则草屩粗衣，蓬头垢面，周章道路，要候执事，叩头流血，申诉冤枉："草屩（juē）"，草鞋。"周章"，因惶恐而到处周旋，不知如何是好。"要（yāo）候"，中途等候。

（3）若配徒隶，诸子并立草庵于所署门，不敢宁宅，动经旬日，官司驱遣，然后始退："配徒隶"，发配为奴，服劳役。"宁宅"，在家里安居。

（4）江南诸宪司弹人事，事虽不重，而以教义见辱者，或被轻系而身死狱户者，皆为怨仇，子孙三世不交通矣："宪司"，魏晋以来御史的别称。"以教义见辱"，因为违反圣人的教导而被污辱。"见"，被。

（5）到洽为御史中丞，初欲弹刘孝绰，其兄溉先与刘善，苦谏不得，乃诣刘涕泣告别而去："到洽"，字茂㳂，梁彭城武原（今江苏邳州西北）人。525年迁御史中丞，弹纠无所顾望，号为劲直。《梁书》《南史》有传。"刘孝绰"，字孝绰，梁彭城（治今江苏徐州）人。与到洽友善，同游东宫，自以才优于洽，每于宴坐嗤鄙其文；洽衔之。及孝绰为廷尉正，携妾入官府，其母犹停私宅。到洽寻为御史中丞，遣令史案其事，遂劾奏之，梁武帝隐其恶，坐免官。事见《梁书》及《南史》。"溉"，到洽兄。字茂灌，少孤贫，与弟洽俱聪敏，有才学。《梁书》及《南史》有传。

【译文】

梁朝被系狱论罪的官员，他的子孙弟侄们都要连续三天在朝廷门前光头赤脚谢罪，子孙当中有做官的，要自己请求免职。如果是儿子，要穿上草鞋粗布衣服，蓬头垢面，惶恐不安，在半路上等候主事的官员，叩头流血，为父亲申冤。如果父亲被发配服苦役，儿子们就一起在官署门前搭个草棚栖身，不敢安居在家里，往往一住就是十几天，直到官府来驱赶才离开。南朝的御史们有弹劾官吏的权力，有的事情并不严重，只是违反了圣人教导就被弹劾，有的人只是受到牵连，就被拘囚死于狱中，这些人就与御史结下冤仇，弄得子孙三代都不交往。到洽做御史中丞的时候，开始想弹劾刘孝绰。到洽的哥哥到溉与刘孝绰友善，苦苦劝阻到洽不要弹劾刘孝绰，没有结果，只得去见刘孝绰，流着眼泪向他告别。

6.35 兵凶战危，非安全之道。古者，天子丧服以临师，将军凿凶门而出。父祖伯叔，若在军阵，贬损自居，不宜奏乐宴会及婚冠吉庆事也。若居围城之中，憔悴容色，除去饰玩，常为临深履薄之状焉。父母疾笃，医虽贱虽少，则涕泣而拜之，以求哀也。梁孝元在江州，尝有不豫；世子方等亲拜中兵参军李猷焉。

【注释】

（1）**兵凶战危，非安全之道**："兵凶"，《老子》第三十一章，"兵者不祥之器，非君子之器，不得已而用之"。

（2）**古者，天子丧服以临师，将军凿凶门而出**："丧服以临师"，穿着丧服视察军队。"凿凶门"，《淮南子·兵略训》："将已受斧钺……乃爪鬋，设明衣也，凿凶门而出。"将军从凿好的凶门出来，是表示必死的决心。

（3）**父祖伯叔，若在军阵，贬损自居，不宜奏乐宴会及婚冠吉庆事也**："贬损自居"，贬抑自己，低调自处。

（4）**若居围城之中，憔悴容色，除去饰玩，常为临深履薄之状焉**："临深履薄"，《诗经·小雅·小旻》："如临深渊，如履薄冰。"比喻谨慎戒惧。

（5）**父母疾笃，医虽贱虽少，则涕泣而拜之，以求哀也**："疾笃"，病重、病危。这几句是说要哀求医生救父母之命，所以要尊重医生，哪怕他地位低、年纪轻。

（6）**梁孝元在江州，尝有不豫；世子方等亲拜中兵参军李猷焉**："不豫"，婉言天子有病。《礼记·曲礼》疏引《白虎通》曰："天子病曰不豫，言不复豫政也。""世子"，一般指诸侯的长子，此时梁元帝任江州刺史，尚未即皇位。"方等",梁元帝长子萧方等,字实相。"中兵参军",官名。

【译文】

兵器是不吉祥的东西,打仗是危险的事情,都不是安全之道。古时候,天子穿着丧服视察军队,将军领兵打仗要专门开一个凶门,从凶门里出来(表示必死的决心)。如果某人的父亲、祖父、伯伯、叔叔正在战场上作战,他就应该贬抑自己,低调行事,不宜参加奏乐、宴会以及婚礼、冠礼等吉庆活动。如果长辈被围在城里,晚辈就应该面容憔悴,把首饰、珍玩都拿掉,时时显出一种如履薄冰、如临深渊的样子。父母病重的时候,请医生看病,哪怕医生的地位低、年轻,也应该流着眼泪拜求医生,希望得到医生的怜悯以救父母之命。梁元帝在江州做刺史的时候,一度重病,他的长子萧方等就亲自拜求过(地位比他低的)中兵参军李猷(因为李猷精通医术)。

6.36 四海之人,结为兄弟,亦何容易。必有志均义敌,令终如始者,方可议之。一尔之后,命子拜伏,呼为丈人,申父友之敬;身事彼亲,亦宜加礼。比见北人,甚轻此节,行路相逢,便定昆季,望年观貌,不择是非,至有结父为兄、托子为弟者。

【注释】

(1)**四海之人,结为兄弟,亦何容易**:此语出自《论语·颜渊》:"子夏曰:'商闻之矣:死生有命,富贵在天。君子敬而无失,与人恭而有礼。四海之内皆兄弟也,君子何患乎无兄弟也?'""亦何容易",要读作"亦/何容/易","容易"不连读,不是白话文当中的容易,"何容易"的意思是怎么能把这件事情看得很容易,成语中还有一个"谈何容易",也应该读作"谈/何容/易",原意是怎么能把清谈这件事看得很容易。

(2)**必有志均义敌,令终如始者,方可议之**:"志均",志向一致。"义敌",价值观一致,"敌",相当,不是敌人的敌。"令终如始",结局和开头一样美好,也就是善始善终的意思。"令",美好,"令终",美好的结局。

(3)**一尔之后,命子拜伏,呼为丈人,申父友之敬;身事彼亲,亦宜加礼**:"一尔之后",一旦这样之后。"丈人",对父辈的尊称。"身",自己。"加礼",加倍礼敬、特别礼敬。

(4)**比见北人,甚轻此节,行路相逢,便定昆季,望年观貌,不择是非,至有**

结父为兄、托子为弟者:"比(bì)",近来,最近。"昆季",兄弟,长为昆,幼为季。

【译文】

海内异姓之人结为兄弟,此事谈何容易。必须两个人志同道合,而且能够善始善终,才可以谈到此事。一旦结拜之后,就要让儿子向他行跪拜礼,称他为丈人,表达对父亲朋友的敬意;自己对对方的父母亲,也要特别礼敬。近来我看到一些北方人,做这种事很轻率,两个人陌路相逢,刚刚认识,就结拜为兄弟,只是问问年纪看看外貌,也不管这样做是否应该,甚至有把父辈当成兄长,把子侄辈当成弟弟的事。

6.37 昔者,周公一沐三握发,一饭三吐餐,以接白屋之士,一日所见者七十余人。晋文公以沐辞竖头须,致有图反之诮。门不停宾,古所贵也。失教之家,阍寺无礼,或以主君寝食嗔怒,拒客未通,江南深以为耻。黄门侍郎裴之礼,号善为士大夫,有如此辈,对宾杖之。其门生僮仆,接于他人,折旋俯仰,辞色应对,莫不肃敬,与主无别也。

【注释】

(1) **昔者,周公一沐三握发,一饭三吐餐,以接白屋之士,一日所见者七十余人**:周公故事见《史记·鲁周公世家》:"周公戒伯禽曰:'我文王之子,武王之弟,成王之叔父,我于天下亦不贱矣。然我一沐三捉发,一饭三吐哺,起以待士,犹恐失天下之贤人。子之鲁,慎无以国骄人。'"表明自己求贤之切,待客之敬,告诫儿子伯禽去鲁国之后切不可以骄傲慢待国人。"一沐三握发",洗一次头,(因为有客人来访)多次中途停下来绾起头发。"一饭三吐餐",一顿饭没吃完,(因为有客人来访)多次停下来把正在咀嚼的东西吐出来。"三",多,古文中数字三和九常常用来表示多的意思,并不一定确指三、九。"白屋之士",平民,"白屋"指用茅草盖的没有装饰的屋子。

(2) **晋文公以沐辞竖头须,致有图反之诮**:"晋文公",名重耳,春秋时晋国的国君,五霸之一。"竖头须",叫头须的小臣,"竖",童仆或管事的小臣。晋文公的故事见《左传·僖公二十四年》:"初,晋侯之竖头须,守藏者也,其出也,窃藏以逃,尽用以求纳之。及入,求见。公辞焉以沐。谓仆人曰:'沐则心覆,心覆则图反,宜吾不得见也。居者为社稷之守，行者为羁绁之仆，其亦可也，何必罪居者！国君而仇匹夫，惧者甚众矣。'仆人以告，公遽见之。"这段话的大意是说，头须是晋文公守仓库的小臣，晋国混乱的时候，他把仓库里的东西偷走，晋文公回来之后，他也回来了，前去拜见晋文公，晋文公不想见他，推说在洗头，他对晋文公的仆人说，洗头说明心乱，心乱就思虑反复，难怪不想见我。一个国君这样仇视国民，恐怕害怕的人会越来越多。仆人把这个话转告晋文公，晋文公一听，立马就让头须进来相见。

（3）门不停宾，古所贵也："门不停宾"，门前没有滞留的客人。"贵"，看重。

（4）失教之家，阍寺无礼，或以主君寝食嗔怒，拒客未通，江南深以为耻："阍（hūn）寺"，守门的人。"拒客未通"，没有报告主人就拒绝了宾客。

（5）黄门侍郎裴之礼，号善为士大夫，有如此辈，对宾杖之："善为"，会做、做得好。"对宾杖之"，当着客人的面把守门的人加以杖罚。

（6）其门生僮仆，接于他人，折旋俯仰，辞色应对，莫不肃敬，与主无别也："门生"，又称门人、门客，在魏晋南北朝时期，大士族家里，门客的地位略高于僮仆，这个"门生"跟后世当弟子讲的门生不是一个意思。"接于他人"，接待他人。"折旋俯仰"，接待贵宾很客气的样子，"折旋"，曲行，"俯仰"，躬身。"辞色应对"，言辞脸色对答。

【译文】

从前，周公宁可洗一次头发多次绾起头发停下来，吃一顿饭多次把正在咀嚼的食物吐出来，也要去接待来访的贫贱贤士，有时候一天就接待七十多个人。而晋文公曾经以洗头为借口，拒绝接见小臣头须，头须因此讥讽他思虑反复。不让客人滞留在门前，是古人所看重的礼节。有些缺乏教养的人家，守门人缺乏礼貌，有的会拿主人在睡觉、在吃饭或者发脾气为借口而拒绝客人，不加通报，江南的人认为这样是很可耻的。黄门侍郎裴之礼，被称作是士大夫的模范，他如果发现家里的仆人有这种情况，就会当着客人的面杖罚这个仆人。他的门生僮仆接待客人的时候，进退礼节，言行举止，莫不严肃恭敬，跟对待主人没有差别。

【评析】

我在跟一些朋友聊天中常常听到这样的抱怨，就是今天的小孩子、年轻人不懂礼貌，没有规矩，言谈举止不懂得上下尊卑之间应有的分寸，这的确是一个值得我们大家特别注意的问题。青少年时代没有把规矩训练好，长大了要有文明的风度就很难。我国传统家庭尤其是士大夫家庭，或说读书人家，是很讲究礼节规矩的。《颜氏家训》的《风操》篇就是专谈士族子弟待人接物所应当遵循的礼仪规矩的。颜之推在《风操》篇中讨论了当时士族中所流行的各种风尚、礼节，以及这些风尚、礼节随着时代和地区而有所变化的情形，并加以折中，提出自己的看法，作为对子孙的训诫。颜之推所谈到的这些风尚礼节有些一直影响到后世，成为我们民族礼仪的一部分，直到今天也仍有参考的价值，下面我就提出对现在还有意义的两个方面来谈谈。

一、关于称呼和避讳的礼仪

中国文化尤其是儒家文化中特别重视"礼"，礼的目的是区分尊卑上下。人和人的关系有平等的一面，主要是生命的平等、人格的平等，但人和人的关系也有不平等的一面，这不平等的一面主要表现在尊卑上下方面，如父母和子女、上级和下级，他们在生命和人格上是平等的，但显然还有其他不平等的地方，如何恰当地处理这不平等的一面，使这不平等的一面不至于造成冲突，而趋于和谐，这就是"礼"的内容和意义。"礼"的细密丰富的程度往往同时体现一个民族的文明程度，中国人向来以"礼义之邦"自豪，中国人在"礼"的规定方面一向严谨细致，中国最早的经典"五经"中有一经是《礼经》，就是一个最好的证明。

上下尊卑关系中最根本的一种就是父（母）子（女）关系，其他关系都可以从父子关系推出或比附于父子关系，因此中国文化尤其是儒家文化中，特别强调要处理好父子关系，父子关系处理好了，其他尊卑上下的关系也就好处理了。父子关系的最佳境界就是父慈子孝，父母对子女要慈爱，子女对父母要孝顺，所以慈与孝可以说是处理人与人不平等一面的最根本的原则。在慈与孝这一对原则中，慈易孝难，慈出于天性，孝则需要理性，所以礼最核心的部分就是孝。一个人做到了"孝"，由"孝"出发，也就可以处理好各种人际关系，成为一个有道德的人，所以孔子的重要弟子之一的有子说过："孝弟（悌）也者，其为仁之本与！"（《论语·学而》）就是这个道理。

上下尊卑关系表现在日常生活当中最频繁的就是称呼问题，上下尊卑不同，称呼就不同，跟欧美相比，中国人的称呼最复杂，就是因为中国人特别重视上下尊卑的区分，也就是特别重视"礼"。欧美人只有名没有字，中国人传统上却有名有字；欧美人堂兄弟表兄弟不分，外甥侄儿不分，中国人却分得很仔细。表兄弟中还要分"内表"（舅父的子女）和"外表"（姑母的儿子），合称"中表"或"中外"。欧美人朋友、兄弟、父母、子女之间都可以互呼其名，而在中国却有许多讲究，子女对父母直呼其名是绝对不可以的，不仅生前不可以，死后都不可以，叫作避讳。对人称呼是否得当得体，对父母避讳是否讲究，往往是一个人是否出身士族、是否有教养的标志之一。

颜之推在《风操》篇里首先就谈到有关称呼和避讳的一些问题，我想就中国古代传统中有关这方面的规矩联系颜之推在《风操》篇中举出的例子一并来谈谈。

先说名字。

中国古人有名有字，名和字通常都是父亲或祖父或其他长辈给的，名通常是一生下来就取，字则是二十岁行冠礼再给的，字也可以自己取。《风操》说：

古者，名以正体，字以表德，名终则讳之，字乃可以为孙氏。孔子弟子记事者，皆称仲尼；吕后微时，尝字高祖为季；至汉爰种，字其叔父曰丝；王丹与侯霸子语，字霸为君房；江南至今不讳字也。河北士人全不辨之，名亦呼为字，字固呼为字。尚书王元景兄弟，皆号名人，其父名云，字罗汉，一皆讳之，其余不足怪也。（6.18）

颜之推这里讲到名和字的区别，名是用来端正规范的，上辈对下辈可以呼名，平辈对平辈、下辈对上辈都不可以称名，否则是不礼貌的。而字是用来表明德行的，带有敬意，所以平辈对平辈、下辈对长辈乃至弟子对老师、儿孙对父祖都可以称字，例如孔子的弟子提到孔子不可以说"丘"，但可以说"仲尼"。古代男尊女卑，妻子称丈夫不可以用名，但可以用字，甚至当面也可以称字，像吕后在刘邦做皇帝前就称刘邦为"季"。颜之推又举汉朝爰种的例子，他称叔父爰盎为"丝"，"丝"是爰盎的字，又说王丹跟侯霸的儿子谈话，提到侯霸，就称侯霸的字"君房"，可见字是用不着避讳的。颜之推批评当时北方的士人不懂得名和字的区别，不仅讳名也讳字，这是没有必要的。正因为名和字的这种区别，所以人死之后，他的后人要避讳提到他的名，但字则可以不讳。

魏晋南北朝因为士族发达，在避讳方面特别严格，不仅名要讳，连跟名同音的字也要讳。如果不小心犯了讳，就会自己哭起来，例如《世说新语·任诞》当中讲到桓玄的一个故事，说他有一次跟朋友喝酒，对方不能喝冷酒，他就要左右把酒"温"一下，这样不小心犯了他父亲桓温的讳，于是就惭愧地哭起来。颜之推在《风操》篇里引《礼记》中的话说："见似目瞿，闻名心瞿。""瞿"同"惧"（即"惧"），说是父亲死了之后，儿子见到样子像父亲的人，或听到父亲的名字，就会"有所感慨，恻怆心眼"。这是很自然的。但是，遇到"必不可避"的情形，"亦当忍之"，否则，弄得"闻讳必哭"，就会"为世所讥"，他举了臧逢世的例子，臧逢世的父亲叫臧严，梁元帝做江州刺史的时候，派他到建昌去督察公事，每当公文中出来"严寒"的字眼，他就要伤感流泪，结果把公事都耽搁了，因而被免职。这样因讳误事，自然会为人所讥笑了。

说到称呼和避讳的问题，特别要注意在中国传统中，如果当着别人的面直呼对方的长辈尤其是父祖的姓名，是一件极不礼貌的行为，甚至会被对方认为是有意挑衅，引起严重后果。《世说新语·方正》就讲到这样一个故事：

卢志于众坐问陆士衡："陆逊、陆抗是君何物？"答曰："如卿于卢毓、卢珽。"士龙失色，既出户，谓兄曰："何至如此，彼容不相知也。"士衡正色曰："我父、祖名播海内，宁有不知，鬼子敢尔！"议者疑二陆优劣，谢公以此定之。

陆士衡就是陆机，他的弟弟叫陆云，字士龙，陆机、陆云的父亲叫陆抗，祖父叫陆逊，陆逊、陆抗都是东吴的大将军。卢志与陆机同朝为官，应该不可能不知道陆机跟陆逊、陆抗的关系，居然当着大家的面直呼陆逊、陆抗的名字，问他们是陆机的什么人，因而被陆机认为是当众挑衅，所以毫不客气地反击过去，也直呼他的父亲卢珽和祖父卢毓的名字，作为报复。从此陆机跟卢志结下梁子，陆机、陆云后来被杀，进谗言的人就有卢志在内。

避讳中还有一个问题，是父亲死后儿子不仅口头上不可犯讳，而且在书写上也要避开父亲的名字，严格的连同音字也避，颜之推举了一个例子，说：

刘绦、缓、绥，兄弟并为名器，其父名昭，一生不为照字，惟依《尔雅》火旁作召耳。然凡文与正讳相犯，当自可避；其有同音异字，不可悉然。刘字之下，即有昭音。吕尚之儿，如不为上；赵壹之子，傥不作一，便是下笔即妨，是书皆触也。（6.30）

按颜之推的意思，遇到父亲的名字（正名）是应该避的，但同音字（嫌名）则可不避，即古人所谓"讳正名而不讳嫌名"，如果连嫌名一起讳，就忌讳太多，显得烦琐而没有必要了。这个问题今天已经不存在了，但我们一定要知道古人的这个习惯，因为读古书时常常会碰到这个问题，尤其是已故皇帝的名字（有时候还包括太后），是普天下都要避讳的，《颜氏家训》中凡遇到"忠"字，都写作"诚"，就是为了避隋文帝杨坚的父亲杨忠的讳。又如唐朝人文章中常把"民"写作"人"，那是为了避李世民的讳。再如，史书《晋阳秋》和成语"皮里阳秋"原本应做《晋春秋》和"皮里春秋"，是为了避晋简文帝母亲郑阿春的讳，而将"春"改为"阳"的。这是读古书的常识，应该懂得。

《风操》篇接着又举了一些例子，进一步说明称呼跟避讳的问题，包括谦称跟尊称的问题，这些内容因为古今有异，我们就不再一一讲评。我现在想说的是，即使到了今天，在称呼与避讳的问题上，我们还是应该发扬传统中一些好的东西，有些必要的讲究还是要讲究的，该谦的要谦，该敬的要敬，该避的要避，虽不必像古人那样严格，但也应该有我们这个时代的讲究，过分直白粗鲁就会显得没有教养，不文明，尤其在书面语中更要注意。下面分别从自谦、敬人和避讳几个方面谈点看法。

先说自谦。现在的人凡提到自己一概用"我"，这没有什么不可以，但必要的时候，尤其在当众演讲或书面语中，应该知道还有几种表示谦虚的说法可以代替"我"。

有时可以称自己的名以代替"我"，特别是写信给长辈的时候。我国台湾地区的人在演讲的时候也常常以名代"我"，如"××怎样怎样""××怎样怎样"，这种用法其实是古代的遗风，《论语》中孔子自称就常常说"丘怎样怎样"。

有时可以用"儿""侄""晚""职"等字眼来代替"我"，视与对方的关系而定，尤其在书信中。这时"儿""侄""晚""职"等字要写小一点，偏一点，竖写偏右，横写偏下。如果用名字来代替"我"，也一样。

提到自己的亲属，可用"家父""家母"（或"家严""家慈"，已故则称"先父""先母"或"先严""先慈"）"家兄""舍弟""舍妹"（已故则称"亡兄""亡弟""亡妹"）等，自己的妻子可称"我太太"，但不可叫"我夫人"，因为"夫人"是尊称。我国台湾地区现在还流行"内人""内子"（老婆）"外子"（老公）的称呼，不过祖国大陆很少用了。

至于"臣""妾""仆""鄙人""在下""不才""拙荆""贱内"这些明显过时的字眼，则不宜再用。

再说敬人。

对长辈或年长的人讲话、写信要用"您"来称呼对方，或用表达关系的词如"爸爸""妈妈""哥哥""姐姐""老师"，或用表达职称的词如"教授""主任""主席""将军"等，提到对方的父亲、母亲、哥哥、弟弟，最好用"令尊""令堂""令兄""令弟"等（"令爱"指对方的女儿，不是您太太，可别闹笑话），以此类推。如果对方是平辈或晚辈，有字则称字，无字则可加"兄"字，表示客气，以避免直呼其名，尤其在书信中。称对方的太太，平辈或晚辈可称"嫂夫人""夫人""大嫂"，长辈则称"伯母""婶婶"之类。在任何时候，如果不是不得已，都不要连名带姓地称呼对方，连名带姓地直呼一个人，一般来说都是不大礼貌的。

最后说避讳。

对长辈、对老师、对上级，都不可呼其姓名，如果是谈话对方的长辈、老师、上级，也要尽量避免直呼其姓名，如不得已，也要加"令……""尊……"的字眼，如"令尊适之先生""尊师夏志清先生"之类。如已过世，有时还需加上"已故……""先……"，如"谨以此书献给先父协中公"，如果过世者比自己小,或者是晚辈,则可加"亡",如"亡侄""亡弟""亡儿"乃至"亡妻"。按照传统的规矩,凡表尊敬都应该称"字"而不是称"名",如前面引的"适之先生","适之"就是胡适的字,"先父协中公""协中"就是余英时先生父亲的字,除非没有字,才用名,如"夏志清先生",这种习惯今天的人已经不大清楚,而且今人多有名无字,所以称名,后面加"先生"之类的字眼也就算尊称了。但老一辈的学人在文章中还常常有这样的用法,这也是常识,应当知道。

二、关于庆吊、往来等礼仪

中国传统文化重孝,所以关于丧礼、祭礼的规定最仔细,这在《礼记》中讲得很多,颜之推在《风操》篇中没有再多讲,但却讲了很多当时有关的故事和风俗。

例如,当父亲有危险的时候,如被弹劾、坐牢的时候,子孙应该谢罪营救。

梁世被系劾者,子孙弟侄,皆诣阙三日,露跣陈谢;子孙有官,自陈解职。子则草屩粗衣,蓬头垢面,周章道路,要候执事,叩头流血,申诉冤情。若配徒隶,诸子并立草庵于所署门,不敢宁宅,动经旬日,官司驱遣,然后始退。(6.34)

长辈在战争中生死不知的时候,做子女的应该避开歌舞欢乐。

兵凶战危,非安全之道。古者,天子丧服以临师,将军凿凶门而出。父祖伯叔,若在军阵,贬损自居,不宜奏乐宴会及婚冠吉庆事也。若居围城之中,憔悴容色,除去饰玩,常为临深履薄之状焉。(6.35)

朋友家有丧事的时候,不可不表示吊唁。

江南凡遭重丧,若相知者,同在城邑,三日不吊则绝之;除丧,虽相遇则避之,怨其不己悯也。有故及道遥者,致书可也;无书亦如之。(6.20)

有朋友来访,必须迎揖,绝不可怠慢。

昔者,周公一沐三握发,一饭三吐餐,以接白屋之士,一日所见者七十余人。晋文公以沐辞竖头须,致有图反之谣。门不停宾,古所贵也。失教之家,阍寺无礼,或以主君寝食嗔怒,拒客未通,江南深以为耻。(6.37)

朋友远行,必须饯送:

> 别易会难，古人所重；江南饯送，下泣言离。有王子侯，梁武帝弟，出为东郡，与武帝别，帝曰："我年已老，与汝分张，甚以恻怆。"数行泪下。（6.14）

这些礼仪，因为环境的改变，交通的发达，社会组织和人际关系的变动，以及观念的进步，大多已不适用于今天的社会，但是这些礼仪的原则精神，我认为仍然是应当继承的。

如父母过世，也许不需要再穿孝服（我国台湾地区在丧礼上子女、晚辈仍然要穿孝服），也许不能再服丧三年，甚至三天都办不到，但总得有所表示，总得有某种仪式来表达子女的哀痛。亲戚去世、朋友去世，也许不能像古人那样行跪拜之礼（我国台湾地区仍然有行此礼的），但也要有所表示，岂可不闻不问？

亲友远行，以如今交通之发达，再见之容易，自然如古人那种长亭送别或折柳相赠已经没有必要了，但朋友之间来来往往也还是应当有一定的礼节。但我们现在很多人，尤其是年轻人，往往不知道这种场合要讲什么话，要怎样行动，例如客人来访，要不要起身相迎，要不要端茶倒水，客人离去，要不要起身相送，送到房门口还是电梯口还是大门口，什么辈分的人、什么身份的人，要执什么礼，很多人都茫然不知，我们也缺乏一个大致应该如何做得规范。尤其是经过"文化大革命"的"破除四旧"，把从前的旧规矩一概革除，但又没有建立新的礼仪，这样长久下去，我们这个原本很讲礼仪的民族有可能变得很不懂礼貌。今天我没法阐述我在这方面的详细看法，我只想提一点建议，就是有关部门（也许最好是民间机构）不妨考虑召集一些对新旧礼仪以及外国礼仪有研究有经验的人士，根据我们今天的社会情况和我们民族的传统习惯，制定一部可供大家参考的《现代礼仪大全》，有如中国古代的《礼记》（我知道坊间已有几本类似的书，但似乎并不完全，知道的人也不多，认真看的人就更少）。我还希望以后在小学里开一门礼仪课，从小培养一个现代文明人应有的礼仪修养和知识，我想这些对于建立以人为本的文明和谐社会应该是有帮助的。

慕贤第七

7.1 古人云："千载一圣，犹旦暮也；五百年一贤，犹比髆也。"言圣贤之难得，疏阔如此。傥遭不世明达君子，安可不攀附景仰之乎？吾生于乱世，长于戎马，流离播越，闻见已多，所值名贤，未尝不心醉魂迷向慕之也。人在年少，神情未定，所与款狎，熏渍陶染，言笑举动，无心于学，潜移暗化，自然似之。何况操履艺能，较明易习者也？是以与善人居，如入芝兰之室，久而自芳也；与恶人居，如入鲍鱼之肆，久而自臭也。墨子悲于染丝，是之谓矣。君子必慎交游焉，孔子曰："无友不如己者。"颜、闵之徒，何可世得！但优于我，便足贵之。

【注释】

（1）古人云："千载一圣，犹旦暮也；五百年一贤，犹比髆也。"："髆（bó）"，肩胛，多本作"膊"，髆、膊通。这一段话是说圣贤非常稀见，类似的话古人说过多次，例如孟子和鹖子，卢文弨曰："《孟子外书·性善辨》'千年一圣，犹旦暮也。'《鹖子》第四：'圣人在上，贤士百里而有一人，则犹无有也；王道衰微，暴乱在上，贤士千里而有一人，则犹比肩也。'"此外，《战国策·齐策》《庄子·齐物论》《吕氏春秋·观世》等书都有意思差不多的说法，可参看王利器《颜氏家训集解》同条注。

（2）言圣贤之难得，疏阔如此。傥遭不世明达君子，安可不攀附景仰之乎："疏阔"，稀少。"傥"，通"倘"。"不世"，罕见，不是每个时代都有的。"攀附"，这里是结交的谦虚说法。

（3）吾生于乱世，长于戎马，流离播越，闻见已多，所值名贤，未尝不心醉魂迷向慕之也："流离播越"，流离失所，"播越"是到处迁徙没有定所的意思。"所值"，所碰到的。"向慕"，向往、钦慕。

（4）**人在年少，神情未定，所与款狎，熏渍陶染，言笑举动，无心于学，潜移暗化，自然似之**："款狎"，亲昵。"熏渍陶染"，"熏"，用烟熏，"渍"，用水泡，"陶"，用土捏，"染"，用染料染。"潜移暗化"，即潜移默化。

（5）**何况操履艺能，较明易习者也**："操履"，这里指待人接物的方式。"艺能"，这里指琴棋书画之类的技能。"较明"，分明、明白。

（6）**是以与善人居，如入芝兰之室，久而自芳也；与恶人居，如入鲍鱼之肆，久而自臭也**：此语出自《说苑·杂言》："孔子曰：'与善人居，如入兰芷之室，久而不闻其香，则与之化矣；与恶人居，如入鲍鱼之肆，久而不闻其臭，亦与之化矣。'"芝兰，芷和兰，皆香草。鲍鱼，盐渍鱼，其气腥臭。

（7）**墨子悲于染丝，是之谓矣**：此语出自《墨子·所染》："子墨子见染丝者而叹曰：'染于苍则苍，染于黄则黄，所入者变，其色亦变，五入而已则为五色矣：故染不可不慎也。'"

（8）**君子必慎交游焉，孔子曰："无友不如己者。"**：孔子语见《论语·学而》。"无"同"毋"。"友"，交朋友，名词作动词用。

（9）**颜、闵之徒，何可世得！但优于我，便足贵之**："颜、闵"指孔子的弟子颜回、闵损。颜回，字子渊，春秋鲁国人。闵损，字子骞，亦为鲁国人。这两个人在孔子的弟子中是以德行著称的。"何可世得"，哪里是每个时代都有的。

【译文】

古人说："如果一千年出一个圣人，那就像早晚之间那么快了；如果五百年间出一个贤人，那就像一个接一个那么多了。"这是说圣贤是很难见到的，会稀少到这个地步。倘若遇到了世所罕见的智慧通达的君子，那么怎么能不去努力结识景仰呢？我生在乱世，成长于兵荒马乱之中，到处漂泊流荡，看见的听到的都已经很多了，碰到有名的贤士，我未尝不心醉神迷地向往倾慕他。一个人在年轻的时候，精神性格尚未定型，与贤人亲密接触，受他的熏陶濡染，一言一笑，一举一动，即使无意模仿，也会在潜移默化之中，自然而然地跟他一样。何况待人接物的方式和琴棋书画的各种技能，是明明白白很容易学到的东西呢？因此，和善人相处，就好像走进满是芝兰香草的房间，久而久之，连自己都会香起来；如果跟恶人相处，就好像走进堆满鲍鱼的店铺，久而久之，连自己也会变臭。墨子有感于染丝而悲叹，也是这个道理。所以，结交朋友一定要慎重，孔子说："不要交不如自己的朋友。"像颜回、闵损这样的德行很高的贤人，哪里是每个时代都有的？只要比我强的，就值得敬重了。

7.2 世人多蔽，贵耳贱目，重遥轻近。少长周旋，如有贤哲，每相狎侮，不加礼敬。他乡异县，微藉风声，延颈企踵，甚于饥渴。校其长短，核其精粗，或彼不能如此矣。所以鲁人谓孔子为东家丘。昔虞国宫之奇，少长于君，君狎之，不纳其谏，以至亡国，不可不留心也。

【注释】

（1）**世人多蔽，贵耳贱目，重遥轻近**："贵耳贱目"，看重耳朵听到的，轻视眼睛看到的。"重遥轻近"，看重远方的，轻视身边的。

（2）**少长周旋，如有贤哲，每相狎侮，不加礼敬**："少长（shào zhǎng）"，从小到大。"周旋"，打交道。"狎侮"，缺乏分寸的亲密。

（3）**他乡异县，微藉风声，延颈企踵，甚于饥渴**："微藉风声"，稍微听到一些风传。"延颈"，伸长脖子。"企踵"，翘起脚跟。

（4）**校其长短，核其精粗，或彼不能如此矣**："校"，比较，"校"同"较"。"核"，计算。

（5）**所以鲁人谓孔子为东家丘。昔虞国宫之奇，少长于君，君狎之，不纳其谏，以至亡国，不可不留心也**："鲁人谓孔子为东家丘"，鲁国人把孔子叫作东家丘，并没有表示出足够的礼敬。语出《后汉纪》卷二三："宋子俊曰'鲁人谓仲尼东家丘，荡荡体大，民不能名。'""虞国"，春秋时小国，在今山西平陆北。"宫之奇"，虞国的大臣。晋献公在周惠王二十二年（前655）向虞国提出借道攻伐虢国，宫之奇以唇亡齿寒为喻，谏阻虞公，虞公不听。晋国军队灭了虢国之后，又乘机灭掉了毫无防备的虞国。事见《左传·僖公五年》。"少长于君"，宫之奇比虞公稍微大一点。

【译文】

世上的人大多有一种毛病，就是对耳朵听到的事物很看重，对眼睛看到的事物反而轻视；对远方的人很看重，对身边的人反而不当回事。从小到大在一起打交道的人，如果其中有贤人、智者，人们往往对他轻侮怠慢，而不加以尊崇礼敬；而异地他乡的人，只听到一些传闻，就伸长脖子，翘起脚跟，如饥似渴地去仰慕。其实，比较两者的长处和短处，考察两者的优点和缺点，或许远方的那个人还不如身边的这个人呢！所以，鲁国的人并不把孔子当作圣人，而称之为东家丘。从前虞国的大臣宫之奇，因为只比国君稍大一点，虞君跟他很亲密，所以没把他的话当回事，拒绝了他的谏阻，以至于亡了国。这些教训不可不加以注意。

7.3 用其言，弃其身，古人所耻。凡有一言一行，取于人者，皆显称之，不可窃人之美，以为己力，虽轻虽贱者，必归功焉。窃人之财，刑辟之所处；窃人之美，鬼神之所责。

【注释】

（1）"刑辟（bì）"，刑律。

【译文】

采用了一个人的意见，但是却不用这个人，古人认为这是可耻的。只要某一句话某一个行为，是从别人那里得到的，就应该公开地说出来，不可把别人的成就当作自己的功劳，哪怕这个人地位低下，身份卑贱，也应该归功于他。偷窃了人家的财物，会受到法律的制裁，而窃取了别人的功劳，则会受到鬼神的责罚。

7.4 梁孝元前在荆州，有丁觇者，洪亭民耳，颇善属文，殊工草隶，孝元书记，一皆使之。军府轻贱，多未之重，耻令子弟以为楷法，时云："丁君十纸，不敌王褒数字。"吾雅爱其手迹，常所宝持。孝元尝遣典签惠编送文章示萧祭酒，祭酒问云："君王比赐书翰，及写诗笔，殊为佳手，姓名为谁？那得都无声问？"编以实答。子云叹曰："此人后生无比，遂不为世所称，亦是奇事。"于是闻者少复刮目。稍仕至尚书仪曹郎，末为晋安王侍读，随王东下。及西台陷殁，简牍湮散，丁亦寻卒于扬州。前所轻者，后思一纸，不可得矣。

【注释】

（1）梁孝元前在荆州，有丁觇者，洪亭民耳，颇善属文，殊工草隶，孝元书记，一皆使之："丁觇（chān）"，南梁书法家，生平事迹不详。"属（zhǔ）文"，写文章，"属"是联属的意思。"草隶"，正书和非正书。一般把"草隶"解释为草书和隶书，是错误的。这个"草隶"不是指草书和隶书，而是指正式体和非正式体。当时把一笔一画规规矩矩写的字体都叫隶书，或者叫真书，包括隶书和从隶书演变过来的楷书，楷书一词当时还没有出现，宋朝以后才渐渐流行。当时的草书又名草稾书，则指一切非正式体，行书、草书、行草书都包括在里面。

（2）**军府轻贱，多未之重，耻令子弟以为楷法，时云："丁君十纸，不敌王褒数字。"**："军府"，指梁元帝做荆州刺史时的衙门，因为他同时受命都督荆、湘、郢、益、宁、南梁六州诸军事，故称军府。"楷法"，楷模、范本，注意：不是楷书之法。"王褒"，字子渊，琅邪临沂（今属山东）人，出身门阀士族，当时著名的文学家和书法家，《周书》有传。

（3）**吾雅爱其手迹，常所宝持**："雅爱"，很爱，通常指对某种儒雅事情的喜爱。"宝持"，当宝贝一样地拿着，这里有珍藏的意思。

（4）**孝元尝遣典签惠编送文章示萧祭酒，祭酒问云："君王比赐书翰，及写诗笔，殊为佳手，姓名为谁？那得都无声问？"编以实答**："典签"，官名，处理文书的小吏。"惠编"，人名。"萧祭酒"，萧子云，字景乔，"祭酒"是官名，又称国子祭酒，即国子监的主管官。萧子云是王褒的姑父。"诗笔"，诗文，当时把不押韵的文章叫作"笔"。"声问"，名声、声誉，"问"通"闻"。"以实答"，据实回答。

（5）**子云叹曰："此人后生无比，遂不为世所称，亦是奇事。"于是闻者少复刮目**："后生"，年轻人。"少"，渐、逐次。"刮目"，刮目相看。

（6）**稍仕至尚书仪曹郎，末为晋安王侍读，随王东下**："尚书仪曹郎"，官名。尚书省下设诸曹，仪曹是其一，掌吉凶礼制，"仪曹郎"，即仪曹的长官。"晋安王"，即后来的梁简文帝萧纲，字世缵。"侍读"，官名。

（7）**及西台陷没，简牍湮散，丁亦寻卒于扬州。前所轻者，后思一纸，不可得矣**："西台"，指江陵，已见前（3.7）注。"简牍"，指文件、书信。"简"，竹简；"牍"，木片。古代造纸术发明之前，文字多半写在简牍上。"寻"，不久。

【译文】

梁元帝原来在荆州的时候，有一个叫丁觇的人，出生于洪亭的平民人家，很能写文章，擅长书法，正体和非正体都写得很好，梁元帝的文件书信都交给他处理。军府中的人因为他是平民出身，都瞧不起他，耻于让自己的子弟向他学习书法。当时流行一句话："丁君写上十张纸，也抵不上王褒几个字。"我非常欣赏丁觇的书法，常常把他的手迹珍藏起来。有一次，梁元帝派一个叫惠编的典签把文章送给祭酒萧子云看，萧子云问道："君王近来赐给我的书信和诗文，书法都很漂亮，这个写字的人真是一把好手，他叫什么名字？怎么会一点名声都没有？"惠编据实回答。萧子云感叹说："这个人在年轻一辈中无人可比，竟然不被世人所称道，真是一件怪事。"萧子云这句话被传出去以后，大家才渐渐改变对丁觇的看法。丁觇后来逐渐升到尚书仪曹郎，最后做了晋安王侍读，随晋安王东下。直到江陵陷落，文件书信都散失无存，不久丁觇也在扬州去世了。从前被轻视的丁觇的手迹，后来想得到片纸只字，都不可能了。

7.5 侯景初入建业，台门虽闭，公私草扰，各不自全。太子左卫率羊侃坐东掖门，部分经略，一宿皆办，遂得百余日抗拒凶逆。于时，城内四万许人，王公朝士，不下一百，便是恃侃一人安之，其相去如此。古人云："巢父、许由，让于天下；市道小人，争一钱之利。"亦已悬矣。

【注释】

（1）**侯景初入建业，台门虽闭，公私草扰，各不自全**："侯景"，北魏怀朔镇（今内蒙古固阳南）人，字万景。初为北魏尔朱荣部将，后归高欢。梁朝太清元年（547），高欢死，景举兵叛降西魏，随即又降梁，受封河南王。次年因兵败而渡淮河南下，不久反叛，攻破梁都城建康，史称"侯景之乱"。梁元帝承圣元年（552），侯景被梁将陈霸先、王僧辩等击败，出逃途中被部下所杀。事见《梁书·侯景传》。"建业"，即今江苏南京。西晋末年因避晋愍帝司马邺讳，改名建康。南朝各代均以建康为都。"草扰"，混乱、纷乱。

（2）**太子左卫率羊侃坐东掖门，部分经略，一宿皆办，遂得百余日抗拒凶逆**："太子左卫率"，官名，职掌东宫兵仗羽卫之政令，以总诸曹之事。"羊侃"，已见前（6.12）注。"东掖门"，台城正南为端门，其左右二门称东、西掖门。"部分（fēn）经略"，"部分"，动词，部署、分配。"经略"，安排、谋划。

（3）**于时，城内四万许人，王公朝士，不下一百，便是恃侃一人安之，其相去如此**："于时"，此时、当时。"恃"，依仗。"相去"，相差。

（4）**古人云："巢父、许由，让于天下；市道小人，争一钱之利。"亦已悬矣**："巢父、许由"，巢父、许由皆尧时隐士。巢父，以树为巢，寝其上，故时人号为巢父。尧以天下让许由，由不受，巢父劝其隐遁。事见皇甫谧《高士传》。曹植《乐府歌》："巢、许蔑四海，商贾争一钱。"《晋书·华谭传》："昔许由、巢父让天子之贵；市道小人争半钱之利：此之相去，何啻九牛毛也！""悬"，悬殊。

【译文】

侯景刚攻入建业城的时候，台城门虽然是紧闭着的，但台城里面的官员百姓一片混乱，人人自危。太子左卫率羊侃坐镇东掖门，处置谋划防守事务，一夜之间就安排妥当，于是争取到一百多天的时间来抵御凶恶的叛军。当时，台城里面有四万人左右，王公、大臣不下一百，全靠羊侃一人才得以保全平安。羊侃和那些王公们相差就是这么大。所以古人说："巢父和许由连天下都不要，而市井小人却为一个小钱争来争去。"人与人之间的差别也真是悬殊啊。

7.6 齐文宣帝即位数年，便沉湎纵恣，略无纲纪；尚能委政尚书令杨遵彦，内外清谧，朝野晏如，各得其所，物无异议，终天保之朝。遵彦后为孝昭所戮，刑政于是衰矣。斛律明月，齐朝折冲之臣，无罪被诛，将士解体，周人始有吞齐之志，关中至今誉之。此人用兵，岂止万夫之望而已也！国之存亡，系其生死。

【注释】

（1）**齐文宣帝即位数年，便沉湎纵恣，略无纲纪**："齐文宣帝"，名高洋，字子进，高欢次子。东魏武定八年（550），废魏孝静帝自立，国号齐，史称北齐。550—559年在位。《北齐书·文宣帝纪》称其"以功业自矜，纵酒肆欲，事极猖狂，昏邪残暴，近世未有"。"纲纪"，纲常，法度。

（2）**尚能委政尚书令杨遵彦，内外清谧，朝野晏如，各得其所，物无异议，终天保之朝**："委政"，把政务交给。"尚书令"，官名。始于秦，西汉沿置。汉武帝以后职权渐重，东汉政务皆归尚书，尚书令成为总揽一切政务的首脑，魏晋以后事实上即为宰相。"杨遵彦"，即杨愔（yīn）。字遵彦，弘农华阴（今属陕西）人。官至北齐尚书令，拜骠骑大将军，封开封王。以贤能为朝野所称，孝昭帝高演篡位后被杀。"清谧"，清净、安谧。"晏如"，安然。"天保"，北齐文宣帝年号（550—559）。

（3）**遵彦后为孝昭所戮，刑政于是衰矣**："孝昭"，字延安，即北齐孝昭帝高演，高欢第六子，文宣帝同母弟。文宣帝死后，废幼主自立。曾受杨愔排斥，故即位后即杀杨愔。事见《北齐书·孝昭帝纪》。"戮"，杀。"刑政"，刑法政令。

（4）**斛律明月，齐朝折冲之臣，无罪被诛，将士解体，周人始有吞齐之志，关中至今誉之："斛律明月"，北齐名将斛律金之子，名光，字明月。官至太子太保，善骑射，屡立战功。北周将军韦孝宽忌其英勇，乃作谣言，谋除之。祖珽等乘机进谗言，被杀。"折冲"，使敌军战车后撤，即制敌取胜。冲，冲车，古代战车的一种。"解体"，涣散、离心离德。"周"，指与北齐同时并立于北方的北周。鲜卑族宇文氏所建。557年宇文泰之子宇文觉代西魏称帝，国号"周"，建都长安（今陕西西安西北）。史称"北周"。577年灭北齐，统一北方。581年被隋取代。共历五帝，二十五年。

（5）此人用兵，岂止万夫之望而已也："万夫之望"，即众望所归之意。《易·系辞下》："君子知微知彰，知柔知刚，万夫之望。"

（6）国之存亡，系其生死：这句话的意思是说，斛律明月的生死决定北齐这个国家的存亡。"系"，牵系到、取决于。

【译文】

齐朝文宣帝即位没几年，就沉湎于酒色，放纵自己的欲望，完全没有法纪的约束。但他总算还能将政事授权尚书令杨遵彦处理，所以朝廷内外清静安然，各得其所，人们都没有什么非议，这种局面一直维持到天保末年。后来杨遵彦被孝昭帝所杀，齐朝的刑律政令从此就衰败了。斛律明月是齐朝安邦御敌的将帅，却无辜被杀，军队将士因而人心涣散，北周才开始有了吞灭齐朝的念头。关中一带的人，至今仍对斛律明月赞誉不已。这个人用兵打仗，又岂止是千军万马众望所归而已啊！他的生死决定着国家的存亡。

7.7　张延隽之为晋州行台左丞，匡维主将，镇抚疆埸，储积器用，爱活黎民，隐若敌国矣。群小不得行志，同力迁之。既代之后，公私扰乱，周师一举，此镇先平。齐亡之迹，启于是矣。

【注释】

（1）张延隽之为晋州行台左丞，匡维主将，镇抚疆埸，储积器用，爱活黎民，隐若敌国矣："张延隽"，生平不详。庄辉明、章义和《译注》云："《周书·张元传》：'张元……父延隽（jùn），仕州郡，累为功曹、主簿。并以纯至，为乡里所推。'此句中之张延隽，或即此人。""晋州"，州名。治所在白马城（今山西临汾东北）。"行台"，东汉以后，中央政务由三公改归台阁，习惯上遂以中央政府为"台"。魏、晋时，凡朝廷遣大臣督诸军于外，以行尚书事，谓之行台。"左丞"，官名，东汉尚书有左右丞。"疆埸（yì）"，国界。"隐若"，威武稳重的样子。《后汉书·吴汉传》："吴公差强人意，隐若一敌国矣。"李贤注曰："隐，威重之貌。""敌国"，可以和国家相匹敌。

（2）**群小不得行志，同力迁之**："群小"，小人们。"行志"，按自己的意思办事。"迁"，古代把官职变动叫作"迁"，这里指小人合力排挤张延隽，使他被调职。

（3）**既代之后，公私扰乱，周师一举，此镇先平**："既代之后"，被取代以后，"既"，表示动作的完成。"公私"，政府和民间。"举"，发动。

（4）**齐亡之迹，启于是矣**："启"，发端、开始。"是"，此。

【译文】

张延隽担任晋州行台左丞的时候，帮助主将安抚边界，储备物资，爱护百姓，使晋州稳定得可以与一国相匹敌。一批小人因为不能随心所欲，就串通起来把张延隽排挤走了。张延隽被取代以后，晋州官府和民间都一团混乱，北周的军队一发动，晋州城首先被攻陷。北齐败亡之路就从这里开始。

【评析】

贤人或贤才通常是指品德跟才能高出一般人的特殊个人。敬贤爱才是中国文化的优良传统，因为贤才难得，贤才对于国家又极其重要。孔子早就说过："才难。"就是说人才难得。一部历史证明，国家兴亡，天下治乱，往往取决于是否用对了人才，"得人者昌，失人者亡"，这里的"人"，一方面是指人民、人心，另一方面也是指人才、贤才。一个国家有几个贤才在位，这个国家就能稳定，就能昌盛；反之，如果在位的一个贤才也没有，都是庸才，甚至小人，就会动乱，就会衰亡。颜之推在《颜氏家训》第七篇《慕贤》里就特别教导自己的子孙贤才难得，要懂得景仰，他说：

古人云："千载一圣，犹旦暮也；五百年一贤，犹比髆也。"言圣贤之难得，疏阔如此。傥遭不世明达君子，安可不攀附景仰之乎？（7.1）

圣人罕见，就是贤人也不易得，如果一千年能够出一个圣人，五百年出个贤人，这都已经算很频繁了。中国五千多年的文明史，大家公认的圣人就只有一个孔子，全世界像孔子这样的人，掰着手指头也就数完了。设想历史上没有孔子，没有释迦牟尼，没有苏格拉底，没有柏拉图和亚里士多德，没有耶稣，没有穆罕默德，人类社会将是什么样子？还别说像孔子这样的圣人，就像屈原、李白、杜甫、陶渊明、苏东坡这样的诗人，我们又有多少？如果没有他们，中国文学会是什么样子？我们习惯于说"人民创造历史"，这当然不错，但是我们要明白，这"人民"里面就包括圣人和贤才，他们对历史的贡献比普通人多得多，历史如果没有这些圣人和贤才，肯定将不会是今天我们看到的这个样子。对这样的圣人和贤人，我们怎么可以不崇拜、不景仰、不认识他们的价值、不努力向他们学习呢？所以颜之推在家训中再三告诫自己的子孙，一定要懂得景仰贤人，但是圣贤很难碰到，所以对于周围有才能的人，比自己强的人，都要主动接近，积极向他们学习。他说：

人在年少，神情未定，所与款狎，熏渍陶染，言笑举动，无心于学，潜移暗化，自然似之；何况操履艺能，较明易习者也？是以与善人居，如入芝兰之室，久而自芳也；与恶人居，如入鲍鱼之肆，久而自臭也。墨子悲于染丝，是之谓矣。君子必慎交游焉。孔子曰："无友不如己者。"颜、闵之徒，何可世得！但优于我，便足贵之。(7.1)

我觉得我们今天做父母的人，特别要好好想想颜之推这段话。由于之前的独生子女政策，今天的青少年大部分是家中的独子独女，从小被过分呵护，过分宠爱，从小到大听到的都是赞美，又没有兄弟姐妹可以比较，很容易以自我为中心，目中无人。承认别的同伴比自己强，值得自己好好学习，对今天的许多青少年是很少想到、更难于实践的事。连孔子都说："三人行，必有我师焉。"今天的青年懂得这个道理的人却很少，这实在值得我们大家忧虑。

我们今天这个时代，由于强调人和人的平等，往往忽略了人和人之间的差别，我们教导青少年说"每个人都是独特的，你是这个世界的唯一"，这是西方传过来的思想，注意从正面教育青少年，培养他们的自尊意识，这并没有错，但是如果强调过了分，就会忘掉事情的另一面，即人和人之间本来就存在许多的差别，人和人之间可以相差甚远，这种差别有的是天赋，有的是后天的教养造成的。中国古人就说过：人之相去如九牛毛。(见《晋书·华谭传》)这话的意思是说，人和人的相差可以有九头牛的毛排在一起那么远。鲁迅也引赫克尔（E·Haeckel）说过："人和人之差，有时比类人猿和原人之差还远。"（见鲁迅《论睁了眼看》）人的平等是真理，人的差别也是真理，只记得一面，只宣传一面，其实是有害的。颜之推在《慕贤》篇中，就举了他所见到的几个例子，来说明人的能力差别之大，以及有才能的人对我们的重要，有时候一个有才能的人，就关系到国家的安危。

他举的例子，第一个是梁朝的羊侃，在侯景之乱中，羊侃当时担任太子左卫率，驻守在京都建业台城边的东掖门，颜之推亲眼见他部署军队处理防务，一个晚上就把该办的事情都办完了，结果赢得了一百多天的时间，来对抗侯景军队的攻城。当时京都里有四万多人，王公大官也不下一百人，大家都没了主张，靠了羊侃一人才得以活命。所以颜之推感叹说：

……其相去如此。古人云："巢父、许由，让于天下；市道小人，争一钱之利。"亦已悬矣。（7.5）

巢父和许由连天下都不要，市面上的商人却连一个小钱都不肯让，人和人的相差竟会如此悬殊。

第二个例子是北齐文宣帝时候的尚书令杨遵彦。这个人非常正直能干，把朝事处理得井井有条，所以虽然高洋荒淫残暴，当时的政治却还清明，国家也安定。后来高洋死了，其弟高演继位，因与杨遵彦有过节，把杨遵彦杀了，结果北齐朝政就变得一塌糊涂。他的原话是：

齐文宣帝即位数年，便沉湎纵恣，略无纲纪；尚能委政尚书令杨遵彦，内外清谧，朝野晏如，各得其所，物无异议，终天保之朝。遵彦后为孝昭所戮，刑政于是衰矣。（7.6）

第三个例子是北齐名将斛律明月，英勇善战，有他在，敌国北周不敢侵齐，他后来被冤杀，结果北齐就被北周灭亡了。颜之推感叹说：

斛律明月，齐朝折冲之臣，无罪被诛，将士解体，周人始有吞齐之志，关中至今誉之。此人用兵，岂止万夫之望而已也！国之存亡，系其生死。（7.6）

第四个例子是北周的张延隽，时任晋州行台左丞，非常能干，勤政爱民，把晋州治理得非常好，简直可以与一个国家相匹敌，后来张延隽被一批小人排挤去位，晋州上下弄得一片混乱，北周攻打北齐，就是首先从晋州打开缺口的。

张延隽之为晋州行台左丞，匡维主将，镇抚疆埸，储积器用，爱活黎民，隐若敌国矣。群小不得行志，同力迁之；既代之后，公私扰乱，周师一举，此镇先平。齐亡之迹，启于是矣。（7.7）

颜之推用这些例子告诫子孙，一个贤才往往身系国家安危，一个人的作用有时超过千军万马。古人说"千兵易得，一将难求"，并非过语。古今中外这样的事例不胜枚举。

例如，古代楚汉之争，汉高祖刘邦得天下后曾问群臣知不知道他为什么能打败项羽而得天下？有人说这个原因，有人说那个原因，刘邦自己总结说根本原因是用对了人才：

夫运筹策帷帐之中，决胜于千里之外，吾不如子房；镇国家，抚百姓，给馈饷，不绝粮道，吾不如萧何。连百万之军，战必胜，攻必取，吾不如韩信。此三者，皆人杰也，吾能用之，此吾所以取天下也。项羽有一范增而不能用，此其所以为我擒也。（《史记·高祖本纪》）

从上面的例子我们可以看出，能不能善用贤才往往是成败的关键，争天下如此，其他的事就更不用说了。所以，我们一定要懂得景仰贤才。如果平生有幸能够碰到这样的人，一定要主动接近他们，向他们学习。

颜之推接着又指出，我们跟贤人交往的时候常常容易犯的几种毛病，应该特别注意。

第一是常人每每有一种贵远贱近的倾向，所谓"远来的和尚好念经"，近在身边的贤人却看不到，不懂得敬重。他说：

世人多蔽，贵耳贱目，重遥轻近。少长周旋，如有贤哲，每相狎侮，不加礼敬；他乡异县，微藉风声，延颈企踵，甚于饥渴。校其长短，核其精粗，或彼不能如此矣。所以鲁人谓孔子为东家丘。昔虞国宫之奇，少长于君，君狎之，不纳其谏，以至亡国，不可不留心也。（7.2）

这的确是值得我们注意的，西谚说："仆人眼中无伟人。"仆人离伟人太近，反而看不到伟人的伟大，只看到伟人也跟常人一样吃喝拉撒。孔子说："唯女子与小人难养也，近之则不逊，远之则怨。"（见《论语·阳货》）其实也是一样的道理，孔子说的小人就是仆人，女子则是妻妾，这些人也是离得太近，所以看不到伟人的伟大，只看到伟人跟常人相同的一面。我们周围的人，尤其是那些跟我们很熟稔的朋友，有些人学问很好，才干很高，或品德高尚，但因为我们同他们太熟了，常常被我们忽略掉；又因为是一块长大的人，往往不甘心承认人家比自己高明很多，这是我们大家都很容易犯的错误。其结果是，就算我们身边有贤才，我们往往也不会虚心去向他们学习，这是很可惜的事。

第二，在跟贤者交往的时候，还容易犯的一个错误是以地位论人，一个才德高尚的人，可能职位并不高，常常就会被我们忽略。颜之推举了一个例子，在梁元帝的时候，有一个叫丁觇的人，是庶民出身。在魏晋南北朝的时候，士庶的分别非常严格，非士族出身的人即所谓庶民，又称"小人"，比士族社会地位低很多，有些高门大族出身的人根本不屑于与庶民交往。东晋的时候有一个著名的清谈家、做过京兆尹（首都市长）的刘惔就曾说过："小人都不可与作缘。"（见《世说新语·方正》）这话的意思就是"庶民根本不值得跟他打交道"。这个丁觇很有才华，文章写得好，书法尤其精妙，后来做了梁元帝的书记，但当时的士族仍然瞧不起他，不让子弟跟他学习，甚至说"丁君十纸，不敌王褒数字。"其实丁觇在中国书法史上的地位比王褒高得多。后来丁觇死了，大家才认识到他书法的精妙，"前所轻者，后思一纸，不可得矣。"我们现在不是有同样的情形吗？有些书法家、画家是真正了不起的人才，可是因为年轻或者因为社会地位不高，便不为周围的人所看重，等到成名之后，想求他的字他的画都求不到了。

第三，颜之推告诫子孙在与贤者交往的时候，要特别注意不能掠人之美。他说：

用其言，弃其身，古人所耻。凡有一言一行，取于人者，皆显称之，不可窃人之美，以为己力，虽轻虽贱者，必归功焉。窃人之财，刑辟之所处；窃人之美，鬼神之所责。（7.3）

我觉得颜之推这个告诫非常值得我们警惕，尤其是今天，尤其在学术界，如果我们采取了别人的观点而不加以注明，这就是剽窃，是学术上的大忌。古代没有著作权、智慧财产权的概念，颜之推尚且告诫子孙不可掠人之美，而我们今天的学术界居然有人公开剽窃抄袭，实在是非常可耻的事情。不仅学术界，扩而充之，至于在社会生活的各个方面，对任何人的功劳、贡献、发明创造，都要公开赞扬，不仅不能窃取，也不可以埋没，这才是对待贤者应有的态度。

今天因为电脑的普及、网络的发达，检索资料特别方便，而文章一旦上了网络，就等于公开在全世界面前，如果我们没有严肃的著作权、智慧财产权的概念，有意想窃取人家的劳动成果，那是一点都不困难的。我自己长期做大学教授，常常发现学生的报告和论文部分来自抄袭网络上的现成资料，别人的、古人的、外国人的都有，有的甚至全篇都是拼拼凑凑，根本没有自己的独立见解。这种情形现在在各大学里都已经普遍到令教师头疼，因为教师也无法去篇篇搜索核对，有时怀疑是抄袭的，却又拿不出确实的证据，结果只好不了了之。而这样又更加助长抄袭风气，而最糟糕的是某些"教授""学者"自己也剽窃抄袭，因此升等、得奖，只要不被揭露，就一直在学术界招摇撞骗，名利双收。这种情形发展下去，势必败坏整个学术风气，最后买单的是整个国家和民族。所以颜之推虽然死去一千五百年了，他对子孙的告诫却仍然值得我们深深警惕。

中小学因为不牵涉学术问题，所以这样的事不会表现得那么明显，但是我们有理由推测，在大学里抄袭论文的学生，往往是在中小学时代就抄作业、抄试卷形成习性的孩子。家长或者是心疼孩子课业重，或者是照顾孩子的自尊心，对孩子的作弊行为，有时候会睁一只眼闭一只眼，这是极不可取的。因为一路"抄"过来的学生，在学校的温室里还好，一旦到了社会上，要凭真本事说话时，就无从抄起了。那时候，凄风苦雨来袭，家长就是想帮也帮不到了。与其在孩子成年后后悔，还不如从小就培养他自觉、自立。

"近朱者赤，近墨者黑。"教孩子去分辨他的"小社会"里的是非对错，让孩子明白"三人行，必有我师焉"，领会向别人学习的重要性，也掌握向别人学习的正确方法，这是每个家长都应该给孩子上的一门必修课。

勉学第八

8.1 自古明王圣帝，犹须勤学，况凡庶乎！此事遍于经史，吾亦不能郑重，聊举近世切要，以启寤汝耳。士大夫子弟，数岁已上，莫不被教，多者或至《礼》《传》，少者不失《诗》《论》。及至冠婚，体性稍定；因此天机，倍须训诱。有志尚者，遂能磨砺，以就素业，无履立者，自兹堕慢，便为凡人。人生在世，会当有业：农民则计量耕稼，商贾则讨论货贿，工巧则致精器用，伎艺则沉思法术，武夫则惯习弓马，文士则讲议经书。多见士大夫耻涉农商，差务工伎，射则不能穿札，笔则才记姓名，饱食醉酒，忽忽无事，以此销日，以此终年。或因家世余绪，得一阶半级，便自为足，全忘修学；及有吉凶大事，议论得失，蒙然张口，如坐云雾；公私宴集，谈古赋诗，塞默低头，欠伸而已。有识旁观，代其入地。何惜数年勤学，长受一生愧辱哉！

【注释】

（1）自古明王圣帝，犹须勤学，况凡庶乎！此事遍于经史，吾亦不能郑重，聊举近世切要，以启寤汝耳："郑重"，频繁、屡次。王利器《颜氏家训集解》注引《靖康缃素杂记》二："《汉书·王莽传》称：'非皇天所以郑重降符命之意。'注云：'郑重，犹言频烦也。'""启寤"，启悟，启发使其觉悟，"寤"通"悟"。

（2）士大夫子弟，数岁已上，莫不被教，多者或至《礼》《传》，少者不失《诗》《论》：《传》，指解释经书的书籍，通常指春秋三传：《左传》《公羊传》《穀梁传》，一般情况下多指《左传》。《诗》，《诗经》。《论》，《论语》。"不失"，不缺失、不漏掉。

(3)及至冠婚，体性稍定；因此天机，倍须训诱："冠婚"，冠礼（男子二十行冠礼，表示成年）和婚礼。"因此"，趁此。"天机"，天所赋予的时机，这里意为已经成年，尚无家累的好时光。

(4)有志尚者，遂能磨砺，以就素业，无履立者，自兹堕慢，便为凡人："素业"，清白的事业，当时多指学问、儒业。"履立"，操守、作为。"堕慢"，懒散、怠惰，"堕"通"惰"。

(5)人生在世，会当有业：农民则计量耕稼，商贾则讨论货贿，工巧则致精器用，伎艺则沉思法术，武夫则惯习弓马，文士则讲议经书："会当"，应当、理当。"货贿"，财物。"伎艺"，技艺，有技艺之人，"伎"通"技"。"法术"，方法技术。

(6)多见士大夫耻涉农商，差务工伎，射则不能穿札，笔则才记姓名，饱食醉酒，忽忽无事，以此销日，以此终年："差"，差错，引申为不善于。"札"，靶子，多半是用几层皮革黏合而成的。"忽忽"，迷迷糊糊。"终年"，终天年，也就是一辈子。

(7)或因家世余绪，得一阶半级，便自为足，全忘修学："余绪"，余荫，祖先留下的东西，多指社会地位。"一阶半级"，一官半职，"阶""级"都指官位、等级。

(8)及有吉凶大事，议论得失，蒙然张口，如坐云雾："议论得失"，讨论得与失，何者为得，何者为失，也就是该怎么做最好。"蒙然"，懵懂无知。

(9)公私宴集，谈古赋诗，塞默低头，欠伸而已："塞默"，默然不能开口，好像嘴巴被塞住了一样。"欠伸"，打哈欠，伸懒腰。

(10)有识旁观，代其入地："有识"，有见识、有学问的人。"入地"，钻进地下，指羞愧。

(11)何惜数年勤学，长受一生愧辱哉："惜"，吝惜、舍不得。"愧辱"，羞愧耻辱。

【译文】

自古以来，连贤明的帝王都必须勤奋学习，何况一般的平民呢！这一类故事在经籍史书中到处都有，我也不能一一列举，姑且举一些近代贴切的例子，来启发开导你们。士大夫的子弟，长到几岁以后，没有不接受教育的。他们中学得多的，可能会学到《礼经》、春秋三传；学得少的，也至少不会漏掉《诗经》《论语》。待到成年、结婚的年纪，体质、性情逐渐定型，就要趁这个（已经成熟但还没有家累的）时机，加倍地对他们进行训导教诲。他们中那些有志向的，就能经受磨炼，成就清白的事业；而那些没有作为的，多半就此懒散下去，便成了平庸之辈。人生在世，理当从事一项职业：农民就要盘算耕地种田，商人就要研究买卖交易，工匠就要努力制作各种器物，艺人就要潜心钻研技艺，武士就要熟习射箭骑马，文人就要讲论经书。常常见到一些士大夫，不屑于务农、经商，又不善于手工、技艺；让他射箭，连靶子都射不穿；让他动笔，只会写出自己的名字；整天吃饱喝足，无所事事，以此消磨时光，虚度一生。还有的人只是凭借祖上的荫庇，谋得一官半职，就自以为满足，全然忘了要继续学习；一旦遇上吉凶大事，讨论该怎么办，就张口结舌，如堕五里雾中；在各种公私宴会的场合，别人谈古论今，吟诗作赋，他却像嘴被塞住一样，低头不语，只能打打呵欠，伸伸懒腰。旁边有学问的人，都恨不能替他钻入地下。这些人为什么就舍不得花几年时间勤奋学习，却宁肯一辈子蒙受羞辱呢？

8.2 梁朝全盛之时，贵游子弟，多无学术，至于谚云："上车不落则著作，体中何如则秘书。"无不熏衣剃面，傅粉施朱，驾长檐车，跟高齿屐，坐棋子方褥，凭斑丝隐囊，列器玩于左右，从容出入，望若神仙。明经求第，则顾人答策；三九公宴，则假手赋诗。当尔之时，亦快士也。及离乱之后，朝市迁革，铨衡选举，非复曩者之亲；当路秉权，不见昔时之党。求诸身而无所得，施之世而无所用。被褐而丧珠，失皮而露质，兀若枯木，泊若穷流，鹿独戎马之间，转死沟壑之际。当尔之时，诚驽材也。有学艺者，触地而安。自荒乱已来，诸见俘虏，虽百世小人，知读《论语》《孝经》者，尚为人师；虽千载冠冕，不晓书记者，莫不耕田养马。以此观之，安可不自勉耶？若能常保数百卷书，千载终不为小人也。

【注释】

（1）**梁朝全盛之时，贵游子弟，多无学术，至于谚云："上车不落则著作，体中何如则秘书。"**："贵游子弟"，贵族子弟，"贵游"，显贵而无职守者。"多无学术"，多半没有学问。"著作"，著作郎，"秘书"，秘书郎，当时两种清高的官职，贵族子弟刚入仕时常担任这两种官职。"体中何如"，身体怎么样，这是当时写信时常用的客套话。

（2）**无不熏衣剃面，傅粉施朱，驾长檐车，跟高齿屐，坐棋子方褥，凭斑丝隐囊，列器玩于左右，从容出入，望若神仙**："长檐车"，"檐"，本指屋檐，这里指盖车的幔子，"长檐"，一种可以把整个车子覆盖起来的长幔。

"高齿屐",一种装有长齿的木屐。"棋子方褥",一种带有棋格花纹的方形坐垫。"斑丝隐囊",一种用多种颜色的丝织成的靠枕,"隐",靠。

（3）**明经求第,则顾人答策;三九公宴,则假手赋诗**:"明经",当时取士方式的一种,以明了经义为要求,类似后来的科举。"顾",通"雇",求、请。"三九",三公九卿的简称。"公宴",公家宴席,与私宴对。"假",借,请人代替。

（4）**当尔之时,亦快士也**:"快士",佳士,"快",佳、好,即乘龙快婿、快人快语的快。

（5）**及离乱之后,朝市迁革,铨衡选举,非复曩者之亲;当路秉权,不见昔时之党**:"迁革",变迁、变化,"朝市迁革"即改朝换代。"铨衡",考核。"选举",选拔。"曩（nǎng）者",从前。"当路",掌权。

（6）**求诸身而无所得,施之世而无所用**:"求诸身",求之于身,诸是之于的合音。"施之世",施之于世,介词"于"省略了。

（7）**被褐而丧珠,失皮而露质,兀若枯木,泊若穷流,鹿独戎马之间,转死沟壑之际**:"被（pī）褐（hè）",穿着粗布的衣服,"被"通"披","褐",粗布。"失皮而露质",语出《法言·吾子》:"羊质而虎皮,见草而说,见豺而战,忘其皮之虎也。""兀（wū）",通"杌",树无枝。"泊",干涸无水。"鹿独",流离颠沛之意。"转死",王利器《集解》按:转死即转尸,并引《孟子·梁惠王下》:"君之民老弱转乎沟壑。"及《通鉴》卷三一《汉纪二十三》胡三省注引应劭曰:"死不能葬,故尸流转在沟壑之中。"

（8）**当尔之时,诚驽材也**:"驽材",下等之才,"驽",劣马。

（9）**有学艺者,触地而安**:"触地而安",落地生根,"触地",犹言到处。

（10）**自荒乱已来,诸见俘虏,虽百世小人,知读《论语》《孝经》者,尚为人师;虽千载冠冕,不晓书记者,莫不耕田养马**:"小人",平民、庶民,南北朝时习惯用法,不是君子小人的小人。"冠冕",仕宦人家,冠和冕都指官帽。

（11）**以此观之,安可不自勉耶?若能常保数百卷书,千载终不为小人也**:"常保数百卷书",这话的意思就是读了很多书,腹有诗书。

【译文】

梁朝很兴旺的时候,贵族子弟大多不学无术,以至于当时有谚语说:"只要上车不掉下来就可以当著作郎,提笔能写'身体如何'就可以当秘书郎。"贵族子弟们都用香草熏衣，脸上毛发剃得干干净净，涂脂抹粉，乘长檐车，穿高齿屐，坐的是格子图案的方垫，靠的是五彩丝织的靠枕，身边摆着玩赏器物，悠闲地进进出出，看起来像神仙一样。到了考试求官的时候，就请人代笔，在三公九卿的宴会上，就让别人替自己作诗。这种时候，他们也算是个名士吧。可是到了改朝换代之时，掌握选拔考核权力的人，已经不再是从前的亲戚，在朝中执政的人，也不再是旧日的同党。这个时候，想靠自己却没有本事，在社会上就无法立足了。这就像穿着粗布的衣服，可怀里并没有珠宝，丢掉了披着的虎皮，露出了羊羔的本质，光秃秃的像一段枯死的树木，干巴巴的像一条缺水的河流，辗转在战乱之中，抛尸在荒野之间。这个时候，他们就成了真正的蠢材。而那些有学问技能的人，无论走到哪里，都可以安身立命。兵荒马乱以来，我见过不少被俘虏过来的人，即使世世代代都是平民，读过《论语》《孝经》的，还可以当别人的老师；但有些人，虽然世世代代都是仕宦人家，可是不会读书写字，就只好替别人耕田养马。由此看来，怎么可以不勉励自己刻苦学习呢？如果一个人饱读诗书，就是再过一千年也不会沦为底层小民的。

8.3 夫明六经之指，涉百家之书，纵不能增益德行，敦厉风俗，犹为一艺，得以自资。父兄不可常依，乡国不可常保，一旦流离，无人庇荫，当自求诸身耳。谚曰："积财千万，不如薄伎在身。"伎之易习而可贵者，无过读书也。世人不问愚智，皆欲识人之多，见事之广，而不肯读书，是犹求饱而懒营馔，欲暖而惰裁衣也。夫读书之人，自羲、农已来，宇宙之下，凡识几人，凡见几事，生民之成败好恶，固不足论，天地所不能藏，鬼神所不能隐也。

【注释】

（1）**夫明六经之指，涉百家之书，纵不能增益德行，敦厉风俗，犹为一艺，得以自资**："六经"，指《诗经》《尚书》《乐记》（已佚）《周易》《礼经》《春秋》。"指"，同"旨"。"百家"，即诸子百家，其中最著名的是儒家、道家、墨家、法家、纵横家、阴阳家。"自资"，自己谋生。

（2）**父兄不可常依，乡国不可常保，一旦流离，无人庇荫，当自求诸身耳**："庇（bì）荫（yìn）"，庇护。"自求诸身"，自己向自身寻求，"诸"是之于的合音。

（3）**谚曰："积财千万，不如薄伎在身。"伎之易习而可贵者，无过读书也**："伎"同"技"。

（4）世人不问愚智，皆欲识人之多，见事之广，而不肯读书，是犹求饱而懒营馔，欲暖而惰裁衣也："营馔"，做饭、办酒席。"懒"和"惰"之后都省略了"于"字。

（5）夫读书之人，自羲、农已来，宇宙之下，凡识几人，凡见几事，生民之成败好恶，固不足论，天地所不能藏，鬼神所不能隐也："羲、农"，伏羲氏、神农氏，传说中古代的帝王，与轩辕氏号称三皇。"所"，二"所"字都是语气词，无义。"固不足论"，自不必说，也就是理所当然的意思，"不足"，不必。

【译文】

明了六经的要旨，涉猎百家的著作，即使不能够增加一个人的德行，倡导端正社会风俗，但总算是一门技艺，可以用来自己谋生。父兄是不能长期依靠的，家乡也不是能够常保平安的，一旦动乱起来，没人能够保护你，就只有自求多福了。俗话说："积财千万，不如薄技在身。"而技艺中最容易学习，且被人认为可贵的，莫过于读书了。世上的人不管愚蠢还是聪明，都希望自己见多识广，却不肯读书，这就好比想吃饱却懒得做饭，想穿暖却懒得裁衣。那些读书的人，不仅知道伏羲、神农以来，天下发生了多少事情，又有多少重要人物，以及社会好坏和国家成败的原因，甚至天地万物的道理，乃至鬼神的事情，都瞒不过他们。

8.4 有客难主人曰："吾见强弩长戟，诛罪安民，以取公侯者有矣；文义习吏，匡时富国，以取卿相者有矣；学备古今，才兼文武，身无禄位，妻子饥寒者，不可胜数，安足贵学乎？"主人对曰："夫命之穷达，犹金玉木石也；修以学艺，犹磨莹雕刻也。金玉之磨莹，自美其矿璞；木石之段块，自丑其雕刻。安可言木石之雕刻，乃胜金玉之矿璞哉？不得以有学之贫贱，比于无学之富贵也。且负甲为兵，咋笔为吏，身死名灭者如牛毛，角立杰出者如芝草；握素披黄，吟道咏德，苦辛无益者如日蚀，逸乐名利者如秋荼，岂得同年而语矣。且又闻之：生而知之者上，学而知之者次。所以学者，欲其多知明达耳。必有天才，拔群出类，为将则暗与孙武、吴起同术，执政则悬得管仲、子产之教，虽未读书，吾亦谓之学矣。今子即不能然，不师古之踪迹，犹蒙被而卧耳。"

【注释】

（1）有客难主人曰："难（nàn）"，诘问。整个这一段设为主客问答，来说明读书必要的道理，这种主客问答的方式，从汉朝以来就是说理的常见体裁，主人就是"我"，客人是假设的。

（2）吾见强弩长戟，诛罪安民，以取公侯者有矣："强弩"，强弓，"弩"是弓的一种，用机械发射。"长戟"，"戟"是古兵器名，兼有戈和矛的长处。"强弩长戟"的前面省略了动词"持"或"执"。

（3）文义习吏，匡时富国，以取卿相者有矣："匡时"，匡正时弊。

（4）学备古今，才兼文武，身无禄位，妻子饥寒者，不可胜数，安足贵学乎："不可胜数（shǔ）"，很多，数不过来。"贵学"，以学为贵。

（5）夫命之穷达，犹金玉木石也；修以学艺，犹磨莹雕刻也："穷达"，"达"，发达，四通八达，"穷"则是"达"的反面，无路可走，也就是困厄的意思。"修以学艺"，即以学艺修之，以学问和技艺来充实自己。"磨莹"，磨光。

（6）金玉之磨莹，自美其矿璞：金玉磨光自然比矿璞更美，"矿"是没有磨的金，"璞"是没有磨的玉，"之"字无义，只有语法作用，即把完整的句子化为一个短语。"其"，相当于"于"。

（7）木石之段块，自丑其雕刻：这句话语法结构与上句相同，它的意思是：一段没有经过雕刻的木头，一块没有经过雕刻的石头，自然比不过雕刻后的漂亮。

（8）安可言木石之雕刻，乃胜金玉之矿璞哉："木石之雕刻"，经过雕刻的木石。"金玉之矿璞"，没有经过磨莹的金玉。

（9）不得以有学之贫贱，比于无学之富贵也："不得"，不能。

（10）且负甲为兵，咋笔为吏，身死名灭者如牛毛，角立杰出者如芝草；握素披黄，吟道咏德，苦辛无益者如日蚀，逸乐名利者如秋荼，岂得同年而语矣："咋（zé）笔"，用舌尖舔笔（使它湿润以便于写字），"咋笔"在这里是形象地描写小吏抄写文书的样子。"角立"，像角一样突出。"握素披黄"，即披阅文书，古代字写在丝帛上面，"素"，指丝帛，"黄"，是一种涂在丝帛上防虫咬的药的颜色。"吟道咏德"，即吟咏道德，意为传扬文化。"岂得"，岂可、岂能。"同年而语"，现在讲"同日而语"，意思相同。

（11）且又闻之：生而知之者上，学而知之者次：语出《论语·季氏》："孔子曰：'生而知之者，上也；学而知之者，次也；困而学之者，又其次也；困而不学，民斯为下矣。'"

（12）**所以学者，欲其多知明达耳**："所以"，……的原因，相当于白话中的"之所以"。

（13）**必有天才，拔群出类，为将则暗与孙武、吴起同术，执政则悬得管仲、子产之教，虽未读书，吾亦谓之学矣**："必"，一定，但这里是假设，"必有"，相当于今语中的"如果真有……""如果的确有……"。"孙武"，春秋时军事家，字长卿，齐国人，著有《孙子兵法》。"吴起"，战国时军事家，卫国人。"悬得"，凭空得到，这里指没有经过学习就得到。"虽未读书，吾亦谓之学矣"，语出《论语·学而》："虽曰未学，吾必谓之学矣。""管仲"，春秋初期齐国政治家，名夷吾，字仲。"子产"，即公孙侨，子产是字，春秋时郑国政治家。

（14）**今子即不能然，不师古之踪迹，犹蒙被而卧耳**："即"，有的本子作"既"，较好。"不师"，不师法、不学习。

【译文】

有位朋友诘问我说："我看见过有人手握强弩长戟，去讨伐罪人，安定百姓，以此得到公侯的爵位；我也看见过有人熟悉制度文书，能够匡正时弊，使国家富强，以此取得卿相的地位；而那些学贯古今、文武兼备，却没有一官半职，妻子儿女都衣食不足的人，却数都数不完，那么学习有什么值得推重的呢？"我回答说："一个人的命运是困厄还是显达，就好比金玉和木石。而读书学习以充实自己，就好比琢磨和雕刻。金玉经过琢磨当然比原矿美丽，没有经过雕刻的木石也当然比不上经过雕刻的。但我们怎么能说经过雕刻的木石就会胜过没有琢磨的金玉呢？所以我们不能够把有学问的贫贱之士跟没有学问的富贵之人相比。何况身穿铠甲去当兵，手握笔杆去作吏，到死都没人知道，这样的人多如牛毛，而特别出众的却像芝兰一样稀少。可是，读书识字传扬文化的人，其中苦了一辈子毫无作为，这样的人像日食一样少；而享受安乐，名利双收的却像秋荼一样多，这两者怎么可以相提并论呢？我又听说，生下来不学就知道的是第一流人才，通过学习才知道的是次等。人之所以要学习，是希望懂得多，明白事理。如果真是天才，出类拔萃，率领军队就暗合孙武、吴起的兵法；领导国家自然有管仲、子产的谋略，这样的人即使没有念过书，我也认为他是学过的。现在您既没有这样的本事，又不效仿古人的榜样，那就好像蒙着被子睡觉（什么都看不见，什么也不知道）。"

8.5 人见邻里亲戚有佳快者，使子弟慕而学之，不知使学古人，何其蔽也哉？世人但知跨马被甲，长矟强弓，便云我能为将；不知明乎天道，辨乎地利，比量逆顺，鉴达兴亡之妙也。但知承上接下，积财聚谷，便云我能为相；不知敬鬼事神，移风易俗，调节阴阳，荐举贤圣之至也。但知私财不入，公事夙办，便云我能治民；不知诚己刑物，执辔如组，反风灭火，化鸱为凤之术也。但知抱令守律，早刑晚舍，便云我能平狱；不知同辕观罪，分剑追财，假言而奸露，不问而情得之察也。爰及农商工贾，厮役奴隶，钓鱼屠肉，饭牛牧羊，皆有先达，可为师表，博学求之，无不利于事也。

【注释】

（1）**人见邻里亲戚有佳快者，使子弟慕而学之，不知使学古人，何其蔽也哉**："佳快"，好、聪明能干，"佳""快"同义。"使学古人"，使之学古人，代词"之"作宾语的时候常常省略。

（2）**世人但知跨马被甲，长矟强弓，便云我能为将；不知明乎天道，辨乎地利，比量逆顺，鉴达兴亡之妙也**："被"同"披"，已见前（8.2）注。"长矟（shuò）"，长矛，一种兵器，"矟"同"槊"。"比量（liáng）"，比较考虑。

（3）**但知承上接下，积财聚谷，便云我能为相；不知敬鬼事神，移风易俗，调节阴阳，荐举贤圣之至也**："调节阴阳"，平衡各个方面，古人把万事万物都分为阴阳两个方面，既对立又统一。调节阴阳一直被认为是宰相的职责，《汉书·陈平传》："宰相佐天子，理阴阳，调四时，理万物，抚四夷。""……之至"，……的至理、至妙、至极，"至"是到顶的意思。

（4）**但知私财不入，公事夙办，便云我能治民；不知诚己刑物，执辔如组，反风灭火，化鸱为凤之术也**："夙办"，早办。"诚己"，让自己诚实，使自己正心诚意。"刑物"，给众人做榜样，"刑"通"型"，"物"，众人、各色人等。"执辔如组"，这是《诗经》的一句话，见《诗经·邶风·简兮》："有力如虎，执辔如组。"原意是说驾马车驾得好，把缰绳有条不紊地牢牢把握在手中。后世常常来比喻统治者能够很好地治理国家。"反风灭火"，语出《后汉书·儒林传》。刘昆为江陵令时，其县连年火灾，昆向火叩头，多能降雨止风。皇帝诏问中有"前在江陵，反风灭火"之句。"化鸱（chī）为凤"，《后汉书·循吏传》：仇览为蒲亭长，民陈元母告元不孝，仇览亲至其家，陈述人伦之理，譬以祸福之言，终使陈元感化而成孝子。乡里为之谚曰:"父母何在在我庭,化我鸱(shī)枭哺所生。"鸱,亦作鸱枭、鸱枭,即猫头鹰,古人视为恶鸟。

(5) **但知抱令守律,早刑晚舍,便云我能平狱;不知同辕观罪,分剑追财,假言而奸露,不问而情得之察也**:"早刑晚舍",早上判刑,晚上赦免,"舍"通"赦"。"同辕观罪",典出《左传·成公十七年》:"郤犨与长鱼矫争田,执而梏之,与其父母妻子同一辕。"杜预注:"系之车辕。"王利器《集解》引朱亦栋之言曰:"之推此句本此。然此事非明察类,不解之推何以用之?抑或别有所本耶?""分剑追财",典出《太平御览》卷六三九引《风俗通》:"沛郡有富家公,资二千余万。子才数岁,失母,其女不贤。父病,令以财尽属女,但遗一剑,云:'儿年十五,以还付之。'其后又不肯与儿,乃讼之。时太守大司空何武也,得其辞,顾谓掾吏曰:'女性强梁,婿复贪鄙,畏害其儿,且寄之耳。夫剑者所以决断;限年十五者,度其子智力足闻县官,得以见伸展也。'乃悉夺财还子。""假言而奸露",典出《魏书·李崇传》:北魏李崇任扬州刺史时,有寿春县人苟泰三岁之子被诱拐。数年后苟泰发现其子在同县人赵奉伯家,即告到官府。双方各执一词,难以决断。李崇即下令将苟、赵与小儿隔离,数十天后派人告知苟、赵,小儿已暴病身亡。苟泰当即痛哭失声,悲不自胜,而赵奉伯却仅嗟叹而已。李崇由此察知真情,乃以小儿归还苟泰。"不问而情得",典出《晋书·陆云传》载:陆云为浚仪令时,有人被杀,凶犯未定,陆云盘问被害人之妻,无结果,关押十余日后将她放出,密令手下尾随其后,并说:"不出十里,当有男子等候与她说话,那时即一齐抓来。"后来果如陆云所言。凶犯坦白说:"与此妻通,共杀其夫,闻其得出,故远相要候。"一县之人均称赞陆云办案神明。

(6) **爰及农商工贾,厮役奴隶,钓鱼屠肉,饭牛牧羊,皆有先达,可为师表,博学求之,无不利于事也**:"爰及",连接词,大意是以及、再如,视上下文而定。"厮役",仆人、打杂的人。"屠肉",杀牲卖肉的人。"饭牛",放牛、喂牛的人。"师表",老师、表率。这几句话说的是,历史上有许多出身微贱而后来建大功立大业的人,通过读书我们可以知道他们的事迹,成为我们学习的榜样。王利器《集解》引赵曦明曰:"古圣贤如舜、伊尹皆起于耕,后世贤而躬耕者多,不能以遍举。《尸子》曰:'子贡,卫之贾人。'《左传》载郑商人弦高及贾人之谋出荀䓨而不以为德者,皆贤达也。工如齐之斲(zhuó)轮及东郭牙;厮役仆隶如兒宽为诸生都养，王象为人仆隶而私读书；钓鱼屠牛，皆齐太公事；饭牛，宁戚事；卜式、路温舒、张华，皆尝牧羊：史传所载，如此者非一。"

【译文】
　　人们看见亲戚邻里中有优秀能干的人，都会让自己的子弟向他们学习，但是却不知道向古人学习，这是多么愚昧的事啊。世人只知道骑马披甲，拿着长矛强弓，就说我能够当将军，却不知道判断天时地势的有利无利，不懂得估量军事形势的逆顺优劣，更不懂得国家兴亡盛衰的大道理。只知道上传下达，储存财物粮食，就说我可以做宰相，却不知道敬奉鬼神，移风易俗，调节阴阳，荐举贤能，把各方面都到完满无缺。只知道当官不能接受贿赂，公事要及早办理，就以为自己可以治理人民了，却不知道自己应该正心诚意做老百姓的表率，以及有条理地处理政事、把坏事变好事、坏人变好人的方法。只知道谨守法令规章，该判的判，该赦的赦，就以为自己可以当好法官，却不知道同辕观罪、分剑追财、用假言诱使凶手暴露、不经过反复审问就洞明案情等更高明的办法。通过读书我们还会知道，历史上许多人出身低贱，有做过农民、商人、工匠的，也有做过仆人、奴隶的，乃至于钓鱼、杀猪、放牛、牧羊的，后来却建立了丰功伟业，这些人都可以作为我们的表率。通过广泛阅读了解他们的事迹，对我们自己的事业都是帮助的。

8.6　夫所以读书学问，本欲开心明目，利于行耳。未知养亲者，欲其观古人之先意承颜，怡声下气，不惮劬劳，以致甘腴，惕然惭惧，起而行之也。未知事君者，欲其观古人之守职无侵，见危授命，不忘诚谏，以利社稷，恻然自念，思欲效之也。素骄奢者，欲其观古人之恭俭节用，卑以自牧，礼为教本，敬者身基，瞿然自失，敛容抑志也；素鄙吝者，欲其观古人之贵义轻财，少私寡欲，忌盈恶满，赒穷恤匮，赧然悔耻，积而能散也；素暴悍者，欲其观古人之小心黜己，齿弊舌存，含垢藏疾，尊贤容众，苶然沮丧，若不胜衣也；素怯懦者，欲其观古人之达生委命，强毅正直，立言必信，求福不回，勃然奋厉，不可恐慑也：历兹以往，百行皆然。纵不能淳，去泰去甚。学之所知，施无不达。世人读书者，但能言之，不能行之，忠孝无闻，仁义不足；加以断一条讼，不必得其理；宰千户县，不必理其民；问其造屋，不必知楣横而梲竖也；问其为田，不必知稷早而黍迟也；吟啸谈谑，讽咏辞赋，事既优闲，材增迂诞，军国经纶，略无施用，故为武人俗吏所共嗤诋，良由是乎！

【注释】

（1）**夫所以读书学问，本欲开心明目，利于行耳**："所以"，之所以，已见前（8.4）注。"欲"，希望。"开心明目"，启发心智，擦亮眼睛。

（2）**未知养亲者，欲其观古人之先意承颜，怡声下气，不惮劬劳，以致甘腝，惕然惭惧，起而行之也**："先意承颜"，"先意"，先父母之意，即父母还没有把意思说出来之前，"承颜"，承顺父母的脸色，即按照父母的意思办事。"怡声下气"，声音和悦，气色柔顺。"不惮劬（qú）劳"，不怕劳累。"甘腝（ruǎn）"，甜软，"腝"通"软"，指煮烂的肉。"腝"又读ní，指带骨头的肉酱。"惕然"，警惕的样子。

（3）**未知事君者，欲其观古人之守职无侵，见危授命，不忘诚谏，以利社稷，恻然自念，思欲效之也**："无侵"，不僭越，不滥用权力。"见危授命"，遇到危险不怕死，"授命"，献出生命。"诚谏"，忠谏，避隋文帝父杨忠的讳而改。"恻然"，感动的样子。

（4）**素骄奢者，欲其观古人之恭俭节用，卑以自牧，礼为教本，敬者身基，瞿然自失，敛容抑志也**："卑以自牧"，即以卑自牧，介词"以"的宾语"卑"前置以表强调。"自牧"，控制自己、约束自己。语出《易·谦·象辞》："谦谦君子，卑以自牧也。""礼为教本，敬者身基"，意思是人以礼敬为本，语出《左传·成公十三年》："礼，身之干也；敬，身之基也。""瞿然自失"，心里畏惧，看到了自己的不足，"瞿"通"惧"，现在简化为"惧"。"敛容抑志"，收敛容色，控制欲望。

（5）**素鄙吝者，欲其观古人之贵义轻财，少私寡欲，忌盈恶满，赒穷恤匮，赧然悔耻，积而能散也**："贵义轻财"，重义轻财。"少私寡欲"，语出《老子》十九章："见素抱朴，少私寡欲。""忌盈恶（wù）满"，语出《易·谦·象辞》："人道恶盈而好谦。""赒（zhōu）穷恤匮"，周济贫穷的人，怜悯匮乏的人。"赧（nǎn）然"，羞愧的样子。

（6）**素暴悍者，欲其观古人之小心黜己，齿弊舌存，含垢藏疾，尊贤容众，茶然沮丧，若不胜衣也**："黜己"，压低自己。"齿弊舌存"，意思是说刚强的东西容易折损，而柔软的东西才可以久存。典出《说苑·敬慎》："常摐（chuāng）有疾，老子往问焉，张其口而示老子曰：'吾舌存乎？'老子曰：'然。'曰：'吾齿存乎？'老子曰：'亡。'常摐曰：'子知之乎？'老子曰：'夫舌之存也，岂非以其柔耶？齿之亡也，岂非以其刚耶？'""含垢藏疾",意思是要宽仁大度,能包容一切,哪怕是不好的东西。典出《左传·宣公十五年》:"川泽纳污,山薮藏疾,瑾瑜匿瑕,国君含垢,天之道也。""尊贤容众",尊敬贤人,包容大众。语出《论语·子张》:"君子尊贤而容众,嘉善而矜不能。""苶（nié）然",疲倦病态的样子。"不胜衣",体弱到连衣服都承不住,这里指谦退,夸张的说法。

（7）**素怯懦者,欲其观古人之达生委命,强毅正直,立言必信,求福不回,勃然奋厉,不可恐慑也**:"达生委命","达生",通达人生、看透人生。"委命",交给命运、听由命运支配。《庄子》有《达生》篇,其首句云:"达生之情者,不务生之所无以为。达命之情者,不务知之所无奈何。"又《庄子·人间世》:"知其不可奈何而安之若命,德之至也。""立言必信",说出来的话一定要做到。"求福不回",追求福祉,不违背祖先的教导,语出《诗经·大雅·旱麓》:"岂（kǎi,同"恺"）弟（tì,同"悌"）君子,求福不回。"郑玄笺:"不回者,不违先祖之道。""勃然",奋发的样子。

（8）**历兹以往,百行皆然**:"历兹以往",从此以下、以此类推。"百行",各种德行,已见前（5.14）注。

（9）**纵不能淳,去泰去甚**:"淳",敦厚、完美。"去泰去甚",去掉过度的过分的,也就是适中。语出《老子》:"是以圣人去甚、去奢、去泰。"

（10）**学之所知,施无不达**:"施无不达",用在哪里,没有不适合的。

（11）**世人读书者,但能言之,不能行之,忠孝无闻,仁义不足**:"但能",只能。

（12）**加以断一条讼,不必得其理**:"断一条讼",判一个案子。"不必",不一定。

（13）**宰千户县,不必理其民**:"千户县",只有一千户人家的小县。

（14）**问其造屋,不必知楣横而梲竖也**:"楣",房屋的横梁。"梲（zhuō）",梁上的短柱。

（15）**问其为田,不必知稷早而黍迟也**:"稷""黍"都是谷物,古今说法不一,大略就是今人所说的小米。

（16）**吟啸谈谑,讽咏辞赋,事既优闲,材增迂诞,军国经纶,略无施用**:"吟啸",高声吟咏。"谈谑",谈论戏谑,颜之推可能暗指当时的清谈。"讽咏辞赋",泛指吟诗作赋。"迂诞",迂阔荒诞,不切实际。"军国经纶",筹划军国大事。

（17）故为武人俗吏所共嗤诋，良由是乎："嗤诋"，嗤笑诋毁。"良"，诚。

【译文】
　　一个人之所以要读书、追求学问，本来是为了开阔心胸和擦亮眼睛，以利于自己的行为。对于那些不知道孝养父母的人，希望他们通过读书，可以看到古人是如何承顺父母的意思，和颜悦色，轻言细语，不怕劳累，让父母得到甘美酥嫩的食物，从而警惕惭愧，起而仿效古人。对于那些不知道如何侍奉君王的人，希望他们通过读书可以了解到古人是如何忠于职守，不越职不滥权，碰到危难时不惜牺牲生命，必要时不忘记忠心进谏，以利于国家社稷，从而深刻反省自己，起而仿效古人。对于那些一贯骄横奢侈的人，希望他们通过读书看到古人是如何谦恭节俭，低调自律，以礼教为自己立身的根本，从而使他们感到震惊，警觉自己的过失，收敛自己的行为，抑制自己的欲望。对那些一贯贪鄙吝啬的人，希望他们通过读书能够看到古人如何重视道义，看轻钱财，少私寡欲，戒骄戒满，周济贫困，体恤穷人，从而感到羞愧，把自己积累的钱财也施舍给别人。对于那些一向粗暴强悍的人，希望他们通过读书能够看到古人如何小心谦恭，委屈全身，深知齿刚易损，舌柔常存的道理，包容大度，尊重贤士，接纳众人，从而对自己的行为感到沮丧，努力学会谦恭退让。对那些一向胆小怕事的人，希望他们通过读书能够看到古人如何参透人生，乐天认命，刚强正直，言而有信，祈求福祉，不违祖训，从而振奋精神，不再恐惧胆怯。以此类推，各种德行都可以通过读书在古人那里学到，即使不能做到完美，至少可以去掉过分的地方。从学习得到的东西，放在哪里都是有用的。可惜世上许多读书的人，能言而不能行，结果是忠孝仁义都谈不上，办一个案子，不一定能符合道理；主持一个小县的行政，不一定能使老百姓服气；问他怎么造房子，他连楣横梲竖都不一定知道；问他怎么种田，他连稷早黍迟都不一定清楚。他只知道吟诗作赋，高谈阔论，这样办事悠闲，才干疏阔，要他谋划军国大事，一点办法都没有。所以被那些武人俗吏嘲笑诋毁，实在也是事出有因啊！

　　8.7　夫学者所以求益耳。见人读数十卷书，便自高大，凌忽长者，轻慢同列。人疾之如仇敌，恶之如鸱枭。如此以学自损，不如无学也。

【注释】
（1）"凌忽"，傲慢、轻视。"恶（wù）"，讨厌、憎恶。"鸱枭"，猫头鹰，已见前（8.5）注。

【译文】

　　一个人学习是为了追求长进。我看见有些人读了几十卷书，就自高自大起来，轻视长辈，鄙薄同行。结果弄得别人像憎恨敌人一样地憎恨他，像讨厌猫头鹰一样地讨厌他。像这样用学习来损害自己，那还不如不要学习。

8.8　古之学者为己，以补不足也；今之学者为人，但能说之也。古之学者为人，行道以利世也；今之学者为己，修身以求进也。夫学者犹种树也，春玩其华，秋登其实；讲论文章，春华也，修身利行，秋实也。

【注释】

（1）**古之学者为己，以补不足也；今之学者为人，但能说之也**："为（wèi）己"，为了自己。下面"为人"同。"能说"，能说会道，炫耀自己。语出《论语·宪问》："古之学者为己，今之学者为人。"何晏《论语集解》引孔安国云："为己，履而行之；为人，徒能言。"

（2）**古之学者为人，行道以利世也；今之学者为己，修身以求进也**："行道以利世"，推行自己的理想，以造福社会。"修身以求进"，在这里是说提高自己的学问，以谋求仕进。

（3）**夫学者犹种树也，春玩其华，秋登其实；讲论文章，春华也，修身利行，秋实也**："学犹种树"语出《左传·昭公十八年》："夫学，殖也，不学将落。"孔颖达疏："夫学如殖草木也，令人日长日进，犹草木之生枝叶也；不学则才知（zhì，同'智'）日退，将如草木之坠落枝叶也。""玩（wàn）"，赏玩。"华（huā）"同"花"。"登"，进、端上，这里是收获的意思，即五谷丰登的登。

【译文】

　　古代的人学习是为了自己，弥补自己的不足，今天的人学习是为了别人，只是能说会道，向别人炫耀。古代的人学习是为了别人，推行自己的理想以造福社会，今天的人学习是为了自己，提高自己的学问以谋求仕进。学习跟种树一样，春天可以赏玩它的花朵，秋天可以收获它的果实，讲习讨论文章，就是春花，修养学问品行，就是秋实。

8.9　人生小幼，精神专利，长成已后，思虑散逸，固须早教，勿失机也。吾七岁时，诵《灵光殿赋》，至于今日，十年一理，犹不遗忘；

二十之外，所诵经书，一月废置，便至荒芜矣。然人有坎壈，失于盛年，犹当晚学，不可自弃。孔子云："五十以学《易》，可以无大过矣。"魏武、袁遗，老而弥笃，此皆少学而至老不倦也。曾子七十乃学，名闻天下；荀卿五十，始来游学，犹为硕儒；公孙弘四十余，方读《春秋》，以此遂登丞相；朱云亦四十，始学《易》《论语》；皇甫谧二十，始受《孝经》《论语》：皆终成大儒，此并早迷而晚寤也。世人婚冠未学，便称迟暮，因循面墙，亦为愚耳。幼而学者，如日出之光，老而学者，如秉烛夜行，犹贤乎瞑目而无见者也。

【注释】

（1）**人生小幼，精神专利，长成已后，思虑散逸，固须早教，勿失机也**："专利"，专心敏锐。"散逸"，分散、奔跑，这里的意思是思虑不集中，容易开小差。

（2）**吾七岁时，诵《灵光殿赋》，至于今日，十年一理，犹不遗忘；二十之外，所诵经书，一月废置，便至荒芜矣**：《灵光殿赋》，亦作《鲁灵光殿赋》，东汉时期的一篇名赋，作者王延寿。灵光殿在今山东曲阜，为西汉鲁恭王所建。

（3）**然人有坎壈，失于盛年，犹当晚学，不可自弃**："坎壈（lǎn）"，也作"坎廪（lǐn）"，本义是不平坦，引申为困顿失意、不得志。

（4）**孔子云："五十以学《易》，可以无大过矣。"**：语出《论语·述而》："子曰：'加我数年，五十以学《易》，可以无大过矣。'"

（5）**魏武、袁遗，老而弥笃，此皆少学而至老不倦也**："魏武"，曹操。"袁遗"，字伯业，袁绍的堂兄。《三国志·魏书·武帝纪》裴注引《魏书》："（太祖）御军三十余年，手不舍书，昼则讲武策，夜则思经传，登高必赋，及造新诗，被之管弦，皆成乐章。"曹操曾说："长大而能勤学，惟吾与袁伯业耳。"

（6）**曾子七十乃学，名闻天下**：前人疑"七十"为"十七"之误，应是。译文从之。王利器《颜氏家训集解》有详细考证，可以参看。

（7）**荀卿五十，始来游学，犹为硕儒**："荀卿"，又名"孙卿"，即荀子，名况。荀子"年五十，始来游学于齐。"见《史记·孟荀列传》。"硕儒"，大学者。

（8）**公孙弘四十余，方读《春秋》，以此遂登丞相**："公孙弘"，西汉大臣，字季，菑川薛（今山东滕州东南）人。少为狱吏，年四十余始治《春秋公羊传》，以熟习文法吏治，被汉武帝任为丞相。事见《汉书·公孙弘传》。

（9）**朱云亦四十，始学《易》《论语》**："朱云"，字游，西汉学者。鲁国（治今山东曲阜）人。少时轻侠，以勇力闻。年四十，从博士白子友受《易》，又事萧望之学《论语》，皆能传其业。事见《汉书·朱云传》。

（10）**皇甫谧二十，始受《孝经》《论语》：皆终成大儒，此并早迷而晚寤也**："皇甫谧"，字士安，魏晋间医学家、学者。安定朝那（今甘肃灵台）人。年二十，尚不好学，因叔母诲喻，方幡然求进，从乡人席坦受书，勤力不怠，遂博综典籍百家之言。中年又钻研医学，于针灸学卓有成就。事见《晋书·皇甫谧传》。"寤"，通"悟"。

（11）**世人婚冠未学，便称迟暮，因循面墙，亦为愚耳**："迟暮"，老年、晚年。"因循"，沿袭旧规，过一天算一天，不求上进。"面墙"，不读书、不进步，好像面对一堵墙壁，再不迈开步子。

（12）**幼而学者，如日出之光，老而学者，如秉烛夜行，犹贤乎瞑目而无见者也**："秉烛"，手持蜡烛。"贤乎"，贤于、好过。此语出自《说苑·建本》："师旷曰：'少而好学，如日出之阳；壮而好学，如日中之光；老而好学，如秉烛之明。秉烛之明，孰与昧行乎？'"见王利器《颜氏家训集解》引。

【译文】

人在幼小的时候，精神专注敏锐，长成以后，思想就容易分散。所以要抓紧早期教育，不要失去良机。我七岁的时候，背诵《灵光殿赋》，直到现在，每隔十年读一遍，都不会忘。而二十以后所读的经书，只要一个月不复习，就会有荒芜之感。不过，人们往往会碰到困顿失意的时候，所以如果早年失学，晚年还是应当努力学习，不要自暴自弃。孔子就说过："我五十岁把《周易》好好研究一番，这一辈子大概就不会有大的过错了。"曹操、袁遗到了晚年读书更努力，这两个人都是从小到老学而不倦。曾子十七岁才开始读书，后来名闻天下；荀子五十岁才开始游学，还是成了著名的大学者；公孙弘四十多岁才读《春秋》，后来就靠着这个学问当了宰相；朱云也是四十岁才开始读《周易》《论语》；皇甫谧二十岁才开始读《孝经》《论语》，最后都成了大学者。这几个人都是早年没有好好读书，成年以后才开始觉悟的。世界上一般的人，如果到成年结婚的时候，还没有好好学习，就认为自己已经老了，过一天算一天，不求上进，这实在很愚蠢。一个人小时候读书，就好比早晨的太阳，到晚年才读书，就像手持蜡烛夜行，但总比闭起眼睛什么都不看要好。

8.10 学之兴废，随世轻重。汉时贤俊，皆以一经弘圣人之道，上明天时，下该人事，用此致卿相者多矣。末俗已来不复尔，空守章句，但诵师言，施之世务，殆无一可。故士大夫子弟，皆以博涉为贵，不肯专儒。梁朝皇孙以下，总丱之年，必先入学，观其志尚，出身已后，便从文吏，略无卒业者。冠冕为此者，则有何胤、刘瓛、明山宾、周舍、朱异、周弘正、贺琛、贺革、萧子政、刘绍等，兼通文史，不徒讲说也。洛阳亦闻崔浩、张伟、刘芳，邺下又见邢子才：此四儒者，虽好经术，亦以才博擅名。如此诸贤，故为上品，以外率多田野间人，音辞鄙陋，风操蚩拙，相与专固，无所堪能，问一言辄酬数百，责其指归，或无要会。邺下谚曰："博士买驴，书券三纸，未有驴字。"使汝以此为师，令人气塞。孔子曰："学也禄在其中矣。"今勤无益之事，恐非业也。夫圣人之书，所以设教，但明练经文，粗通注义，常使言行有得，亦足为人；何必"仲尼居"即须两纸疏义，燕寝讲堂，亦复何在？以此得胜，宁有益乎？光阴可惜，譬诸逝水。当博览机要，以济功业；必能兼美，吾无间焉。

【注释】

（1）**学之兴废，随世轻重**："随世"，随着时代的变化。

（2）**汉时贤俊，皆以一经弘圣人之道，上明天时，下该人事，用此致卿相者多矣**："弘"，弘扬、阐发。"明"，明白、明察。"该"，通晓。"用此"，因此、以此。

（3）**末俗已来不复尔，空守章句，但诵师言，施之世务，殆无一可**："末俗"，末世的习俗，末世是相对于盛世而言。"不复尔"，不再这样。"施之世务"，施之于世务，介词"于"常常省略，尤其当它用在代词"之"之后。"殆"，恐怕。

（4）**故士大夫子弟，皆以博涉为贵，不肯专儒**："博涉"，广泛涉猎。"专儒"，专攻儒经，指西汉以来学者专攻一经的风气。

（5）**梁朝皇孙以下，总丱之年，必先入学，观其志尚，出身已后，便从文吏，略无卒业者**："总丱（guàn）"，亦称总角，指童年六七岁时。总丱的意思是指把头发扎起来，像两个角一样立在头上。

（6）**冠冕为此者，则有何胤、刘瓛、明山宾、周舍、朱异、周弘正、贺琛、贺革、萧子政、刘绰等，兼通文史，不徒讲说也**："冠冕"**，指当官的人，已见前（8.2）注。"何胤"，字子季，梁朝学者，何点之弟，师从刘瓛，受《易》及《礼记》《毛诗》，曾注《周易》，著《毛诗隐义》《礼记隐义》《礼答问》等，事见《梁书·处士传》。"刘瓛"，已见前（3.6）注。"明山宾"，字孝若，梁朝学者，平原鬲（今山东平原西北）人，十三岁博通经传，累官东宫学士，著《吉礼仪注》《礼仪》《孝经丧礼服仪》等，《梁书》有传。"周舍"，字昇逸，梁朝官吏，汝南安城（今河南汝南东南）人，博学多通，尤精义理，《梁书》有传。"朱异"，字彦和，梁朝官吏，吴郡钱唐（今浙江杭州西）人，遍治"五经"，尤明《礼》《易》，涉猎文史，兼通杂艺，博弈书算，皆其所长，撰《礼》《易》讲疏及《仪注》《文集》百余篇，《梁书》有传。"周弘正"，字思行，南朝梁、陈官吏，汝南安城（今河南汝南东南）人，幼孤，与弟弘让、弘直俱为伯父所养，十岁通《老子》《周易》，起家梁太学博士，累迁国子博士，特善玄言，兼明释典，虽硕学名僧，莫不请质疑滞，著《周易讲疏》《论语疏》《庄子疏》《老子疏》《孝经疏》，《陈书》有传。"贺琛（chēn）"，字国宝，梁朝官吏，会稽山阴（今浙江绍兴）人，伯父贺玚（yáng）授其经业，一闻便通义理，尤精《三礼》，著《三礼讲疏》《五经滞义》及诸《仪法》，《梁书》有传。"贺革"，字文明，梁朝官吏，贺玚子，少通《三礼》，及长，遍治《孝经》《论语》《毛诗》《左传》，湘东王萧绎在荆州置学，以贺革领儒林祭酒，讲《三礼》，听者甚众，事见《梁书·儒林传》。"萧子政"，梁朝官吏，官至都官尚书，著有《周易义疏》《系辞义疏》《古今篆隶杂字体》。"刘绰"，已见前（6.30）注。

（7）**洛阳亦闻崔浩、张伟、刘芳，邺下又见邢子才：此四儒者，虽好经术，亦以才博擅名**："崔浩"，字伯渊，北魏大臣，清河东武城（今山东武城西北）人，少好文学，博览经史，玄象阴阳百家之言，无不关综，研精义理，时人莫及，历仕明元帝、太武帝两朝，参与军国重事，颇受宠信，后因修史暴露"国恶"的罪名被杀，《魏书》有传。"张伟"，字仲业，北魏学者，太原中都（今山西晋中市榆次区东）人，学通诸经，讲授乡里，受业者常数百人，常依附经典，教以孝悌，门人感其仁化，事之如父，事见《魏书·儒林传》。"刘芳"，字伯文，北魏官吏、学者，彭城（今江苏徐州）人，聪敏过人，笃志坟典，特精经义，兼览《苍颉》《尔雅》，尤长音训，初随其父在南朝刘宋，父死后，徙往北魏，得到孝文帝信用，礼遇日隆，累迁至中书令、国子祭酒，撰有《后汉书音》《毛诗笺音义证》《周官义证》《礼记义证》等，《魏书》有传。"邢子才"，字子才，北齐学者，河间鄚（mào）（今河北任丘北）人，十岁便能属文，文章典丽，年未二十，名动衣冠，每一文出，京都为之纸贵，晚年尤以《五经》章句为意，穷其旨要，有文集三十卷，《北齐书》有传。

（8）**如此诸贤，故为上品，以外率多田野间人，音辞鄙陋，风操蚩拙，相与专固，无所堪能，问一言辄酬数百，责其指归，或无要会**："上品"，上流人才，孔子曾讲到人有上智、下愚及一般人的区别，班固《古今人表》据此将人分为上中下三等，曹魏时陈群制九品官人法，又在上中下三等之中，每等再分为上中下三品，一共九品。"蚩拙"，愚昧、笨拙。"蚩"是无知之貌，《诗经·卫风·氓》："氓之蚩蚩。""专固"，专断而顽固。"指归"，"指"，通"旨"，主旨，"归"，归向、意向。"要会"，要领总会，即要旨。

（9）**邺下谚曰："博士买驴，书券三纸，未有驴字。"**："博士"，古代学官名。六国时有博士，秦因之，诸子、术数、诗赋、方伎皆立博士。汉文帝置一经博士，武帝时置"五经"博士，职责为教授、课试，或奉使、议政。晋置国子博士，为国子学中主讲经义的人。这里泛指执教者。

（10）**使汝以此为师，令人气塞**："气塞"，无语、讲不出话来。

（11）**孔子曰："学也禄在其中矣。"**：见《论语·卫灵公》。

（12）**今勤无益之事，恐非业也**："勤"后省去了介词"于"。

（13）**夫圣人之书，所以设教，但明练经文，粗通注义，常使言行有得，亦足为人；何必"仲尼居"即须两纸疏义，燕寝讲堂，亦复何在？以此得胜，宁有益乎**："仲尼居"，《孝经》开始的第一句话，据说当时有博士注《孝经》，光这三个字就写了两张纸的解释，"疏义"就是对经传的解释。"燕寝"，闲居之处。"讲堂"，讲习之所。当时解经家对"仲尼居"的"居"字有不同的解释，有的释为闲居之处，有的释为讲习之所，为此争执不休。"以此得胜，宁有益乎"，就算争赢了，又有什么益处呢？

（14）**光阴可惜，譬诸逝水**："逝水"，比喻流去的光阴，语出《论语·子罕》："子在川上曰：'逝者如斯夫，不舍昼夜！'"

（15）**当博览机要，以济功业；必能兼美，吾无间焉**："机要"，即为机微精要，指精义、要旨。"无间"，没有意见，语出《论语·泰伯》："禹，吾无间然矣。"《通鉴》卷一二〇《宋纪二》："吾无间然。"胡三省注引吕大临曰："无间隙可言其失。"又引谢显道曰："犹言我无得而议之也。"

【译文】

学术的兴盛和衰微，是随着时代而变化的。汉朝时的优秀人物，都是专攻一部经典，以弘扬圣人之道，上面明察天时，下面通晓人事，因此而得到卿相之位，大有人在。后来就不是这样了，一些学者，只守着章句之学，只记得老师的解释，拿来应付世间的事物，恐怕没有一个行的。所以士大夫子弟都以广泛涉猎为贵，不肯再专攻一经。梁朝自皇孙以下的贵族子弟，六七岁的时候就入学读书，观察他的志向、兴趣，出仕以后，就把精力放在文书吏事上面，几乎没有一个能把学问继续下去的。当了官还能够继续做学问的，只有何胤、刘瓛、明山宾、周舍、朱异、周弘正、贺琛、贺革、萧子政、刘绍等人，这些人兼通文史，学问渊深，不只是讲讲说说而已。听说洛阳那边有崔浩、张伟、刘芳，邺下有邢子才，这四个人不仅喜欢经书，而且才华广博，名气很大。以上这些人，都是一流人物。此外，则大多数都是乡里俗人，声音言辞都很鄙陋，行为操守也很拙劣，又专横又固执，做什么都不行。你问他一句话，他回答几百句，却抓不住要领，不知道他的旨趣何在。所以邺下有句俗话说："博士去买驴，契约写了三张纸，还没写到一个驴字。"如果让这样的人做你们的老师，那真要让人气得说不出话来。孔子说："学习吧，俸禄就在其中了。"而现在这些人却把精力放在无益的事情上，恐怕不能算是事业吧。圣人的书，是要教诲人的，所以只要明了经文的意思，大略知道注解，而对自己的言行有所帮助，这样就可以立身为人了。何必说到"仲尼居"三个字，就要用两张纸去解释呢？"居"到底指居住的地方，还是讲课的地方，这有什么必要争吗？就算争赢了，又有什么好处呢？光阴多么可惜，就像流去的河水，一去不复返。所以一个人要广泛阅读，领会书中的精要，以建立功业。当然，如果你们既能博览，又能专精，那我也没有意见。

8.11 俗间儒士，不涉群书，经纬之外，义疏而已。吾初入邺，与博陵崔文彦交游，尝说《王粲集》中难郑玄《尚书》事。崔转为诸儒道之，始将发口，悬见排蹙，云："文集只有诗赋铭诔，岂当论经书事乎？且先儒之中，未闻有王粲也。"崔笑而退，竟不以粲集示之。魏收之在议曹，与诸博士议宗庙事，引据《汉书》，博士笑曰："未闻《汉书》得证经术。"收便忿怒，都不复言，取《韦玄成传》，掷之而起。博士一夜共披寻之，达明，乃来谢曰："不谓玄成如此学也。"

【注释】

（1）**俗间儒士，不涉群书，经纬之外，义疏而已**："俗间"，世俗间。"经纬"，经书和纬书，经书就是儒家经典，纬书则是西汉末年一些儒者以吉凶应验来印证经书的作品，其内容多附会怪诞，又多预言兴衰治乱，隋以后纬书被禁绝。

（2）**吾初入邺，与博陵崔文彦交游，尝说《王粲集》中难郑玄《尚书》事**："博陵"，郡名，在今河北蠡县南，博陵崔氏是魏晋南北朝时有名的大士族。崔文彦生平不详。"王粲"，字仲宣，东汉末年文学家，山阳高平（今山东微山县西北）人，少有异才，诗文名重一时，为"建安七子"之一，事见《三国志·魏书·王粲传》。"郑玄"，字康成，东汉经学家，北海高密（今属山东）人，学问淹博，遍注群经，是汉代经学的集大成者。《王粲集》中难郑玄《尚书》事，王应麟《困学纪闻》卷二有记载。

（3）**崔转为诸儒道之，始将发口，悬见排蹙，云："文集只有诗赋铭诔，岂当论经书事乎？且先儒之中，未闻有王粲也。"**："悬见排蹙（cù）"，凭空被指责，"悬"，凭空，"见"，被，"排蹙"，指责，"蹙"，皱眉的样子。"诗赋铭诔（lěi）"，四种文体，诗不必说了，赋是一种押韵的散文，铭是刻在碑版或器物上面，用以记述功德或自警的文字，如墓志铭、座右铭之类，诔是哀悼逝者的文章。

（4）**崔笑而退，竟不以粲集示之**："竟"，终于、最终，表示行为的结果。

（5）**魏收之在议曹，与诸博士议宗庙事，引据《汉书》，博士笑曰："未闻《汉书》得证经术。"**："魏收"，字伯起，北齐文学家、史学家，下曲阳（今河北晋州市西）人，撰有《魏书》，《北齐书》有传。"宗庙事"，有关祖宗祭祀的礼仪。

（6）**收便忿怒，都不复言，取《韦玄成传》，掷之而起**：《韦玄成传》，韦玄成，字少翁，西汉人，永光中，代于定国为丞相，议罢郡国庙，又奏议太上皇、孝惠、孝文、孝景庙皆亲尽宜毁，寝园皆无复修，见《汉书·韦贤传附子玄成传》。魏收议宗庙事所引据者，即此。

（7）**博士一夜共披寻之，达明，乃来谢曰："不谓玄成如此学也。"**："披寻"，"披"，翻阅，"寻"，查找。

【译文】

世间的俗儒，不能博览群书，除了经书和纬书之外，只看看经典的注疏而已。我刚刚到邺下的时候，和博陵崔文彦交往，曾经说到《王粲集》里面质疑郑玄注解《尚书》的事情。崔文彦转而又跟其他儒者谈起，刚要开口，就被那些儒者无端批评说："文集里面只有诗、赋、铭、诔，怎么会谈到经书的问题呢？而且在先辈学者中，也从未听说有王粲这个人。"崔文彦只好笑笑走开，也懒得拿出《王粲集》给他们看。魏收在议曹的时候，跟博士们议论祖宗祭祀的事情，引《汉书》为依据。博士们嘲笑说："没有听说《汉书》还可以拿来论证经术。"魏收很生气，不再说话，拿起《汉书》的《韦玄成传》，摔在他们的面前就起身走了。博士们花了一夜的时间，一起翻阅寻找，到天亮，才来向魏收道歉说："没想到韦玄成还有这样的学问。"

8.12 夫老、庄之书，盖全真养性，不肯以物累己也。故藏名柱史，终蹈流沙；匿迹漆园，卒辞楚相，此任纵之徒耳。何晏、王弼，祖述玄宗，递相夸尚，景附草靡，皆以农、黄之化，在乎己身，周、孔之业，弃之度外。而平叔以党曹爽见诛，触死权之网也；辅嗣以多笑人被疾，陷好胜之阱也；山巨源以蓄积取讥，背多藏厚亡之文也；夏侯玄以才望被戮，无支离拥肿之鉴也；荀奉倩丧妻，神伤而卒，非鼓缶之情也；王夷甫悼子，悲不自胜，异东门之达也；嵇叔夜排俗取祸，岂和光同尘之流也；郭子玄以倾动专势，宁后身外己之风也；阮嗣宗沉酒荒迷，乖畏途相诫之譬也；谢幼舆赃贿黜削，违弃其余鱼之旨也：彼诸人者，并其领袖，玄宗所归。其余桎梏尘滓之中，颠仆名利之下者，岂可备言乎！直取其清谈雅论，剖玄析微，宾主往复，娱心悦耳，非济世成俗之要也。洎于梁世，兹风复阐，《庄》《老》《周易》，总谓《三玄》。武皇、简文，躬自讲论。周弘正奉赞大猷，化行都邑，学徒千余，实为盛美。元帝在江、荆间，复所爱习，召置学生，亲为教授，废寝忘食，以夜继朝，至乃倦剧愁愤，辄以讲自释。吾时颇预末筵，亲承音旨，性既顽鲁，亦所不好云。

【注释】

（1）**夫老、庄之书，盖全真养性，不肯以物累己也**："全真"，保全天性，"真"，本真，天赋的本质。"养性"，养生，"性"，性命、生命。"以物累己"，因为外物而牵累自身。

（2）**故藏名柱史，终蹈流沙；匿迹漆园，卒辞楚相，此任纵之徒耳**："柱史"，柱下史的省称，周时的官名，老子曾任周柱下史。"终蹈流沙"，《列仙传》说老子晚年过函谷关，度过沙漠，去教化胡人，莫知所终。"漆园"，古地名，其地说法不一，或说今河南商丘北，或说今山东菏泽北，也有说在今安徽定远东，庄子曾为漆园吏。据说楚威王想请他做宰相，他推辞掉了。"任纵"，喜欢自由，不受拘束，"任"，任真，秉持天性，略同守真、保真之意。"纵"，放纵，不受约束。

（3）**何晏、王弼，祖述玄宗，递相夸尚，景附草靡，皆以农、黄之化，在乎己身，周、孔之业，弃之度外**："何晏"，字平叔，南阳宛县（今河南南阳）人，曹魏驸马，任尚书，是著名的学者，与王弼、夏侯玄等人都是当时清谈的领袖，是魏晋玄学思潮的开创者之一，著有《论语集解》。"王弼"，字辅嗣，魏国山阳（今河南焦作）人，曹魏时的天才学者，只活了二十四岁，却是魏晋玄学真正的奠基人，著有《周易注》《周易略例》《老子注》《老子指略》。"玄宗"，这里指道家所倡导的思想。"夸尚"，标榜、推崇。"景（yǐng，影的本字）附草靡"，像影子跟着形体，像草随着风动，"靡"，倒下来。"农、黄"，神农和黄帝，道家以神农和黄帝为宗。"周、孔"，周公和孔子，儒家以周公和孔子为宗。

（4）**而平叔以党曹爽见诛，触死权之网也**：平叔是何晏的字。"党曹爽"，与曹爽为一党，"党"在这里是名词作动词用，"曹爽"，字昭伯，曹魏宗室，与司马懿争权，与何晏等人均被司马懿族诛，事见《三国志·魏书·曹真传》。"死权"，为争权而死。

（5）**辅嗣以多笑人被疾，陷好胜之阱也**："辅嗣"，是王弼的字。"多笑人"，喜欢讥笑别人。

（6）**山巨源以蓄积取讥，背多藏厚亡之文也**："山巨源"，山涛，巨源是字，是竹林七贤中最年长的一个，后任西晋吏部尚书。"蓄积"，积累财富，这里讲山涛"以蓄积取讥"，历史上没有记载，估计是颜之推把竹林七贤中另外一个名士王戎的事情误记到山涛的身上了。"多藏厚亡"，语出《老子》四十四章："多藏必厚亡。"意思是积累得多也就失去得多，"亡"是失去的意思。

（7）**夏侯玄以才望被戮，无支离拥肿之鉴也**："夏侯玄"，字太初，曹魏玄学家，谯（今安徽亳州）人，在当时名望很高，曾任魏征西将军，都督雍、凉州诸军事，与曹爽有亲戚关系。曹爽被杀后，参与密谋诛杀司马氏并夺取权力，事泄被杀，事附见《三国志·魏书·夏侯尚传》。"支离"，即支离疏。《庄子·人间世》篇中寓言人物，其人肢体畸形，不能服劳役却坐受赈济。故"支离"有残缺而无用之意。"拥肿"，指树木瘿节多，磊块不平直。语本《庄子·逍遥游》："惠子谓庄子曰：'吾有大树，人谓之樗，其大本拥肿而不中绳墨，其小枝拳曲而不中规矩，立之途，匠者不顾。'"

(8) **荀奉倩丧妻，神伤而卒，非鼓缶之情也**："荀奉倩"，即荀粲，奉倩是字，曹魏名士，他认为女人以美貌为主，才智不重要，妻为骠骑将军曹洪之女，有美色，后病亡，荀粲甚悲伤，岁余亦亡。事见《世说新语·惑溺》篇注引《荀粲别传》。"鼓缶之情"，语本《庄子·至乐论》："庄子妻死，惠子吊之，方箕踞鼓盆而歌。""缶"，即瓦盆。

(9) **王夷甫悼子，悲不自胜，异东门之达也**："王夷甫"，即王衍，夷甫是字，琅邪临沂（今属山东）人。出身大士族，名高一时，也是当时的清谈领袖，曾任中书令、尚书令、司徒、司空、太尉等要职。后为石勒所杀。王衍曾丧幼子，山简吊之，衍悲不自胜。简曰："孩抱中物，何至于此？"衍曰："圣人忘情，最下不及于情，然则情之所钟，正在我辈。"事见《晋书·王戎传》附《王衍传》。"东门之达"，语本《列子·力命》："魏人有东门吴者，其子死而不忧。其相室曰：'公之爱子，天下无有。今子死而不忧，何也？'东门吴曰：'吾尝无子，无子之时不忧。今子死，乃与向无子同，臣奚忧焉？'"

(10) **嵇叔夜排俗取祸，岂和光同尘之流也**："嵇叔夜"，即嵇康，叔夜是字，谯郡铚（今安徽宿州西南）人。娶魏公主，官中散大夫。崇尚老、庄，是"竹林七贤"中的领袖人物。时司马氏执政，选曹郎山涛举康自代，为其所拒，自称不堪流俗。后遭钟会诬陷，为司马昭所杀。和光同尘，语出《老子》第四章："和其光，同其尘。"指与世无争，不露锋芒。

(11) **郭子玄以倾动专势，宁后身外己之风也**："郭子玄"，即郭象，子玄是字，河南（今河南洛阳）人。少有才理，好老、庄，是东晋初期著名的玄学清谈家，后被东海王司马越引为太傅主簿，专权一时，《晋书》有传。"后身外己"，语本《老子》七章："后其身而身先，外其身而身存。"意思是说，甘于置身人后，往往反能占先；将生命置之度外，反倒能够保全。

(12) **阮嗣宗沉酒荒迷，乖畏途相诫之譬也**："阮嗣宗"，即阮籍，嗣宗是字，陈留尉氏（今属河南）人，与嵇康齐名，为"竹林七贤"之一。阮籍本有济世之志，但看到魏、晋之际，天下多事，名士多被司马氏残杀，于是不问世事，一天到晚只管喝酒，常常一个人驾车出去，走到没路了就痛哭而回,《晋书》有传。"沉酒",沉溺于酒。"畏途相诫",语本《庄子·达生》:"夫畏途者十杀一人,则父子兄弟相戒也,必盛卒徒而后敢出焉,不亦知(zhì)乎!""畏途",指艰险可怕的道路。

(13)**谢幼舆赃贿黜削,违弃其余鱼之旨也**:"谢幼舆",即谢鲲,幼舆是字,陈国阳夏(今河南太康)人。好《老》《易》,善清谈,曾被东海王引马越辟为掾。"赃贿黜削",因贪贿而被罢官削职。谢鲲不拘小节,不求高名,有些小贪受贿的行为,后来被削职罢官,《晋书》有传。"弃其余鱼",语出《淮南子·齐俗训》:"惠子从车百乘,以过孟诸,庄子见之,弃其余鱼。"注:"庄周见惠施之不足,故弃余鱼。"

(14)**彼诸人者,并其领袖,玄宗所归。其余桎梏尘滓之中,颠仆名利之下者,岂可备言乎**:这句话的意思是,这几个人都是当时玄学清谈的领袖,其他跟着附和的人就说不完了。"玄宗",玄学的宗主。"所归",被推崇的。"桎梏(zhì gù)",脚镣手铐,喻指一切束缚人的东西,"桎梏"在这里当动词用,后面省略了介词"于"。"尘滓",谓尘俗滓秽,比喻世间烦琐的事务。"颠仆",奔波跌倒,"颠仆"的后面也省略了介词"于"。

(15)**直取其清谈雅论,剖玄析微,宾主往复,娱心悦耳,非济世成俗之要也**:"直",正,只,只是。"剖玄析微",剖析玄奥微妙的道理。"宾主往复",清谈的主要形式为二人论辩,其中一人为主一人为客(宾)。"往复",指宾主之间你来我往的问难。"济世成俗",管理社会,养成风俗。

(16)**洎于梁世,兹风复阐,《庄》《老》《周易》,总谓《三玄》**:"洎(jì)于",到。"阐",发扬。

(17)**武皇、简文,躬自讲论**:"武皇",即梁武帝萧衍。《梁书·武帝纪》称其"少而笃学,洞达儒玄",撰《周易讲疏》《老子讲疏》等。"简文",即梁简文帝萧纲。《梁书·简文帝纪》称其"博综儒书,善言玄理",著有《老子义》《庄子义》等。

(18)**周弘正奉赞大猷,化行都邑,学徒千余,实为盛美**:"周弘正",已见前(8.10)注。"奉赞大猷(yóu)",帮助皇帝推行他的计划或想法,"猷",谋划。

(19)**元帝在江、荆间,复所爱习,召置学生,亲为教授,废寝忘食,以夜继朝,至乃倦剧愁愤,辄以讲自释**:"江、荆",即江陵、荆州。梁孝元帝萧绎即帝位前,曾任荆州刺史多年,颜之推当时是他的属下。

（20）**吾时颇预末筵，亲承音旨，性既顽鲁，亦所不好云**："时"，当时。"预末筵"，奉陪末座，"预"，参与。"亲承音旨"，亲自接受教诲。

【译文】

  老子、庄子的书，主旨是保全天性，修养生命，不肯以身外之物拖累自己。所以老子不追求名声，只做一个柱下史的小官，最终消失在沙漠之中。庄子也隐身在漆园，只做一个管理漆园的小官，连出任楚国宰相的邀请也推辞了。这是一种追求自由、不受拘束的人。后来何晏、王弼等人把他们当作玄学的宗师，互相推崇标榜，许多人跟着起哄，像影子随行，风过草倒一样，成为一时风气，都以为自己可以建立神农、黄帝那样的事业，而把周公、孔子的教导丢在一边。可是何晏以党附曹爽而被杀，这是拼命追求权力的结果。王弼正因常常讥笑别人而招来忌恨，这是掉到争强好胜的陷阱里了。山涛因为积蓄钱财而被人讥笑，这就违背了老子多藏厚亡的教导。夏侯玄因为才华和名望太高而被杀，这就是不懂得支离疏从臃肿大树得以长寿的事实中所汲取的教训。荀粲因为丧妻而悲伤致死，这就没有庄子丧妻还鼓盆而歌的旷达情怀。王衍因丧子而悲痛不已，显然也没有东门吴那样豁达的胸襟。嵇康因排斥世俗而惹祸，这难道是和光同尘、不露锋芒的人吗？郭象以垄断权势而闻名，哪里有甘居人后、忘记自身的风格呢？阮籍沉迷于喝酒，也与在危险的道路上要谨慎小心的古训相违背。谢鲲因为贪贿而被削职罢官，同样违背了节欲知足的理念。以上诸人，都是当时玄学思潮中的领袖。其他在这股风潮中奔跑颠簸、追名逐利的芸芸众生，哪里说得完。那时的人只是推崇高雅的谈论，在谈论中剖析奥妙的义理，宾主之间往来辩驳，听起来赏心悦耳，但却不是推进社会、养成良好风气的紧要事情。到了梁朝，这种风气又盛行起来，《庄子》《老子》《周易》被称为《三玄》。梁武帝和简文帝都亲自讲论。当时有个叫周弘正的人，奉旨讲述《三玄》的要旨，风气影响到整个京都，门徒达到千人之多，可谓盛况空前。梁元帝在江陵、荆州的时候，也很喜欢讲论《三玄》，他甚至亲自召集学生讲授，废寝忘食，以夜继昼，甚至在非常疲倦或忧愁的时候，也拿讲习玄学来解闷。我当时也颇叨陪末座，亲耳聆听元帝的教诲，可是我这个人资质鲁钝，对清谈又没有兴趣，所以也就没有什么收获。

8.13 齐孝昭帝侍娄太后疾，容色憔悴，服膳减损。徐之才为灸两穴，帝握拳代痛，爪入掌心，血流满手。后既痊愈，帝寻疾崩，遗诏恨不见太后山陵之事。其天性至孝如彼，不识忌讳如此，良由无学所为。若见古人之讥欲母早死而悲哭之，则不发此言也。孝为百行之首，犹须学以修饰之，况余事乎！

【注释】

（1）**齐孝昭帝侍娄太后疾，容色憔悴，服膳减损**："齐孝昭帝"，北齐孝昭帝高演。"娄太后"，高演之母。

（2）**徐之才为灸两穴，帝握拳代痛，爪入掌心，血流满手**："徐之才"，丹阳（治今南京）人，北齐高官，精通医术，《北齐书》有传。

（3）**后既痊愈，帝寻疾崩，遗诏恨不见太后山陵之事**："山陵"，本指帝王或皇后的陵墓，引申为帝王或皇后之死，是一种委婉的说法。

（4）**其天性至孝如彼，不识忌讳如此，良由无学所为**："良"，诚，实在。

（5）**若见古人之讥欲母早死而悲哭之，则不发此言也**："欲母早死而悲哭之"，语出《淮南子·说山训》："东家母死，其子哭而不哀。西家子见之，归谓其母曰：'社何爱速死，吾必悲哭社。'（江、淮间谓母为社。）夫欲其母之死者，虽死亦不能悲哭矣。"

（6）**孝为百行之首，犹须学以修饰之，况余事乎**："孝为百行之首"，语出《孟子·公孙丑上》赵岐章句："孝，百行之首。"

【译文】

北齐孝昭帝在母亲娄太后病重期间，一直在身边服侍，弄得脸色憔悴，饮食大减。徐之才用艾炷灸太后的两个穴位，孝昭帝就在旁边两手握拳来代母亲受痛，以致指甲都戳破了掌心，弄得满手是血。后来娄太后病好了，孝昭帝却不久过世了。遗诏说，可惜没有看到母后去世，不能送终尽孝。孝昭帝的天性如此孝顺，而说话却如此不知忌讳，实在是由于读书太少造成的。如果他看见古人讥讽希望母亲早死好痛哭尽孝的人，就不会在遗诏中说出这种话了。孝行是各种德行中排在首位的，尚且需要通过学习来加以规范，何况其他的事呢？

8.14 梁元帝尝为吾说："昔在会稽，年始十二，便已好学。时又患疥，手不得拳，膝不得屈。闲斋张葛帏避蝇独坐，银瓯贮山阴甜酒，时复进之，以自宽痛。率意自读史书，一日二十卷，既未师受，或不识一字，或不解一语，要自重之，不知厌倦。"帝子之尊，童稚之逸，尚能如此，况其庶士冀以自达者哉？

【注释】

（1）梁元帝尝为吾说："昔在会稽，年始十二，便已好学。"："会稽"，地名，即今浙江绍兴。

（2）"时又患疥，手不得拳，膝不得屈。"："疥"，疥疮。

（3）"闲斋张葛帏避蝇独坐，银瓯贮山阴甜酒，时复进之，以自宽痛。"："闲斋"，空闲的书斋。"张葛帏"，支起一个用葛布做的帐子。葛是一种植物，纤维可以织布。"以自"，即以，"自"是语气词，无义，参看刘淇《助字辨略》"自"字条。

（4）"率意自读史书，一日二十卷，既未师受，或不识一字，或不解一语，要自重之，不知厌倦。"："率意"，任意。"要自重（chóng）之"，"要自"，即要，"自"是语气词，无义，同前句。"要"是总举之词，意为究竟、总、总之，参看刘淇《助字辨略》"要"字条。"重之"，反复地读。

（5）帝子之尊，童稚之逸，尚能如此，况其庶士冀以自达者哉："庶士"，寒门之士。"况其"，何况，"其"是语气词，无义。"冀"，即希望。"自达"，自求显达。

【译文】

梁元帝曾经跟我说过："从前在会稽的时候，才十二岁，就已经喜欢学习。那个时候身上长疥疮，手无法握拳，膝盖无法弯曲。只好在一个空屋里支一顶葛帐，以躲开苍蝇蚊子，用银壶装一壶甜酒，时不时喝几口来缓解疼痛。随意地读一些史书，一天读二十卷，也没有老师，碰到一个字不认识或者一句话不理解，就反复地读，不知道厌倦。"以一个王子之尊，又是贪玩的童年，尚且能够如此地好学，何况一个寒门出身想通过自己的努力来达到出人头地的读书人呢？

8.15 古人勤学，有握锥投斧，照雪聚萤，锄则带经，牧则编简，亦为勤笃。梁世彭城刘绮，交州刺史勃之孙，早孤家贫，灯烛难办，常买荻，尺寸折之，然明夜读。孝元初出会稽，精选寮寀，绮以才华，为国常侍兼记室，殊蒙礼遇，终于金紫光禄。义阳朱詹，世居江陵，后出扬都，好学，家贫无资，累日不爨，乃时吞纸以实腹。寒无毡被，抱犬而卧。犬亦饥虚，起行盗食，呼之不至，哀声动邻，犹不废业，卒成学士，官至镇南录事参军，为孝元所礼。此乃不可为之事，亦是勤学之一人。东莞臧逢世，年二十余，欲读班固《汉书》，苦假借不久，乃就姊夫刘缓乞丐客刺书翰纸末，手写一本，军府服其志向。卒以《汉书》闻。

【注释】

(1) **古人勤学，有握锥投斧，照雪聚萤，锄则带经，牧则编简，亦为勤笃**："握锥"，指苏秦苦读事，见《战国策·秦策》："苏秦读书欲睡，引锥自刺其股，血流至足。""投斧"，指文党下决心去远方求学事，见《庐江七贤传》："文党，字仲翁。未学之时，与人俱入山取木，谓侣人曰：'吾欲远学，先试投我斧高木上，斧当挂。'仰而投之，斧果上挂，因之长安受经。""照雪"，指孙康苦读事，见《初学记》引《宋齐语》："孙康家贫，常映雪读书，清淡，交游不杂。""聚萤"，指车胤苦读事，见《晋书·车胤传》："（车胤）家贫不常得油，夏月则练囊盛数十萤火以照书，以夜继日焉。""带经"，指兒（ní）宽苦读事，见《汉书·兒宽传》："时行赁作，带经而锄，休息辄读诵。""编简"，指路温舒苦读事，见《汉书·路温舒传》："路温舒字长君，钜鹿东里人也。父为里监门，使温舒牧羊，温舒取泽中蒲，截以为牒，编用写书。"

(2) **梁世彭城刘绮，交州刺史勃之孙，早孤家贫，灯烛难办，常买荻，尺寸折之，然明夜读**："刘绮"，生平不详，王利器《集解》云："何逊《增新曲相对联句》《照水联句》《折花联句》《摇扇联句》《正钗联句》，俱有刘绮，当即此人。""荻"，芦苇。"然明"，燃烧以照明，"然"同"燃"。

(3) **孝元初出会稽，精选寮寀，绮以才华，为国常侍兼记室，殊蒙礼遇，终于金紫光禄**："寮（liáo）寀（cǎi）"，官、百官、同僚，也作"僚寀"或"僚采"。"国常侍"，官名，"国"，王国，这里指湘东王府，当时梁元帝尚未即位，以王子被封为湘东王。"记室"，官名。"金紫光禄"，即金紫光禄大夫，官名。

(4) **义阳朱詹，世居江陵，后出扬都，好学，家贫无资，累日不爨，乃时吞纸以实腹**："义阳"，郡名，治所在今河南信阳。"朱詹"，生平不详。"爨（cuàn）"，烧火煮饭。

(5) **寒无毡被，抱犬而卧。犬亦饥虚，起行盗食，呼之不至，哀声动邻，犹不废业，卒成学士，官至镇南录事参军，为孝元所礼**："卒"，终于。"镇南录事参军"，"镇南"，镇南将军府；"录事参军"，官名。"礼"，礼遇。

(6) **此乃不可为之事，亦是勤学之一人**："不可为"，（一般人）做不到。

(7) **东莞臧逢世，年二十余，欲读班固《汉书》，苦假借不久，乃就姊夫刘缓乞丐客刺书翰纸末，手写一本，军府服其志向**："东莞"，郡名，治所在今山东沂水东北。"臧逢世"，已见前（6.2）注。"刘缓"，已见前（6.30）注。"乞丐"，求、借，动词。"客刺书翰"，一种下部带空白的名片。郝懿行曰："古之客刺书翰，边幅极长，故有余处，可容书写，非如今时形制杀削之比也。""军府"，大将军府的省称。

（8）卒以《汉书》闻：终于以研究《汉书》出名。

【译文】

  古人勤奋好学，有握锥刺股的苏秦，有投斧挂树的文党，有映雪读书的孙康，有囊萤夜读的车胤，还有带着经书去锄地的兒宽，放牛的时候折蒲草来写字的路温舒，这些人都非常勤奋好学。梁朝彭城的刘绮，是交州刺史刘勃的孙子，幼年丧父，家里清贫，没钱买灯烛，就常常买些芦苇，折成尺把长，拿来燃烧照明夜读。梁元帝出任会稽太守的时候，精选官员，刘绮就因为有才华，当了湘东王府常侍兼记室参军，很受孝元帝的礼遇，最后做到金紫光禄大夫。义阳人朱詹，世代住在江陵，后来到了扬都。他刻苦好学，可是家里贫穷，有时候连着好几天都没法生火煮饭，肚子实在太饿，就把纸吃到肚子里充饥。冷得没有被子，只好抱着狗睡觉。狗也饿了，跑去偷食，他叫也叫不回来，凄惨的声音让邻居都很伤感。但他还是坚持读书，终于成了学士，最后官做到镇南将军府录事参军，受到梁元帝的礼遇。这是一般人做不到的事，他实在是一个勤奋好学的人。东莞人臧逢世，二十几岁的时候，想读班固的《汉书》，苦于借书的时间不长，就向他姐夫刘缓讨要名片，把名片底下的空白裁下来，手抄一本《汉书》，将军府中的人都钦佩他的志气。后来臧逢世终于以研究《汉书》而闻名于世。

  8.16 齐有宦者内参田鹏鸾，本蛮人也。年十四五，初为阉寺，便知好学，怀袖握书，晓夕讽诵。所居卑末，使役苦辛，时伺间隙，周章询请。每至文林馆，气喘汗流，问书之外，不暇他语。及睹古人节义之事，未尝不感激沉吟久之。吾甚怜爱，倍加开奖。后被赏遇，赐名敬宣，位至侍中开府。后主之奔青州，遣其西出，参伺动静，为周军所获。问齐主何在，绐云："已去，计当出境。"疑其不信，欧捶服之，每折一支，辞色愈厉，竟断四体而卒。蛮夷童卯，犹能以学成忠，齐之将相，比敬宣之奴不若也。

【注释】

（1）齐有宦者内参田鹏鸾，本蛮人也："宦者内参"，宦官。"蛮人"，王利器《集解》云："'蛮'为当时居住河南境内之少数民族。"

（2）年十四五，初为阉寺，便知好学，怀袖握书，晓夕讽诵："阉寺"，古指守

（3）**所居卑末，使役苦辛，时伺间隙，周章询请**："卑末"，低下。"使役"，被使唤，这里指田鹏鸾的差事。"周章"，周旋、周折，"周章询请"，意为到处询问请教。

（4）**每至文林馆，气喘汗流，问书之外，不暇他语**："文林馆"，官署名，北齐后主武平四年（573）置。多引文学之士入馆，称为待诏，以李德林、颜之推同判馆事。掌著作及校理典籍，兼训生徒，见《北史·齐本纪》。"不暇他语"，没空讲别的话。

（5）**及睹古人节义之事，未尝不感激沉吟久之**："感激"，感动、受到激励。

（6）**吾甚怜爱，倍加开奖**："开奖"，引导勉励。

（7）**后被赏遇，赐名敬宣，位至侍中开府**："赏遇"，欣赏、厚待。"侍中开府"，王利器《集解》云："《北齐书》《北史》俱作'开府中侍中'。"又引赵曦明曰："《隋书·百官志》：'中侍中省，掌出入门阁，中侍中二人'。"

（8）**后主之奔青州，遣其西出，参伺动静，为周军所获**："后主"，北齐后主，名高纬，北齐武成帝高湛之子，565—577年在位。"青州"，郡名，治所在今山东广饶县，后移治山东青州。"参伺"，侦察。

（9）**问齐主何在，绐云："已去，计当出境。"**："绐（dài）"，欺骗。

（10）**疑其不信，欧捶服之，每折一支，辞色愈厉，竟断四体而卒**："不信"，不实、不诚实。"欧"，同"殴"。"支"同"肢"。"四体"，四肢。

（11）**蛮夷童丱，犹能以学成忠，齐之将相，比敬宣之奴不若也**："童丱"，义同"总丱"，已见前（8.10）注。

【译文】

北齐有个宦官叫田鹏鸾，本是少数民族人。十四五岁的时候刚进宫当宦官，就知道好学，手上总是拿着一本书，早早晚晚地读。他的地位很低下，工作很辛苦，但总是找空子去向别人请教。他每次到文林馆，总是气喘吁吁，汗流浃背，除了问书上的问题以外，不讲别的闲话。他看到古人守节、仗义的故事，总是久久地感动沉思。后来他被皇上看重，赐他名"敬宣"，升到开府中侍中。北齐后主逃往青州的时候，派他到西边去侦察北周军队的动静，结果被北周的军队所俘获。周军问他齐后主在哪里，他欺骗周军说："已经走了，这个时候估计已经出境了。"周军怀疑他说的是假话，就对他严刑拷打，想让他屈服，然而他的四肢每被打断一条，他的神色言辞却更为坚定，最后四肢都被打断而死。一个少数民族的少年，还能够因为勤于学习而成为一个忠臣，那些北齐的大官们，连这个叫田敬宣的奴仆都赶不上啊。

8.17 邺平之后，见徙入关。思鲁尝谓吾曰："朝无禄位，家无积财，当肆筋力，以申供养。每被课笃，勤劳经史，未知为子，可得安乎？"吾命之曰："子当以养为心，父当以学为教。使汝弃学徇财，丰吾衣食，食之安得甘？衣之安得暖？若务先王之道，绍家世之业，藜羹缊褐，我自欲之。"

【注释】

（1）**邺平之后，见徙入关**："邺平"，北齐的京城邺都，被北周的军队攻陷。"见徙"，被迁徙，"见"，在古文中常表被动。北齐武平七年（576）十月，周军大举进攻北齐，次年二月，周军灭北齐，周武帝入邺，北齐君臣被押送长安。事见《北齐书·后主纪》。

（2）**思鲁尝谓吾曰："朝无禄位，家无积财，当肆筋力，以申供养。每被课笃，勤劳经史，未知为子，可得安乎？"**："肆"，尽。"勤劳"后面省略了介词"于"。

（3）**吾命之曰："子当以养为心，父当以学为教。使汝弃学徇财，丰吾衣食，食之安得甘？衣之安得暖？若务先王之道，绍家世之业，藜羹缊褐，我自欲之。"**："绍"，继承。"藜羹"，用藜做成的羹，藜是一种野菜，这里指粗劣的饭食。"缊褐"，粗布短衣。

【译文】

北齐的京城邺都被北周的军队攻下以后，我们都被迁徙入关。思鲁跟我说："我们家现在在朝廷没了俸禄，家里又没有多余的钱财，我应该去努力干活，供养家庭。您现在还是每天督促我们勤读经史，我这做儿子的怎么能够心安呢？"我教训他说："当儿子的应当存心供养父母，但做父母的还是要教你们勤学，如果你放弃学问，去追求钱财，我们即使丰衣足食，能吃得甜美吗？能穿得温暖吗？如果你们能够致力于先王之道，继承我们家族的事业，我哪怕吃粗茶淡饭，穿粗布短衣，也是心甘情愿的。"

8.18 《书》曰："好问则裕。"《礼》云："独学而无友，则孤陋而寡闻。"盖须切磋相起明也。见有闭门读书，师心自是，稠人广坐，谬误差失者多矣。《穀梁传》称公子友与莒挐相搏，左右呼曰："孟劳"。孟劳者，鲁之宝刀名，亦见《广雅》。近在齐时，有姜仲岳谓："孟劳者，公子左右，姓孟名劳，多力之人，为国所宝。"与吾苦诤。时清河郡守邢峙，当世硕儒，助吾证之，赧然而伏。又《三辅决录》云，灵帝殿柱题曰："堂堂乎张，京兆田郎。"盖引《论语》，偶以四言，目京兆人田凤也。有一才士，乃言："时张京兆及田郎二人皆堂堂耳。"闻吾此说，初大惊骇，其后寻愧悔焉。江南有一权贵，读误本《蜀都赋》注，解"蹲鸱，芋也"，乃为"羊"字；人馈羊肉，答书云："损惠蹲鸱。"举朝惊骇，不解事义，久后寻迹，方知如此。元氏之世，在洛京时，有一才学重臣，新得《史记音》，而颇纰缪，误反"颛顼"字，顼当为许录反，错作许缘反，遂谓朝士言："从来谬音'专旭'，当音'专翾'耳。"此人先有高名，翕然信行；期年之后，更有硕儒，苦相究讨，方知误焉。《汉书·王莽赞》云："紫色蛙声，余分闰位。"谓以伪乱真耳。昔吾尝共人谈书，言及王莽形状，有一俊士，自许史学，名价甚高，乃云："王莽非直鸱目虎吻，亦紫色蛙声。"又《礼乐志》云："给太官挏马酒。"李奇注："以马乳为酒也，撞挏乃成。"二字并从手。挏挏，此谓撞捣挺挏之，今为酪酒亦然。向学士又以为种桐时，太官酿马酒乃熟，其孤陋遂至于此。太山羊肃，亦称学问，读潘岳赋"周文弱枝之枣"，为杖策之杖；《世本》"容成造历"，以历为碓磨之磨。

【注释】

（1）《书》曰："好问则裕。"："好（hào）问"，喜欢向人请教。"裕"，充足、宽广。语见《尚书·商书·仲虺之诰》。

（2）《礼》云："独学而无友，则孤陋而寡闻。"：语见《礼记·学记》。

（3）盖须切磋相起明也："起明"，启蒙，"起"通"启"。"孤陋"，读书少、见识差。

（4）见有闭门读书，师心自是，稠人广坐，谬误差失者多矣："师心自是"，把自己的心当老师，自以为是。"稠人"，众人。

（5）《穀梁传》称公子友与莒挐相搏，左右呼曰"孟劳"。孟劳者，鲁之宝刀名，亦见《广雅》：《穀梁传》，全名《春秋穀梁传》，《春秋》三传之一。"莒（jǔ）挐（rú）"，人名。《广雅》，训诂书，三国魏张揖撰，篇目次序依据《尔雅》，博采汉人笺注及《三苍》《说文》等书，增广《尔雅》所未备，故名《广雅》。

（6）近在齐时，有姜仲岳谓："孟劳者，公子左右，姓孟名劳，多力之人，为国所宝。"与吾苦诤："姜仲岳"，人名，不详。"诤"，同"争"。

（7）时清河郡守邢峙，当世硕儒，助吾证之，赧然而伏："清河"，郡名，治所在今河北清河西北。"邢峙"，字士峻，北齐官员，通《三礼》《左氏春秋》，《北齐书·儒林传》载。"伏"，同"服"。

（8）又《三辅决录》云，灵帝殿柱题曰"堂堂乎张，京兆田郎。"盖引《论语》，偶以四言，目京兆人田凤也：《三辅决录》，书名，汉赵岐撰，晋挚虞注。"堂堂乎张"，语本《论语·子张》："曾子曰：'堂堂乎张也，难与并为仁矣。'""堂堂"，很气派的样子。"偶以四言"，（把这句话）以四言偶句的形式写出来，"偶"在这里作动词用。"目"，或作"题目"，动词，汉末魏晋品评人物的习语，就是用简短的言辞写出一个人的特征。

（9）有一才士，乃言："时张京兆及田郎二人皆堂堂耳。"闻吾此说，初大惊骇，其后寻愧悔焉：这句话的意思是说那个才士，没有读过《论语》，不知道"堂堂乎张"的"张"是指孔子的弟子子张，而且误把下句的"京兆"跟"张"连在一起（注意：古人是不用标点符号的），以为是一个姓张的京兆尹。

（10）江南有一权贵，读误本《蜀都赋》注，解"蹲鸱，芋也"，乃为"羊"字；人馈羊肉，答书云："损惠蹲鸱。"："误本"，错误的版本、不精的版本。"损惠"，魏晋时书信习语，一般是表示对对方馈赠礼物的答谢，"损"，损失之所有；"惠"，加惠于我。

（11）举朝惊骇，不解事义，久后寻迹，方知如此："不解事义"，不懂得典出何处，是什么意义，"事"，这里指典故。

（12）元氏之世，在洛京时，有一才学重臣，新得《史记音》，而颇纰缪，误反"颛顼"字，顼当为许录反，错作许缘反，遂谓朝士言："从来谬音'专旭'，当音'专翾'耳。"："元氏之世"，指北魏。北魏帝王是鲜卑人，原姓拓跋，孝文帝提倡汉化，改拓跋为元，故北魏又称元魏。"纰缪"，错误，"缪"同"谬"。"翾"音（xuān）。

（13）此人先有高名，翕然信行；期年之后，更有硕儒，苦相究讨，方知误焉："翕（xī）然"，众口一致的样子。

（14）《汉书·王莽赞》云："紫色蛙声，余分闰位。"谓以伪乱真耳："紫色"，古人认为紫色非正色，所以有窃取的意思。"蛙声"，古人认为蛙声是邪音，非正声。"余分闰位"，"闰位"，即非正位，如闰月，"余分"，从岁月之余分出来的日子。颜师古注《汉书》引服虔曰:"言莽不得正王之命,如岁月之余分为闰也。"

(15) **昔吾尝共人谈书,言及王莽形状,有一俊士,自许史学,名价甚高,乃云:"王莽非直鸱目虎吻,亦紫色蛙声。"**:"共人",与人。"自诩",自夸。"非直",非只、非但。

(16) **又《礼乐志》云:"给太官桐马酒。"**:《礼乐志》,《汉书·礼乐志》。"太官",官名,北魏时掌百官膳食,属光禄卿。"桐(dòng)马酒",一种用马奶做成的酒。

(17) **李奇注:"以马乳为酒也,撞桐乃成。"二字并从手。撞桐,此谓撞捣挺桐之,今为酪酒亦然**:这两句写桐马酒的做法。"从手",以手为偏旁,"从……",就是"以……为偏旁",文字学术语。"撞(chòng)桐",推击、搅拌。"酪酒",用马牛羊的乳汁制成的酒。

(18) **向学士又以为种桐时,太官酿马酒乃熟,其孤陋遂至于此**:"向",从前,前面,"向学士"就是前面提到的那位学士。

(19) **太山羊肃,亦称学问,读潘岳赋"周文弱枝之枣",为杖策之杖;《世本》"容成造历",以历为碓磨之磨**:"学问",在这里作动词用,意为学问好,读书多。"潘岳",字安仁,西晋文学家,荥阳中牟(今河南郑州市中牟县)人,与陆机齐名,并称"潘陆",《晋书》有传。"弱枝之枣",弱枝枣是一种枣名,据说味道很美,"枝"字与"杖"字形近,羊肃不知道弱枝枣,所以以为"枝"字是"杖"字。"容成",人名,黄帝之臣,据说是最早造历法之人。"历"的繁体作"曆",古代"曆"与"歷"相通,"歷"又与"磨"通用,羊肃因为不知道容成造历的故事,误认为是造磨。这两个例子都是因为读书少,见识差,亦即"孤陋"所造成的。

【译文】

《尚书》上说:"喜欢向人请教,知识就会广博。"《礼记》上说:"一个人读书却没有朋友,就容易变得孤陋寡闻。"因为读书需要切磋,互相启发。我看见有些人闭门读书,自以为是,结果在大庭广众之中发生差错、闹出笑话,这样的人多着呢。《穀梁传》里载公子友与莒挐打斗,公子友手下的人大叫:"孟劳!"孟劳是鲁国的一种宝刀的名字,《广雅》上也有说明。我最近在北齐,有个叫姜仲岳的人,却说:"孟劳是公子友手下的人,姓孟名劳,是个大力士,国家把他当宝贝。"姜仲岳跟我苦苦争辩。清河太守邢峙是一个大学者,当时也在场,帮我证明，姜仲岳这才红着脸表示服输。再如，《三辅决录》上载："灵帝殿中的柱子上面题着'堂堂乎张京兆田郎'八个字"。这其实是引《论语》上的原话，只是把它变成两个四字句，用来品评京兆人田凤的。但是有一个才士，却把这句话解释成："当时姓张的京兆尹和田郎都是相貌堂堂的。"他听到我的说法以后，开始很惊讶，后来领悟过来，就觉得惭愧而懊悔。江南有一个权贵，读了一本有错误的《蜀都赋》，上面有一个注解"蹲鸱，芋也"，把"芋"写成了"羊"，后来有一个人送这个权贵一块羊肉，这个权贵回信答谢说："谢谢你送我蹲鸱。"弄得满朝官员都很惊骇，不知道他老兄用的是什么典故，很久以后才弄清真相，原来是这么回事！元魏时期，在京都洛阳有一位很有学问的大臣，新近得到一本《史记音》，这本书错误很多，例如"颛顼"的"顼"应该是许录反，结果错成许缘反，于是这个大臣就对朝中的官员讲："'颛顼'读成'专旭'，是向来读错了，应该读'专翾'才对。"这个人本来名气很大，大家都很信服他。直到一年之后，又有大学者仔细研究，才知道是那位大臣读错了。《汉书·王莽传》的赞语中说："紫色蛙声，余分闰位。"这说的是王莽以假乱真僭越帝位。我曾经跟人一起谈论书籍，谈到王莽的相貌，有一位俊秀的学士，以史学自夸，名声很高，他说："王莽的相貌还不仅仅是眼睛像猫头像，嘴巴像老虎，而且脸色发紫，声音像青蛙。"又如《汉书·礼乐志》载："给太官挏马酒。"李奇注："以马乳为酒也，揰挏乃成。"揰挏二字的偏旁都为"手"。所谓揰挏，是捣击、搅拌的意思，现在做酪酒还是这样。可是刚才提到的那位学士，却认为李奇注解的意思是：种桐树的时候，太官酿造的马酒才酿好。此人竟如此孤陋寡闻。太山人羊肃，也被认为学问很好，他读潘岳赋中"周文弱枝之枣"，竟把"枝"读成了手杖的"杖"，《世本》有"容成造历"的记载，他又把"历"当成了推磨的"磨"。

8.19 谈说制文，援引古昔，必须眼学，勿信耳受。江南闾里间，士大夫或不学问，羞为鄙朴，道听途说，强事饰辞：呼徵质为周、郑，谓霍乱为博陆，上荆州必称陕西，下扬都言去海郡，言食则餬口，道钱则孔方，问移则楚丘，论婚则宴尔，及王则无不仲宣，语刘则无不公干。凡有一二百件，传相祖述，寻问莫知原由，施安时复失所。庄生有乘时鹊起之说，故谢朓诗曰："鹊起登吴台。"吾有一亲表，作《七夕》诗云："今夜吴台鹊，亦共往填河。"《罗浮山记》云："望平地树如荠。"故戴暠诗云："长安树如荠。"又邺下有一人《咏树》诗云："遥望长安荠。"又尝见谓矜诞为夸毗，呼高年为富有春秋，皆耳学之过也。

【注释】

（1）谈说制文，援引古昔，必须眼学，勿信耳受："眼学"，眼睛看书，亲自学习。"耳受"，靠耳朵从别人那里听到的知识。

（2）江南闾里间，士大夫或不学问，羞为鄙朴，道听途说，强（qiǎng）事饰辞："闾里"，市井、邻里。"鄙朴"，鄙陋、朴质。"饰辞"，修饰言辞、讲究修辞。

（3）呼徵质为周、郑：把徵质叫作周、郑，典出《左传·隐公三年》："周、郑交质。王子狐为质于郑，郑公子忽为质于周。""徵质"，向对方要求抵押的东西，"徵"，即"征"，征求、索取，"质"，人质、物质，用来做抵押的东西。

（4）谓霍乱为博陆：把霍乱叫作博陆，霍乱是一种病，博陆指博陆侯，西汉大臣霍光曾被封为博陆侯。当时人忌讳霍乱，就用博陆来代称霍乱。翼明按：用"博陆"来代替"霍乱"，也就是用"霍光"来代替"霍乱"，"霍光"字面上有霍乱一扫而光的意思，这就是民间用吉语来取代凶语以避讳的习惯，例如餐厅炒猪舌，不叫舌头而叫"赚头"，因为"舌"跟折本的"折"同音，不吉利。

（5）上荆州必称陕西：把上荆州（荆州在长江上游，所以说"上"）说成去陕西，春秋时周公和召公总管诸侯，周公管陕陌（今河南三门峡市陕州区）以东的诸侯，召公管陕陌以西的诸侯，东晋的时候，荆州和扬州是当时最大最重要的两个州，荆州在西，扬州在东，所以当时人叫荆州为陕西。

（6）下扬都言去海郡：把下扬州（扬州在长江下游，所以说"下"）说成去海郡，因为扬州靠海。

（7）言食则餬口：说到谋生就用餬口来代替。语出《左传·隐公十一年》，"寡人有弟，不能和协，而使餬其口于四方"。

（8）道钱则孔方：说到钱就用孔方来代替。古时铜钱圆形，中有方孔，所以便用孔方、孔方兄来称呼钱。语出鲁褒《钱神论》："亲爱如兄，字曰孔方。"

（9）问移则楚丘：问候迁徙就用楚丘来代替，语本《左传·闵公二年》："僖之元年，齐桓公迁邢于夷仪。二年，封卫于楚丘。邢迁如归，卫国忘亡。""楚丘"，本为春秋时卫国都邑，在今河南滑县东。

（10）论婚则宴尔：谈到婚嫁则用宴尔来代替，语本《诗经·邶风·谷风》："宴尔新婚，如兄如弟。""宴"亦作"燕"，古通。

（11）及王则无不仲宣：提到姓王的没有不用仲宣来代替的，仲宣是大诗人王粲的字，王粲是建安七子之一。

（12）语刘则无不公幹：谈到姓刘的没有不用公幹（简体作"干"）来代替的，公幹是诗人刘桢的字，刘桢也是建安七子之一。

（13）凡有一二百件，传相祖述，寻问莫知原由，施安时复失所："凡"，总共。"传相祖述"，这里是互相转用的意思，"祖述"的本意是指效法、遵循前人的行为或学术。"施安"，施行、使用，"安"也是"施"的意思。"失所"，放错了地方。

（14）庄生有乘时鹊起之说，故谢朓诗曰："鹊起登吴台。"吾有一亲表，作《七夕》诗云："今夜吴台鹊，亦共往填河。""鹊起"，像喜鹊一样地飞起。语本《太平御览》卷九二一引《庄子》云："鹊上高城之垝（guǐ），而巢于高榆之颠，城坏巢折，陵风而起。故君子之居世也，得时则蚁行，失时则鹊起也。"故即以鹊起指见机而作，后又用为乘时崛起之意。"谢朓"，字玄晖，南朝时齐文学家，陈郡阳夏（今河南太康）人。把"鹊起登吴台"简化为"吴台鹊"，不仅歪曲了原诗，而且显得很可笑。

（15）《罗浮山记》云："望平地树如荠。"故戴暠诗云："长安树如荠。"又邺下有一人《咏树》诗云："遥望长安荠。""荠"，荠菜。戴暠《度关山诗》："昔听《陇头吟》，平居已流涕；今上关山望，长安树如荠。"载《乐府诗集》卷二七。戴暠（hào），南朝梁、陈时诗人。把"长安树如荠"说成"长安荠"，也是歪曲诗意，显得很可笑。

（16）又尝见谓矜诞为夸毗，呼高年为富有春秋，皆耳学之过也："夸毗"，犹言过分柔顺以取媚于人。《诗经·大雅·板》："无为夸毗。"毛亨传："夸毗，以体柔人也。"《尔雅·释训》："夸毗，体柔也。"郭璞注："屈己卑身以柔顺人也。""矜诞"，自大狂妄。"夸毗"与"矜诞"义正相反。"富有春秋"，指年轻，"春秋"，指年岁。年岁尚多，故曰富有，与"高年"义正相反。

【译文】

谈话写文章，援引古代的成语和事例，一定要是自己亲眼读过的书，不要相信传闻之词。江南市井上，有些读书人自己没有学问，又怕别人笑自己鄙陋无文，便用一些道听途说的陈言，来装饰自己的话语。把索要质押说成周郑，把霍乱叫作博陆，上荆州一定要说去陕西，下扬州一定要说去海郡，谈到谋生就要说糊口，提到钱就要说孔方，问候迁徙就说楚丘，谈论婚嫁就说宴尔，提到姓王的没有一个不说仲宣，谈起姓刘的没有一个不说公幹。这一类的说法大概有一两百种，大家互相沿袭，问起来却无人知道缘由，用起来也就时常用错地方。庄子有"乘时鹊起"的说法，所以谢朓在诗里说："鹊起登吴台。"我有一个表亲，作了一首《七夕》的诗，其中有一句说："今夜吴台鹊，亦共往填河。"（这就好笑了）。又如《罗浮山记》说："望平地树如荠。"所以戴嵩有句诗说："长安树如荠。"而邺下有一个人写了一首《咏树》的诗说："遥望长安荠。"（这更好笑了）我又曾经见到有人把矜诞用夸毗来形容，把高年用富有春秋来形容，这都是仅凭道听途说而犯的错误。

8.20 夫文字者，坟籍根本。世之学徒，多不晓字：读五经者，是徐邈而非许慎；习赋诵者，信褚诠而忽吕忱；明《史记》者，专徐、邹而废篆籀；学《汉书》者，悦应、苏而略《苍》《雅》。不知书音是其枝叶，小学乃其宗系。至见服虔、张揖音义则贵之，得《通俗》《广雅》而不屑。一手之中，向背如此，况异代各人乎？

【注释】

（1）**夫文字者，坟籍根本**："坟籍"，书籍，传说中最古老的书是三坟五典，"坟籍"的"坟"从"三坟"来。

（2）**世之学徒，多不晓字**："学徒"，这里指跟着老师读书的学生。"晓字"，通晓文字，这里不是指简单的认字，而是指对文字的形、音、义都有相当的了解。

（3）**读五经者，是徐邈而非许慎**："是……非……"，赞成……而非议……。"徐邈"，晋代学者。东莞姑幕（今山东诸城西北）人。永嘉南渡，居于京口（今江苏镇江）。姿性端雅，博涉多闻。孝武帝时官中书舍人，撰《五经音训》，学者宗之，《晋书·儒林传》有传。"许慎"，东汉经学家、文字学家。字叔重，汝南召陵（今河南郾城东）人。博学经籍，撰《五经异义》十卷，又著《说文解字》十四篇，集经学训诂之大成，《后汉书·儒林传》有传。

（4）**习赋诵者，信褚诠而忽吕忱**："褚诠"，即褚诠之，宋、齐时人，于诗赋颇有名声。"吕忱"，晋代学者，字伯雍，任城（治今山东济宁东南）人，撰有《字林》七卷（或称六卷）。

（5）**明《史记》者，专徐、邹而废篆籀**："徐"，即南朝宋中散大夫徐广字野民，曾撰《史记音义》十二卷，见《隋书·经籍志》。"邹"，即邹诞生，南朝梁轻车录事参军，撰有《史记音》三卷，见《隋书·经籍志》。"篆籀（zhòu）"，在甲骨文于1899年被发现之前，篆籀是古代最早的书体。秦始皇书同文，命李斯统一书体，后世称为篆书，而李斯统一之前的各种书体，都统称为籀书。后世又称篆书为小篆，称籀书为大篆。

（6）**学《汉书》者，悦应、苏而略《苍》《雅》**："应、苏"，指应劭、苏林。应劭，东汉汝南南顿（今河南项城西）人，曾任泰山太守。苏林，魏陈留外黄（今河南民权西北）人，曾任散骑常侍，封安成亭侯。应劭、苏林均曾注释《汉书》，应劭并撰有《汉书集解音义》二十四卷。《苍》，指《苍颉篇》。《雅》，指《尔雅》。

（7）**不知书音是其枝叶，小学乃其宗系**："小学"，即认字之学，儿童入学先须认字，故名小学。近代又把小学细分为文字学、训诂学、音韵学。

（8）**至见服虔、张揖音义则贵之，得《通俗》《广雅》而不屑**："服虔"，字子慎，河南荥阳人，著《春秋左氏传解谊》《通俗文》（已佚），《后汉书·儒林传》有传。"张揖"，字稚让，三国时曹魏清河（治今山东临清东）人，曾官博士，著《广雅》传于世。参见前（8.18）注。

（9）**一手之中，向背如此，况异代各人乎**："向背"，手心手背，"一手之中，向背如此"，意思是一只手不应该再分手心手背而厚此薄彼。

【译文】

文字是书籍的根本。但世上读书的人，大多不精通文字：读五经的人，赞成徐邈而非议许慎；学习赋诵的人，相信褚诠而忽视吕忱；研究《史记》的人，只注意徐广、邹诞生的说法，而不研究篆文和籀文；学习《汉书》的人，喜欢应劭、苏林的注解，而忽略《苍颉》《尔雅》。他们不懂得语音只是枝叶，字义才是根本。以至于对服虔、张揖的音义著作很看重，可同样是这两个人的著作《通俗文》《广雅》却不屑一顾。一个人的东西尚且厚此薄彼，何况别的时代、别的人的著作呢？

8.21 夫学者贵能博闻也。郡国山川，官位姓族，衣服饮食，器皿制度，皆欲根寻，得其原本；至于文字，忽不经怀，己身姓名，或多乖舛，纵得不误，亦未知所由。近世有人为子制名：兄弟皆山傍立字，而有名峙者；兄弟皆手傍立字，而有名机者；兄弟皆水傍立字，而有名凝者。名儒硕学，此例甚多。若有知吾钟之不调，一何可笑。

【注释】

（1）**夫学者贵能博闻也。郡国山川，官位姓族，衣服饮食，器皿制度，皆欲根寻，得其原本**："夫学者"，"夫"是发语词，"者"是表句中停顿的语气词，"学""者"二字不连读。"博闻"，扩充知识范围，"博"是形容词作动词用，使动用法，"博闻"即使见闻广博之意。"郡国"，郡与国。周有国无郡，秦废国立郡，汉初郡、国并立，郡直属中央，国分诸侯王，南北朝沿袭汉制，到隋朝才废国存郡。"根寻"，寻根究底。

（2）**至于文字，忽不经怀，己身姓名，或多乖舛，纵得不误，亦未知所由**："忽不经怀"，忽视不考虑，漫不经心。

（3）**近世有人为子制名**："制名"，取名字。

（4）**兄弟皆山傍立字，而有名峙者**：兄弟所取的名字都是山字旁，但是其中有一个却是"峙"。按："峙"的正体是"跱"，偏旁是"止"而不是"山"，"峙"是后起的俗体，所以受到颜之推的讥笑。

（5）**兄弟皆手傍立字，而有名机者**：按："机"字是"木"旁，但当时手写体有写作提手旁的，推测原文此处的"机"应是提手旁（现在字库里无此字），提手旁的"机"不规范，所以也遭到颜之推的讥笑。

（6）**兄弟皆水傍立字，而有名凝者**：按："凝"的偏旁是"冫（bīng，同冰）"，而不是水。

（7）**名儒硕学，此例甚多。若有知吾钟之不调，一何可笑**：王利器《集解》引沈揆谓："《淮南子·修务训》：'昔晋平公令官为钟，钟成而示师旷，师旷曰：'钟音不调。'平公曰：'寡人以示工，工皆以为调；而以为不调，何也？'师旷曰：'使后世无知音者则已，若有知音者，必知钟之不调。''吾'字疑当为'晋'字。"按：兄弟名字同一偏旁，而其中有一个偏旁有误，这就恰似钟声中有一个音不调，故颜之推以此讥之。

【译文】

学习之可贵在于它能扩充我们的知识。郡国山川，官位姓族，衣服饮食，器皿制度，都希望刨根究底，知道它的来由。但是有的人对文字却漫不经心，以至于对自己的姓和名都会搞错，就算不搞错也不知道它的来源。近代有些人给儿子们取名，兄弟的名字都是"山"旁，却有一个叫"峙"，兄弟的名字都是"手"旁，却有一个叫"机"，兄弟都是"水"旁，却有一个叫"凝"。这种情形在有名的学者当中，都出现不少。如果他们读过晋钟不调的故事，就该知道这该多么可笑。

8.22 吾尝从齐主幸并州，自井陉关入上艾县，东数十里，有猎闾村。后百官受马粮在晋阳东百余里亢仇城侧。并不识二所本是何地，博求古今，皆未能晓。及检《字林》《韵集》，乃知猎闾是旧邋余聚，亢仇旧是䝙䝙亭，悉属上艾。时太原王劭欲撰乡邑记注，因此二名闻之，大喜。

【注释】

（1）吾尝从齐主幸并州，自井陉关入上艾县，东数十里，有猎闾村："齐主"，北齐文宣帝高洋，已见前（7.6）注。"并（bīng）州"，州名，治所在今山西太原西南。"幸"，古时称皇帝到某地为幸。"井陉（xíng）关"，故址在今河北井陉。"上艾县"，治所在今山西阳泉东南，后移至今平定县。

（2）后百官受马粮在晋阳东百余里亢仇城侧："晋阳"，县名，治今山西太原西南。

（3）并不识二所本是何地，博求古今，皆未能晓。及检《字林》《韵集》，乃知猎闾是旧邋余聚，亢仇旧是䝙䝙亭，悉属上艾："及"，待、等到、直到。《字林》，字书，晋人吕忱撰，七卷，已轶。《韵集》，韵书，晋安复县令吕静撰，六卷，见《隋书·经籍志》。"邋（liè）余聚"，村落名，"聚"即村落之意。"䝙（mǎn）䝙（qiú）"，亭名。

（4）时太原王劭欲撰乡邑记注，因此二名闻之，大喜："王劭"，字君懋，北齐官员，太原晋阳人，撰有《俗语难字》《隋书》《齐志》《读书记》等，《隋书》有传。

【译文】

我有一次跟齐文宣帝去并州，从井陉关进上艾县，县东数十里，有一个村庄叫猎闾村。后来，又跟百官一起在晋阳东百余里，有一个地方叫亢仇城，接受马匹粮草。这两个地方我都不清楚它们本来叫什么，我阅读了各种古今书籍都没有弄清楚，直到翻阅《字林》和《韵集》，才知道猎闾是原来的邋余聚，亢仇是原来的䝙䝙亭，都属于上艾县。当时太原人王劭要写一部家乡的记注，从我这里听到它们的来由，非常高兴。

8.23 吾初读《庄子》"螝二首"，《韩非子》曰："虫有螝者，一身两口，争食相龁，遂相杀也。"茫然不识此字何音，逢人辄问，了无解者。案《尔雅》诸书，蚕蛹名蚳，又非二首两口贪害之物。后见《古今字诂》，此亦古之虺字，积年凝滞，豁然雾解。

【注释】

（1）吾初读《庄子》"蚳二首"，《韩非子》曰："虫有蚳者，一身两口，争食相龁，遂相杀也。"："蚳（huǐ）"，虺的古字。"龁（hé）"，噬，啮。

（2）茫然不识此字何音，逢人辄问，了无解者："了无"，全无。

（3）案《尔雅》诸书，蚕蛹名蚳，又非二首两口贪害之物："案"，在这里是检索之意。

（4）后见《古今字诂》，此亦古之虺字，积年凝滞，豁然雾解：《古今字诂》，曹魏张揖著。"虺"，两头蛇。"豁然"，突然开朗。"雾解"，像雾散一样。

【译文】

我初读《庄子》的时候，读到"蚳二首"的句子，《韩非子》里面说过："虫里面有一种叫作蚳的，一个身子两张嘴巴，有时候争吃一个食物，互相啮咬，以至于自己把自己给咬死了。"我茫然不解，不知道蚳是个什么字，碰到人就问，大家也都不知道。查《尔雅》等书，有一种蚕蛹叫作蚳，但这种蚕蛹又不是两个头两张嘴很贪吃的东西。后来我看到《古今字诂》上说，这个蚳字就是古代的虺字，于是积压在胸头多年的疑惑突然明白，就像云开雾散一样。

8.24 尝游赵州，见柏人城北有一小水，土人亦不知名。后读城西门徐整碑云："洎流东指。"众皆不识。吾案《说文》，此字古魄字也，洎，浅水貌。此水汉来本无名矣，直以浅貌目之，或当即以洎为名乎？

【注释】

（1）尝游赵州，见柏人城北有一小水，土人亦不知名："赵州"，州名，治所在今河北隆尧东。"柏人"，县名，治所在今河北隆尧西。

（2）后读城西门徐整碑云："洎流东指。"众皆不识："徐整"，字文操，豫章人，仕吴为太常卿。

（3）吾案《说文》，此字古魄字也，洎，浅水貌："古魄字"，王利器《集解》引段玉裁《说文解字注》云："'洎，古魄字'，此语不见于《说文》，今本但云：'洎，浅水也。'以颜（之推）语订之，《说文》有脱误，当云:'洦,浅水貌,从水白声;洦,古文泊字也,从水百声。'颜书'魄'字亦误,当作'洦'。"

(4)**此水汉来本无名矣,直以浅貌目之,或当即以洦为名乎**:"目之",称呼它,"目"是题目的目,动词(参见前8.18注),不是眼目的目。"或当",或许,表示推测。

【译文】

我有一次去赵州游玩,看到柏人城北边有一条小河,当地人也不知道河名。后来读到城西门徐整的墓碑上说:"洦流东指。"大家都不明白是什么意思。我查了一下《说文》,这个字就是古代的"洦"字,洦,是水浅的样子。这条小河,汉朝以来原本没有名字,大家就干脆用浅水来称呼它,这也许就是它以洦为名的由来吧?

8.25 世中书翰,多称匆匆,相承如此,不知所由,或有妄言此忽忽之残缺耳。案:《说文》:"勿者,州里所建之旗也,象其柄及三斿之形,所以趣民事。故悤遽者称为匆匆。"

【注释】

(1)**世中书翰,多称匆匆,相承如此,不知所由,或有妄言此忽忽之残缺耳**:"书翰",信件。"匆匆",魏晋六朝时,书信收尾常写这两个字,例如王献之有一帖文末即作"匆匆不具",后世都写作"匆匆"或"匆匆不具",文雅一点的就写"不宣""不一一""不一""不尽欲言"等。

(2)**案《说文》:"勿者,州里所建之旗也,象其柄及三斿之形,所以趣民事。故悤遽者称为匆匆。"**:"三斿(liú)","斿",古代旌旗的下垂饰物,"三",指其多,不一定是三条。"趣(cù)",催促。"民事",多指农事或乡里聚会。"悤(cōng)遽(jù)",匆忙。

【译文】

世人写信,多在信末写"匆匆"两个字,向来都这样写,但不知道什么原因,有人乱说这是"忽忽"这两个字的残缺。查《说文》里就有:"勿,是州里所竖的旗帜,是模仿旗柄和旗下飘带的形状,这种旗帜是用来催促民众办事或聚会用的。所以人们就把匆忙叫作'匆匆'。"

8.26 吾在益州，与数人同坐，初晴日晃，见地上小光，问左右："此是何物？"有一蜀竖就视，答云："是豆逼耳。"相顾愕然，不知所谓。命取将来，乃小豆也。穷访蜀士，呼粒为逼，时莫之解。吾云："《三苍》《说文》，此字白下为匕，皆训粒，《通俗文》音方力反。"众皆欢悟。

【注释】

（1）吾在益州，与数人同坐，初晴日晃，见地上小光，问左右："此是何物？"有一蜀竖就视，答云："是豆逼耳。"相顾愕然，不知所谓："益州"，州名，东汉以后治今四川。"竖"，尚未成年的童仆。

（2）命取将来，乃小豆也。穷访蜀士，呼粒为逼，时莫之解："穷"，尽。

（3）吾云："《三苍》《说文》，此字白下为匕，皆训粒，《通俗文》音方力反。"众皆欢悟："白下为匕"，即"皂"字，当时"皂""逼"同音。

【译文】

我在四川的时候，跟几个人在一起闲坐，天刚放晴，有阳光在地上晃动，我就问旁边的人："那亮晃晃的是什么东西？"有一个四川籍的小童仆，跑过去看，回答说："是豆逼。"我们大家都听傻了，不知道他说的什么意思。我到处问四川的士人，为什么把"粒"叫作"逼"，没有人讲得清楚。我说："《三苍》和《说文》，这个字上面是'白'下面是'匕'，都解释为'粒'，《通俗文》注音作方力反。"大家就都明白了，很高兴。

8.27 憨楚友婿窦如同从河州来，得一青鸟，驯养爱玩，举俗呼之为鹘。吾曰："鹘出上党，数曾见之，色并黄黑，无驳杂也，故陈思王《鹘赋》云：'扬玄黄之劲羽。'"试检《说文》："鸹雀似鹘而青，出羌中。"《韵集》音介。此疑顿释。

【注释】

（1）憨楚友婿窦如同从河州来，得一青鸟，驯养爱玩，举俗呼之为鹘："憨楚"，颜之推次子。颜之推三子，长子思鲁，次子憨楚，三子游秦。"友婿"，同门的女婿，即今之连襟。"河州"，州名，治所在今甘肃临夏。"举俗"，王利器《集解》云："'举俗'，傅本、程本、胡本、何本、文津本作'举族'。""鹘（hé）"，一种善斗的鸟。

（2）吾曰："鹘出上党，数曾见之，色并黄黑，无驳杂也，故陈思王《鹘赋》

云：'扬玄黄之劲羽。'"："上党"，郡名，北魏时治所在今山西长治北。"陈思王"，即曹植，已见前（6.8）注。"驳杂"，杂乱、杂色。

（3）**试检《说文》："鸲雀似鹛而青，出羌中。"《韵集》音介。此疑顿释**："羌中"，古代羌族聚居地区，在今甘肃。《韵集》，书名，已见前（8.22）注。"顿释"，顿时消解、立刻明白。

【译文】

悫楚的连襟窦如同从河州过来，他得到一只青鸟，把它当宠物养着，很是喜欢，全家族的人都把它叫作鹛。我说："鹛出在上党，我曾经看见过几次，羽毛有黑、黄两种颜色，没有其他杂色，所以曹植《鹛赋》里面说：'鹛扬起黑黄色的翅膀。'"再查查《说文》，里面说："鸲雀像鹛，但羽毛是青色的，出在羌中。"《韵集》认为"鸲"字念"介"的音，于是疑问立刻消释了。

8.28 梁世有蔡朗者讳纯，既不涉学，遂呼莼为露葵。面墙之徒，递相仿效。承圣中，遣一士大夫聘齐，齐主客郎李恕问梁使曰："江南有露葵否？"答曰："露葵是莼，水乡所出。卿今食者绿葵菜耳。"李亦学问，但不测彼之深浅，乍闻无以覈究。

【注释】

（1）**梁世有蔡朗者讳纯，既不涉学，遂呼莼为露葵**："莼（chún）"，莼菜，一种水生的野菜，做汤味滑甚美，谓之莼羹。"露葵"，即冬葵，是园中所种的菜。这是两种菜，王利器《集解》考证，这两种菜有可能就是一种，详细辩证请参看《集解》此条注。

（2）**面墙之徒，递相仿效**："面墙之徒"，即不学之徒，"面墙"，已见前（8.9）注。

（3）**承圣中，遣一士大夫聘齐，齐主客郎李恕问梁使曰："江南有露葵否？"答曰："露葵是莼，水乡所出。卿今食者绿葵菜耳。"**："承圣"，南梁元帝年号。"绿葵菜"，即前面所说的冬葵。

（4）**李亦学问，但不测彼之深浅，乍闻无以覈究**："覈究"，核实考究，"覈"即"核"。

【译文】

梁朝有个叫蔡朗的人忌讳"纯"字，此人又没有学问，因此把莼叫作露葵。

那些没学问的人也都跟着这么叫。承圣年间，朝廷派一个士大夫到北齐来办外交，北齐的主客郎李恕问梁朝的使臣说："江南有露葵这种菜吗？"使臣回答说："露葵是莼菜，是产在水乡的。您现在吃的是绿葵菜。"李恕也是个有学问的人，但搞不清对方的深浅，乍一听也无法加以核实考究。

8.29 思鲁等姨夫彭城刘灵，尝与吾坐，诸子侍焉。吾问儒行、敏行曰："凡字与谘议名同音者，其数多少，能尽识乎？"答曰："未之究也，请导示之。"吾曰："凡如此例，不预研检，忽见不识，误以问人，反为无赖所欺，不容易也。"因为说之，得五十许字。诸刘叹曰："不意乃尔！"若遂不知，亦为异事。

【注释】

（1）**思鲁等姨夫彭城刘灵，尝与吾坐，诸子侍焉**："姨夫"，即姨父。"侍"，陪侍，长辈在场，晚辈就叫"侍"，一般是站着。

（2）**吾问儒行、敏行曰："凡字与谘议名同音者，其数多少，能尽识乎？"**："儒行、敏行"，刘灵的两个儿子。"谘议"，即谘议参军，官名，刘灵当时任谘议参军，这里颜之推不便当面称呼刘灵的名字，故以官名代替。

（3）**答曰："未之究也，请导示之。"**："未之究"，即"未究之"，古文中凡动词是否定式而宾语是代词，则要将此代词宾语置放在否定词和动词之间，如此处的"之"。

（4）**吾曰："凡如此例，不预研检，忽见不识，误以问人，反为无赖所欺，不容易也。"**："无赖"，指撒泼放刁的小人。"不容易"，不能看轻这件事，"不容"，不容许、不可以、不能，"易"，轻易、看轻、不重视。此处"容"和"易"不应该连读，今天白话中的"容易"是从古代这种句式发展过来的，但已变成一个词，意思也和古代有区别，应当注意。参见前"亦何容易"（6.36）注。

（5）**因为说之，得五十许字**："因为（wèi）说之"，就为他们说了这个，"因"，于是、就，是连词，"为"是介词，读去声，"为"字后面省去了代词宾语"之"，意即他们，指儒行、敏行。"因""为"不连读。

（6）**诸刘叹曰："不意乃尔！"若遂不知，亦为异事**："不意乃尔"，没想到是这样，"乃尔"，这样、竟是这样。

【译文】

思鲁兄弟的姨父彭城人刘灵,有一次跟我闲坐聊天,几个儿子陪侍在旁边。我就问他的儿子儒行和敏行说:"字里面跟你爸爸的名字同音的有多少?你们都认得吗?"他们回答说:"我们没有考究过,请你指导我们吧。"我对他们说:"凡是这些同音字如果不预先研究、检查,忽然碰到不知道该读什么音,拿去问人,结果就会被无赖们所取笑,这件事可不能看轻。"我于是就为他们说了这些同音字,一共说了五十个左右。刘灵的儿子们感叹地说:"没想到居然有这么多。"如果他们一直不懂得这一点,这也真是怪事。

8.30 校定书籍,亦何容易,自扬雄、刘向,方称此职耳。观天下书未遍,不得妄下雌黄。或彼以为非,此以为是;或本同末异;或两文皆欠,不可偏信一隅也。

【注释】

(1) **校定书籍,亦何容易,自扬雄、刘向,方称此职耳**:"亦何容易",此句结构跟上段"不容易也"相同,意为怎么允许轻率对待,"亦"是语气词,无义。参看(6.36)注。扬雄,字子云,西汉著名文学家、哲学家、语言学家,蜀郡成都(今四川成都)人。王莽时,校书天禄阁,著有《太玄》《方言》及辞赋多篇。"刘向",西汉著名经学家、目录学家、文学家,沛(今江苏沛县)人。汉皇族楚元王四世孙。曾校阅群书,撰成《别录》,为我国目录学之祖。此外,还著有《洪范五行传》《新序》《说苑》《列女传》等,行于世。

(2) **观天下书未遍,不得妄下雌黄**:"观……未遍",没全部看过。雌黄,一种矿物,晶体,橙黄色,古人写字用黄色的纸,如果写错了可用雌黄来涂抹重写,所以雌黄就有改正的意思,引申为批评、反驳,成语口中雌黄、信口雌黄都从此来。

(3) **或彼以为非,此以为是;或本同末异;或两文皆欠,不可偏信一隅也**:一隅,一角、一方。

【译文】

校订书籍这件事情,哪里可以轻易对待,只有扬雄、刘向这样博学的人才能胜任这项工作。天下的书籍没有看遍,就没资格乱下批评。有的时候甲本认为不对的,而乙本认为是对的,或者两本大的方面是对的,小的方面有所分歧,又或者两本都有欠缺，就不能偏信一方。

【评析】

一

"子曰：'学而时习之，不亦乐乎？'"这是中国人的"圣经"《论语》的第一句话，大家都会背。孔夫子是中国人最崇拜的圣人，也是最伟大的老师，他教导我们许多东西，但第一句话就是要我们好好读书，重视学习。所以，教导子孙努力读书、努力学习，从古到今就是中国人家庭教育中最重要的传统，在这一点上全世界大概只有犹太人可以跟中国人相比。到今天，一般人谈起对子女的教育，重点也都还是摆在读书上，这虽然有点片面，但大体上还是对的。因为，对于青少年而言，读书的确是一件最重要的事，读书不仅可以学到各种各样的知识、技能，同时也能学到做人、应世的根本道理。

魏晋南北朝时期，由于政权更替频繁，官办教育系统（太学、国子学、州学、县学）一直办得不好，连中央的太学都时兴时废，而战国时代曾经非常频繁的私人聚徒讲学，也由于社会动乱而趋于式微。这个时候，正值中国士族阶级兴起，于是教育的重心便由官学、私学而转向家族。中国家庭，尤其是士人家庭或者读书人家庭，特别重视家学，直到今天我们还讲"家学渊源"，就是从这个时候开始的。

颜之推在《勉学》篇中反反复复告诫子孙，学习是人生的大事，没有比这更重要的。颜之推到底在《勉学》篇中说了些什么呢？我想从中提取几个至今对我们还有启发意义的问题来谈谈。

（一）任何人都要努力学习

颜之推在《勉学》篇一开头就告诫子孙，无论什么人都要努力学习，他说："自古明王圣帝，犹须勤学，况凡庶乎！"连皇帝都要勤奋读书，何况我们一般的老百姓呢？我记得阎崇年先生在讲到《康熙大帝》的时候，说康熙小时候读书非常努力，《大学》《中庸》《论语》《孟子》都一段一段地读，一段一段地背，每段要读很多遍，背很多遍。阎先生是研究清史的专家，我想他说这个话应该是有根据的。一个人贵为天子，如此勤奋，如此努力，这不能不令我们敬佩，我自己读书就没有这么努力过。一个人无论出身于什么社会阶级，无论家庭背景如何，都必须努力学习、努力读书，没有人可以例外。出身于富贵家庭或知识分子家庭，自然具备比别人更好的先天优势，但如果自己不努力不读书，长大了还是一个没有知识的人，优越的家庭地位也会跟着丧失。相反，如果一个人出身于贫寒家庭，父母没有文化，但自己得到了学习的机会，又肯努力向上，仍然可以变成一个饱学之士，自己和家庭的社会地位也会随之上升。所以中国人常说"富不过三代，穷不过三代"，其道理一部分就在这里。中国传统社会从秦以后尤其是隋唐实行科举制度以后，社会阶级的流动性比古代许多其他民族的社会都更大，科举制度使一个人可以凭借天分与勤奋读书而从一个平民登上仕途，提升自己与家庭的社会地位。在现代社会这个特征表现得更为明显，今天一个人在社会上的地位基本上取决于他受教育的程度，这不需要多说，大家都看得很清楚。所以一个人在年轻的时候狠下功夫好好读几年书，打下坚实的知识基础，实在极为必要。古人说："少壮不努力，老大徒伤悲"，颜之推说："何惜数年勤学，长受一生愧辱哉！"这是对子孙的恳切告诫。我们今天做父母的也要这样教育子女，时时提醒他们，年轻时候是否努力读书，将决定他们一生的事业与荣辱。

（二）读书是立身之本

颜之推认为一个人要在社会上立足，只有把书读好是最靠得住的。这一点在改朝换代的时候看得最清楚。颜之推出身于南朝的梁代，梁亡入北齐，北齐亡又入北周，隋代北周又入隋，一生经历了四个朝代，亲眼看到在"朝事迁革"的时候，许多昔日的权贵子弟顿失父兄荫庇，自己又不学无术，无一技之长，结果弄得不能在社会立足，狼狈不堪。而那些曾经努力读书，肚子里有学问的人，则总可以找到事做，不至于沦为"小人"——"小人"一词在魏晋南北朝时期一般指非士族的平民百姓。他自己就是一个例子，他因为学问好，所以虽然经历了四个朝代，却都有官做，而且官位清显。他以自己亲身见闻告诫子孙说：

自荒乱已来，诸见俘虏，虽百世小人，知读《论语》《孝经》者，尚为人师；虽千载冠冕，不晓书记者，莫不耕田养马。以此观之，安可不自勉耶？若能常保数百卷书，千载终不为小人也。（8.2）

一个人的穷通荣枯，跟自己教育程度的关系，在社会大变动的时期，表现得最为明显。社会稳定的时候，出身富贵家族的人，不费力地就可以过着优裕的生活，一旦社会变动，家族衰败，就要靠自己了，一个读书有学问的人总还可以找到立足之所，而一个不读书没有本事的人便只好沦为下层阶级的贫民了。

大家都知道诸葛亮的故事。诸葛家本来也是一个大士族，但到诸葛亮父亲这一辈已经有些衰败了，诸葛亮的父母又早死，所以诸葛亮从小依靠叔父诸葛玄，十六岁的时候诸葛玄也过世，家境更加清寒，几乎沦为平民，用他自己的话来说就是："臣本布衣，躬耕于南阳，苟全性命于乱世，不求闻达于诸侯。"试想诸葛亮如果不读书，没文化，结果会怎样？恐怕终其一生也就是隆中的一个农民而已。而他从小有大志，发愤读书，成了远近闻名的一个饱学之士，人称"卧龙先生"，徐庶把他郑重推荐给刘备，刘备三顾茅庐，诸葛亮发表了高瞻远瞩的《隆中对》，终于辅佐刘备父子建立蜀汉，三分天下，位居宰相，名传万古。

诸葛亮当然是比较特别的例子，他的成功除了努力读书，还有天赋和机遇的问题，但就是一个天赋一般机遇一般的普通人，只要好好读一点书，纵然不能做伟人，至少具备了立足社会的本事。所以，颜之推告诫子孙说：

父兄不可常依，乡国不可常保，一旦流离，无人庇荫，当自求诸身耳。谚曰："积财千万，不如薄伎在身。"伎之易习而可贵者，无过读书也。（8.3）

"父兄不可常依，乡国不可常保"。"积财千万，不如薄伎（同"技"）在身"，这都是千古不易之理。还有一句古话说："遗子黄金满籝，不如一经。"你就算是留一箱金子给子女，未见得能让子女一辈子生活安逸，因为这些金子是会花光的，也是可以随时失去的。可是如果你让子女读了书，有了知识，那是永远花不完，也永远不会失去的。可惜许多人总是不明白这个道理。

也有人根本就怀疑这个道理，你说读书重要，他会举很多例子告诉你，有人不读书而富贵，也有人饱读书而贫贱，或者干脆说读书没用。我们大家还记得四十多年前在中国社会就流行过一阵"读书无用论"，甚至说书读得越多越愚蠢。我们今天也有很多人认为读书并不重要，趁早赚钱才重要，没读多少书却发了大财的人不是很多吗？颜之推在《勉学》篇中就说到当时也有类似的看法，他回答说，未经努力读书而获取富贵的例子是有的，但那是极少数的人，一种是运气特好，一种是天纵英才，不适用于普通人。不努力读书，而想靠侥幸取得富贵，绝大多数都以失败告终："身死名灭者如牛毛，角立杰出者如芝草。"而踏踏实实靠读书取得名利者，虽然也有失败的，但毕竟不多，而成功的远远超过失败的："苦辛无益者如日蚀，逸乐名利者如秋荼。"辛辛苦苦读了一辈子书，却一点都没有享受到读书的好处，这样的人毕竟像日蚀一样地少，而名利双收生活安逸的人，却像秋草一样多，为什么大家没有看到这一点呢？

（三）读书是求取名利的正道和大道

我刚才引用的颜之推的话说，靠努力读书以求取富贵的人，"苦辛无益者如日蚀，逸乐名利者如秋荼。"这里明确提到"名利"二字，而且是正面的。其实，我们每个人都想在社会上取得成功，而成功的标志不外乎名和利，特别是利。古人说："天下熙熙，皆为利来；天下攘攘，皆为利往。"可说一语道破实情。虽然"名利"二字说起来不怎么好听,但名利是必须正视的现实,赤裸裸地倡言名利,到处争名争利,固然令人讨厌,但把名利掩盖起来,不加正视,假惺惺地讳言名利,或言不由衷地自我标榜淡泊名利,也许更讨厌。我觉得求名求利乃是人生常态,没必要遮遮掩掩,我们一生所做的事除了爱情以外几乎无一不跟名利有关。不是求名就是求利,或者名利兼求。求职、升职、晋升等级、升官、提薪、发财、读书讲成绩、比赛争排名,哪一样同名利无关?哪一个人敢说"我不要"?但求名求利要走正道行大路,不要走斜径抄小路,努力读书,努力学习,一步一步地积累知识,增加本领,努力工作,最后实至名归,这是大道正道;不肯读书,不肯用功,老是抱着一种赌博的心态,想快速致富,一步登天,为此不惜行险侥幸,这是旁门左道。走大道正道,看起来费力费时,但最终会得到你应该得到的名利,而且活得心安理得;而走旁门左道的,看来不费力,速度又快,但我们要明白,在这条路上,只有极少数的人获得了他不该得到的名利,而且即使得到了也惶惶不安,唯恐受到制裁,或什么时候又失去,而绝大多数靠旁门左道求取名利的人往往是徒劳无益,甚至身败名裂。所以,人生求名求利是很正常的事情,但要取之有道。颜之推告诉我们,只有努力读书努力学习,才是求取名利的康庄大道。

(四)人一辈子都要努力读书

读书人对人既然如此重要,所以颜之推告诫子孙说,一个人一辈子都要努力读书、努力学习。少年读书固然最重要,但万一少年失学,也不能自暴自弃。年纪再大,读书总比不读书强。

他先说:"人生小幼,精神专利,长成已后,思虑散逸,固须早教,勿失机也。"并且以自己为例来说明这个问题:"吾七岁时,诵《灵光殿赋》,至于今日,十年一理,犹不遗忘;二十之外,所诵经书,一月废置,便至荒芜矣。"少年时代和青年时代读的书最容易记得,这是我们每一个人都有的经验。我七八岁的时候在乡下,每到冬天农闲,伯父就把几个本家子弟弄到一起,开一个私塾班,教我们念《幼学琼林》《古文观止》,虽然只念了两个冬天,后来因为土地改革而中止,但那时候读的东西我到今天还记得,有些还能背诵,这对我一生影响很大。后来进了学校,上语文课碰到古文,同学们都觉得很难,在我看来却很容易,而且我特别喜欢这些古文,不仅喜欢背,自己也喜欢模仿着写,课外就以看古典小说为消遣,初中三年,我几乎把所有我能借到的古典小说都看完了。我今天能成为一个研究传统文化的学者,我觉得最早的基础就是那个时候打下的。我在中学时代很喜欢数学,还得过数学比赛的第一名,但十八岁以后就再也没有碰过数学，可直到今天，我都没有忘记代数、几何的基本知识，我还可以解一般的代数题、几何题。十八岁那年因为家庭成分不好没有考上大学，转而研究文学，一天到晚背唐诗宋词、背古文，这个时候背下的诗词古文也至今都还记得，对我一生读书作文帮助很大。三十以后记忆力就差些了，最明显的分水岭是三十六岁，那一年我考取武大第一届研究生，考完之后一些朋友要求我把题目默写下来，供他们第二年参考，我那时还能把所有的题目和我自己的回答几乎一字不漏地背写下来。但那以后，我得过一次严重的脑鸣，自觉记忆力就明显地差了许多。记忆力好坏对学外语特别重要，根据我自己的经验，一个再聪明的人，要想精通某门外语，最起码要在十五岁以前就开始学，二十以后就不大能学得很好，尤其是口语，三十以后再学，就是加倍努力，也不如二十以前，口语几乎就没有办法学好。我十五岁到十八岁念高中时读的是俄文，那时觉得很轻松，我甚至得过全武汉市俄文演讲比赛第一名。三十以后才接触一点英文，完全是自学。三十九岁到美国，才真正认真学英文，就觉得比当年学俄文辛苦得多了。我在美国前后十年，花在学英文上的时间最多，所以至今英文还算马马虎虎可用。我四十二岁那年开始学日文，花了两年，虽然通过了考试，但后来一直没有机会用到，现在就差不多忘光了。所以我们教育子女读书，一定要抓紧青少年的时光。颜之推说少年时代人"精神专利"，长大以后就变得"思虑散逸"，这是非常精确的，青少年时代读书事半功倍，中年以后读书就事倍功半了。我个人还特别主张青少年时代要尽可能多背一点书。古人提倡背诵，四书五经唐诗宋词都要背，许多著名学者很年轻的时候就已经把主要的经典都熟读成诵了，如顾炎武，据说十三岁以前就已经把十三经都读完而且能够背诵。近百年来中国人批判传统，连读书要背诵这个优良传统也完全否定了，一概说成死记硬背，说成是中国教育的弊病，老实说我很怀疑，就算是死记硬背又有什么不好？记性是智力的基础，记忆是知识的起点，没有起码的死记硬背，学习根本就没法进行，至于研究与创造，那就完全谈不上了。试问，如果一个人连乘法九九表都不能死记硬背住，还有可能继续往下学习数学吗？学文的人如果记不住词语、典故和重要的年代、人名，试问，如何下笔？如何研究？而且小时候背的经典和名篇可以滋养你一辈子，在不同的场合和不同的情景中，你会一次又一次地想起它们、回味它们，每次你都会有新的理解、新的感受。这情形就跟牛的反刍差不多。显然，这里的前提是你要背得，它们已经在你的脑海里，这样你才能持续不断地享受它们，就好像牛反刍的前提是先要把草吃下去，胃里没有草，拿什么反刍呢？

青少年时代读书非常重要，但万一因为种种原因没能好好读书，是不是就应当放弃读书呢？颜之推说："然人有坎壈，失于盛年，犹当晚学，不可自弃。"

青少年时代生活坎坷，失去了读书的机会，年纪大了有了机会，还是应该努力学习，不可自暴自弃。他接着举了很多古人的例子，比如孔子、曾子、荀子、曹操等人，有的是从小到老学而不倦的，有的是开始较晚但终于有成的，然后总结说："幼而学者，如日出之光，老而学者，如秉烛夜行，犹贤乎瞑目而无见者也。"我完全同意他的意见，学习读书是一辈子的事，俗话说，活到老学到老，真是千真万确，至理名言。现在常常看到有些朋友，青少年时代没有好好努力读书，成年后虽然后悔，但却不愿意再努力了，觉得已经晚了，来不及了，这其实就是颜之推说的"自弃"。英文里有一句话说：Never too late.译成中文，就是："（任何时候开始做任何事）永远都不会太晚。"这句话说得很对，对读书学习尤其如此。我自己就是晚至三十六岁那年（1978年）才考上武大的研究生。当时我的亲戚朋友几乎都劝我不要考，觉得没有希望，而且也太迟了，但我坚持要考，因为我如果不抓住这个机会，我可能就永远没有机会了。再过一年，中美建交，我又申请去美国留学，终于在三十九岁那年（1981年）到了美国。经过十年的艰苦奋斗，我在1991年获得哥伦比亚大学东亚语言文化系的博士，那一年我已经满了四十九岁，按传统算法我已经是五十岁了。以五十岁的外国人拿到美国一流大学的文科博士，我不知道还有没有别的例子，我只知道已故著名的旅美华裔学者黄仁宇是四十八岁的时候拿到耶鲁大学历史系的博士的。他是余英时的学生，余先生也是我的老师。如果我在三十六岁的时候不坚持报考武大的研究生，三十九岁的时候不坚持去美国留学，去了美国不咬牙坚持再读十年书，别的不说，没有今天的唐翼明是可以百分之百地断定的。我希望我自己的经历能够说服一些朋友，不论什么年纪，只要可能，都可以开始读书，永远不会嫌迟。当然，年纪大了，记忆力下降，身体也没有年轻时好，学起来当然比年轻时要困难很多，但不能因为困难便不学，学了总比不学好。刚刚过世的中国科学界的巨擘、物理学家、上海大学校长钱伟长先生，就常常把"学到老，做到老，活到老"当作口头禅。他说："我三十六岁学力学，四十四岁学俄语，五十八岁学电池知识，六十四岁以后学计算机……"我们常常以为大家、大师从小就是神童，所以很少注意到，其实他们毕生都在勤奋学习。爱因斯坦就说过："智慧并不产生于学历，而是来自对于知识的终身不懈的追求。"又说："在天才和勤奋之间，我毫不迟疑地选择勤奋，它几乎是世界上一切成就的催生婆。"我们应该记住这些睿智的名言。

二

颜之推在《勉学》篇中还谈到了一般人在读书求学过程中容易碰到的困惑和容易犯的毛病，让我们来看看他对这些问题的看法，或许对我们今天仍然有参考价值。

（一）师今与师古

"师今"就是向今人学习，"师古"就是向古人学习，二者都有必要，但一般人常常会重师今而轻师古。颜之推说：

> 人见邻里亲戚有佳快者，使子弟慕而学之，不知使学古人，何其蔽也哉？世人但见跨马被甲，长矟强弓，便云我能为将；不知明乎天道，辩乎地利，比量逆顺，鉴达兴亡之妙也。但知承上接下，积财聚谷，便云我能为相；不知敬鬼事神，移风易俗，调节阴阳，荐举贤圣之至也。但知私财不入，公事夙办，便云我能治民；不知诚己刑物，执辔如组，反风灭火，化鸱为凤之术也。但知抱令守律，早刑晚舍，便云我能平狱；不知同辕观罪，分剑追财，假言而奸露，不问而情得之察也。爰及农商工贾，厮役奴隶，钓鱼屠肉，饭牛牧羊，皆有先达，可为师表，博学求之，无不利于事也。（8.5）

乡邻亲戚中的优秀人物是大家都看到的，让子弟向他们学习当然很好，也是必要的。但是，如果以为只要向这些人学习就够了，在颜之推看来，那就有点近乎愚昧。因为，在我们的前人中还有许多更优秀的人物，更值得我们学习。他们的行事和经验总结在书本里，而且往往提高到理论的层次，比我们在日常接触中所看到学到的会更深刻。我们通过书本广泛地向这些优秀的前人学习，才会更有利于我们自己的事业。所以，满足于师今而不师古，以为耳目经验就可以代替书本理论，这是很多人容易犯的错误。尤其是今天的社会，信息交流很快很发达，远在天边发生的事情都很快可以听到看到，于是很多人就以为读书已经没用了，每天只要读读报纸，看看电视电脑就够了，很多人成年累月不读一本书。整个社会变得愈来愈浮躁，愈来愈浅薄，愈来愈缺乏文化底蕴。这种忽视理论、轻视书本而满足于浮躁浅薄的耳目经验是一个严重的社会危机，对青少年的成长尤其不利。

（二）为己和为人

学习到底是为了自己还是为了别人？这个问题也常常令人困扰。我们来看看颜之推怎么说的：

> 古之学者为己，以补不足也；今之学者为人，但能说之也。古之学者为人，行道以利世也；今之学者为己，修身以求进也。夫学者犹种树也，春玩其华，秋登其实；讲论文章，春华也，修身利行，秋实也。（8.8）

颜之推在这里告诉我们，问题不在于为己与为人，而在于抱着什么态度读书。他把读书的态度分为两种：一种是正确的态度，他称之为"古之学者"的态度；一种是错误的态度，他称之为"今之学者"的态度。读书可以是为己，但"为己"在古之学者那里，是为了弥补自己的不足，把自己培养成为一个更理想的人；而在今之学者那里，却把读书变成装饰自己向别人炫耀的途径，这就很糟糕，其结果正像颜之推在前面说过的那样："见人读数十卷书，便自高大，凌忽长者，轻慢同列；人疾之如仇敌，恶之如鸱枭。"这样学习那就还不如不学。从另外一个角度看，读书也可以是为人，但"为人"在古之学者那里，是为了造福于人，就是把自己变成一个"有道之人"（有道德有本事的人），让这个"道"为人造福，用今天的话来讲，就是"为人民服务"。而"今之学者"却是用学到的知识和本领来谋求一己私利，当官发财，那就错了。总之，读书既是为己也是为人，但要明白为己是为了真正完善自己，而不是为了炫耀作秀；为人是为人民谋福利，而不是向人索取利益。如果是这样，为人和为己就可以统一起来。

（三）博涉与专精

读书到底是博览群书好，还是专精一两本经典好？这个问题所有的读书人都会碰到，在颜之推那个时代，尤其明显。因为刚刚过去的汉朝是独尊儒术的，只要读通一两本儒家经典就足够一辈子用了，当时做学问的信条是"通一经"，就是要求学者专攻一种经典，把它读通、读熟。这意思本来不错，但是发展到后来却造成了过分烦琐的弊病，而且把人读呆了，一辈子就读那本书，对世界上的事情都不关心、都不懂得。颜之推在书里引用当时邺下的俗谚说："博士买驴，书券三纸，未有驴字。"就是讥笑这种弊病的。所以到了魏晋南北朝的时候，风气就变了，大家都认为死钻一经是没有用的，读书以博览群书为贵。颜之推在博学篇里叙述这一段变化说：

> 学之兴废，随世轻重。汉时贤俊，皆以一经弘圣人之道，上明天时，下该人事，用此致卿相者多矣。末俗已来不复尔，空守章句，但诵师言，施之世务，殆无一可。故士大夫子弟，皆以博涉为贵，不肯专儒。梁朝皇孙以下，总丱之年，必先入学，观其志尚，出身已后，便从文吏，略无卒业者。（8.10）

那么到底是博涉好还是专精好呢？颜之推的意见偏向于博涉，他觉得人生光阴有限，把有限的精力耗费在烦琐的考据上，是不值得的。读书还是以致用为贵，只要抓住要领就好，以便腾出精力来建功立业。不过他又说，如果一个人够聪明，精力够旺盛，既建了功业，又把学问做得很精深，二者兼美，那当然没有话说。

"夫圣人之书，所以设教，但明练经文，粗通注义，常使言行有得，亦足为人；何必'仲尼居'即须两纸疏义，燕寝讲堂，亦复何在？以此得胜，宁有益乎？光阴可惜，譬诸逝水。当博览机要，以济功业；必能兼美，吾无间焉。"（8.10）

在博涉与专精的问题上，我也同意颜之推的意见。除了专门的学者以外，一般人读书还是要以抓住要领为贵，不要太钻牛角尖。现在常常看到一些家长要求自己的孩子（特别是低年级的）门门都要考一百分，九十九都不行，这其实不仅没有必要，而且会浪费孩子的精力，使他们只注意死记硬背，而缺乏创造的兴趣和能力。著名华裔美籍数学家陈省身给母校学生的劝告就是"不要考一百分。"考九十几分就可以了，因为如果一定要考一百分，就可能要在那几分上花去两倍或者更多的精力，这个"性价比"是不合算的。

（四）耳受与眼学

知识有两种，一种是耳朵听来的，就是听别人说的，古人称为"耳受"；一种是眼睛看到的，就是自己读书学习得来的，古人称为"眼学"。我们一般人的知识都由这两部分构成，两种都有必要。耳受的知识往往是口口相传，其中虽然也有确实的知识，但往往免不了不大可靠的道听途说。而眼学的知识是自己看书得到的，一般比较可靠，除非书本本身有误。所以，在自己说话写文章的时候，如果要援引这些知识，尤其是引用典故，一定要引眼学的，不可引耳受的。颜之推告诫子孙说："谈说制文，援引古昔，必须眼学，勿信耳受。"接下去就举了很多当时人因为听信耳受，未经眼学而闹出的笑话。这些笑话，因为时代不同，今天的人可能听不懂了，这里就不再重复。但他说的这个不要轻信耳受的原则，我是同意的。我们现在还是有许多人说话写文章时，往往太相信或太依赖"耳受"的知识，又不肯花工夫去查一查出处，结果辗转相传，一人错了，大家跟着错。尤其是在今天这个信息发达的社会，从网络上可以得到许多资讯，包括知识，但其中不少东西是属于"耳受"一类的，我们在使用时要特别注意分辨。

（五）独学与切磋

学习要重眼学，而不可轻信耳受，但这并不等于说，我们应该关起门来一个人独学，如果有好学、饱学的朋友一起切磋，那其实是更有利于学习的。颜之推在《勉学》篇教导子孙说：

《书》曰："好问则裕。"《礼》云："独学而无友，则孤陋而寡闻。"盖须切磋相起明也。见有闭门读书，师心自是，稠人广坐，谬误差失者多矣。（8.18）

　　学问学问，既要学也要问，所以跟朋友讨论切磋是必要的，有些人读书没有读懂，又不虚心问人，结果不懂装懂，自以为是，闹了笑话还不知道是怎么闹的。颜之推就举了好些这样的例子，因为是古代的事，今天不好懂，这里就不说了。其实，在我们自己和周围人的身上都可以看到同样的例子，不过今天的学习环境比古代好多了，现代学校的制度大大减少了古代那种闭门读书的现象。今天的青年很容易就有很多的同学和朋友，要跟别人讨论问题是很容易的。但是，还是存在着善于跟不善于利用这个环境的问题，有些人一天到晚跟一些不学无术的三朋四友在一起侃大山、不着边际地神聊，胡吹乱吹，这就跟切磋学问扯不上边，只是浪费时间而已。所以，做家长的特别要教导子女要交有益的有学问的朋友，在一起要谈有意义的问题，能增进知识的问题，这样才对子女有益。

　　《勉学》篇是《颜氏家训》二十篇中最长的一篇。颜之推在《勉学》篇中涉及的问题还很多，谈了很多有趣的人和事，可以说是他那一个时代的与读书和学术有关的掌故。但有的已经时过境迁，有的谈的问题又太专门，有兴趣的朋友可以自己去读，我就不再重述了。

文章第九

9.1 夫文章者，原出五经：诏命策檄，生于《书》者也；序述论议，生于《易》者也；歌咏赋颂，生于《诗》者也；祭祀哀诔，生于《礼》者也；书奏箴铭，生于《春秋》者也。朝廷宪章，军旅誓诰，敷显仁义，发明功德，牧民建国，施用多途。至于陶冶性灵，从容讽谏，入其滋味，亦乐事也。行有余力，则可习之。

【注释】

（1）**夫文章者，原出五经**：文章出于五经之说，早于颜之推（531—约597）的刘勰（约465—约521）已经提出。见《文心雕龙·宗经》，"故论说辞序，则《易》统其首；诏策章奏，则《书》发其源；赋颂歌赞，则《诗》立其本；铭诔箴祝，则《礼》总其端；纪传盟檄，则《春秋》为根。"

（2）**诏命策檄，生于《书》者也**："诏命策檄"，古代的四种文体。诏、命指帝王文告，策用于封官授爵，檄多用于声讨或征伐。参见《文心雕龙·诏策》。

（3）**序述论议，生于《易》者也**："序述论议"，四种古代文体，今天还在用。参见《文心雕龙·论说》《文心雕龙·颂赞》。

（4）**歌咏赋颂，生于《诗》者也**："歌咏赋颂"，四种古代押韵的文体，歌、咏是诗，赋、颂是文。参见《文心雕龙·宗经》《文心雕龙·明诗》。

（5）**祭祀哀诔，生于《礼》者也**："祭祀哀诔"，古代哀祭类文体名。祭，祭文。祀，郊庙祭祀乐歌。哀，哀辞，用于哀悼死者，追述其生平。诔，亦为哀悼死者之文。参见《文心雕龙·哀吊》《文心雕龙·诔碑》。

（6）书奏箴铭，生于《春秋》者也："书奏"，古时臣下向朝廷所上的书简、奏章等。铭、箴，文体名。铭用于赞颂或警戒；箴用于规诫。参见《文心雕龙·书记》《文心雕龙·奏启》《文心雕龙·铭箴》。

（7）朝廷宪章，军旅誓诰，敷显仁义，发明功德，牧民建国，施用多途："宪章"，记录典章制度的官方文书。"誓"，誓言、誓约。"诰"，古代以上训下的号令式文章。"敷显"，宣扬、阐发。"发明"，宣扬、表明，不是今天白话文"发明"的意思。"牧民"，治理百姓。"施用多途"，用在各个方面，有多种用途。

（8）至于陶冶性灵，从容讽谏，入其滋味，亦乐事也："陶冶性灵"，修养情感心灵，陶是制瓦，冶是炼铁，陶冶比喻反复修养。"从容讽谏"，在适当的时候，用适当的方式和语言进行规劝。"入其滋味"，在陶冶和讽谏之中，体会其奥妙。

（9）行有余力，则可习之："行有余力"，在实践德行之外尚有余力，语本《论语·学而》："行有余力，则以学文。"

【译文】

后世的文章，都是从五经发源的。诏命策檄，发源于《尚书》，序述论议，发源于《周易》，歌咏赋颂，发源于《诗经》，祭祀哀诔，发源于《礼经》，书奏箴铭，发源于《春秋》。朝廷的宪章，军队的誓诰，发扬仁义，表明功德，治理民众，建设国家，用途非常广泛。我们个人也可以用它们来陶冶性情，发抒感慨，或婉言规劝，互相鼓励，在其中体会它的深长趣味，也是一件非常快乐的事情。所以在实践德行之外尚有余力，不妨用来学习文章。

9.2 然而自古文人，多陷轻薄：屈原露才扬己，显暴君过；宋玉体貌容冶，见遇俳优；东方曼倩，滑稽不雅；司马长卿，窃赀无操；王褒过章《僮约》；扬雄德败《美新》；李陵降辱夷虏；刘歆反复莽世；傅毅党附权门；班固盗窃父史；赵元叔抗竦过度；冯敬通浮华摈压；马季长佞媚获诮；蔡伯喈同恶受诛；吴质诋忤乡里；曹植悖慢犯法；杜笃乞假无厌；路粹隘狭已甚；陈琳实号粗疏；繁钦性无检格；刘桢屈强输作；王粲率躁见嫌；孔融、祢衡，诞傲致殒；杨修、丁廙，扇动取毙；阮籍无礼败俗；嵇康凌物凶终；傅玄忿斗免官；孙楚矜夸凌上；陆机犯顺履险；潘岳干没取危；颜延年负气摧黜；谢灵运空疏乱纪；王元长凶贼自诒；谢玄晖侮慢见及。凡此诸人，皆其翘秀者，不能悉纪，大较如此。

至于帝王,亦或未免。自昔天子而有才华者,唯汉武、魏太祖、文帝、明帝、宋孝武帝,皆负世议,非懿德之君也。自子游、子夏、荀况、孟轲、枚乘、贾谊、苏武、张衡、左思之俦,有盛名而免过患者,时复闻之,但其损败居多耳。

【注释】

（1）**然而自古文人，多陷轻薄：屈原露才扬己，显暴君过**：屈原，战国时楚国人，中国最早的诗人，《离骚》是其代表作。"露才扬己，显暴君过"，意思是显露自己的才华，表彰自己的功劳，而批评暴露君王的过错。这个评价对屈原是不公正的，前人多已指出，但也有人为颜之推辩护，说这个评价来自于班固《离骚序》："今若屈原，露才扬己，竞乎危国群小之间，以离谗贼。然责数怀王，怨恶椒、兰，愁神苦思，强非其人，忿怼不容，沉江而死，亦贬絜狂狷景行之士。"但是，颜之推既然引用此语，说明他自己也有这种看法，这多少代表了他思想中的保守倾向。

（2）**宋玉体貌容冶，见遇俳优**：宋玉，战国时楚国文学家，稍晚于屈原，代表作是《九辩》。"体貌容冶，见遇俳优"，是说宋玉长得很好，被楚王当俳优看待。"见"，被。"俳优"，优伶，唱歌跳舞以娱乐别人者。按：这个评价也不公正，君王对文人缺乏应有的尊重，是普遍现象，这不是文人的错。

（3）**东方曼倩，滑稽不雅**：东方曼倩，即东方朔，字曼倩，西汉文学家，平原厌次（今山东惠民）人，汉武帝时，官太中大夫，为人博识多闻，诙谐机智，《史记》《汉书》有传。

（4）**司马长卿，窃赀无操**：司马长卿，即司马相如，西汉文学家，《史记》有传，参见前（6.5）注。"窃赀（zī）无操"，窃人钱财，没有操守，"赀"，财产。司马相如曾投靠成都巨富卓王孙，卓王孙的女儿卓文君与司马相如相恋而私奔，卓王孙只好承认他们的婚姻，并把家产分一部分给他们。"窃赀无操"就指这件事，这个评价显然也不大公允。

（5）**王褒过章《僮约》**：王褒，字子渊，西汉文学家，蜀资中（今属四川）人，宣帝时为谏议大夫，以善辞赋闻名。"过章《僮约》"，过错彰显于《僮约》之中，"过"，过错，"章"，显露，"章"字后面省略了介词"于"。《僮约》是他的一篇文章，其中说自己曾到寡妇杨惠家去过，这在封建社会里被视为非礼之举，故颜氏有此一说。

（6）**扬雄德败《美新》**：扬雄，西汉文学家、思想家。已见前（8.30）注。"德败《美新》"，失德于《美新》，"败"，损毁，"败"字后面也省略了介词"于"。《美新》，《剧秦美新》的省称，《剧秦美新》是扬雄的一篇文章，文中否定秦朝而赞颂王莽的新朝。"剧"，批判。"美"，赞扬。王莽被后世认为是篡汉，因而扬雄写这篇文章也被看成失德之举。

（7）**李陵降辱夷虏**：李陵，字少卿，西汉大将，陇西成纪（今甘肃秦安）人，率军出击匈奴，因援军不至，而被俘投降，事见《史记》。李陵有《答苏武书》和致苏武的诗传世，但后世有学者认为这封信和诗可能是后人伪作。

（8）**刘歆反复莽世**：刘歆，字子骏，西汉著名学者，沛（今江苏沛县）人，与其父刘向均有大名，是古文经学的开创者。刘歆开始支持王莽，后来又谋诛王莽，不成，自杀。"反复莽世"，即指此事，"反复"后面也省略了介词"于"。事见《汉书·楚元王传》。

（9）**傅毅党附权门**：傅毅，字武仲，东汉时文学家，扶风茂陵（今陕西兴平东北）人。章帝时为兰台令史，与班固等人同校内府藏书，曾依附外戚大将军窦宪为司马。传见《后汉书·文苑传》。

（10）**班固盗窃父史**：班固，东汉文学家、史学家。因继续其父《史记后传》的写作，被人告发为私改国史，下狱。赖其弟班超上书力辩获释。后奉诏完成其父所著，历二十余年，书未成而卒，由其妹班昭及马续奉汉和帝之命续完，是为《汉书》。子承父业，子续父书，这是当时修史的习惯，本无可厚非，但后世有一些人不习惯这种做法，故有"盗窃父史"之说。后来许多学者都曾为班固辩诬，认为"盗窃父史"之说是不成立的。

（11）**赵元叔抗竦过度**：赵元叔，即赵壹，元叔是字，东汉文学家，已见前（6.30）注。"抗竦"，高傲。

（12）**冯敬通浮华摈压**：意为冯敬通因浮华而被摈压。冯敬通，即冯衍，敬通是字，东汉文学家，京兆杜陵（今陕西西安）人。时人以他"文过其实"，不予重用。"摈压"，打压。

（13）**马季长佞媚获诮**：此句结构与上句同。马季长，即马融，季长是字，东汉著名经学家、文学家，右扶风茂陵（今陕西兴平东北）人，因讨好外戚梁冀，受到当时正直者的批评。"佞媚"，以花言巧语去讨好。

（14）**蔡伯喈同恶受诛**：蔡伯喈，即蔡邕，伯喈是字，汉末大文学家、书法家，已见前（6.5）注。曾为董卓所提拔，董卓为王允所诛时，蔡邕叹气，被王允治罪，死于狱中。事见《后汉书·蔡邕传》。

（15）吴质诋忤乡里：吴质，字季重，三国魏文学家，济阴（郡治今山东定陶西北）人。建安中以文才知遇于曹丕，入魏，官拜振威将军，假节都督河北诸军事，入为侍中，封列侯。见《三国志·魏书·王粲传》附，裴松之注云："始质为单家，少游遨贵戚间，盖不与乡里相沉浮，故虽已出官，本国犹不与之士名。"又注引《质别传》云："质先以怙威肆行，谥曰丑侯。质子应仍上书论枉，至正元中，乃改谥威侯。"此云"诋忤乡里"，当指其怙威肆行，为乡人所不满。

（16）曹植悖慢犯法：曹植，本封陈王，因醉酒悖慢被贬为安乡侯。事见《三国志·魏书·陈思王植传》。

（17）杜笃乞假无厌：杜笃，字季雅，东汉文学家，京兆杜陵（今陕西西安东南）人。博学而不修小节，不为乡人所礼。和当地县令往来，多次以私事请托，未能如愿，转为相恨。后为县令押送京师。事见《后汉书·文苑传》。

（18）路粹隘狭已甚：路粹，字少蔚，三国魏文学家，陈留（今河南开封祥符区东南陈留镇）人。少就学于蔡邕，后入仕。建安中，孔融有过，曹操使之条奏。时人见其所作，无不嘉其才而畏其笔。事见《三国志·魏书·王粲传》注。"隘狭"，气量狭小。

（19）陈琳实号粗疏：陈琳，字孔璋，东汉末文学家，广陵（今江苏扬州）人。初从袁绍，后归于曹操，为司空军谋祭酒，所草书檄甚多。为"建安七子"之一。《三国志·魏书》有传。"实号"，号称、被称为，"实"是语助词，无义。"粗疏"，粗率疏急。

（20）繁钦性无检格：繁（pó）钦，字休伯，东汉末文学家，颍川（今河南禹州市）人。《三国志·魏书·王粲传》注引《典略》："（韦）仲将云：'仲宣（王粲）伤于肥戆（zhuàng），休伯（繁钦）都无格检，元瑜（阮瑀）病于体弱，孔璋（陈琳）实自粗疏……'""检格"，法式。

（21）刘桢屈强输作：刘桢因为倔强而被罚作苦役。刘桢，东汉末文学家，已见前（8.19）注。《三国志·魏书·王粲传》注引《典略》：曹丕"命夫人甄氏出拜。坐中众人咸伏，而桢独平视。太祖闻之，乃收桢，减死输作"。此事又见于《世说新语·言语》注引《文士传》。"屈强"，即倔强。"输作"，罚作苦役。

（22）王粲率躁见嫌：王粲，东汉末文学家。已见前（8.19）注。《三国志·魏书·杜袭传》："王粲性躁竞。""率"，轻率。"躁"，急躁少静。

（23）**孔融、祢衡，诞傲致殒**：孔融，字文举，东汉末文学家，鲁国（今山东曲阜）人，"建安七子"之一。曾任北海相，时称孔北海。为人恃才负气，因言辞偏激，得罪曹操而被杀，事见《后汉书·郑孔荀列传》。祢衡，字正平，东汉末文学家，平原般（今山东乐陵西南）人。少有才辩，长于笔札，因性格傲慢，触怒黄祖而被杀。事见《后汉书·文苑列传》。

（24）**杨修、丁廙，扇动取毙**：杨修，字德祖，东汉末文学家，弘农华阴（今属陕西华阴东南）人。好学能文，才思敏捷，曾任丞相曹操主簿。积极为曹植谋画，欲使曹植取得太子地位。后曹植失宠于曹操，曹操因杨修有智谋，又是袁术之甥，虑有后患，遂借故杀之。事见《后汉书·杨震列传》。"丁廙"，字敬礼，三国时魏文学家，丁仪之弟，沛（今江苏沛县）人。博学洽闻，与曹植友善，曾力劝曹操立曹植为嗣。及曹丕即位，被杀。事见《三国志·魏书·陈思王植传》。"扇动"，指煽动曹植争做太子一事。

（25）**阮籍无礼败俗**：阮籍，已见前（8.12）注。三国魏文学家，竹林七贤之一，与嵇康等人崇尚自然，批判当时以司马氏为代表的儒家名教，公开倡言："礼岂为我辈设也？"为人至孝，而母死饮酒食肉，客去后，号啕呕吐，吐血数升。

（26）**嵇康凌物凶终**：嵇康，已见前（8.12）注。三国魏文学家，竹林七贤的领袖，自称"非汤、武而薄周、孔"。司马氏的爪牙钟会去看他，他鄙不为礼，钟会便在司马昭面前进谗构陷，结果被杀。

（27）**傅玄忿斗免官**：傅玄，字休奕，西晋时文学家，北地泥阳（今陕西铜川市耀州区东南）人。《晋书·傅玄传》："帝初即位，广纳直言，开不讳之路，玄与散骑常侍皇甫陶共掌谏职。……初，玄进皇甫陶，及入而抵，玄以事与陶争，言喧哗，为有司所奏，二人竟坐免官。""忿斗"，这里指争吵，"忿"同"愤"。

（28）**孙楚矜夸凌上**：孙楚，字子荆，西晋文学家，太原中都（今属山西平遥西南）人。《晋书·孙楚传》："楚才藻卓绝，爽迈不群，多所陵傲。……后迁佐著作郎，复参石苞骠骑将军事。楚既负其材气，颇侮易于苞，初至，长揖曰：'天子命我参卿军事。'因此而嫌隙遂构。"

（29）**陆机犯顺履险**：陆机，已见前（6.17）注。在西晋八王之乱中，陆机依附赵王司马伦。"犯顺"，通常指叛乱，这里指陆机帮助司马伦篡位。"履险"，干危险的事情。

（30）**潘岳干没取危**："潘岳"，已见前（8.18）注。性轻躁，趋世利，其母教训他："尔当知足，而干没不已乎？"不听，最终为赵王伦所杀。事见《晋书·潘岳传》。"干没"，徼幸取利。

（31）**颜延年负气摧黜**：颜延年，即颜延之，南朝宋文学家，字延年，琅邪临沂（今属山东）人。长于诗文，与谢灵运齐名，世称"颜谢"。《南史·颜延之传》谓其读书无所不览，文章冠绝当时，而疏诞不能取容当世，为刘义康、刘湛等所忌恨，出为永嘉太守。延年怨愤，作《五君咏》，义康又以其词旨不逊，欲黜为远郡，"文帝与义康诏曰：'宜令思愆里间，犹复不悛，当驱往东土，乃至难恕者，自可随事录之。'于是延之屏居不与人间事者七年。"事见《宋书》与《南史》。

（32）**谢灵运空疏乱纪**：谢灵运，南朝宋文学家，陈郡阳夏（今河南太康）人，为淝水之战功臣谢玄之孙。晋时袭封康乐公，故世称为谢康乐。少好学，长于文章诗赋，性急躁冒进，不遵礼度，宋文帝时以谋反罪被杀。

（33）**王元长凶贼自诒**：王元长，即王融，南朝齐文学家，字元长，琅邪临沂人。才思敏捷，与竟陵王萧子良友善，为"西邸八友"之一。武帝临死前，王融欲矫诏立萧子良为帝。及郁林王继位，下狱赐死，事见《南齐书·列传第二十八》。"凶贼自诒"，"凶贼"，指他帮助萧子良篡位，"自诒"，自己替自己留下祸患，"诒"通"遗"，遗祸。

（34）**谢玄晖侮慢见及**：谢玄晖，即谢朓，已见前（8.19）注。因轻视朝中当权者江祏的为人，颇有嘲弄。后为江祏陷害，死于狱中。事见《南齐书·王融列传》。"见及"，被波及。

（35）**凡此诸人，皆其翘秀者，不能悉纪，大较如此**："翘秀"翘楚秀出，高出于众人。

（36）**至于帝王，亦或未免**：甚至于帝王也有的不能免除（这种祸害）。

（37）**自昔天子而有才华者，唯汉武、魏太祖、文帝、明帝、宋孝武帝，皆负世议，非懿德之君也**：汉武，指汉武帝刘彻。魏太祖，指曹操。文帝，指魏文帝曹丕。明帝，指魏明帝曹睿。宋孝武帝，指南朝宋孝武帝刘骏。"皆负世议"，都被世人所非议，"负"，背负。"懿德"，美德。

（38）**自子游、子夏、荀况、孟轲、枚乘、贾谊、苏武、张衡、左思之俦，有盛名而免过患者，时复闻之，但其损败居多耳**：子游，姓言名偃，字子游，孔子弟子，以文学见长。子夏，姓卜名商，字子夏，孔子弟子，亦以文学见称。荀况，即荀子。已见前（8.9）注。孟轲，即孟子，战国时思想家、教育家，名轲，字子舆，邹（今山东邹城）人，《史记》有传。枚乘，字叔，西汉文学家，淮阴（今江苏淮安淮阴区西南）人，有《七发》等作品传世，《汉书》有传。贾谊，西汉文学家、政治家，时称贾生，洛阳（今河南洛阳东）人，有《过秦论》《陈政事疏》等作品传世，《汉书》有传。苏武，字子卿，西汉杜陵（今陕西西安东南）人，武帝时，奉命出使匈奴，被扣，坚持十九年不屈，《文选》收有其五言诗四篇，但后人认为这些诗是假托之作，《汉书》有传。张衡，字平子，东汉文学家、科学家，南阳西鄂（今河南南阳北）人，有《二京赋》《归田赋》等作品传世，《后汉书》有传。左思，字太冲，西晋文学家，齐国临淄（今山东淄博）人，有《三都赋》等作品传世，《晋书·文苑传》有传。"俦"，同一类人物。

【译文】

但是从古以来，文人多半陷于轻薄。例如，屈原显露才华，表彰自己，公开暴露君王的过错；宋玉外貌漂亮，以至于被君王当作戏子优伶对待；东方朔为人滑稽，不庄重；司马相如没有操守，设计勒取岳父的钱财；王褒的过错彰显在《僮约》之中；扬雄的德行败坏于《剧秦美新》一文；李陵投降匈奴，做了胡人的俘虏；刘歆在王莽篡位期间反反复复；傅毅与权贵结党；班固剽窃父亲的史书；赵壹过于骄傲；冯衍华而不实，遭到别人排斥；马融花言巧语讨好权贵，招致讥笑；蔡邕同情董卓被杀；吴质仗势横行，触怒乡里；曹植傲慢犯法；杜笃求索无厌；路粹个性狭隘；陈琳为人粗疏；繁钦不够自律；刘桢性格倔强，被罚作苦役；王粲轻率急躁，被人厌恶；孔融、祢衡因为狂妄骄傲而被杀；杨修、丁廙煽动生事而丧生；阮籍不守礼法，败坏风俗；嵇康恃才傲物，不得善终；傅玄负气争吵，被免官职；孙楚傲慢自负，冒犯上司；陆机参与叛乱，走上险途；潘岳徼幸求利，自取危亡；颜延之意气用事，因而被贬；谢灵运行为放荡，扰乱法纪；王融凶逆作乱，害了自己；谢朓对人侮慢，受到牵连。以上这些人，都是文人中的翘楚，我也不能全记得，大体上是这样。乃至于帝王，也有不能免掉这些毛病。从古以来，天子中有才华的，只有汉武帝、魏太祖、魏文帝、魏明帝、宋孝武帝等人，世人对他们都有批评，不能算是美德之君。至于像子游、子夏、荀况、孟轲、枚乘、贾谊、苏武、张衡、左思等人，名气很大而没有过患的，也时有所闻，但整体说来，有过错不能善终的还是居多。

9.3　每尝思之，原其所积，文章之体，标举兴会，发引性灵，使人矜伐，故忽于持操，果于进取。今世文士，此患弥切，一事惬当，一句清巧，神厉九霄，志凌千载，自吟自赏，不觉更有傍人。加以砂砾所伤，惨于矛戟，讽刺之祸，速乎风尘，深宜防虑，以保元吉。

【注释】

（1）**每尝思之，原其所积**："原其所积"，追溯这是如何逐渐形成的，"原"，追原、追溯，"所积"，积累的状况、积累的过程。

（2）**文章之体，标举兴会，发引性灵，使人矜伐，故忽于持操，果于进取**："兴会"，兴之所会，一时灵感和心情的交汇。"性灵"，性气情感。"矜伐"，夸耀、骄傲。"持操"，保持操守、自律。"果于"，勇于、敢于。

（3）**今世文士，此患弥切，一事惬当，一句清巧，神厉九霄，志凌千载，自吟自赏，不觉更有傍人**："一事惬当"，一个典故用得贴切，心里很满意。

（4）**加以砂砾所伤，惨于矛戟，讽刺之祸，速乎风尘，深宜防虑，以保元吉**："砂砾"，沙子和石头，这里比喻旁人的批评、诽谤。"速乎"，速于，"乎"同"于"。"元吉"，大吉，这里指家庭和个人的平安无事。

【译文】

　　我常常思考这个问题，推原造成这种情况的由来，文学的本质就在于表达心灵的感受，发抒个人的气质、性情，很容易使人骄傲而夸大，因此每每忽视自律而勇于进取。今天的文士们，这种毛病更加突出，一个典故用得贴切，一句话写得巧妙，就飘飘然，好像神飞到了九霄之外，志气笼盖千载之下，自己一边吟咏一边欣赏，简直不觉得还有别人。加上批评、诽谤，往往比矛戟还更伤人，讽刺带来的灾祸，比风尘还要快速。你们一定要牢记防范，以保护自己和家人的平安无事。

　　9.4　学问有利钝，文章有巧拙。钝学累功，不妨精熟；拙文研思，终归蚩鄙。但成学士，自足为人。必乏天才，勿强操笔。吾见世人，至无才思，自谓清华，流布丑拙，亦以众矣，江南号为诊痴符。近在并州，有一士族，好为可笑诗赋，诋擎邢、魏诸公，众共嘲弄，虚相赞说，便击牛酾酒，招延声誉。其妻，明鉴妇人也，泣而谏之。此人叹曰："才华不为妻子所容，何况行路！"至死不觉。自见之谓明，此诚难也。

【注释】

（1）**学问有利钝，文章有巧拙**："利钝"，敏捷和迟钝。"巧拙"，灵巧和笨拙。

（2）**钝学累功，不妨精熟；拙文研思，终归蚩鄙**："累功"，积累功夫，不断用功。"不妨"，可以。

（3）**但成学士，自足为人。必乏天才，勿强操笔**："自足"，就足以，"自"是语气助词。"必乏天才"，如果确定没有天才。"勿强操笔"，不要勉强作文。

（4）**吾见世人，至无才思，自谓清华，流布丑拙，亦以众矣，江南号为呓痴符**："至无"，甚无。"亦以"，"以"，语气助词。"呓痴符"，当时的俗语，大约相当于今人说的"耍活宝"。详细注解和引证请参看王利器《颜氏家训集解》。

（5）**近在并州，有一士族，好为可笑诗赋，诮挈邢、魏诸公，众共嘲弄，虚相赞说，便击牛酾酒，招延声誉**："诮（tiǎo）挈（piē）"，戏弄、调皮，这里作形容词用。"酾（shāi）酒"，斟酒。

（6）**其妻，明鉴妇人也，泣而谏之。此人叹曰："才华不为妻子所容，何况行路！"至死不觉**："行路"，行路之人，路人。

（7）**自见之谓明，此诚难也**：语本《韩非子·喻老》："故知之难，不在见人，在自见。故曰：'自见之谓明'。"

【译文】

做学问有敏捷和迟钝之分，写文章有灵巧和拙劣之分。做学问迟钝的人只要肯不断努力，还是可以把学问做到精确熟练的地步，但文采拙劣的人，无论怎样努力思考，也只能写出鄙俗的文章。一个人只要能成为一个有学之士，也就可以立足于世了。如果天生没有文才，就不要勉强去写文章。我看到世上有些人，非常缺乏才思，还自以为文字清华，把自己写的拙劣文章到处传播，这样的人也太多了，江南把这种人叫"耍活宝"。近来在并州，有一名士族，喜欢写一些可笑的诗赋，调皮的邢子才、魏收几位，一起嘲弄他，假意称赞他的文章，他就宰牛备酒宴请大家，借此传扬自己的声名。他的妻子是个明白人，哭着劝他别这样干。他叹气说："我的才华连老婆儿子都不赞赏，何况其他的人呢？"此人至死都不醒悟（《韩非子》说）。自己了解自己才叫明，这确实不容易做到啊。

9.5　学为文章，先谋亲友，得其评裁，知可施行，然后出手；慎勿师心自任，取笑旁人也。自古执笔为文者，何可胜言。然至于宏丽精华，不过数十篇耳。但使不失体裁，辞意可观，便称才士；要须动俗盖世，亦俟河之清乎！

【注释】

（1）**学为文章，先谋亲友，得其评裁，知可施行，然后出手**："谋亲友"，谋于亲友，"于"省略了。"谋"，商量。

（2）**慎勿师心自任，取笑旁人也**："慎勿"，切勿、千万不要。"师心自任"，即自以为是的意思，"师心"，以自己的心为师，"自任"，任由自己的意思。

（3）**自古执笔为文者，何可胜言。然至于宏丽精华，不过数十篇耳**："何可胜言"，哪里可以说得完。

（4）**但使不失体裁，辞意可观，便称才士；要须动俗盖世，亦俟河之清乎**："不失体裁"，没有内容跟体裁不合的问题。"动俗"，惊动世俗。"俟河之清"，等黄河变清，比喻非常困难，"俟"，等待，语本《左传·襄公八年》："《周诗》有之曰：'俟河之清，人寿几何？'"古文中"河"字单独用的时候多指黄河，"江"则指长江。

【译文】

学写文章，要先跟亲戚朋友商量，得到他们的批评指点，知道这篇文章可以在世间流行，然后才把它拿出来。千万不要自以为是，被别人取笑。从古以来，执笔写文章的人，多得数不清。然而气势宏伟、华丽而精美的文章，也就不过几十篇罢了。只要写出来的文章体裁不出问题，辞意尚可一观，也就可算有才之士了。如果一定要写出惊动世俗、压倒一代的文章，那也许要等到黄河变清吧。

9.6 不屈二姓，夷、齐之节也；何事非君，伊、箕之义也。自春秋已来，家有奔亡，国有吞灭，君臣固无常分矣；然而君子之交绝无恶声，一旦屈膝而事人，岂以存亡而改虑？陈孔璋居袁裁书，则呼操为豺狼；在魏制檄，则目绍为蛇虺。在时君所命，不得自专，然亦文人之巨患也，当务从容消息之。

【注释】

（1）**不屈二姓，夷、齐之节也；何事非君，伊、箕之义也**："夷、齐"，即伯夷、叔齐。他们为商末孤竹君之二子，周武王灭商后，他们耻食周粟，逃到首阳山，饿死于山中。事见《孟子·万章下》及《史记·伯夷列传》。"伊、箕"，即伊尹、箕子。伊尹，商朝大臣，名挚。曾佐汤伐夏桀，《史记·殷本纪》说，他在灭夏之前，曾"去汤适夏，既丑有夏，复归于亳"，可见他曾一度事过夏桀。《孟子·公孙丑上》："何事非君，何使非民；治亦进，乱亦进，伊尹也。"赵岐注："伊尹曰：'事非其君者，何伤也，使非其民者，何伤也，要欲为天理物，冀得行道而已矣。'"箕子，商纣王的叔父，一说庶兄。《史记·宋微子世家》："纣为淫佚，箕子谏，不听，人或曰：'可以去矣。'箕子曰：'为人臣谏不听而去，是彰君之恶，而自说于民，吾不忍为也。'乃被发详狂而为奴。""不屈二姓"，即不仕二朝。"何事非君"，侍奉谁都是君王，即与前面"不屈二姓"相反。

（2）**自春秋已来，家有奔亡，国有吞灭，君臣固无常分矣**："家""国"，上古时代的家、国跟后世说的家、国意义不大一样，"国"指诸侯的领地，"家"指士大夫的家族及其属地。"常分"，固定的名分。

（3）**然而君子之交绝无恶声，一旦屈膝而事人，岂以存亡而改虑**："君子之交绝无恶声"，君子之间即使断交，也不讲难听的话。"改虑"，改变自己的看法。

（4）**陈孔璋居袁裁书，则呼操为豺狼；在魏制檄，则目绍为蛇虺**："陈孔璋"，即陈琳，孔璋是字，初从袁绍，后归曹操。参前（9.2）注。王利器《集解》引赵曦明曰："《魏书·袁绍传》裴注引《魏氏春秋》：'陈琳《为袁绍檄豫州郡文》云：操豺狼野心，潜包祸谋，乃欲挠折（按：原文作摧挠）栋梁，孤弱汉室。'""檄"，檄文，战书，已见前（9.1）注。"虺"，两头蛇，"蛇虺"，喻凶残狠毒之人。

（5）**在时君所命，不得自专，然亦文人之巨患也，当务从容消息之**："自专"，自己作主。"巨患"，大祸，这里指大毛病。"消息"，增减斟酌，"消"，减少；"息"，增加。"消息"在这里是偏义复词，意义重点在"消"不在"息"。

【译文】

不屈身于另一个王朝，这是伯夷、叔齐的节操；对任何一个帝王都可以侍奉，（只要能"为天理物，冀得行道"）这是伊尹、箕子的原则。自从春秋以来，士大夫家族奔窜散亡，诸侯国被吞被灭，国君和臣子之间已经没有固定的名分了。但是君子之间即使绝交，也不说难听的话，一旦屈身侍奉别的君王，怎么能因为故主的存亡而改变初衷呢？陈琳在袁绍手下的时候，写文章骂曹操作豺狼，到了曹操手下，就把袁绍称为蛇虺。虽说这是遵奉当时君主的命令，无法自己做主，但也是文人的大毛病，下笔时还是应当设法斟酌，能避免则避免。

9.7 或问扬雄曰："吾子少而好赋？"雄曰："然。童子雕虫篆刻，壮夫不为也。"余窃非之曰：虞舜歌《南风》之诗，周公作《鸱鸮》之咏，吉甫、史克《雅》《颂》之美者，未闻皆在幼年累德也。孔子曰："不学《诗》，无以言。""自卫返鲁，乐正，雅、颂各得其所。"大明孝道，引《诗》证之。扬雄安敢忽之也？若论"诗人之赋丽以则，辞人之赋丽以淫"，但知变之而已，又未知雄自为壮夫何如也？著《剧秦美新》，妄投于阁，周章怖慑，不达天命，童子之为耳。桓谭以胜老子，葛洪以方仲尼，使人叹息。此人直以晓算术，解阴阳，故著《太玄经》，数子为所惑耳；其遗言余行，孙卿、屈原之不及，安敢望大圣之清尘？且《太玄》今竟何用乎？不啻覆酱瓿而已。

【注释】

（1）**或问扬雄曰："吾子少而好赋？"雄曰："然。童子雕虫篆刻，壮夫不为也。"**："扬雄"，西汉辞赋家，已见前（8.30，9.2）注。"雕虫篆刻"，"虫"指虫书，"刻"指刻符，都是古代的书体，这里用来比喻雕章琢句。

（2）**余窃非之曰：虞舜歌《南风》之诗，周公作《鸱鸮》之咏，吉甫、史克《雅》《颂》之美者，未闻皆在幼年累德也**："虞舜"，古代帝皇，五帝之一，《南风》相传是虞舜所作。"周公"，姓姬名旦，周文王之子，周武王之弟，《鸱鸮》，《诗经·豳风》篇名，相传是周公所作。"吉甫"，周宣王时大臣，已见前（4.1）注。"史克"，春秋时鲁国史官，《雅》《颂》中有几篇相传是尹吉甫和史克所作。

（3）**孔子曰："不学《诗》，无以言。""自卫返鲁，乐正，雅、颂各得其所。"大明孝道，引《诗》证之。扬雄安敢忽之也**："不学"句见《论语·季氏》，"自卫"句语出《论语·子罕》。"大明孝道，引《诗》证之"，这里讲的是《孝经》，孔子给曾子讲孝道，曾子记录下来，是为《孝经》，《孝经》共十八章，其中有十章的末尾孔子都引一句《诗》，加以印证。

（4）**若论"诗人之赋丽以则，辞人之赋丽以淫"，但知变之而已，又未知雄自为壮夫何如也**："诗人"二句见扬雄所注《法言·吾子》。"则"，有法度。"淫"，过度。"变"，通"辨"，分辨。

（5）**著《剧秦美新》，妄投于阁，周章怖慑，不达天命，童子之为耳**：《剧秦美新》，已见前（9.2）注。"妄投于阁"，《汉书·扬雄传》："王莽时，刘歆、甄丰皆为上公。莽既以符命自立，即位之后欲绝其原以神前事，而丰子寻、歆子棻复献之。莽诛丰父子，投棻四裔，辞所连及，便收不请。时雄校书天禄阁上，治狱使者来，欲收雄，雄恐不能自免，乃从阁上自投下，几死。莽闻之曰：'雄素不与事，何故在此？'间请问其故，乃刘棻尝从雄学作奇字，雄不知情。有诏勿问。然京师为之语曰：'惟寂寞，自投阁；爱清净，作符命。'""周章怖慴"，惊慌失措。

(6) 桓谭以胜老子，葛洪以方仲尼，使人叹息：桓谭，字君山，东汉经学家，沛国相（今安徽濉溪西北）人，著《新论》二十九篇。《汉书·扬雄传》："（桓谭曰）昔老聃著虚无之言两篇，薄仁义，非礼学，然后世好之者尚以为过于五经，自汉文景之君及司马迁皆有是言。今扬子之书文义至深，而论不诡于圣人，若使遭遇时君，更阅贤知，为所称善，则必度越诸子矣。"葛洪，字稚川，东晋炼丹家、道教理论家，自号抱朴子，句（gōu）容（今属江苏）人，著有《抱朴子》《神仙传》等。其《抱朴子外篇·尚博》说："又世俗率神贵古昔而默贱同时。虽有追风之骏，犹谓之不及造父之所御也……虽有益世之书，犹谓之不及前代之遗文也。是以仲尼不见重于当时，《太玄》见蚩薄于比肩也。"

(7) 此人直以晓算术，解阴阳，故著《太玄经》，数子为所惑耳；其遗言余行，孙卿、屈原之不及，安敢望大圣之清尘："阴阳"，指阴阳家之学。《太玄经》：亦称《扬子太玄经》，扬雄撰，十卷。体裁模拟《周易》，全篇以"玄"为中心思想，犹道家所言之"道"。自汉以后，先后有宋衷、陆绩、范望等作注。"大圣"，圣人，德高行美之人。"清尘"，《汉书·司马相如传下》："犯属车之清尘。"颜师古注："尘，谓行而起尘也。言清者，尊贵之意也。"

(8) 且《太玄》今竟何用乎？不啻覆酱瓿而已："不啻"，不止、无异于，亦作"不翅"。"覆酱瓿（bù）"，盖酱坛子，比喻无用、无价值。语本《汉书·扬雄传》："（刘歆）谓雄曰：'空自苦！今学者有禄利，然尚不能明《易》，又如《玄》何？吾恐后人用覆酱瓿也。'雄笑而不应。"

【译文】

有人问扬雄："你小时候喜欢作赋？"扬雄回答说："是的。小孩子喜欢一些雕虫小技，成熟的人是不会去干的。"我颇不同意这种说法。虞舜所作的《南风》之歌，周公所写的《鸱鸮》之诗，还有尹吉甫、史克所作的《雅》《颂》中的那些美好的诗章，没听说这些是他们小时候写的东西，而影响了他们的德行。

孔子说："不学《诗》，就不会擅长辞令。"又说："我从卫国回到鲁国，把《乐》做了一番整理，《雅》《颂》的乐章各自放到它们应该在的地方。"孔子彰明孝道，《孝经》大部分章节的结尾都引《诗》来印证。扬雄怎么敢轻视诗歌辞赋呢？至于他说"诗人的赋华丽而有法度，辞人的赋华丽就过度了"，这只是把诗人的赋和辞人的赋加以分别罢了，不知道扬雄成熟以后写的是哪一种呢？例如他写了《剧秦美新》，又从楼上跳下来，惊慌失措，不能通达天命，这才真像个小孩子做的事啊。桓谭认为扬雄超过老子，葛洪把扬雄跟孔子相提并论，这只能让人叹息。这个人不过是懂点算术和阴阳之学，因而写了本《太玄经》，那几个人就被他迷惑了。他说的话做的事，连荀子和屈原都赶不上，怎么敢望那些大圣人的项背呢？《太玄经》今天到底还有什么用？（真像刘歆说的）无异于盖酱瓿的纸而已。

9.8 齐世有席毗者，清干之士，官至行台尚书。嗤鄙文学，嘲刘逖云："君辈辞藻，譬若荣华，须臾之玩，非宏才也；岂比吾徒千丈松树，常有风霜，不可凋悴矣！"刘应之曰："既有寒木，又发春华，何如也？"席笑曰："可哉！"

【注释】

（1）**齐世有席毗者，清干之士，官至行台尚书**："席毗（pí）"，北齐大将，其事迹附见于《北史·尉迟迥传》及《隋书·于仲文传》。"行台尚书"，官名。

（2）**嗤鄙文学，嘲刘逖云**："嗤鄙"，瞧不起、讥笑。"刘逖（tì）"，字子长，北齐彭城（今江苏徐州）人，《北齐书·文苑》有传。

（3）**君辈辞藻，譬若荣华，须臾之玩，非宏才也；岂比吾徒千丈松树，常有风霜，不可凋悴矣**："荣华"，草木之花。"宏才"，栋梁之材，"才"通"材"。"吾徒"，我们、我辈。"凋悴"，凋零憔悴。

（4）**刘应之曰："既有寒木，又发春华，何如也？"席笑曰："可哉！"**："寒木"，这里指松柏，语本《论语·子罕》："岁寒，然后知松柏之后凋也。"

【译文】

北齐有一个人叫席毗的人，是位正派能干之士，官当到行台尚书。他有点瞧不起文学，有一次嘲笑刘逖说："你们这些人写的文章，就好像草木之花一样，只能够供人片刻玩赏，不是栋梁之材，怎么能比我们这些千丈松树，常常遇到风霜也不会凋零。"刘遂回答说:"既像松柏,又能开花,你看如何?"席毗笑着说:"那当然好啦。"

9.9 凡为文章,犹人乘骐骥,虽有逸气,当以衔勒制之,勿使流乱轨躅,放意填坑岸也。文章当以理致为心肾,气调为筋骨,事义为皮肤,华丽为冠冕。今世相承,趋末弃本,率多浮艳。辞与理竞,辞胜而理伏;事与才争,事繁而才损。放逸者流宕而忘归,穿凿者补缀而不足。时俗如此,安能独违?但务去泰去甚耳。必有盛才重誉,改革体裁者,实吾所希。

【注释】

(1) **凡为文章,犹人乘骐骥,虽有逸气,当以衔勒制之,勿使流乱轨躅,放意填坑岸也:**"骐骥",骏马。"逸气",俊迈之气、不凡之气,语出曹丕《与吴质书》:"公干有逸气,但未遒耳。""衔勒",马口铁,用来驾驭马匹。"轨躅(zhú)",轨迹。"放意",任意。
(2) **文章当以理致为心肾,气调为筋骨,事义为皮肤,华丽为冠冕:**"理致",义理意致,也就是我们今天讲的思想内容之意。"气调",气韵格调,略似我们今天讲的境界。"事义",引用典故,用典古人叫用事或隶事。"华丽",主要指辞藻。
(3) **今世相承,趋末弃本,率多浮艳:**"趋末弃本",在不重要的事情上竞争,而丢掉了重要的、根本的东西,"末"本义为树梢,"本"本义为树根。
(4) **辞与理竞,辞胜而理伏;事与才争,事繁而才损:**"理伏",义理被掩盖。
(5) **放逸者流宕而忘归,穿凿者补缀而不足:**"放逸者",下笔放肆的。"穿凿者",下笔拘谨的。
(6) **时俗如此,安能独违?但务去泰去甚耳:**"时俗",当下的风气、时髦的风尚。"去泰去甚",去掉过头的,"泰"和"甚"都是过头的意思,语本《老子》二十九章:"是以圣人去甚,去奢,去泰。"
(7) **必有盛才重誉,改革体裁者,实吾所希:**"盛才重誉",盛才重誉的人,即才能高、名誉高的人。

【译文】

但凡写文章,就像人骑骏马,虽然马有骏迈之气,但还是要用衔勒来控制它,不能放任它乱跑,跑出道外,而跌到沟壑里去。写文章应该以思想内容为心肾，气韵境界为骨骼，用典隶事为皮肤，华丽辞藻为冠冕。可是今天流行的往往弃本趋末，大多流为浮艳。辞藻跟义理相争，弄得辞藻优美了，而义理却被掩盖了；用典和才思相争，弄得典故很多，而才华却看不到了。下笔放肆的，往往忘掉了本旨，而下笔拘谨的，又像在补补贴贴。当下的风气如此，很难特立独行，但我们总要努力控制，不要让它走得太远。真要有一个才高名也高的人出来，改革文章的体制，那实在是我所盼望的。

9.10 古人之文，宏才逸气，体度风格，去今实远；但缉缀疏朴，未为密致耳。今世音律谐靡，章句偶对，讳避精详，贤于往昔多矣。宜以古之制裁为本，今之辞调为末，并须两存，不可偏弃也。

【注释】

（1）**古人之文，宏才逸气，体度风格，去今实远；但缉缀疏朴，未为密致耳**："缉缀"，缝接拼合，用来比喻文章的遣词造句。

（2）**今世音律谐靡，章句偶对，讳避精详，贤于往昔多矣**："谐靡"，和谐悦耳。"偶对"，对偶，魏晋骈文已经开始讲究对偶。"讳避"，避讳，即对长者、尊者、贵者不呼其名之类。

（3）**宜以古之制裁为本，今之辞调为末，并须两存，不可偏弃也**："制裁"，体裁、体例。"辞调"，辞藻音调，包括平仄，齐梁文人已经注意到平仄问题。

【译文】

古人的文章，有宏大的才气，飘逸的气魄，在体度和风格方面，高出今天的文章实在很多。但在遣词造句方面，还比较粗疏质朴，不够周密细致。如今的文章音律和谐悦耳，辞句骈偶对称，避讳精细详密，这些方面则比古人好多了。我们写文章，最好以古人的体制风格为本，而以今人的文辞音调为末，二者并存，不可偏废。

9.11 吾家世文章，甚为典正，不从流俗；梁孝元在蕃邸时，撰《西府新文》，讫无一篇见录者，亦以不偶于世，无郑、卫之音故也。有诗赋铭诔书表启疏二十卷，吾兄弟始在草土，并未得编次，便遭火荡尽，竟不传于世。衔酷茹恨，彻于心髓！操行见于《梁史·文士传》及孝元《怀旧志》。

【注释】

（1）**吾家世文章，甚为典正，不从流俗**："吾家世"，字面上是"我家世"，意思好像是"我家世世代代"，庄辉明、章义和《译注》译为"我先父"，从下文来看是对的，今从之。此处也许有脱文，推测原文是"吾家先世"或"吾先世"，待考。"典正"，典雅纯正。

（2）**梁孝元在蕃邸时，撰《西府新文》，讫无一篇见录者，亦以不偶于世，无郑、卫之音故也**："梁孝元"，南朝梁孝元帝萧绎。"在蕃邸时"，指梁元帝被封为湘东王还没有即位的时候。"蕃邸"，即藩邸，藩邸即王府，通常用来指皇帝即位前封为藩王时住的地方。"蕃""藩"通，是"屏藩"之意。《西府新文》，梁萧淑撰。西府，指江陵。此书大概是萧淑受萧绎所使，辑录各位臣僚的文章。当时颜之推之父颜协正担任镇西府谘议参军，而其文未被收录，故颜之推引以为恨。参看王利器《集解》本条注。"郑、卫之音"，春秋时期郑国和卫国的民间音乐，比较艳冶，跟正统雅乐差别很大，曾受到孔子的批评，说"郑声淫"，见《论语·卫灵公》。

（3）**有诗赋铭诔书表启疏二十卷，吾兄弟始在草土，并未得编次，便遭火荡尽，竟不传于世**："草土"，指居丧。按古礼，居丧者应睡在草上，用土块做枕头，故曰草土。

（4）**衔酷茹恨，彻于心髓**："衔酷"和"茹恨"都是含苦、含恨的意思，"衔"和"茹"都是含的意思，"酷"和"恨"都是痛苦的意思。

（5）**操行见于《梁史·文士传》及孝元《怀旧志》**：颜之推的父亲颜协传见《梁书·文学下》。王利器《集解》引刘盼遂曰："按此云《梁史》，盖谓陈领军大著作郎许亨所著之《梁史》五十三卷（见《隋书·经籍志》），颜不见姚思廉《梁史》也。"《怀旧志》，梁元帝撰，九卷，《隋书·经籍志》著录。

【译文】

我先父的文章，非常典雅纯正，不随流俗。梁元帝做湘东王时，曾辑录《西府新文》，先父的文章一篇都没有被收录，也正是因为不合乎当时的口味，没有浮华的靡靡之音。先父留有诗、赋、铭、诔、书、表、启、疏各种文体的文章共二十卷，我们兄弟当时在服丧期间，没有来得及编辑整理，就遭到火灾，烧得干干净净，终于没能流传于世。我心中哀恨，痛彻骨髓。先父的品德操守载在《梁史·文士传》和梁元帝的《怀旧志》中。

9.12 沈隐侯曰:"文章当从三易:易见事,一也;易识字,二也;易读诵,三也。"邢子才常曰:"沈侯文章,用事不使人觉,若胸臆语也。"深以此服之。祖孝徵亦尝谓吾曰:"沈诗云:'崖倾护石髓。'此岂似用事邪?"

【注释】

(1)沈隐侯曰:"文章当从三易:易见事,一也;易识字,二也;易读诵,三也。":"沈隐侯",即沈约,字休文,卒谥隐,故称"隐侯",南朝梁文学家,吴兴武康(今浙江德清)人,《梁书》有传。

(2)邢子才常曰:"沈侯文章,用事不使人觉,若胸臆语也。"深以此服之:"邢子才",即邢邵,子才是字,已见前(8.10)注。

(3)祖孝徵亦尝谓吾曰:"沈诗云:'崖倾护石髓。'此岂似用事邪?":"祖孝徵",即祖珽,孝徵是字,已见前(6.12)注。"石髓",即钟乳石。

【译文】

沈约说:"写文章应该遵守'三易'的原则:一是用典明白易懂,二是文字容易认识,三是文章易于读诵。"邢子才常说:"沈约的文章,用了典故却使人不觉得,好像是从他自己心里流出来的。"我很佩服他这一点。祖孝徵也曾经对我说:"沈约有一句诗'崖倾护石髓',这哪里像在用典故呢?"

9.13 邢子才、魏收俱有重名,时俗准的,以为师匠。邢赏服沈约而轻任昉,魏爱慕任昉而毁沈约,每于谈宴,辞色以之。邺下纷纭,各有朋党。祖孝徵尝谓吾曰:"任、沈之是非,乃邢、魏之优劣也。"

【注释】

(1)邢子才、魏收俱有重名,时俗准的,以为师匠:魏收,北齐文学家、史学家,已见前(8.11)注。"准的",标准。

(2)邢赏服沈约而轻任昉,魏爱慕任昉而毁沈约,每于谈宴,辞色以之:任昉(fǎng),字彦升,南朝梁文学家,乐安博昌(今山东寿光北)人,《梁书》有传。沈约诗好,任昉文章好,当时人称"任笔沈诗"。"辞色以之",表现在言辞和脸色上,这里的"以"是动词,有连及之意,"之"是代词,已经虚化为语气助词。

(3)邺下纷纭,各有朋党。祖孝徵尝谓吾曰:"任、沈之是非,乃邢、魏之优劣也。"":"各有朋党",在这里的意思是说支持邢子才意见的和支持魏收意见的各有一圈人。

【译文】

邢子才和魏收都有盛名,当时的人都把他们视为楷模,奉为宗师。邢子才佩服沈约而轻视任昉,魏收爱慕任昉而诋毁沈约,他们在饮宴交谈时,常为此争论得面红耳赤。邺下人也因此形成两个圈子。祖孝徵有一次对我说:"任、沈两个人的是非,其实正好反映了邢、魏两个人的优劣。"

9.14 《吴均集》有《破镜赋》。昔者,邑号朝歌,颜渊不舍;里名胜母,曾子敛襟:盖忌夫恶名之伤实也。破镜乃凶逆之兽,事见《汉书》,为文幸避此名也。比世往往见有和人诗者,题云敬同,《孝经》云:"资于事父以事君而敬同。"不可轻言也。梁世费旭诗云:"不知是耶非。"殷沄诗云:"飘飏云母舟。"简文曰:"旭既不识其父,沄又飘飏其母。"此虽悉古事,不可用也。世人或有文章引《诗》"伐鼓渊渊"者,《宋书》已有屡游之消;如此流比,幸须避之。北面事亲,别舅摛《渭阳》之咏;堂上养老,送兄赋桓山之悲,皆大失也。举此一隅,触涂宜慎。

【注释】

（1）**《吴均集》有《破镜赋》**：吴均,南朝梁文学家,字叔庠,吴兴故鄣（今浙江安吉）人。工于写景,尤以书札见长,时人或有效仿,号为"吴均体"。《梁书·文学传》有传。《隋书·经籍志》著录《吴均集》二十卷,今不传。

（2）**昔者,邑号朝歌,颜渊不舍；里名胜母,曾子敛襟：盖忌夫恶名之伤实也**："朝（zhāo）歌",地名,曾为殷都,在今河南。"不舍（shě）",不停留。"敛襟",整理衣襟,表示庄重之意。"忌夫恶名之伤实","夫",念第二声,指示代词,复指动词"忌"的宾语"恶名之伤实"。按："朝歌"的字面意义是清晨唱歌,颜渊大概认为早上不读书而唱歌是一种浪费时间的表现,所以不喜欢。又《汉书·邹阳传》有"里名胜母,曾子不入,邑号朝歌,墨子回车"之语,而墨子是"非乐"的,也嫌音乐是奢侈浪费的。"胜母"的字面意义是超过母亲,所以以孝子著称的曾子,不喜欢这个名字。

（3）**破镜乃凶逆之兽,事见《汉书》,为文幸避此名也**："破镜",恶兽名。《汉书·郊祀志上》：“古天子常以春解祠，祠黄帝用一枭、破镜”注：“孟康曰：枭，鸟名，食母。破镜，兽名，食父。黄帝欲绝其类，使百吏祠皆用之。”颜师古曰：“解祠者，谓祠祭以解罪求福。”

（4）比世往往见有和人诗者，题云敬同，《孝经》云：“资于事父以事君而敬同。”不可轻言也："和（hè）"，唱和。"资于事父以事君，而敬同"，见《孝经·士章》，意思是：以奉事父母的方式来奉事君王，取同样尊敬的态度。

（5）梁世费旭诗云："不知是耶非。"殷沄诗云："飘飖云母舟。"简文曰："旭既不识其父，沄又飘飖其母。"：费旭，江夏（治今湖北武昌）人。殷沄，字灌蔬，陈郡长平（今河南西华东北）人，《梁书》有传。按："不知是耶非"本意是"不晓得是与不是"，但南北朝时民间称父亲为"耶（爷）"，如《木兰诗》"卷卷有耶名"，所以这句诗也可以解成"不知是父亲不是"；"飘飖云母舟"本意是"云母之舟飘飘摇摇"，但字面上也可以解成"飘飘摇摇的是母亲的船"。简文帝就是用这种字面上可能产生的歧义来嘲笑费旭和殷沄。

（6）此虽悉古事，不可用也："悉"，都是。

（7）世人或有文章引《诗》"伐鼓渊渊"者，《宋书》已有屡游之诮；如此流比，幸须避之："伐鼓渊渊"，是《诗经·小雅·采芑（qǐ）》中的一句。"屡游"，语出《金楼子·杂记上》："宋玉戏太宰'屡游'之谈，后人因此流迁反语至相习。"意为"流连"的反语是"屡游"。翼明按：这里牵涉到南朝时文人之间的一种文字游戏。当时声韵学刚刚兴起，学者发明了一种反切法给一个字注音，即取两个字，用上一个字的声母、下一个字的韵母合成一个音，这个办法叫作"反切"，简称"反"或"切"，如"涵"可用"胡"字的声母加"男"字的韵母拼成，那么"涵"就可以用"胡男"二字来注音，叫"胡男反"或"胡男切"。在现代注音及罗马拼音发明之前，这个方法一直是中国传统的注音法。此法兴起不久，文人们就发明了一种游戏，即用一个双音词中的两个字反切出一个字，再把这两个字倒过来反切出一个字，然后把反切出的两个字组成一个新的双音词，那么这个新的双音词就叫作原来那个词的"反语"。例如，前面"伐鼓"一词，"伐鼓"二字顺着反切可切出"腐"字，再倒过来（鼓伐）反切可切出"骨"字（这是按古音拼出来的，与今音不同），于是就成为一个新词"腐骨"，那么"腐骨"就是"伐鼓"的反语，正言为伐鼓，反语为腐骨。正言与反语之间就会产生种种有趣的关系，比方反语正好可以解释正言，如前面的"流连"和"屡游"；或反语与正言之间有某种象征意义，有时正言是好词，而反语是贬词，甚至恶词，如前面的"腐骨"与"伐鼓"。这最后一种情况，当时文人认为是一种应该避免的"文病"。同时，文士们常常以正言反语来开玩笑，自然也含有炫博的意思，因为当时懂新兴音韵学的人很少。

（8）**北面事亲，别舅摛《渭阳》之咏；堂上养老，送兄赋桓山之悲，皆大失也**："北面"，面向北。古时，臣拜君，卑幼拜尊长，皆面向北行礼，因而居臣下、晚辈之位称"北面"。"别舅"句，《毛诗序》："《渭阳》，秦康公念母也。康公之母，晋献公之女。文公遭丽姬之难，未反，而秦姬卒，穆公纳文公。康公时为太子，赠送文公于渭之阳，念母之不见也，我见舅氏，如母存焉。"此言丧母者见到舅舅，仿佛见到母亲。而母健在，与舅舅分别时唱吟此诗，大不妥当。"送兄"句，《孔子家语·颜回》："孔子在卫，昧爽晨兴，颜回侍侧，闻哭者之声甚哀。子曰：'回，汝知此何所哭乎？'对曰：'回以此哭声，非但为死者而已，又有生离别者也。'子曰：'何以知之？'对曰：'回闻桓山之鸟生四子焉，羽翼既成，将分于四海，其母悲鸣而送之，哀声有似于此，谓其往而不返也。回窃以音类知之。'孔子使人问哭者，果曰：'父死家贫，卖子以葬，与之长决。'子曰：'回也，善于识音矣！'"桓山之悲，喻父死而卖子，今父尚在，而送兄引用桓山之事，颜之推认为大不妥当。

（9）**举此一隅，触涂宜慎**："触涂"，各处，处处，也作"触途"。这个"触"与"触类旁通"的"触"是一个意思。

【译文】

《吴均集》中有一篇《破镜赋》。从前有个城邑名叫朝歌，颜渊不愿意在此停留；有一个里坊叫胜母，曾子经过这里，特地严肃地整理衣襟，这是因为他们讨厌不好的名称会损害事物的本质。"破镜"是一种凶恶的野兽，典出《汉书》，希望你们写文章时不要使用这个词。现在我常见有人奉和别人的诗作，在和诗上题"敬同"二字，这是不妥的。《孝经》里说："资于事父以事君而敬同。"因此"敬同"这个词只能用在事父事君的时候，是不能随便说的。梁代费旭的诗中说："不知是耶非。"殷沄的诗中说："飘飏云母舟。"简文帝嘲弄他们说："费旭既不认识他的父亲，殷沄又让他母亲到处飘荡。"这些虽然都是过去的事，但现在写文章也要注意，措辞要谨慎。有人在文章中引用《诗经》"伐鼓渊渊"的诗句，而"伐鼓"的反语是"腐骨"，"腐骨"是个凶词，这是应该避免的。《宋书》就曾经对这种不懂反语的人予以讥诮。诸如此类的情况，还是避免为好。母亲尚在，而与舅舅分别时，却吟唱《渭阳》之歌；老父尚在，而送别兄长时，却以"桓山之鸟"来比喻自己的悲情，这些都是大错。我举这些例子，希望你们写文章时触类旁通，处处要慎重。

9.15 江南文制，欲人弹射，知有病累，随即改之，陈王得之于丁廙也。山东风俗，不通击难。吾初入邺，遂尝以此忤人，至今为悔；汝曹必无轻议也。

【注释】

（1）**江南文制，欲人弹射，知有病累，随即改之，陈王得之于丁廙也**："文制"，即制文，写文章。"弹射"，批评、指出毛病。"病累（lèi）"，过失、毛病、不妥当的地方。"陈王"，曹植。"丁廙"，曹植的文友，已见前（9.2）注。曹植《与杨德祖书》云："仆尝好人讥弹其文，有不善者，应时改定。昔丁敬礼尝作小文，使仆润饰之。仆自以才不能过若人，辞不为也。敬礼云：'卿何所疑难乎？文之佳丽，吾自得之，后世谁相知定吾文者耶？'吾常叹此达言，以为美谈。"

（2）**山东风俗，不通击难**："山东"，即北方，见前（6.19）注。"击难（nàn）"，质疑，与"弹射"义近。

（3）**吾初入邺，遂尝以此忤人，至今为悔；汝曹必无轻议也**："轻议"，随意批评、轻率评论。

【译文】

江南人写文章，希望有人批评，发现了毛病就及时加以改正。曹植就曾经从丁廙那里感受到这样做的好处。但北方的风俗，不流行质疑。我刚到邺下的时候，就常常因为批评别人的文章而得罪于人，到现在都很后悔，希望你们千万不要轻率地评论别人的文章。

9.16 凡代人为文，皆作彼语，理宜然矣。至于哀伤凶祸之辞，不可辄代。蔡邕为胡金盈作《母灵表颂》曰："悲母氏之不永，然委我而夙丧。"又为胡颢作其父铭曰："葬我考议郎君。"《袁三公颂》曰："猗欤我祖,出自有妫。"王粲为潘文则《思亲诗》云:"躬此劳悴,鞠予小人;庶我显妣,克保遐年。"而并载乎邕、粲之集,此例甚众。古人之所行,今世以为讳。陈思王《武帝诔》,遂深永蛰之思;潘岳《悼亡赋》,乃怆手泽之遗。是方父于虫,匹妇于考也。蔡邕《杨秉碑》云:"统大麓之重。"潘尼《赠卢景宣》诗云:"九五思龙飞。"孙楚《王骠骑诔》云:"奄忽登遐。"陆机《父诔》云:"亿兆宅心,敦叙百揆。"《姊诔》云:"倪天之和。"今为此言,则朝廷之罪人也。王粲《赠杨德祖诗》云:"我君饯之,其乐泄泄。"不可妄施人子,况储君乎?

【注释】

（1）**凡代人为文,皆作彼语,理宜然矣**:"宜然",应当如此。

（2）**至于哀伤凶祸之辞,不可辄代**:"辄",就。

（3）**蔡邕为胡金盈作《母灵表颂》曰:"悲母氏之不永,然委我而夙丧。"**:"胡金盈",汉胡广之女。"灵表",一种文体,类似墓志铭。"母氏",母亲。"不永",不寿,"永",长、长寿。"委我",丢下我。"夙丧",早死。

（4）**又为胡颢作其父铭曰:"葬我考议郎君。"**:"胡颢",汉胡广之孙,名宁。"考",亡父。"议郎",官名。

（5）**《袁三公颂》曰:"猗欤我祖,出自有妫。"**:"袁三公",袁氏家族的三公,三公是古代朝廷最高的职位,各代名称不同,东汉以太尉、司徒、司空为三公。"猗欤",表示赞美的感叹词。"有妫（guī）",姓氏,袁氏的祖先,出自妫氏。

（6）**王粲为潘文则《思亲诗》云:"躬此劳悴,鞠予小人;庶我显妣,克保遐年。"**:"潘文则",人名。"显妣",亡母。"遐年",长寿。

（7）**而并载乎邕、粲之集**:"邕、粲之集",蔡邕、王粲的文集。

（8）**此例甚众。古人之所行,今世以为讳**:这类例子很多。古代通行,今天却被认为是忌讳。

（9）**陈思王《武帝诔》,遂深永蛰之思;潘岳《悼亡赋》,乃怆手泽之遗。是方父于虫,匹妇于考也**:"武帝",陈思王的父亲曹操。"永蛰",永远地蛰伏,蛰伏一般指昆虫,曹植这里用来指父亲,所以不妥当。"悼亡",悼念过世的妻子。"手泽",手汗,古人常用手泽来代表过世的长辈所接触过的东西,这里潘岳用来指亡妻的遗物,所以也不妥当。

（10）**蔡邕《杨秉碑》云:"统大麓之重。"**:"杨秉",人名。"大麓",大地,山足曰"麓"。一曰"麓"通"录","大麓"就是记天下大事,"统大麓之重"意为统领天下的重任。

（11）**潘尼《赠卢景宣》诗云："九五思龙飞。"**："卢景宣",人名。"九五",《易经》卦名,九指阳爻,五指第五爻,"九五"就是阳爻中的第五爻。《易·乾》："九五,飞龙在天,利见大人。"后世因以"九五"指帝位。"龙飞",比喻圣人起而为天子。

（12）**孙楚《王骠骑诔》云："奄忽登遐。"**："骠（piào）骑（qí）",骠骑将军,官名。"孙楚",西晋文学家,已见前（9.2）注。"奄忽",很快、迅疾。"登遐",讳称帝王之死。

（13）**陆机《父诔》云："亿兆宅心,敦叙百揆。"**："宅心",归心。"敦叙",亲睦和顺。"百揆（kuí）",百官。这两句话的意思是使万民归心,百官和睦,这口气像是说帝王的,陆机用来称赞其父,所以颜之推认为不妥当。

（14）**《姊诔》云："倩天之和。"**："倩（qiàn或xiàn）天之和",王利器《集解》认为当作"倩天之妹",语出《诗经·大雅·大明》："大邦有子,倩天之妹。"这两句的诗的意思是大国有一个女子像天上的仙子,本为赞扬周文王所聘之女太姒的话,"倩"的意思是譬喻。后世也有用"倩天"称呼皇后和公主的。

（15）**今为此言,则朝廷之罪人也**：现在如果说这种话就是朝廷的罪人。因为上面举的几个例子都是用赞扬皇族的语言来赞扬自己的亲属。

（16）**王粲《赠杨德祖诗》云："我君饯之,其乐泄泄。"不可妄施人子,况储君乎**："其乐泄泄（yì yì）",《左传·隐公元年》载,郑庄公的母亲姜氏偏爱其弟共叔段,致使共叔段造反,郑庄公恨母亲,便发誓永远不见她,说："不及黄泉,无相见也。"但后来郑庄公后悔了,大臣颍考叔帮郑庄公出主意,挖一条地道当黄泉,让郑庄公母子在地道见面,这样既不违背郑庄公的誓言,又达到了母子重新和好的目的。文中写母子在地道中见面,有这样的话："公入而赋：'大隧之中,其乐也融融。'姜出而赋：'大隧之外,其乐也泄泄。'""储君",太子,指曹丕。"其乐泄泄"本为姜氏与郑庄公母子在象征黄泉的地道中重新和好的诗句,不可泛用,而王粲在《赠杨德祖诗》中用在了作为太子的曹丕身上,所以颜之推认为这样是不吉利不妥当的。

【译文】

凡是代替别人写文章，都要用别人的语气，从道理上讲应该是这样。至于表达哀伤凶祸内容的文章，就不可以随便代笔了。蔡邕为胡金盈作《母灵表颂》道："悲母氏之不永，然委我而凤丧。"又为胡颢代笔替他父亲写墓志铭说："葬我考议郎君。"还有他写的《袁三公颂》说："猗欤我祖，出自有妫。"王粲替潘文则写的《思亲诗》说："躬此劳悴，鞠予小人；庶我显妣，克保遐年。"这几篇文章都收录在蔡邕、王粲的文集里。这类例子很多，古人通行，现在却被认为是犯忌讳的。陈思王曹植的《武帝诔》，以"永蛰"一词来表达对亡父的深切怀念之情；潘岳的《悼亡赋》用"手泽"一词以抒发看见亡妻遗物而引起的悲伤。前者是将父亲比作昆虫，后者则是将亡妻等同于亡父了。蔡邕的《杨秉碑》说："统大麓之重。"潘尼的《赠卢景宣诗》说："九五思龙飞。"孙楚的《王骠骑诔》说："奄忽登遐。"陆机的《父诔》说："亿兆宅心，敦叙百揆。"《姊诔》说："倪天之和。"（这几个例子都是用赞扬皇族的语言来赞扬自己的亲属）今天要是有人写这些话，就成了朝廷的罪人了。王粲的《赠杨德祖诗》说："我君饯之，其乐泄泄。""其乐泄泄"这句诗是郑庄公和母亲姜氏在象征黄泉的地道中重归于好时姜氏所诵的，所以不可以随便用在一般人的身上，何况是太子呢？

9.17　挽歌辞者，或云古者《虞殡》之歌，或云出自田横之客，皆为生者悼往告哀之意。陆平原多为死人自叹之言，诗格既无此例，又乖制作本意。

【注释】

（1）**挽歌辞者，或云古者《虞殡》之歌，或云出自田横之客，皆为生者悼往告哀之意**："挽歌辞"，赵曦明引崔豹《古今注》："《薤露》《蒿里》，并丧歌也。田横自杀，门人伤之，为作悲歌，言人命如薤上之露，易晞灭也；亦谓人死魂魄归乎蒿里，故有二章。至李延年乃分为二曲，《薤露》送王公贵人，《蒿里》送士大夫庶人，使挽柩者歌之，世呼为挽歌。"《虞殡》，送葬歌曲。《左传·哀公十一年》："公孙夏命其徒歌《虞殡》。"杜预注："送葬歌曲也。""田横"，秦末狄县（今山东高青东南）人。本齐国贵族。楚汉战争中与兄田荣及从兄田儋（dān）先后自立为齐王，不久为汉军所破。汉建，率徒众五百余人逃亡海岛。后汉高祖命他到洛阳，他被迫前往，但终不愿称臣于汉，乃于途中自尽。留海岛徒众闻田横死讯，亦全部自杀，史称"田横五百士"。事见《史记·田儋列传》。

（2）陆平原多为死人自叹之言，诗格既无此例，又乖制作本意："陆平原"，即陆机，陆机曾任平原内史。赵曦明曰："陆机《挽歌》诗三首，不全为死人自叹之言，唯中一首云：'广宵何寥廓，大暮安可晨？人往有反岁，我行无归年！'乃自叹之辞。"参看王利器《集解》同条注。

【译文】

挽歌辞，有的说始于古代的《虞殡》之歌，有的说出自田横的门客，它都是活着的人用来追悼死者以表达哀伤之意的。而陆机作的挽歌大多是死者自叹之言，挽歌诗的格式中既没有这样的例子，也不合制作挽歌诗的本意。

9.18 凡诗人之作，刺箴美颂，各有源流，未尝混杂，善恶同篇也。陆机为《齐讴篇》，前叙山川物产风教之盛，后章忽鄙山川之情，殊失厥体。其为《吴趋行》，何不陈子光、夫差乎？《京洛行》，胡不述赧王、灵帝乎？

【注释】

（1）凡诗人之作，刺箴美颂，各有源流，未尝混杂，善恶同篇也："诗人"，当时指《诗经》各篇的作者，与后世泛称诗人有别。"刺"，讽刺。"箴"，规劝。"美"，赞美。"颂"，歌颂。

（2）陆机为《齐讴篇》，前叙山川物产风教之盛，后章忽鄙山川之情，殊失厥体：《齐讴篇》，即《齐讴行》，见《乐府诗集》卷六十四。《齐讴行》"惟师"以下有指责齐景公的诗句，故颜氏有此说法。赵曦明、王利器等认为陆机只是批评齐景公据形胜之地，而不能如尚父、桓公那样修帝王之业，"非鄙山川也"。

（3）其为《吴趋行》，何不陈子光、夫差乎：《吴趋行》，亦见于《乐府诗集》卷六十四。"子光"，即春秋时吴王阖庐。一作阖闾，名光。以专诸刺杀吴王僚而自立。在位时，灭徐国，攻破楚国，一度占领楚都郢（今湖北江陵西北）。后被越王勾践打败，重伤而死。"夫差"，阖庐之子。阖庐死后继位，兴兵攻破越都，迫使越国屈服。后大败齐兵，北上与晋争霸，越国乘机起兵攻灭吴国，夫差自杀。

（4）《京洛行》，胡不述赧王、灵帝乎：《京洛行》即《乐府诗集》卷三十九的《煌煌京洛行》，录魏文帝以下四首，无陆机之作，可能是后世佚失。

"赧王"，即周赧王。周代最后一个君王。"灵帝"，指东汉灵帝刘宏。其在位政治混乱，宦官专权，党锢复起，导致各阶层矛盾激化，黄巾起义爆发。

（5）案：以上颜之推对陆机的《吴趋行》和《京洛行》的批评都欠公允，参看王利器《集解》引赵曦明语。

【译文】

大凡《诗经》中的作品，讽刺的、规劝的、赞美的、歌颂的，都各有源流，没有把批评和赞美混杂在同一诗篇中的。陆机作《齐讴行》，前半部是叙述山川物产风俗教化的兴盛，后半部忽然出现鄙薄山川的情绪，这未免太背离作诗的体制。他写《吴趋行》，为何不陈说公子光、夫差的事呢？写《京洛行》，又为何不说说周赧王、汉灵帝的事呢？

9.19 自古宏才博学，用事误者有矣；百家杂说，或有不同，书傥湮灭，后人不见，故未敢轻议之。今指知决纰缪者，略举一两端以为诫。《诗》云："有鹭雉鸣。"又曰："雉鸣求其牡。"《毛传》亦曰："鹭，雌雉声。"又云："雉之朝雊，尚求其雌。"郑玄注《月令》亦云："雊，雄雉鸣。"潘岳赋曰："雉鹭鹭以朝雊。"是则混杂其雄雌矣。《诗》云："孔怀兄弟。"孔，甚也；怀，思也，言甚可思也。陆机《与长沙顾母书》，述从祖弟士璜死，乃言："痛心拔脑，有如孔怀。"心既痛矣，即为甚思，何故方言有如也？观其此意，当谓亲兄弟为孔怀。《诗》云："父母孔迩。"而呼二亲为孔迩，于义通乎？《异物志》云："拥剑状如蟹，但一螯偏大尔。"何逊诗云："跃鱼如拥剑。"是不分鱼蟹也。《汉书》："御史府中列柏树，常有野鸟数千，栖宿其上，晨去暮来，号朝夕鸟。"而文士往往误作乌鸢用之。《抱朴子》说项曼都诈称得仙，自云："仙人以流霞一杯与我饮之，辄不饥渴。"而简文诗云："霞流抱朴碗。"亦犹郭象以惠施之辩为庄周言也。《后汉书》："囚司徒崔烈以银铛锁。"银铛，大锁也，世间多误作金银字，武烈太子亦是数千卷学士，尝作诗云"银锁三公脚，刀撞仆射头"，为俗所误。

【注释】

（1）**自古宏才博学，用事误者有矣；百家杂说，或有不同，书傥湮灭，后人不见，故未敢轻议之**："宏才博学"，才高学富之人。"傥"，同"倘"，或许、有可能。

（2）**今指知决纰缪者，略举一两端以为诫**："决"，确定。"纰（pī）缪（miù）"，差错。

（3）**《诗》云："有鷕雉鸣。"又曰："雉鸣求其牡。"**：二句见《诗经·邶风·匏有苦叶》。"鷕（yǎo）"，雌雉的鸣叫声。"牡"，雄鸟、雄兽。

（4）**《毛传》亦曰："鷕，雌雉声。"**：《毛传》，《毛诗故训传》的简称。为汉人训释《诗经》之作。《汉志》著录三十卷，但言毛公作，未著其名。后世学者如郑玄以为此毛公指毛亨，也有人认为是毛亨弟毛苌，或言毛亨作毛苌补。其训诂大抵本先秦学者的意见，为研究《诗经》的重要文献。

（5）**又云："雉之朝雊，尚求其雌。"**：此句见《诗经·小雅·小弁》。"雊（gòu）"，雄雉鸣。

（6）**郑玄注《月令》亦云："雊，雄雉鸣。"**：《月令》，《礼记》中的篇名。"雊"二句，见《礼记·月令》季冬之月注。郝懿行曰："郑注《月令》，今本无'雄'字，而云：'雊，雉鸣也。'《说文》亦云：'雊，雄雉鸣。'疑颜氏所见古本有'雄'字，而今本脱之欤？"

（7）**潘岳赋曰："雉鷕鷕以朝雊。"是则混其雄雌矣**：案颜之推前文举《诗经》和《月令》的例子说明雌雉的叫声是"鷕"，雄雉的叫声是"雊"，而潘岳这句赋里又说鷕又说雊，所以是"混其雄雌"，但这个说法有点穿凿，其实古人的文章当中，常有这样写的，在修辞手法上叫作"互文以见义"，潘岳这句赋要说的意思其实是雄雌皆鸣。参看王利器《集解》引徐爱曰："《诗》'有鷕雉鸣'，则云'求牡'，及其'朝雊'，则云'求雌'，今云'鷕鷕朝雊'者，互文以举，雄雌皆鸣也。"

（8）**《诗》云："孔怀兄弟。"孔，甚也；怀，思也，言甚可思也**："孔怀兄弟"，《诗经·小雅·常棣》作"兄弟孔怀"。

（9）**陆机《与长沙顾母书》，述从祖弟士璜死，乃言："痛心拔脑，有如孔怀。"心既痛矣，即为甚思，何故方言有如也？观其此意，当谓亲兄弟为孔怀**：案颜之推认为陆机用"孔怀"来代替亲兄弟是不对的。

（10）**《诗》云："父母孔迩。"而呼二亲为孔迩，于义通乎**："父母孔迩"，见《诗经·周南·汝坟》。

（11）**《异物志》云："拥剑状如蟹，但一螯偏大尔。"**：《异物志》，汉杨孚撰。《隋书·经籍志》著录一卷。"拥剑"，崔豹《古今注》说，"蟚（péng）蚏（yuè），小蟹也，生海边，食土，一名长卿。其有一螯偏大，谓之拥剑"。"尔"，同"耳"。

（12）**何逊诗云："跃鱼如拥剑。"是不分鱼蟹也**：何逊，南朝梁诗人。字仲言，东海郯（今山东郯城北）人，《梁书》有传。其《渡连圻》二首作"鱼游若拥剑，猿挂似悬瓜。"

（13）**《汉书》："御史府中列柏树，常有野乌数千，栖宿其上，晨去暮来，号朝夕乌。"**：此句见《汉书·朱博传》。

（14）**而文士往往误作乌鸢用之**：此处"乌""乌"之辨，有的学者以为作"乌"未必误。如陈直说："《汉书》刊本，乌鸢二字，往往易混。例如，张掖郡鸢鸟县，宋嘉祐本即作鸢乌。苏诗云：'乌府先生铁作肝。'是宋人所见《朱博传》即作乌府。颜氏所见本作野乌，或字之异同，未可即定乌为正确字。"

（15）**《抱朴子》说项曼都诈称得仙，自云："仙人以流霞一杯与我饮之，辄不饥渴。"而简文诗云："霞流抱朴碗。"**：《抱朴子》，东晋葛洪著。分内篇二十卷和外篇五十卷。内篇言神仙，外篇说人事。"流霞"，传说为仙人所喝的一种饮料。《抱朴子·祛惑》所言项曼都遇仙人事本于王充《论衡·道虚》。且"流霞一杯"是项曼都语，不是葛洪之语。颜之推讥讽梁简文帝不知这一出典，才写出这样不通的诗句。

（16）**亦犹郭象以惠施之辨为庄周言也**：郭象，西晋哲学家。惠施，战国时哲学家，宋国人。与庄子为友。为名家代表人物之一。

（17）**《后汉书》："囚司徒崔烈以锒铛锁。"**：囚司徒事见《后汉书·崔骃传附崔烈传》。

（18）**锒铛，大锁也；世间多误作金银字，武烈太子亦是数千卷学士，尝作诗云"银锁三公脚，刀撞仆射头"，为俗所误**：这句话的意思是说世人把"锒铛"的"锒"字看作了"金银"的"银"字。下面即引武烈太子的诗"银锁三公脚"作为误用的例子。"武烈太子"，梁元帝长子，名方等，字实相。侯景之乱时，萧绎与河东王萧誉、岳阳王萧詧发生冲突，派方等南伐长沙，兵败而死。萧绎称帝后，追谥为武烈太子。

【译文】

自古以来，那些才华横溢、博学多识的人，引用典故时出差错也是有的；百家杂说之语，或许对同一件事有不同记载，这些书或许已经湮没，后人没看到，所以我不敢对它们轻易议论。现在只说说那些绝对是属于差错的，略举几个例子为你们提供借鉴。《诗经》说："有鹙雉鸣。"又说："雉鸣求其牡。"《毛诗故训传》也说："雎，是雌雄的鸣叫声。"《诗经》又说："雄之朝雎，尚求其雌。"郑玄注《月令》也说："雎，是雄雎的鸣叫。"而潘岳的赋说："雄雎雎以朝雎。"这就混淆了雄雌二者的区别了。《诗经》说："孔怀兄弟"，孔，是非常的意思；怀，是思念的意思，孔怀的意思是说十分想念。陆机的《与长沙顾母书》，记述了从祖弟陆士璜之死，却说："痛心拔脑，有如孔怀。"心中既然感到伤痛，就是表示非常想念，为何还说"有如"呢？看他此句的意思，应当是把"孔怀"当作亲兄弟的意思。《诗经》说："父母孔迩"，按照陆机的用法，如果将父母称作"孔迩"，这说得通么？《异物志》说："拥剑的形状如蟹，只是有一只螯偏大。"何逊的诗却说："跃鱼如拥剑。"这就是鱼蟹不分了。《汉书》说："御史府中排列着一行柏树，常有数千只野乌栖息在上面，早上飞走了，傍晚又飞回来，称为朝夕乌。"而文人们往往将"乌"字误当"乌鸢"的"乌"字来用。《抱朴子》说项曼都诈称遇到了仙人，自言道："仙人拿一杯'流霞'给我喝，我便不再有饥渴之感。"而简文帝的诗中说："霞流抱朴碗。"把项曼都的话当作葛洪的话，这就像郭象在注解《庄子》时把惠施的话当作是庄周的话一样。《后汉书》说："囚禁司徒崔烈用银铛锁。"银铛，就是大的铁锁链，而世人多把"银"字误作金银的"银"字，武烈太子也是读了很多书的学士，他就曾作诗说"银锁三公脚，刀撞仆射头"，这就是被流俗所误。

9.20 文章地理，必须惬当。梁简文《雁门太守行》乃云："鹅军攻日逐，燕骑荡康居，大宛归善马，小月送降书。"萧子晖《陇头水》云："天寒陇水急，散漫俱分泻，北注徂黄龙，东流会白马。"此亦明珠之颣，美玉之瑕，宜慎之。

【注释】

（1）**文章地理，必须惬当**："惬当"，契合、恰当。
（2）**梁简文《雁门太守行》乃云："鹅军攻日逐，燕骑荡康居，大宛归善马，小月送降书。"**：《雁门太守行》，乐府《瑟调曲》名。雁门，郡名。战国时赵国置。秦、西汉治所在善无（今山西右玉南），东汉移治阴馆（今山西代县西北）。辖境相当于今山西北部。"鹅"，古阵名。"日逐"，匈奴官名。地位低于左贤王。"康居"，古西域国名。东界乌孙，西达奄蔡，南接大月氏（ròu zhī），东南临大宛，约在今巴尔喀什湖和咸海之间。大宛（yuān），古西域国名，约在今中亚费尔干纳盆地。属邑大小七十余城，以产汗血马闻名，自张骞通西域后，多与中原联系。南北朝时称破洛那。"小月"，即小月氏，古族名，秦汉之际游牧于敦煌、祁连之间，汉文帝时遭匈奴攻击，大部分西迁，只有一小部分入祁连山，与羌人杂居，这小部分人就称小月氏。颜之推认为此诗把攻匈奴日逐与康居、大宛、小月氏这些互不相干的事都扯到"雁门"来了，是不妥当的。据王利器考证，此诗的作者非简文帝，而是梁人褚翔，《乐府诗集》卷三十九收录，除首句作"戎军攻日逐"外，余三句与颜氏所引相同。

（3）萧子晖《陇头水》云："天寒陇水急，散漫俱分泻，北注徂黄龙，东流会白马。"：萧子晖，南朝时梁人，字景光，《梁书》有传。《隋书·经籍志》著录《萧子晖集》九卷。《陇头水》，或作《陇头流水歌》，述征人行经曲折高峻的陇坂，备受辛苦。陇坂，指今陕西陇县至甘肃平凉一段。"黄龙"，即黄龙城，在今辽宁朝阳境。"白马"，指白马津，在黎阳（今河南浚县东）。黄龙在漠北，白马在黎阳，与陇水不相干，所以颜氏认为萧子晖此诗所涉及的有关地理方面的内容也是不妥当的。

（4）此亦明珠之纇，美玉之瑕，宜慎之："纇（lèi）"，丝上的疙瘩。引申为小毛病。

【译文】

文章中凡涉及地理的，必须妥帖恰当。梁简文帝《雁门太守行》说："鹅军攻日逐，燕骑荡康居。大宛归善马，小月送降书。"萧子晖《陇头水》说："天寒陇水急，散漫俱分泻。北注徂黄龙，东流会白马。"（诗中提到的地名，考证起来都不贴切，诗虽美，但地名不妥当），这毕竟是珠上之纇，玉中之瑕，还是要谨慎避免为好。

9.21 王籍《入若耶溪》诗云："蝉噪林逾静，鸟鸣山更幽。"江南以为文外断绝，物无异议。简文吟咏，不能忘之，孝元讽味，以为不可复得，至《怀旧志》载于《籍传》。范阳卢询祖，邺下才俊，乃言："此不成语，何事于能？"魏收亦然其论。《诗》云："萧萧马鸣，悠悠旆旌。"《毛传》曰："言不諠哗也。"吾每叹此解有情致，籍诗生于此耳。

【注释】

（1）王籍《入若耶溪》诗云："蝉噪林逾静，鸟鸣山更幽。"：王籍，南朝时梁文学家，字文海，琅邪临沂人，《梁书》有传。此诗是他为湘东王府谘议参军，随府至会稽，游若耶溪时而作。诗一出，即受盛誉。

（2）江南以为文外断绝，物无异议："断绝"，这里的意思是最好的，"断"是决断的"断"，"绝"是绝妙的"绝"。"物"，不是物体的"物"，这个"物"就是人，含有大家、众人、各色人等之意，这个用法现在还残留在"人物""物议""待人接物"等词中。

（3）简文吟咏，不能忘之，孝元讽味，以为不可复得，至《怀旧志》载于《籍传》：《怀旧志》，梁元帝撰，已见前（9.11）注。

（4）范阳卢询祖，邺下才俊，乃言："此不成语，何事于能？"：卢询祖，北齐时文学家，范阳（治今河北涿州）人。"不成语"，不成话，不通。"何事于能"，怎么谈得上好。"何事于"，与……有什么关系。

（5）魏收亦然其论："然"，是，同意、赞成，作动词用。

（6）《诗》云："萧萧马鸣，悠悠旆旌。"《毛传》曰："言不諠哗也。"："萧萧马鸣，悠悠旆旌"，见《诗经·小雅·车攻》。"萧萧"，马长嘶声。"悠悠"，闲暇貌。这两句诗用马鸣和旗飘来反衬兵士之静、队伍之肃穆。"諠"即"喧"。

（7）吾每叹此解有情致，籍诗生于此耳："此解"，指《毛传》对《诗经》此句的解释。"有情致"，有味道，能引人入胜。

【译文】

王籍的《入若耶溪》诗说："蝉噪林愈静，鸟鸣山更幽。"江南人认为这两句诗是独一无二的佳作，没有人对此有不同的看法。简文帝读过之后，不能忘怀，梁元帝也常常诵读品味，认为此作不可多得，以至在《怀旧志》中还将此诗收入《王籍传》中。范阳卢询祖，是邺下的才子，却说："这两句诗话都不通，怎么谈得上好？"魏收也赞同这一观点。《诗经》说："萧萧马鸣，悠悠旆旌。"《毛诗故训传》解释说："这说的是肃静而不喧哗的意思。"我时常叹服《毛传》这个解释有味道。王籍的诗句应该是由此得到启发的。

9.22 兰陵萧悫，梁室上黄侯之子，工于篇什。尝有《秋》诗云："芙蓉露下落，杨柳月中疏。"时人未之赏也。吾爱其萧散，宛然在目。颍川荀仲举、琅邪诸葛汉，亦以为尔。而卢思道之徒，雅所不惬。

【注释】

（1）兰陵萧悫，梁室上黄侯之子，工于篇什：兰陵，郡名，在今山东枣庄南。

萧悫（què），字仁祖，《北齐书·文苑》有传。"梁室"，梁朝皇室。"篇什"，篇章，这里指文章。

（2）尝有《秋》诗云："芙蓉露下落，杨柳月中疏。"时人未之赏也：《秋》，陈直说："萧悫原诗现存，题为《秋思》。本文'秋'下当脱'思'字。""未之赏"，即"未赏之"，古文语法当代词作动词否定式的宾语时，宾语通常都放在动词和否定词之间，如这里的"之"。

（3）吾爱其萧散，宛然在目："萧散"，空远。

（4）颍川荀仲举、琅邪诸葛汉，亦以为尔："荀仲举"，北齐颍川（治今河南许昌）人，字士高。本仕梁，为南沙令，北齐侵梁，被俘，遂仕齐。《北齐书·文苑》有传。"诸葛汉"，即诸葛颍，建康（今江苏南京）人，字汉，琅邪是诸葛氏的郡望。《北齐·文苑》及《隋书》有传。

（5）而卢思道之徒，雅所不惬：卢思道，隋朝范阳（今河北涿州）人，字子行，少从邢邵学，及长，先后仕北齐、北周和隋。《北史》及《隋书》有传。"雅"，颇、甚。"惬"，满意、中意、喜欢。

【译文】

兰陵萧悫，是梁朝皇室上黄侯萧晔的儿子，擅长诗文，他写的《秋思》诗中有道："芙蓉露下落，杨柳月中疏。"当时无人欣赏。我喜爱它的空远散淡，所写之景宛然如在眼前。颍川荀仲举、琅邪诸葛汉，也认为是这样。可卢思道等人，却不满意这两句诗。

9.23 何逊诗实为清巧，多形似之言；扬都论者，恨其每病苦辛，饶贫寒气，不及刘孝绰之雍容也。虽然，刘甚忌之，平生诵何诗，常云："蘧车响北阙，惆惆不道车。"又撰《诗苑》，止取何两篇，时人讥其不广。刘孝绰当时既有重名，无所与让；唯服谢朓，常以谢诗置几案间，动静辄讽味。简文爱陶渊明文，亦复如此。江南语曰："梁有三何，子朗最多。"三何者，逊及思澄、子朗也。子朗信饶清巧。思澄游庐山，每有佳篇，亦为冠绝。

【注释】

（1）何逊诗实为清巧，多形似之言；扬都论者，恨其每病苦辛，饶贫寒气，不及刘孝绰之雍容也："何逊"，已见前（9.19）注。"形似"，指描写形象生动。"扬都"，南北朝时称建康为扬都。"苦辛"，这里指作诗时思虑太多，用心太苦。刘孝绰，南朝梁文学家。已见前（6.34）注。

（2）虽然，刘甚忌之，平生诵何诗，常云："蘧车响北阙，恫恫不道车。"："蘧（qú）车"，刘向《列女传·卫灵夫人》："灵公与夫人夜坐，闻车声辚辚，至阙而止。过阙复有声。公问夫人：'知此谓谁？'夫人曰：'此必蘧伯玉也！'公曰：'何以知之？'夫人曰：'妾闻礼：下公门式路马，所以广敬也……蘧伯玉卫之贤大夫也，仁而有智，敬于事上，此其人必不以暗昧废礼，是以知之。'"后以此为典，指人之知礼而贤能。"恫恫（huò或huà）"，暗昧不明。蘧车过阙而止声，而何逊《早朝车中听望》诗却说"蘧车响北阙"，所以刘孝绰讥之为无礼之车，恫恫不道之车。

（3）又撰《诗苑》，止取何两篇，时人讥其不广：《诗苑》，刘氏此书未见著录，恐在唐代修《隋书》时已佚。

（4）刘孝绰当时既有重名，无所与让；唯服谢朓，常以谢诗置几案间，动静辄讽味："无所与让"，不推重什么人，"与让"，推重、敬佩，"与"和"让"都是推许的意思。"谢朓"，南朝齐梁文学家，已见前（8.19）注。

（5）简文爱陶渊明文，亦复如此："陶渊明"，即陶潜，渊明是字，东晋文学家。

（6）江南语曰："梁有三何，子朗最多。"三何者，逊及思澄、子朗也：何逊、何思澄、何子朗，俱是梁东海郯（今山东郯城）人，思澄字元静，子朗字世明。《梁书·文学传下》："初，思澄与宗人逊及子朗俱擅文名，时人语曰：'东海三何，子朗最多。'思澄闻之曰：'此言误耳。如其不然，故当归逊。'思澄意谓宜在己也。"

（7）子朗信饶清巧："信"，确实、的确。"饶"，多、富于。

（8）思澄游庐山，每有佳篇，亦为冠绝："冠（guàn）绝"，远远超过（他人）。

【译文】

何逊的诗确实清新奇巧，多有形象生动之语；而扬都的评论者认为他作诗太苦，多贫寒之气，不如刘孝绰的从容大方。虽然大家这样评价，刘孝绰还是很妒忌何逊，平时诵读何逊的诗时，常说："蘧车响北阙，恫恫不道车。"他又撰写《诗苑》一书，只收录两首何逊的诗，当时的人都讥讽他读书不多。刘孝绰当时已经有盛名，从不推重什么人，只佩服谢朓，常将谢朓的诗放在几案之上，动辄讽诵玩味。梁简文帝喜爱陶渊明的诗文，也常常这样做。江南俗语说："梁有三何，子朗最多。""三何"就是指何逊、何思澄、何子朗。何子朗诗的确多清新奇巧之句。何思澄游庐山，常有佳作，也是当时一流诗人。

【评析】

篇名《文章》，并不是今人所说的文章的意思，而是指文学。用文章指文学，也不是自古如此。《论语》中已有"文章"一词，如《泰伯》篇："巍巍乎其有成功也，焕乎其有文章。"又如《公冶长》篇："子贡曰：'夫子之文章，可得而闻也；夫子之言性与天道，不可得而闻也。'"这里的"文章"指的是"德之见于外者"（朱熹《论语集注》）。用文章来指文学，大约始于曹丕，他的《典论·论文》说："盖文章，经国之大业，不朽之盛事。"

古人说的文学，至少在魏晋南北朝以前，也不是今人所说的文学的意思，而是指的文献和学术。例如，《论语·先进》："德行：颜渊，闵子骞，冉伯牛，仲弓；言语：宰我，子贡；政事：冉有，季路；文学：子游，子夏。"这就是有名的"孔门四科"，文学是其一，说子游、子夏在文学方面很优秀，并不是指他们的文章写得好，而是指他们熟悉经典，在学术上很有造诣。今人所说的文学，当时并没有独立成科，直到刘宋时期，国子监分为儒、玄、文、史四馆，才开始有独立的意识。但人们在很长一段时间之内，还是不习惯使用"文学"一词，而多半以"文""文苑""文章"来称呼，颜之推显然也是这样。

颜之推是当时著名的学者，文章也写得很好，在《家训》此篇中，他集中地叙述了自己对文学的一些见解，以作后代子孙作文时的参考。

且让我们来梳理一下，看看颜之推在《文章》篇中有哪些重要的文学见解值得我们注意。

第一，文学各体原出于"五经"。"五经"是中华民族在轴心时代出现的经典，全部经过孔子的整理，前承孔子之前两千多年的华夏文明，下开孔子之后两千五百余年的传统文化。文学各体原出于"五经"之说，等于说文学是与整个中华文明相始终的。这就梳清了文学的源流，确定了文学的历史定位。类似的说法也出现在比颜之推稍前的刘勰的《文心雕龙》里。《文心雕龙·宗经》云："故论说辞序，则《易》统其首；诏策奏章，则《书》发其源；赋颂歌赞，则《诗》立其本；铭诔箴祝，则《礼》总其端；纪传［铭］盟檄，则《春秋》为根；并穷高以树表，极远以启疆，所以百家腾跃，终入环内者也。"

第二，文学需要天赋。颜之推特别指出，学问和文学有区别，学问可以积累，即使天赋差一点，还是可以通过不断地努力学习，久久为功，成为一个有修养的"学士"，也就是我们今天讲的学者；但文学则不然，如果没有天赋，再努力都是没用的，所以他劝子孙勤于学问，而不要勉强去写诗文："但成学士，自足为人。必乏天才,勿强操笔。"

第三,批评轻视文学的观点。他特别批评了扬雄,扬雄说:"童子雕虫篆刻,壮夫不为也。"他认为扬雄是故作大言,考之于扬雄的行事与著作,并不见有何高明之处。又引南齐刘逖(tì)批驳席毗轻视文学之言,认为文学与事业不相矛盾,能够兼备("既有寒木,又发春华")当然是最好的。

第四,文学作品内容和形式应当兼美,而内容更重要。他说:"文章当以理致为心肾,气调为筋骨,事义为皮肤,华丽为冠冕。今世相承,趋末弃本,率多浮艳。辞与理竞,辞胜而理伏;事与才争,事繁而才损。放逸者流宕而忘归,穿凿者补缀而不足。"

第五,不否认文学作品形式美的重要。齐梁时代,文学上的唯美思潮盛行,在讲究文学作品形式美的方面,作家们取得了很大的成就。追求音韵、声律、排偶之美,渐渐成为作家们的共识,是文学各体从"古体"转向"近体"的关键。颜之推肯定这种追求是有益的,是文学的进步,主张兼顾古今,互相补益,不可偏废:"宜以古之制裁为本,今之辞调为末,并须两存,不可偏弃也。"

第六,认同沈约"文章当从三易"的主张。沈约说:"文章当从三易:易见事,一也;易识字,二也;易读诵,三也。"也就是反对在创作时故弄玄虚,反对用僻典僻字。

第七,以上六点是颜之推在《文章》一篇中比较重要的文学见解,今天看来仍然很有道理。

第八,颜之推在此篇中还举了一些作家和作品的例子,具体说明创作时应当注意和避忌的地方。其中有很多可供后人参考的意见,也有一些后代学者认为有错误或不尽赞同之处,"注释"中都有说明,这里就不再一一评论了。

名实第十

10.1 名之与实,犹形之与影也。德艺周厚,则名必善焉;容色姝丽,则影必美焉。今不修身而求令名于世者,犹貌甚恶而责妍影于镜也。上士忘名,中士立名,下士窃名。忘名者,体道合德,享鬼神之福佑,非所以求名也;立名者,修身慎行,惧荣观之不显,非所以让名也;窃名者,厚貌深奸,干浮华之虚称,非所以得名也。

【注释】

(1) **名之与实,犹形之与影也**:两个"之"字无义,只是起一种语法作用,即将原本独立的句子变成一个词组,使之成为复合句的一部分,简单地说,就是取消句子的独立性。

(2) **德艺周厚,则名必善焉;容色姝丽,则影必美焉**:"德艺",道德学问,"艺"是"六艺"的"艺",不是今天讲的艺术。"周厚",周洽笃厚。"姝丽",美丽。

(3) **今不修身而求令名于世者,犹貌甚恶而责妍影于镜也**:"令名",美名、好名。"恶(è)",丑陋。"责",要求。"妍影",漂亮的影子。

(4) **上士忘名,中士立名,下士窃名**:"忘名",忽略名声、不追求名声,同亡名、无名。《庄子·逍遥游》:"圣人无名。""立名",树立良好的名声。《离骚》:"老冉冉其将至兮,恐修名之不立。""窃名",盗窃名声。《逸周书·官人解》:"规谏而不类,道行而不平,曰窃名者也。"

(5) **忘名者,体道合德,享鬼神之福佑,非所以求名也;立名者,修身慎行,惧荣观之不显,非所以让名也;窃名者,厚貌深奸,干浮华之虚称,非所以得名也**:"所以",这个"所以"不是今天因为所以的"所以",而是

"所+以"的结构,"以"的意思是用、用来,"所"是指示代词,指代"以"的宾语,"所以"的意思是"用来达到某种目的的手段或方式"。"荣观",犹荣名、荣誉。"干",干求,谋求。"虚称",虚名。

【译文】

名声之于实际,就像形体之于影像一样。德才全面深厚的人,则名声必然是好的;容貌秀丽的人,则影像必然是美的。如今有人不端正自己,却企望在世上求得好名声,这就像容貌丑陋的人却要求镜子里有美丽的影像。上德之人不求名声,中德之人树立名声,下德之人则盗取名声。不求名声的人,内心领会了"道",行为符合了"德",因而会受到鬼神的赐福和保佑,他们的行为不在于追求名声;要树立名声的人,则修养身心,谨慎行事,担心自己的美名不能传扬,他们的行为不是为了谦让名声;盗取名声的人,貌似忠厚,实则心怀奸诈,力求浮华的虚名,他们的行为是不会得到真正的好名声的。

10.2 人足所履,不过数寸,然而咫尺之途,必颠蹶于崖岸,拱把之梁,每沉溺于川谷者,何哉?为其旁无余地故也。君子之立己,抑亦如之。至诚之言,人未能信,至洁之行,物或致疑,皆由言行声名,无余地也。吾每为人所毁,常以此自责。若能开方轨之路,广造舟之航,则仲由之言信,重于登坛之盟,赵熹之降城,贤于折冲之将矣。

【注释】

(1) **人足所履,不过数寸,然而咫尺之途,必颠蹶于崖岸,拱把之梁,每沉溺于川谷者,何哉?为其旁无余地故也**:"履",本义是鞋子,这里作动词用,踩踏的意思。"颠蹶",跌落、摔倒。"拱把",双手合围为拱,只手所握为把,言其狭窄。"梁",桥。拱把之梁,即狭窄的独木桥。

(2) **君子之立己,抑亦如之**:"立己",立身、立足于社会。"抑亦",表示推测之词,略等于现在的或者、大概。

(3) **至诚之言,人未能信,至洁之行,物或致疑,皆由言行声名,无余地也**:"至",非常、十分、最。"物",大家、众人,参看(9.21)注。

(4) **吾每为人所毁,常以此自责**:"为人所毁",被人指责诽谤。

(5) **若能开方轨之路,广造舟之航,则仲由之言信,重于登坛之盟,赵熹之降城,贤于折冲之将矣**:"方轨",车辆并行,"方",并。"方轨之路",即指宽敞的大道。"造舟",在数只船上架上木板,搭成浮桥。《诗经·大雅·大明》:"造舟为梁,不显其光。"架设浮桥与开拓大道都是比喻人之心胸要宽阔,行事要留有余地。"仲由",即子路,又字季路,孔子弟子,以诚信闻名于当世。《左传·哀公十四年》记载了这样一个故事:"小邾射以句绎来奔,曰:'使季路要我,吾无盟矣。'使子路,子路辞。季康子使冉有谓之曰:'千乘之国,不信其盟,而信子之言,子何辱焉?'对曰:'鲁有事于小邾,不敢问故,死其城下可也。彼不臣而济其言,是义之也,由弗能。'""登坛",指诸侯会盟。"降(xiáng)城","降"在这里是使动用法,"降城"就是使一座城投降,也就是劝降一座城市。"折冲",在这里的意思是冲锋陷阵。《后汉书·赵熹传》:"舞阴大姓李氏拥城不下,更始遣柱天将军李宝降之,不肯,云:'闻宛之赵氏有孤孙熹,信义著名,愿得降之。'……使诣舞阴,而李氏遂降。"以上子路和赵熹的故事都是说明如果一个人的诚信得到大家的公认,就具有很大的力量,会让人无条件地相信他,甚至比一个国家的盟约还可靠。

【译文】
　　人的脚所踩踏的地方,不过几寸的范围,然而人在只有一尺宽的山道上行走,一定会从山崖上跌落下去;从窄窄的独木桥上过河,也往往会掉到河里淹死。这是什么缘故呢?是因为人的脚边没有余地。君子立身行事,大概也像这样。非常真诚的话语,人们未必相信,非常纯洁的行为,人们或许还产生怀疑,这都是由于人的言行、名声没有留下余地造成的。我每次遭到别人的诋毁,常常这么责备自己。如果能够铺设车辆可以并行的大道,架设许多船只相连的浮桥,那么就能像子路一样,说话真实可信,胜过设坛的盟誓,像赵熹那样劝降敌城,胜过冲锋陷阵的猛将了。

10.3　吾见世人,清名登而金贝入,信誉显而然诺亏,不知后之矛戟,毁前之干橹也。虙子贱云:"诚于此者形于彼。"人之虚实真伪在乎心,无不见乎迹,但察之未熟耳。一为察之所鉴,巧伪不如拙诚,承之以羞大矣。伯石让卿,王莽辞政,当尔时,自以巧密;后人书之,留传万代,可为骨寒毛竖也。近有大贵,以孝著声,前后居丧,哀毁逾制,亦足以高于人矣。而尝于苫块之中,以巴豆涂脸,遂使成疮,表哭泣之过。左右僮竖,不能掩之,益使外人谓其居处饮食,皆为不信。以一伪丧百诚者,乃贪名不已故也。

【注释】

(1) 吾见世人，清名登而金贝入，信誉显而然诺亏，不知后之矛戟，毁前之干橹也："金贝"，金钱，货币。《汉书·食货志上》："金刀龟贝，所以分财布利通有无者也。""然诺"，许诺。"干橹"，干和橹都是盾牌，干小，用于防御刀剑之类，橹大，用于抵御矛戟。

(2) 虙子贱云："诚于此者形于彼。"："虙(fú)子贱"，一作宓子贱。春秋时鲁国人，名不齐，孔子弟子。"诚于此者形于彼"，实际上是孔子对他讲的话，见《吕氏春秋·具备》："巫马旗短褐衣弊裘而往观化于亶父，见夜渔者，得则舍之。巫马旗问焉，曰：'渔为得也，今子得而舍之，何也？'对曰：'宓子不欲人之取小鱼也。所舍者小鱼也。'巫马旗归，告孔子曰：'宓子之德至矣！使民暗行，若有严刑于旁。敢问宓子何以至于此？'孔子曰：'丘尝与之言曰：诚乎此者刑乎彼。宓子必行此术于亶父也。'""诚乎此者刑乎彼"，意思是内诚而外化，"此"指内心，"彼"指外迹，"刑"通"形"，"乎"通"于"。

(3) 人之虚实真伪在乎心，无不见乎迹，但察之未熟耳："熟"，精审，仔细。

(4) 一为察之所鉴，巧伪不如拙诚，承之以羞大矣："承之以羞"，见《易·恒》："不恒其德，或承之羞"，意即品德若不恒定，羞辱就会到来。

(5) 伯石让卿，王莽辞政，当于尔时，自以巧密；后人书之，留传万代，可为骨寒毛竖也："伯石让卿"，指春秋时郑国伯石假意推辞任命一事。《左传·襄公三十年》："伯有既死，使大史命伯石为卿，辞。大史退，则请命焉。复命之，又辞。如是三，乃受策入拜。子产是以恶其为人也，使次己位。""王莽辞政"，指西汉末王莽假意推辞受任大司马一事。王利器《集解》引赵曦明曰：《汉书》本传："大司马王根，荐莽自代，上遂擢莽为大司马。哀帝即位，莽上疏乞骸骨。哀帝曰：'先帝委政于君而弃群臣，朕得奉宗庙，嘉与君同心合意。今君移病求退，朕甚伤焉。已诏尚书待君奏事。'又遣丞相孔光等白太后：'大司马即不起，皇帝不敢听政。'太后复令莽视事。已因傅太后怨，复乞骸骨。"

(6) 近有大贵，以孝著声，前后居丧，哀毁逾制，亦足以高于人矣："哀毁"，哀痛使身体容貌都受到了损害，指居丧尽哀。"逾制"，超过礼制的规定。

(7) 而尝于苫块之中，以巴豆涂脸，遂使成疮，表哭泣之过："苫(shān)块"，寝苫枕块之略，即居丧之意。"苫"，草垫；"块"，土块。古礼，居父母之丧时以草垫为席，土块为枕。《礼记·问丧》："寝苫枕块，哀亲之在土也。"故"苫块"又作为居丧的代称。"巴豆",植物名。以产于巴蜀一带,果实形如菽豆,故名。种子可入药,有大毒。

(8) 左右僮竖,不能掩之,益使外人谓其居处饮食,皆为不信:"僮竖",僮仆。"益使",更使。"不信",不诚实、作假。

(9) 以一伪丧百诚者,乃贪名不已故也:"一伪丧百诚",因为一次作假而毁掉了多次的真诚。"乃……故也",就是……的缘故。

【译文】

我见过世上的一些人,清廉的名声树立后便开始贪贿纳财了,信誉建立后就不再坚守承诺了,不知道后来的矛戟可以刺穿前面的盾牌。虙子贱说过:"内心的诚实,总会在外表显露出来。"人的虚伪或真诚,虽然藏在内心,但不会不在形迹上有所表露,只是人们的观察还不仔细罢了。一旦被人考察鉴别,就会发现巧妙的伪装还不如笨拙的诚实,巧妙的伪装会招来更大的羞辱。伯石再三谦让卿位,王莽假意辞去大司马之职,在那个时候,他们都自以为伪装得很巧妙周密;结果被后人记载了此事,万代流传,使人读后毛骨悚然。近来有个显贵,因为遵行孝道而闻名,先后服丧都悲伤过度,超过了丧礼的要求,其孝行可说是高人一等了。然而他在居丧期间,曾经用巴豆涂在脸上,从而造成满脸伤疤,想以此表明他哭泣得十分悲伤。他身边的仆人不能为他掩盖此事,传扬开去,使人们对他在服丧期间饮食起居表现出来的苦行都产生了怀疑。因为一次作假而毁了一百次的真诚,这是因为贪求名声不知满足的缘故。

10.4 有一士族,读书不过二三百卷,天才钝拙,而家世殷厚,雅自矜持,多以酒犊珍玩交诸名士,甘其饵者,递共吹嘘,朝廷以为文华,亦尝出境聘。东莱王韩晋明笃好文学,疑彼制作,多非机杼,遂设宴言,面相讨试。竟日欢谐,辞人满席,属音赋韵,命笔为诗,彼造次即成,了非向韵。众客各自沉吟,遂无觉者,韩退叹曰:"果如所量!"韩又尝问曰:"玉斑杯上终葵首,当作何形?"乃答云:"斑头曲圜,势如葵叶耳。"韩既有学,忍笑为吾说之。治点子弟文章,以为声价,大弊事也。一则不可常继,终露其情;二则学者有凭,益不精励。

【注释】

(1) 有一士族,读书不过二三百卷,天才钝拙,而家世殷厚,雅自矜持,多以酒犊珍玩交诸名士,甘其饵者,递共吹嘘,朝廷以为文华,亦尝出境聘:

"雅"，颇、很。"饵"，这里指"酒犊珍玩"之类。"聘"，指古代国与国之间的通问修好。这里指从南梁去北齐聘问。

（2）**东莱王韩晋明笃好文学，疑彼制作，多非机杼，遂设宴言，面相讨试**：韩晋明，北齐人，韩轨之子。《北齐书·韩轨传》："子晋明嗣。天统中，改封东莱王。晋明有侠气，诸勋贵子孙中最留心学问。""机杼"，织布机，多用以比喻诗文的构思和布局。《魏书·祖莹传》："莹以文学见重，常语人云：'文章须自出机杼，成一家风骨，何能共人同生活也。'"这里的"机杼"就是"自出机杼"之略。"讨试"，试探、考验。

（3）**竟日欢谐，辞人满席，属音赋韵，命笔为诗，彼造次即成，了非向韵**："属音赋韵"，作诗的意思。"属"，连，即属文之"属"。"造次"，急遽，轻率。"了"，全然，多用于否定句中，如"了无""了不""了非"。"向"，向来、过去。王利器《集解》引卢文弨曰："了非向韵，言绝非向来之体韵也。"

（4）**众客各自沉吟，遂无觉者，韩退叹曰："果如所量！"**："量（liáng）"，估量、猜想。

（5）**韩又尝问曰："玉珽杼上终葵首，当作何形？"乃答云："斑头曲圜，势如葵叶耳。"韩既有学，忍笑为吾说之**："玉珽"：即玉笏，古代天子及大臣拿在手上记事的东西，又称圭、手板。《说文·玉部》："珽，大圭，长三尺，抒上，终葵首。""杼"，削去。卢文弨曰："杼上终葵首，本《周礼·考工记·玉人》文，杼者，杀也，于三尺圭上除六寸之下，两畔杀去之，使已上为椎头。言六寸，据上不杀者而言。谓椎为终葵，齐人语也。""葵叶"，指终葵的叶子。终葵，草名。"玉珽杼上终葵首"应读作"玉珽，杼上，终葵首"讲的是玉圭的形状，说玉圭的上部是两边削去作锥形，终葵即锥形，是齐国话，而这位士人学问不够好，望文生义，把"杼上终葵首"说成玉圭的上部像终葵的叶子。

（6）**治点子弟文章，以为声价，大弊事也**："治点"，修改润色。《隋书·李德林传》："遵彦即命德林制《让尚书令表》，援笔立成，不加治点。"卢文弨曰："点谓点窜润饰之也。""以为声价"，用这个为子弟提高声价，"以"和"为"的后面省了两个"之"字，第一个"之"字指代文章，第二个"之"字指代子弟。

（7）**一则不可常继，终露其情；二则学者有凭，益不精励**："学者有凭"，学的人有依靠，"凭"，依靠、依赖。

【译文】

有一位出身士族的人，读书不过二三百卷，天性鲁钝，并不聪明，但家道殷实富有，老是装出一副矜持的样子，常常宰牛备酒，用珍贵的赏玩之物结交名流雅士。得到好处的人，就轮番吹捧他。朝廷以为他真有才华，也曾任命他作为使节出访外国。东莱王韩晋明，很喜欢文学，怀疑这位士人的诗文不是他自己所命意构思，于是就设宴款待并与他交谈，想当面试试这人的才学。整整一天，宴会的气氛欢洽和谐，文人雅士济济一堂，大家连音合韵，挥笔赋诗，这位士人也很快写成了，可他的诗作全没有向来那种韵味。好在客人们各自在沉思吟味，没有看出其中的异常。韩晋明退席后感叹地说："果真像我预料的那样！"韩晋明还曾经问过他："'玉斑杓上终葵首'，应当是什么形状？"他回答说："玉斑的上部弯曲圆转，那样子如同葵叶。"韩晋明是位博学的人，忍住笑向我说了这件事。修改子弟的文章，以此来抬高他们的声价，这是一大坏事。一来是这种事不可能长久持续下去，最终总归要露出真相；二来是正在求学的子弟一旦有了依赖，就更不想勤奋用功了。

10.5　邺下有一少年，出为襄国令，颇自勉笃。公事经怀，每加抚恤，以求声誉。凡遣兵役，握手送离，或赍梨枣饼饵，人人赠别，云："上命相烦，情所不忍；道路饥渴，以此见思。"民庶称之，不容于口。及迁为泗州别驾，此费日广，不可常周，一有伪情，触涂难继，功绩遂损败矣。

【注释】

（1）**邺下有一少年，出为襄国令，颇自勉笃**："襄国"，县名。时属于襄国郡，约在今河北邢台西南。

（2）**公事经怀，每加抚恤，以求声誉**："经怀"，这里是用心的意思。

（3）**凡遣兵役，握手送离，或赍梨枣饼饵，人人赠别，云："上命相烦，情所不忍；道路饥渴，以此见思。"**："赍（jī）"，持、拿；以物送人。"饵"，糕饼。

（4）**民庶称之，不容于口**："不容于口"或"不容口"，意为不是口说所能说完的。

（5）**及迁为泗州别驾，此费日广，不可常周，一有伪情，触涂难继，功绩遂损败矣**："泗州"，州名。《隋书·地理志》："下邳郡，后魏置南徐州……后周改为泗州。"治所在宿预，约在今江苏宿迁东南。"别驾"，官名。

《通典·职官》："州之佐史，汉有别驾、治中、主簿、功曹、书佐……等官。"别驾"从刺史行部，别乘传车，故谓之别驾。"注：《庾亮集·答郭豫书》，"别驾旧与刺史别乘，同流宣王化于万里者，其任居刺史之半"。魏晋以后诸州仍置别驾，或称别驾从事史，职权尤重。"触涂"，处处、各处，参见前（9.14）注。

【译文】

邺下有位年轻人，出任为襄国县令，颇能自我要求勤勉笃实。办事用心，常常安抚救济百姓，以求得声誉。凡是被派去服兵役的，他都亲自握手送行，有时还带着梨枣糕饼，与他们一一赠别，说："这是上边的命令要麻烦你们，我感情上实在不忍；怕你们路上饥渴，送这点东西以表思念。"老百姓都对他交口称赞。到他升任泗州别驾后，这种费用越来越大，不可能总是做得面面俱到。为人一有虚情，就处处难以相继，过去的功绩也就随之而毁败了。

10.6 或问曰："夫神灭形消，遗声余价，亦犹蝉壳蛇皮，兽迒鸟迹耳，何预于死者，而圣人以为名教乎？"对曰："劝也。劝其立名，则获其实。且劝一伯夷，而千万人立清风矣；劝一季札，而千万人立仁风矣；劝一柳下惠，而千万人立贞风矣；劝一史鱼，而千万人立直风矣。故圣人欲其鱼鳞凤翼，杂沓参差，不绝于世，岂不弘哉？四海悠悠，皆慕名者，盖因其情而致其善耳。"抑又论之，祖考之嘉名美誉，亦子孙之冕服墙宇也，自古及今，获其庇荫者亦众矣。夫修善立名者，亦犹筑室树果，生则获其利，死则遗其泽。世之汲汲者，不达此意，若其与魂爽俱升，松柏偕茂者，惑矣哉！

【注释】

（1）或问曰："夫神灭形消，遗声余价，亦犹蝉壳蛇皮，兽迒鸟迹耳，何预于死者，而圣人以为名教乎？"："迒（háng）"，兽迹。"何预于"，跟……有什么关系。

（2）对曰："劝也。劝其立名，则获其实。"："劝"，勉励、奖励。

（3）且劝一伯夷，而千万人立清风矣："伯夷"，已见前（9.6）注。《孟子·万章下》："孟子曰：'伯夷目不视恶色，耳不听恶声；非其君不事，非其民不使；治则进，乱则退。横政之所出，横民之所止，不忍居也。思与乡人处，如以朝衣朝冠，坐于涂炭也。当纣之时，居北海之滨，以待天下之清也。故闻伯夷之风者，顽夫廉，懦夫有立志。'"

（4）**劝一季札，而千万人立仁风矣**："季札"，即公子札。春秋时吴王诸樊之弟。因封于延陵（今江苏常州），故又称延陵季子。后再封州来（今安徽凤台），故又称延州来季子。多次推让君位。事见《史记·吴太伯世家》。

（5）**劝一柳下惠，而千万人立贞风矣**："柳下惠"，即展禽。春秋时鲁国大夫。展氏，名获，字禽。食邑在柳下，谥惠，人称柳下惠。以善讲礼节闻名当时。《孟子·万章下》："柳下惠不羞污君，不辞小官；进不隐贤，必以其道，遗佚而不怨，厄穷而不悯。与乡人处，由由然不忍去也：'尔为尔，我为我，虽袒裼裸裎于我侧，尔焉能浼我哉？'故闻柳下惠之风者，鄙夫宽，薄夫敦。"

（6）**劝一史鱼，而千万人立直风矣**："史鱼"，又作史䲡。春秋时卫国大夫，正直敢谏。《论语·卫灵公》："子曰：'直哉史鱼！邦有道，如矢；邦无道，如矢。'"《集解》："孔曰：'卫大夫史䲡，有道无道，行直如矢，言不曲。'"

（7）**故圣人欲其鱼鳞凤翼，杂沓参差，不绝于世，岂不弘哉**：意为圣人希望天下之士，不论其天资禀赋有何差异，皆应该仿效伯夷诸人。"杂沓参差"，多而不齐。

（8）**四海悠悠，皆慕名者，盖因其情而致其善耳**："悠悠"，广阔、众多之貌。"因其情而致其善"，顺着他们不同的情性而引导他们走向善道，"因"，因循、顺着；"致"，导向、达到。

（9）**抑又论之，祖考之嘉名美誉，亦子孙之冕服墙宇也，自古及今，获其庇荫者亦众矣**："抑又论之"，进一步说，再说。"冕服"，古代帝王、诸侯及卿大夫的礼服。冕指冠冕，服指服饰。"庇荫"，庇护，已见前（8.3）注。

（10）**夫修善立名者，亦犹筑室树果，生则获其利，死则遗其泽**："树果"，种果树，"树"是动词。"遗其泽"，留下它的好处（给后人）。

（11）**世之汲汲者，不达此意，若其与魂爽俱升，松柏偕茂者，惑矣哉**："若"，似乎以为、好像以为。"魂爽"，魂魄精爽。《左传·昭公二十五年》："心之精爽，是谓魂魄。魂魄去之，何以能久？"

【译文】

有人问道："人在灵魂湮灭和形体消失之后，留下的名声不过像蝉蜕的壳，蛇蜕的皮,鸟兽留下的足迹罢了,与死者有什么相干,圣人为何还要以此来作为教化的内容呢?"我回答说:"为了勉励。勉励大家建立名声,就可以得到实在。何况夸奖一个伯夷,千万个人都会仿效他,这样就可以形成清廉的风气;夸奖一个季札,千万个人都会仿效他,这样就会形成仁爱的风气;夸奖一个柳下惠,千万个人都会仿效他,这样就会形成坚贞的风气;夸奖一个史鱼,千万个人都会仿效他,这样就会形成正直的风气。所以圣人希望世人不论天资禀赋如何,都要追随效法这些贤人,并世世代代延续下去,这不是很伟大吗?世界上芸芸众生都爱慕名声,于是圣人就顺着这种人性来诱导他们走上善道。"再说,祖先的美名嘉誉,就是子孙的衣服和房子,从古至今,子孙得到先人的庇荫者很多。行善事以树立美名的人,就好像盖房子、种果树一样,生前得到好处,死后还能造福后代。世上急功近利的人,不明白这个道理,似乎认为美名也能够与魂魄一同升天,与松柏一样长青,那就未免糊涂了!

【评析】

人都想出名,俗话说"人过留名,雁过留声",人过一辈子一点名声都没有留下来,总是一种遗憾。

我来讲个故事。东晋时有个桓温,跟谢安同时,是个很有野心的人,曾经三次率军北伐,可惜没有成功。《世说新语》上记载他很多故事,《尤悔》篇中有一条说,有一天他躺在床上当着自己的幕僚大发感慨,说我们这样无所作为,恐怕会被司马师、司马昭笑话。然后突然一翻身坐起来,又说,大丈夫如果不能流芳百世,难道遗臭万年也做不到吗?"遗臭万年"这个成语就是这样来的,你看桓温这个人留名的心有多么强烈。

桓温的话也告诉我们,出名有两种,一种是好名,一种是坏名。做父母的当然希望子孙留好名而不是留坏名,所以颜之推特地在家训中写了《名实》一篇,来说明一个人要立什么样的名,怎么才能立令名于世,在求名的问题上要避免哪些错误的做法。这些意见今天看来仍然有警世的价值。下面我就在《名实》篇的基础上提出一些要点,结合今天的社会现象,来谈谈一些看法。

一、要修善以立名

出名之心既然人皆有之,所以圣人因势利导,鼓励人追求令名,孔夫子就说:"君子疾没世而名不称焉。"又说:"四十五十而无闻焉,斯亦不足畏也矣。"儒家主张设立种种名分、名誉、名号、名节来鼓励人们去追求,就是制名以为教,简称名教。不过中国传统思想中也有反对名教的一派,那就是道家,道家认为名教是人为的，名教会造成虚伪，不如顺其自然（顺其自然，就是回到"无名"状态，"无名"就是不人为地以名来制造差别）为好。所以魏晋时曾经有一个著名的哲学上的争论，叫"名教与自然之辨"，这个问题比较抽象深奥，牵涉面太广，我今天就不介绍了。颜之推在《名实》篇中就假设了一个道家的质疑：

或问曰："夫神灭形消，遗声余价，亦犹蝉壳蛇皮，兽迒鸟迹耳，何预于死者，而圣人以为名教乎？"（10.7）

这个人说"名"不过是蝉蜕的壳，蛇脱的皮，鸟兽留下的足迹，没什么用，这就跟庄子说的"名者，实之宾也"（《逍遥游》）是一个意思。"实"是主体，"名"不过是陪衬，"实"都不存在了，还要"名"做什么？而颜之推回答说，"名"的作用在于"劝"："劝其立名，则获其实。""劝"就是勉励，"劝其立名"就是勉励人们追求好的名声，效仿好的榜样。名虽然是"宾"，但劝人立名，就可以得到名所指示的那个"实"。

他接着举了几个例子。第一个是伯夷，是一个非常廉洁而有骨气的人，他和他的三弟叔齐是商朝末年孤竹国的王子，父亲想把位子传给叔齐，伯夷就自动出走，让父亲好实行自己的意志，叔齐却认为自己不应该继位，也自动出走，结果孤竹国的人只好拥戴老二做了国王。当时是商纣王的时代，社会非常混乱，兄弟二人逃到海边，想等到天下清平再出来。后来听说周武王起来反对纣王的统治，便跑来投奔周武王，但是他们却不赞成周武王用暴力的方式来推翻商朝的统治，认为这是"以暴易暴"，跟他们施行仁政的主张不同。周武王不听他们的，结果兄弟二人逃到首阳山，决定"不食周粟"，就是不吃周朝的粮食，只吃首阳山上的野菜。后来有人问他们，说：这野菜不也是周朝的吗？他们两个一想也对，就干脆连野菜也不吃，饿死了。颜之推说，如果勉励大家学习伯夷的榜样，立清廉之名，这样天下就会形成清廉的风气了。

第二个是季札，季札是春秋时吴国的公子，封于延陵，所以又称为延陵季子，他有几次机会继承王位却都推辞了。他跟孔子同时，是连孔子都推崇的一位最讲礼仪的仁人，他又是一个极讲诚信的人，有一个著名的故事叫"延陵挂剑"，就是说他的。他有一次出使晋国，路过徐国，身上带着一把价值千金的宝剑，徐国的国君非常欣赏，嘴里没说，但季札看得出来徐君很想要这把剑，便在心里许诺把这把剑赠给徐君，只是现在使命在身不可不带剑，他准备完成使命返国途中再送这把剑给徐君。但他回来时徐君已经死了，他就把剑献给徐君的儿子，徐君的儿子说父王没有这个遗嘱，我不敢收受你的剑。但季札认为如果他不把这个心里已经许诺徐君的剑送给徐君，那就是不遵守自己心中的诚信，就是"欺心",于是他走到徐君的墓前,祭奠一番,把剑挂在墓旁的树上,就走了。颜之推说,劝勉大家以季札为榜样,立仁德诚信之名,则整个社会就会形成仁德诚信的风气。

第三个是柳下惠,他是春秋时期鲁国的大夫,这个人很正直很有道德,在男女问题上尤其作风正派,用古人话讲就是"贞节"。据说有一天,他在一个庙里避雨,一个女子进来,全身都打湿了,冻得直打哆嗦,他便让那女子坐在自己的身上,用衣服裹住她,但自始至终没有做出任何"性骚扰"的动作,所以有个成语叫"坐怀不乱",就是指这件事。颜之推说,号召大家学习柳下惠的榜样,立贞节之名,这样整个社会就会形成贞节的风气了。

第四个人是史鱼,是春秋时卫国的大夫,担任史官,为人非常正直,国君如果有不对的地方他敢于直谏。当时卫国国君宠爱男宠弥子瑕,史鱼屡次进谏,叫卫君疏远弥子瑕,进用贤者蘧伯玉,但是始终无效,所以史鱼临死之前叫儿子停尸不葬,说:"我生前没有能够匡扶君王,尽到自己的责任,所以没资格安葬。"卫国的国君到他家里吊唁,看到史鱼没有安葬,就问他的儿子,他的儿子就把父亲的话转告给国君,终于使卫国的国君幡然悔悟,改正了自己的错误,这就是有名的"史鱼尸谏"的故事。后来有不少忠臣仿效史鱼,"文死谏,武死战",就成为传统时代忠臣的最高标准。所以孔子称赞史鱼说:"直哉史鱼!邦有道,如矢;邦无道,如矢。"(《论语·卫灵公》)就是说不管国君有道无道,他都正直得像一根箭一样,不会弯曲自己来迎合君王的错误。颜之推说,勉励大家学习史鱼的榜样,追求"正直"之名,那么整个社会就会形成正直的风气了。

颜之推说"名教"的作用就在于利用人们的慕名之心来劝导人们做好事:"四海悠悠,皆慕名者,盖因其情而致其善耳。"这话对不对呢?应该说是对的。我们今天的社会也有种种的"名号",如"战斗英雄""劳动模范""三八红旗手""技术标兵""三好学生""优秀教师"以及种种的"先进集体",不都是用"名号"来鼓励大家做好事、为人民服务、为社会做贡献吗?种种名号也就是种种榜样,利用人们慕名、好名之心,来向这些榜样学习,社会风气就会变好,这不是很好吗?湖北有个长江大学,在荆州,是个新办的大学,2007年1月22日,有一位76岁老人在长江边洗衣不慎落入江里,该校学生赵传宇不顾危险,和衣跳进湍急而又寒冷的江水中,把老人救起,姓名都没留下就回学校去了。几个月后老人找到学校,大家才知道这件事。湖北省委高校工委、省教育厅发文表彰赵传宇为"湖北省优秀大学生"。荆州市人民政府也发文表彰他为"优秀大学生"。不到三年,2009年10月24日,该校又出了另外一件更为动人的救人故事,一群大学生为了抢救两名落水少年,纷纷跳进水流湍急的长江中,两名少年被救起,而三位学生陈及时、何东旭、方招却献出了自己的宝贵生命。这件事轰动全国，团中央、全国青联追授这三位大学生为"全国优秀共青团员"，并授予"中国青年五四奖章集体"的荣誉称号。教育部授予十五名参与救人的学生"全国见义勇为舍己救人大学生英雄集体"的荣誉称号，追授陈及时、何东旭、方招"全国舍己救人优秀大学生"荣誉称号，并决定在教育系统开展向长江大学"全国见义勇为舍己救人大学生英雄集体"的学习活动。

为什么长江大学会先后出现这么多舍己救人的英雄人物呢？这就是榜样的作用，也就是名教的作用。在"名"的激励下，人能产生比平时更大的勇气和力量，"名"能使平凡人变成英雄，也能使资质平庸的孩子发掘出更多的潜能。

颜之推鼓励后代要"修善立名"，而且把修善立名比作"筑室树果"。好比盖房子栽果树，"生则获其利，死则遗其泽"，生前自己得到好处，死后还可以荫庇子孙。但"名"是用来"劝善"的，要立名必须先修善，这样才能达到"名教"的目的，如果不懂得这个意思，把名和实分开，把立名和劝善分开，只单方面求名，为了求名不择手段，那就会适得其反。

二、不可作假窃名

《名实篇》一开头就分析名与实的关系，颜之推说名实关系就好像影和形的关系，先有形，然后有影，有什么样的形，才有什么样的影，形美影才美。没有美形却要美影，自然是不可能的。所以一个人要有好的名，归根结底是要有好的实，成语说"实至名归"，就是说有了好的实，好的名自然跟着就来了。

什么是好的实？《左传·襄公二十四年》记载："太上有立德，其次有立功，其次有立言。"立德、立功、立言，这三者都是可以泽被万民流传千古的事，一个人如果在这三个方面的任何一个方面能够有所建树，则身虽死而名不朽，所以合称为"三不朽"。这样的名就是名副其实的名。

但是在实际社会生活中，有不少的人在德、功、言三个方面并没有什么建树，却又想出名，怎么办？于是就走邪路，用不正当的手段去窃取名声。大家想必都读过钱锺书先生的长篇小说《围城》，《围城》的主角方鸿渐在国外留学，不好好读书，成天鬼混，到了毕业的时候却又想有个博士的头衔，于是就向一个什么"克莱登大学"——其实是一个不存在的空有其名的"学校"，花钱买了一个假文凭，还自己骗自己，说是为了孝顺父母。这是小说，方鸿渐只是钱锺书笔下虚构的一个人物，大家读了也只是一笑了之，没想到现实中还真有这种人物，最近中国不是出了一个真实的方鸿渐吗？某一位在企业界颇成功也颇有名气的人，写了一本书叫《我的成功可以复制》，却被别人揭穿他的博士头衔是假的，是一个叫作"美国西太平洋大学"发的,而这个"西太平洋大学"竟然是一个和克莱登大学差不多的"野鸡学校",这位老兄的博士文凭竟然也像方鸿渐一样是买来的。当然这件事现在还没有定案,但已经在网络上传得沸沸扬扬。我们不能不承认这样的事情确实是存在的。美国确实有一批这样的"文凭工厂",靠出卖假文凭获利。其实假文凭虽然可恶,但现实生活中还有比假文凭更恶劣的事,如卖官鬻爵,古代有,今天也有。2010年7月22日,《法制日报》曾报道,安徽省蚌埠市政协原副主席徐社新,曾在五河县做过代理县长和县长,他在此县主政的六年中,"把重要部门的官帽卖了个遍",被群众讽刺为"卖官书记""官帽售货郎",任何官员想要得到提拔都要给他送钱。用这样的手段来取得名声叫作"窃名"。

颜之推在《名实》篇里说:"上士忘名,中士立名,下士窃名。"就是说在出名的问题上有三种情形,一种是根本不把出名当作自己的目的,而他的言行却"体道合德",也就是自然合乎天道,以及社会的需要,这样的人不求名,却自然有名,这是上等。其次是有心立名,自己"修身慎行",也就是让自己的言行努力合乎社会道德的标准,最终在德、功、言三方面有所建树,得到了良好的名声,这是中等。还有一种人就是我们前面说的"窃名",这是下等。

我们父母在教育子女时,要反反复复告诉子女,人人都想出名,出名没有什么不好,但是要通过正确的途径出名,出真名、实名,而不可用不正当的手段窃取名声,那样的名是假名、虚名,最终总会被揭穿,轻则出乖露丑,重则身败名裂,决不可心存侥幸。

三、不可造名过实

窃名作假是没有实,名是假的、空的。在求名的问题上还有一种情形值得警惕,就是并非完全没有实,但是被夸大了、被修饰得太厉害了,结果弄得名过其实,这种名,虽然不完全是假名,却是吹出来的,或者造出来的,像肥皂泡、棉花糖一样,我们姑且称之为"造名"吧。现在社会上尤其是娱乐圈中非常流行的所谓"炒作""包装",就是一种典型的造名。

这种情形也是古已有之,只是于今为烈罢了。颜之推在《名实》篇中就告诫子孙,要注意避免这种造名的情形。他举了一个例子,说有一个士族出身的人,读书并不多,也没有什么才能,但是家里很富裕,自己也很附庸风雅,平常总是以酒食礼物结交名士,这些名士便替他吹捧,弄得朝廷还以为他很有文采,甚至还派他出使外国。他写的诗文往往都是别人替他捉刀或者润色过的,当时有个贵族叫韩晋明,怀疑他其实并不怎么样。有一次举行酒会,故意测试他,让他当场作诗,果然诗做得很差,一时流为笑谈。

颜之推还谈到当时有些人帮子弟"治点"（治点就是修饰润色的意思）文章，拿来向人炫耀，为子弟博取名声，这当然也是一种"炒作"。颜之推说，替子弟治点文章是一种"大弊事"，也就是很坏的习惯，叫子孙千万不可仿效。子弟的文章如果作得不够好，要给他指出毛病，让他改善，而不是替他润色修饰。因为，润色修饰的部分毕竟不是子弟自己写的，你帮他润色修饰一次，没办法帮他润色修饰一生，总有一天会露出马脚来，就会被人看不起了。还有，你帮助子弟润色修饰惯了，会让他产生依赖心理，不去自己精益求精，结果永远没有办法把文章写好。我们今天也有很多做家长的巴不得自己的孩子早日成名，帮孩子改文章、改歌词去参加比赛，这样的家长应该想一想颜之推的话。

"造名"比"窃名"虽然略胜一筹，但毕竟不是正派作风。明明只有三分、五分，却说成七分、九分，至少是一种浮夸，这样得到的名声是浮名、虚名、过实之名。今天社会上炒作之风、互相吹捧之风、夸大不实之风相当流行，大师、专家的帽子满天飞，已经快到习非成是的程度。很多人不以炒作、吹捧为耻，甚至认为这是成名的必由之路，这实在令人忧心，不能不引起全社会的警惕。

四、不可贪名不已

想出名是人之常情，真正"忘名"的"上士"是凤毛麟角，所以前人说："三代以上惟恐好名，三代以下惟恐不好名。"如果人人都不好名，不在乎自己名声的好坏，那是更可怕的事。但是有的人好名太甚，变成贪名不已，这样就会弄巧成拙，反而露出了自己的虚伪，这是特别值得警惕的。

颜之推在《名实》篇里举了一个例子，说当时有一个有名的大官，向来以孝闻名，父母死的时候他非常哀痛，做得比儒家的丧礼规定还要超过，大家都说他很有孝心。但他生怕人家看不出来，居然用巴豆涂脸，使脸上长疮，表示哭得很多。不料这件事被仆人看到传了出来，结果大家对他以前的孝顺都不相信了。颜之推说这是"以一伪丧百诚"，就是一次做假而毁了前面一百次的真诚，因此告诫子孙："巧伪不如拙诚。"就是说，做人宁可诚恳到显得笨拙，也比巧妙的伪装来得好。

贪名有时候表现为求名过分，做好事超过自己的能力，结果难以为继。颜之推举了一个例子，说当时有一个年轻人被任命为襄国县令，做事颇努力，常常救济百姓，希望获得好的名声，每次派遣本地男丁服兵役，他都要亲自握手送行，还要送些糕饼点心，大家都对他赞不绝口。后来他升了官，做了泗洲别驾，泗洲比襄国县大，服兵役的男丁自然更多，这样，买糕饼点心的费用也就越来越多，终于让他负担不起，只好停止，结果前面做的好事都被人怀疑是虚情假意，反而把名声给毁了。

总之，求名也跟求利一样，本是人生常态，但也要守中庸之道，要掌握一个分寸和限度，不可求之不已，不可过分，过分就会害实，反而变成虚假。我曾经作过一副对联，或者可以供大家教育子女时做参考：

钱够用即可，多多未必善；名有闻足矣，皦皦则易污。

涉务第十一

11.1 士君子之处世,贵能有益于物耳,不徒高谈虚论,左琴右书,以费人君禄位也。国之用材,大较不过六事:一则朝廷之臣,取其鉴达治体,经纶博雅;二则文史之臣,取其著述宪章,不忘前古;三则军旅之臣,取其断决有谋,强干习事;四则藩屏之臣,取其明练风俗,清白爱民;五则使命之臣,取其识变从宜,不辱君命;六则兴造之臣,取其程功节费,开略有术。此则皆勤学守行者所能辨也。人性有长短,岂责具美于六涂哉?但当皆晓指趣,能守一职,便无愧耳。

【注释】

(1) 士君子之处世,贵能有益于物耳,不徒高谈虚论,左琴右书,以费人君禄位也:"左琴右书",古人往往琴书并言,以为士大夫的风雅之事。

(2) 国之用材,大较不过六事:"大较",大略、大抵。

(3) 一则朝廷之臣,取其鉴达治体,经纶博雅:"治体",指国家的体制、法度。任昉《王文宪集序》:"若乃明练庶务,鉴达治体。""经纶",本意为整理丝缕,理清丝绪叫经,编丝为绳叫纶,引申为筹划治理国家大事。

(4) 二则文史之臣,取其著述宪章,不忘前古:"文史之臣",指在帝王身边主管文书档案,起草诏令典章以及修撰国史的官员。"宪章",典章制度。

(5) 三则军旅之臣,取其断决有谋,强干习事:"强干",刚强干练。"习事",这里指熟悉军事。

（6）四则藩屏之臣，取其明练风俗，清白爱民："藩屏之臣"，指地方高级长官，如州刺史、郡太守等。"藩"，篱笆，引申为保护、保卫。"屏"，屏蔽、遮挡。"明练"，明察练达。

（7）五则使命之臣，取其识变从宜，不辱君命："使命之臣"，指奉命出使的外交官员。"识变从宜"，能随机应变。"不辱使命"，不使君命受到折辱，也就是完成使命之意。《论语·子路》："使于四方，不辱君命"。

（8）六则兴造之臣，取其程功节费，开略有术："兴造之臣"，指负责土木建筑的官员。"程功"，衡量功绩，计算完成工程进度。《礼记·儒行》："程功积事。"孔颖达疏："程功，程效其功。""开略"，开拓、经营，略等于今天说的建设。

（9）此则皆勤学守行者所能办也："此"，指以上六种人才。"守行"，守规矩、有品格。"辨"，同"办"，做得到。

（10）人性有长短，岂责具美于六涂哉："具美"，全美、都好。"涂"，通"途"；六途，指上述的"六事"。

（11）但当皆晓指趣，能守一职，便无愧耳："但"，只、只要。"指趣"，同"旨趣"。

【译文】

读书人的立身处世，贵在有益于众人，而不光是高谈阔论，弹琴作书，以此耗费人君的俸禄爵位。国家使用的人才，大抵不过六种：一是朝廷之臣，用的是他们通晓治理国家的体制纲要，学问广博，能筹划国家大事；二是文史之臣，用的是他们撰述典章制度，阐释前代兴亡之由，让今人不忘前人的经验和教训；三是军旅之臣，用的是他们善断多谋，强力干练，熟悉军事；四是藩屏之臣，用的是他们洞达当地民风民俗，为政清廉，爱护百姓；五是使命之臣，用的是他们随机应变，因事制宜，完成人君交付的外交使命；六是兴造之臣，用的是他们考核工程功效，节约费用，开拓经营有办法。以上种种，都是勤奋学习、品德端正的人能够做到的。人的禀赋各有短长，怎么能够要求一个人同时具备以上六个方面的才能呢？只要对这些都能略知大概，而有能力做好其中的一个方面，也就可以不惭愧了。

11.2　吾见世中文学之士，品藻古今，若指诸掌，及有试用，多无所堪。居承平之世，不知有丧乱之祸；处庙堂之下，不知有战陈之急；保俸禄之资，不知有耕稼之苦；肆吏民之上，不知有劳役之勤，故难可以应世经务也。晋朝南渡，优借士族；故江南冠带，有才干者，擢为令仆已下尚书郎中书舍人已上，典掌机要。其余文义之士，多迂诞浮华，不涉世务；纤微过失，又惜行捶楚，所以处于清高，盖护其短也。至于台阁令史，主书监帅，诸王签省，并晓习吏用，济办时须，纵有小人之态，皆可鞭杖肃督，故多见委使，盖用其长也。人每不自量，举世怨梁武帝父子爱小人而疏士大夫，此亦眼不能见其睫耳。

【注释】

（1）**吾见世中文学之士，品藻古今，若指诸掌，及有试用，多无所堪**："品藻"，评议，鉴定等级。《汉书·扬雄传》："称述品藻。"颜师古注："品藻者，定其差品及文质。""若指诸掌"，如指示掌中之物那般容易。《礼记·仲尼燕居》："治国其如指诸掌而已乎！""堪"，能、能承担、能忍受。

（2）**居承平之世，不知有丧乱之祸**："承平"，累代相承太平。

（3）**处庙堂之下，不知有战陈之急**："庙堂"，指宗庙明堂。古代帝王有事则祭告宗庙，议于明堂，故庙堂也指朝廷。"战陈"，作战布阵，"陈"古通"阵"。此指打仗。

（4）**保俸禄之资，不知有耕稼之苦**："保"，保有。"耕稼"，耕田种地。

（5）**肆吏民之上，不知有劳役之勤，故难可以应世经务也**："肆"，随意，这里有安居的意思。"难可以"，"难可"连读，意为难，"可"字无义，参看（6.30）注，"可以"不连读，"以"，用，下面省略了宾语"之"，"难可以（之）"意为难用他们。"应世经务"，应付当世，处理事务。

（6）**晋朝南渡，优借士族**："晋朝南渡"，指·东晋元帝建武元年（317）西晋灭亡，司马睿南渡并在建康建立东晋一事。"优借"，优待。

（7）**故江南冠带，有才干者，擢为令仆已下尚书郎中书舍人已上，典掌机要**："冠带"，戴冠束带，是士族的打扮，有别于平民，这里冠带即指士族。"令、仆"，指尚书省的长官尚书令和副职尚书左、右仆射。"尚书郎"，尚书省属官，掌文书起草。梁时，尚书省下分二十二曹，每曹设郎一人，总称尚书郎，为清贵显要之职。"中书舍人"，中书省属官，主进呈奏案之事。梁时亦为显要职位，参与机要，参见前（5.5）注。"典掌"，执掌。

（8）**其余文义之士，多迂诞浮华，不涉世务；纤微过失，又惜行捶楚，所以处于清高，盖护其短也**："迂诞浮华"，空疏迂腐，好作表面文章，不切实际。"惜"，舍不得。"捶楚"，杖责，"楚"，木棒。旧制，失职官员要受到杖责，即使尚书郎也难免，但自南齐起，尚书郎等成为显要之职后，就不再杖责了。

(9) 至于台阁令史，主书监帅，诸王签省，并晓习吏用，济办时须，纵有小人之态，皆可鞭杖肃督，故多见委使，盖用其长也："台阁令史"，台阁指尚书省，令史为在尚书省里办事的低级官吏。"主书"，尚书省属下官吏。"监帅"，即监、帅，亦为尚书省属下官吏。据《隋书·百官志》二：北齐尚书省下设尚令局、尚药局等，各设监四人；又设斋帅局，置斋帅四人。此当颜氏处北地已久，不自觉地混用了北朝官名。"签省"，"签"指典签，南朝以亲王出镇，由朝廷委派典签佐之，名为处理文书，实则监督诸王的言行，品秩虽微，却有很大权力，"省"指州郡里的省事等低级办事人员。

(10) 人每不自量，举世怨梁武帝父子爱小人而疏士大夫，此亦眼不能见其睫耳："梁武帝父子"，梁武帝萧衍共有八子。此处仅指梁武帝和后来居君位的简文帝萧纲、元帝萧绎。

【译文】

我看世上的文学之士，品评古今，好像指点掌中之物一般，一旦让他们去干实事，却多数不能胜任。他们生活在升平时代，不知道有丧国乱民之祸；身在朝堂之上，不知道战争攻伐的急迫；有可靠的俸禄供给，不知道耕田种地的艰辛；安居在吏民头上，不知道有从事劳役的愁苦，这样就很难用他们来应付时世，处理事务了。东晋南渡后，朝廷对士族优待宽容，所以在江南的官吏中，有才能的，就能提升到尚书令、尚书仆射以下，尚书郎、中书舍人以上的官职，执掌国家机要。其他一般文士，大都空疏迂腐，不切实际，不懂世务，若犯有一些小过失，又舍不得施以杖责，所以只好把他们安置在名高职清的位子上，以掩盖他们的短处。至于尚书省的令史、主书、监、帅，外镇藩王身边的典签、省事，都是熟悉官吏事务，能够按需要完成任务的人，纵使有些人有不良的表现，都可以施行鞭打杖责的惩罚，严加监督，所以这些人多被委任使用，可说是用其所长。人往往不自量，大家都在抱怨梁武帝父子喜欢小人而疏远士大夫，这其实是缺乏自知之明，好比自己的眼睛看不到自己的睫毛一样。

11.3 梁世士大夫，皆尚褒衣博带，大冠高履，出则车舆，入则扶侍，郊郭之内，无乘马者。周弘正为宣城王所爱，给一果下马，常服御之，举朝以为放达。至乃尚书郎乘马，则纠劾之。及侯景之乱，肤脆骨柔，不堪行步，体羸气弱，不耐寒暑，坐死仓猝者，往往而然。建康令王复性既儒雅，未尝乘骑，见马嘶喷陆梁，莫不震慑，乃谓人曰："正是虎，何故名为马乎？"其风俗至此。

【注释】

（1）梁世士大夫，皆尚褒衣博带，大冠高履，出则车舆，入则扶侍，郊郭之内，无乘马者："褒（bāo）衣博带"，即宽袍大带。"褒"，衣襟宽大之意。"高履"，高齿屐。"舆"，本是车，此指肩舆，即轿子。

（2）周弘正为宣城王所爱，给一果下马，常服御之，举朝以为放达："周弘正"，当时著名文人，已见前（8.10）注。"宣城王"，指南朝梁简文帝嫡长子萧大器，梁武帝中大通四年（532）受封宣城郡王，简文帝即位后为太子，后死于侯景之乱，谥哀太子。"果下马"，一种身体矮小的马，高仅约三尺，骑上它能在果树下行走，故有此称。南朝时供富贵人平时乘坐。"服御"，使用。"放达"，率性而为，不为世俗礼法所拘束。

（3）至乃尚书郎乘马，则纠劾之："纠劾"，弹劾。

（4）及侯景之乱，肤脆骨柔，不堪行步，体羸气弱，不耐寒暑，坐死仓猝者，往往而然："侯景之乱"，指侯景在梁朝发动的叛乱。侯景先属北魏尔朱荣，继归高欢，为镇守河南的大将。梁武帝太清元年（547），高欢死，世子高澄继位。侯景惧被杀，以河南叛，降西魏。旋与西魏宇文泰互相猜忌而降梁。梁武帝封其为河南王。次年，他与梁宗室萧正德勾结，举兵叛变，攻破建康，围困台城达五个月之久。太清三年（549），台城被攻破，武帝忧愤而死，侯景改立萧纲为帝，并分兵四掠。梁简文帝大宝二年（551），侯景废简文帝萧纲，立萧栋；旋又废萧栋而自立。次年，梁将王僧辩、陈霸先等攻入建康，侯景东逃，为部下所杀。侯景之乱使繁华的建康几成废墟，长江中下游地区遭受到极大的破坏。

（5）建康令王复性既儒雅，未尝乘骑，见马嘶喷陆梁，莫不震慑，乃谓人曰："正是虎，何故名为马乎？"其风俗至此："喷"，指马的喷气。"陆梁"，跳跃，强横不驯。

【译文】

梁朝的士大夫，都喜好宽袍长带、大冠高履，外出乘车舆，回到家中有僮仆服侍，在城郊以内，看不到有骑马的士大夫。周弘正为宣城王所宠信，宣城王赏给他一匹果下马，周弘正经常骑着它外出，满朝官员都说他作风放达。至于像尚书郎那样的官员骑马，就会受到纠举弹劾。到侯景之乱时，这些士大夫肌肤柔嫩、筋骨脆弱，受不了步行；气血不足、体质羸弱，耐不得寒暑。在突然的变乱中坐以待毙的，到处都是。建康令王复，性情儒雅，不曾骑过马，一看到马在嘶叫喷气、跳跃不止时，就感到震骇恐惧，对人说："这明明是只老虎，为什么叫它马呢？"当时的风气竟到了这般地步。

11.4 古人欲知稼穑之艰难，斯盖贵谷务本之道也。夫食为民天，民非食不生矣，三日不粒，父子不能相存。耕种之，茠鉏之，刈获之，载积之，打拂之，簸扬之，凡几涉手，而入仓廪，安可轻农事而贵末业哉？江南朝士，因晋中兴，南渡江，卒为羁旅，至今八九世，未有力田，悉资俸禄而食耳。假令有者，皆信僮仆为之，未尝目观起一墢土，耘一株苗；不知几月当下，几月当收，安识世间余务乎？故治官则不了，营家则不办，皆优闲之过也。

【注释】

（1）**古人欲知稼穑之艰难，斯盖贵谷务本之道也**："稼穑"，指农事。《尚书·无逸》："先知稼穑之艰难。""本"，指农业，与下文"末业"相对。"末"，指商业。

（2）**夫食为民天，民非食不生矣，三日不粒，父子不能相存**："粒"，指以谷米为食。"存"，关心、思念。

（3）**耕种之，茠鉏之，刈获之，载积之，打拂之，簸扬之，凡几涉手，而入仓廪，安可轻农事而贵末业哉**："茠（hāo）"，同"薅"，除草。"鉏"，同"锄"。"刈（yì）"，割（草或谷类）。"打拂"，以连枷击禾，使谷粒脱落。

（4）**江南朝士，因晋中兴，南渡江，卒为羁旅，至今八九世，未有力田，悉资俸禄而食耳**："中兴"，复兴。西晋被灭后，司马睿在南方重建晋朝，号为中兴。"羁旅"，旅居在外。"力田"，种田、从事农业劳动。

（5）**假令有者，皆信僮仆为之，未尝目观起一墢土，耘一株苗；不知几月当下，几月当收，安识世间余务乎**："信"，依靠。"墢（fá）"，指耕地时一耦所翻起的土。《国语·周语上》："王耕一墢。"韦昭注："一墢，一耦之发也。耜广五寸，二耜为耦。一耦之发，广尺深尺。"

（6）**故治官则不了，营家则不办，皆优闲之过也**："不了"，办不了、办不成。"不办"，做不好、做不到。

【译文】

古人认为一个人要知道种庄稼的艰难，这是一种贵谷务本（重视粮食重视农业）的思想。吃饭对老百姓来说是天大的事，老百姓没有饭吃就不能生存，三天不吃饭，即使是父子之间也顾不上关心了。种一茬庄稼，要耕地、播种、除草、收割、运载、脱粒、扬谷，要经过好多道工序，粮食才能进入仓库，怎么可以轻视农事而看重其他的行业呢？在江南为官的士大夫们，随着晋朝的中兴，渡江南来，最终寄旅此地，至今已有八九代了，没有从事农业劳动的，全依靠俸禄维持生活。就算有从事农业的，也都是靠僮仆们来耕种，自己从未目睹翻一块土，种一株苗；不知道哪个月应当下种，哪个月应当收获，哪里还能懂得世上其他事务呢？所以他们当官当不好，治家也治不好，这都是生活太优闲所带来的问题。

【评析】

中国传统文化讲究以人为本的务实精神，儒家思想尤其如此。孔子说自己的人生理想是"修己以安百姓"，在孔子心目中最伟大、最了不起的人，就是"博施于民而能济众"，像尧、舜、禹、周公那样的人，这基本上也就是传统中国知识分子所崇仰的人生目标。

颜之推的思想主要是儒家思想，所以他谆谆告诫子孙处世要务实，而不可一天到晚高谈虚论，不切实际，迂诞浮华，不懂世务。他在《家训》中专门写了《涉务》一篇，提出了很多有益的意见，也举了一些反面的例子，今天读起来还是发人深省。

一、人生处世贵能有益于物

以儒家思想为中心的中国传统文化强调一个人对他人的责任、对社会的责任，用现代语表达就是强调为人民服务，所以颜之推在《涉务篇》一开头就说："士君子之处世，贵能有益于物耳。"这里的"物"不是物体，而当人讲，是人物的物，有益于物，就是有益于人，也就是有益于社会。在颜之推看来，一个人就算是读了不少书，但成天只是"高谈虚论，左琴右书"，无益于他人，无益于社会，这样即使有一官半职，也只不过是浪费"人君禄位"（"禄位"用今天的话来讲就是工资和级别）而已。他强调一个读书人必须有某一方面的专长与能力，才能够真正为君王分担忧劳，为社会尽到责任。他提到具备这种专长与能力的六种人才，一是朝廷之臣，二是文史之臣，三是军旅之臣，四是藩屏之臣，五是使命之臣，六是兴造之臣。他说的"朝廷之臣"，也就是今天的政治组织人才，特别是中央领导干部，"文史之臣"就是文化学术人才，"军旅之臣"就是军事人才,"藩屏之臣"就是地方干部,"使命之臣"就是外交人才,"兴造之臣"就是经济建设人才。颜之推说,一个士君子总要在以上六个方面的某一方面做到学有专长,再加德行可靠,才是一个对国家社会有益的人。

今天的社会结构变化很大,但国家所需要人才也基本上还是这六大类,只是分得更细罢了,每类之下又可以分出很多的小类。我们现在大学所设的各种学科就是对应这些更细的分工的。所以颜之推的话在总体精神上仍然是对的,我们教育培养子女无非就是教育培养他们成为对国家对社会有用的人才。以上所说的六大类人才,只要是学有专长,都是对国家有用的人才。

但是颜之推没有谈到却常常困扰我们家长的往往是这样的问题,就是:具体到我的子女,究竟要把他们培养成为哪一类的人才才最好?我做了一辈子的老师,每到学生毕业前夕准备高考的时候,就会有学生和学生的家长来征求我的意见,到底报考什么系好?我的回答都是一条:你(或你的孩子)喜欢什么就报考什么。但他们往往不满意我的回答,我知道他们心里所想的是,到底目前哪个科系最时髦、最抢手、毕业后最有出路、最好找工作、工资最高。不能说他们没有考虑到国家和社会的需要,但他们考虑的重点显然是谋职,或者说得直白一点就是糊口。我要很坦白地说,在培养自己或培养子女成为哪一方面的人才这个问题上,糊口不应该成为我们考虑问题的主要出发点,虽然人活在世界上不能不考虑到糊口。糊口只解决了生存和温饱的问题,但人要活得快乐,而且对他人也就是对国家和社会有益处,却必须到发展的层次才有可能。而一个人要达到发展的层次,我觉得主要是要实现自我,把上天所赋予你的才能和潜力施展开来。只有在这施展中你才会找到人生的意义与快乐,一个人只有自己找到了人生的意义与快乐,才有可能造福他人,从而对国家和社会有益。所以,一个人向哪个方向发展,最后成为哪一类人才,思考这个问题的根本出发点却应当是自我的兴趣与天赋,而不是迎合时髦,不是为了糊口。说到这里,我可以讲一个故事给大家听。

我在台湾教大一语文时,曾经有一个会计系的学生,语文成绩非常优秀,每次上我的课她都早早来到教室,坐在前排,极有兴味地听我讲课,课间总是替我擦黑板、倒茶添水。我没法不注意到这个漂亮、聪慧的女孩,有一天忍不住问她:"你喜欢会计吗?"她说:"不喜欢。"我说:"那你为什么要读会计系呢?"她说:"我姐姐是会计系的,爸爸、妈妈、姐姐都让我读会计系,说毕业后好找工作,收入稳定。"我说:"你读大学就是为了找份稳定的工作吗?如果你不喜欢会计,而这一辈子都要当会计,你不会觉得后悔吗?"她默然,眼光里有很困惑、很无奈的表情。期末有一天上课,她突然蹦蹦跳跳地跑过来,满脸洋溢着欢快的色彩,说:"老师,我请你吃糖。"我很奇怪,问她有什么喜事,她说:"我申请转系成功，下学期就进中文系了。老师，你不替我高兴吗？"我说："当然高兴。"然后我请她吃了中饭，她跟我讲到很多她的家事和小时候的故事，以及自己的理想。这个孩子转到中文系后一直很快乐，表现很出色，毕业后又考进研究所，读完硕士又读博士，得到学位后在一家大学任教。她一直同我保持联系，常常说的一句话是："老师，我真感谢你，不然我这一辈子都在糊口。"

这个故事告诉我们，把谋职与糊口作为选什么科系、向什么方向发展的根据，实在是我们，包括学生与家长常常容易犯的一个错误。如果我们把人生目标只锁定在谋职与糊口上，看来聪明，其实是很悲哀的。如果一个人一生只是在谋职与糊口上打转，不仅自己找不到人生的意义与快乐，也无法真正做到有益于他人与社会，也就是颜之推所说的"有益于物"，实现自我与有益于物，两者看起来相反，实际上却相成，相反而相成，这就是辩证法。

二、知识分子要戒迂诞浮华之弊

颜之推强调人生在世要有益于物，所以对那些一天到晚只知道高谈阔论而无实际办事才干的人很不满意。他说这些人平时"品藻古今，若指诸掌"，就是说谈古论今，好像指着手掌讲话一样容易，一副什么都明白都清楚的样子，但"及有试用，多无所堪"，就是说一旦真有什么事情要用到他，往往就出乖露丑、束手无策了。他用八个字批评这些人，说这样的知识分子是"迂诞浮华，不涉世务"，所以他特别把这一篇定名为《涉务》，就是告诫子孙处世要务实，要懂得世务。所谓世务，就是"应世经务"，"应世"就是能适应时代与社会的要求；"经务"就是有能力处理实际的事务。

颜之推为什么会这么特别强调务实呢？这跟他所处的时代与他自己的经历有关。魏晋时代最大的特点是士族阶级的兴起，这个阶级的兴起对中国古代精神文明的发展起了巨大的推动作用。魏晋时代思想活跃，百家争鸣，在人文、艺术、科学各个方面都取得了巨大的成就。但是士族阶级垄断了社会、政治、文化、经济等几乎所有的资源，过着十分优裕的生活，却也使得这个阶级很快就走向腐败，士族子弟凭借祖先跟家族的荫庇，穿得好吃得好，什么都有奴仆服侍，自己只管当老爷，甚至连马都不会骑。《涉务》篇中谈到梁世士大夫时有一段说：

梁世士大夫，皆尚褒衣博带，大冠高履，出则车舆，入则扶侍，郊郭之内，无乘马者。（11.3）

褒衣博带，就是（穿）宽大的衣服长长的带子，大冠高履，就是（戴）大帽子（穿）高齿鞋，出门就坐车或者轿子，进屋就有奴婢扶着撑着，京城里看不到骑马的人。有尚书郎骑马，甚至还会被弹劾。他提到有个人叫周弘正，此人是当时著名的文人和清谈家，宣城王很赏识他，送他一匹可爱的小种马，这种马只有三尺高，骑着它可以在果树下行走，所以称为"果下马"。周弘正很喜欢，就常常骑它，居然"举朝以为放达"，就是说所有的朝官都认为周弘正骑果下马的行为是放荡不羁。放荡不羁就是不守礼节，换言之，文官不骑马才是当时合乎礼节的行为。

他还讲了一个很好笑的故事，说有个人叫王复，是当时的建康令，也就是首都市长，生性儒雅，从来没骑过马，见到马匹嘶叫跳跃，就心惊胆战，对人说："这明明是老虎，怎么叫作马呢？"见到马像见到老虎，这样的人还能打仗吗？所以一碰到战乱，他们就狼狈不堪，连逃命的本事都没有：

及侯景之乱，肤脆骨柔，不堪行步，体羸气弱，不耐寒暑，坐死仓猝者，往往而然。（11.3）

颜之推一生经历过三次亡国之灾，亲眼看到士族阶级的无能与腐败，所以教导子孙要深以为戒。

我觉得我们今天做家长的也要警惕这个问题。近四十多年来中国经济发展非常迅速，物质生活水准提高很快。我记得四十多年前我赴美留学的时候，大家生活还非常穷苦，吃饭凭粮票，穿衣凭布票，物资极为缺乏，我当时住在武汉市，一家三代六口，只住一个十六平方米的小房，一个月的工资，夫妻两人加起来才八十多块，每月到最后几天总是连买菜的钱都没有，只好把家里的空瓶子烂鞋子废报纸拿去卖掉，买几块腐乳咸菜凑合着度过那几天。而我们这样的情况在当时还不算差的。那个时候一般人家都没有电话，没有电视，没有空调，没有冰箱，街道上连一辆私家车都看不到。十三年前我从台湾退休回大陆，情况简直起了翻天覆地的变化，武汉街上的私人汽车已经多到常常塞车的地步了，我好几次在上下学的时候经过一些小学、中学的门口，总看到排成长龙的名牌汽车，在等着接送学生。想起自己青少年时代的境况，真觉得有天上地下之别。一方面很高兴祖国的进步，人民生活的改善，一方面也免不了担忧，我们的家长对孩子过分宠爱，连上下学都要专车接送，将来万一遇到灾荒，能够过艰苦的生活吗？如果碰到了战争怎么办？能上前线拼命吗？我们现在好些"富二代"，恐怕比颜之推所说的"肤脆骨柔，不堪行步，体羸气弱，不耐寒暑"，犹有过之吧。

三、读书当官的人要亲知民生疾苦

读书当官的人，也就是古人所说的士大夫，往往高高在上，不懂得民间疾苦，在和平时代尤其如此。有一首大家都熟悉的古诗说："锄禾日当午，汗滴禾下土。谁知盘中餐，粒粒皆辛苦？"（唐李绅《悯农》）还有一首古诗说："昨日入城市，归来泪满襟。遍身罗绮者，不是养蚕人。"（无名氏《蚕妇》）又有一首说："江上往来人，但爱鲈鱼美。君看一叶舟，出没风波里。"（范仲淹《江上渔者》）都是说同样的情形：享受者往往不是劳动者，因此常常不懂得劳动者的艰辛。所以亲身经历过艰难，有远见的人，往往担心成长于富贵中的子孙，不懂得珍惜艰辛劳动所换来的成果，因而反复叮咛告诫。唐太宗在《戒皇属》中就说："每着一衣，则悯蚕妇；每餐一食，则念耕夫。"后来明朝的朱柏庐在《治家格言》中也说："一粥一饭，当思来处不易；半丝半缕，恒念物力维艰。"颜之推虽然出身大士族，但是身经多次战乱，所以对士族子弟不知民间疾苦，特别是不知稼穑之艰难，深有感触，反复告诫。他说：

夫食为民天，民非食不生矣，三日不粒，父子不能相存。耕种之，茠锄之，刈获之，载积之，打拂之，簸扬之，凡几涉手，而入仓廪，安可轻农事而贵末业哉？（11.4）

"民以食为天"，这是千古不易之理，饭吃不饱，就一切都不要谈。颜之推说"三日不粒，父子不能相存"，这是很沉痛的事实。这句话的意思是说，三天不吃饭，哪怕是父子这样亲的人都不能互相温存照顾（"存"在这里是温存的存，不是存在的存），何况其他人呢？大灾荒时代，人吃人的事情都会发生。即使在风调雨顺的时候，农民种点粮食也是多么辛苦啊！从犁田、插秧，到蓐草、锄苗，到收割、运送，到打谷、晒谷，不知道要经过多少道工序，才能把粮食收到仓里啊。但是承平日久，衣食丰裕之后，很多人就会忘记农民的辛苦，尤其是上层阶级过着悠闲生活的人。颜之推看到当时的士族完全不懂稼穑之事，非常沉痛地写下了这样一段话：

江南朝士，因晋中兴，南渡江，卒为羁旅，至今八九世，未有力田，悉资俸禄而食耳。假令有者，皆信僮仆为之，未尝目观起一墢土，耘一株苗；不知几月当下，几月当收，安识世间余务乎？故治官则不了，营家则不办，皆优闲之过也。（11.4）

西晋末年，中国北方被外族占领，当时中原士族纷纷南逃——即历史上有名的"永嘉南奔"，结果在江南以建康（今南京）为首都建立了东晋王朝。这些南迁的中原士族原以为只是暂时寄居江南，没想到一待就是两百多年。这些南逃的士族脱离了原来的土地，在江南不再种地，只靠朝廷的俸禄养着，即使后来有些士族有了地，也只让奴仆们种。这些优闲的士大夫们从来没有亲眼见过怎样耕田，怎样插秧，不晓得什么时候该播种，什么时候该收割，连天天要吃的米都不知道是怎样长出来的,那别的事情还懂吗?难怪做官也做不好,治家也治不好,这都是"优闲之过"啊!

说到这里,我想起一个笑话,也发生在晋朝。晋武帝司马炎的儿子司马衷(即晋惠帝)当皇帝的时候,晋朝发生了八王之乱,司马家的八个王都想争夺王位,你杀我我杀你,先后十多年天下不得安宁,又碰到天灾,老百姓饿得没有饭吃。有人向晋惠帝报告,说农村饿死了很多人,晋惠帝居然问报告的人,说那些人没饭吃,"何不食肉糜?"肉糜就是瘦肉稀饭,就是广东人、香港人很喜欢喝的瘦肉粥。没有饭吃,就吃瘦肉粥啊,你看这位晋惠帝回答得妙不妙?在他看来,不吃饭就喝粥,粥里还可以放肉,这些人怎么笨得让自己饿死呢?"何不食肉糜"这句话就成了千古笑谈。当然晋惠帝脑袋是有些毛病,以今天的医学来看恐怕是个"弱智"或者"脑残",但他说"何不食肉糜",并没有说"何不吃泥巴",可见并不完全是白痴。他的话其实还是有现实基础的,因为他长在深宫,从来只吃饭和肉糜,完全不知道外面是什么样子。如果今天报纸上说,某地建筑工人因在高温下工作,中暑而死,会不会有人问:"他们怎么不开空调呢?"别笑,这样的弱智问题也许不会真有,但类似的不知民间疾苦的事情却不是不可能发生的。

现在社会变了,城里长大的孩子往往不知道米是长在稻上,也不知道稻是长在田里,只知道米是从超市里买来的,这实在也不算稀奇的事。今天越来越多的人,尤其是四十岁以下的人,没有经过战争,没有挨过饥饿,物质不虞匮乏,许多独生子女、"富二代",更是娇生惯养长大的,读读颜之推上面说的那些话,对我们大家都是一个警惕。我觉得我们今天做父母的教养孩子,实在很有必要想方设法让孩子们有机会看到人间疾苦,看到体力劳动,看到比自己穷苦的人怎样在辛苦谋生。如果只是一味宠爱,把孩子养在温室里,养在云里雾里,终于有一天你会发现,你的孩子也会成为颜之推所讥笑的那种人。而世上之事是难以预料的,我们不能保证明天不会发生世界大战,我们不能保证唐山大地震、汶川特大地震不再发生,我们不能保证像像2003年非典和2020年初暴发的新冠肺炎疫情那样的大疾疫,甚至更大的饥荒、疾疫不会再度流行。如果有大战争、大灾难不幸而发生,有大饥荒、大疾疫不幸而流行,你希望你的孩子能够勇敢面对,杀出一条生路,还是手足无措,"坐死仓猝"呢?

省事第十二

12.1 铭金人云：“无多言，多言多败；无多事，多事多患。”至哉斯戒也！能走者夺其翼，善飞者减其指，有角者无上齿，丰后者无前足，盖天道不使物有兼焉也。古人云：“多为少善，不如执一；鼫鼠五能，不成伎术。”近世有两人，朗悟士也，性多营综，略无成名。经不足以待问，史不足以讨论，文章无可传于集录，书迹未堪以留爱玩，卜筮射六得三，医药治十差五，音乐在数十人下，弓矢在千百人中，天文、画绘、棋博，鲜卑语、胡书，煎胡桃油，炼锡为银，如此之类，略得梗概，皆不通熟。惜乎，以彼神明，若省其异端，当精妙也。

【注释】

（1）**铭金人云："无多言，多言多败；无多事，多事多患。"至哉斯戒也**：《说苑·敬慎》：孔子之周，观于太庙。右陛之前，有金人焉，三缄其口，而铭其背曰："古之慎言人也，戒之哉！戒之哉！无多言，多言多败；无多事，多事多患。"《太平御览》三九〇引《金人铭》，亦载此铭。

（2）**能走者夺其翼，善飞者减其指，有角者无上齿，丰后者无前足，盖天道不使物有兼焉也**：王利器《集解》引卢文弨曰："《大戴礼·易本命篇》：'四足者无羽翼，戴角者无上齿，无角者膏而无前齿，有角者脂而无后齿。'《汉书·董仲舒传》：'夫天亦有所分予，予之齿者去其角，傅其翼者两其足。'傅读曰附。""指"，郝懿行说，此当为"趾"之讹误。

（3）**古人云："多为少善，不如执一；鼫鼠五能，不成伎术。"**："鼫（shí）鼠"，又称"五伎鼠",据说它能飞却不能飞过屋脊,能爬却不能爬到树顶,能游却不能渡过涧谷,能躲却不能藏住身体,能跑却不能跑过人。

(4)**近世有两人,朗悟士也,性多营综,略无成名。经不足以待问,史不足以讨论,文章无可传于集录,书迹未堪以留爱玩,卜筮射六得三,医药治十差五,音乐在数十人下,弓矢在千百人中,天文、画绘、棋博、鲜卑语、胡书,煎胡桃油,炼锡为银,如此之类,略得梗概,皆不通熟**:"两人",前人以为此二人为祖珽、徐之才,见杭世骏《诸史然疑》、缪荃孙《云自在龛随笔》。又有人认为此说欠妥,因为祖、徐二人并不是"略无成名"之辈。"营综",经营综理。"待问",备问,古代皇帝身边有一些文官,如黄门郎之类,精通文史,要随时准备回答皇帝的咨询。"集录",辑录文章为集,以为世范。"卜筮",古人预测吉凶,以龟甲为占称卜,用蓍草称筮。"射",猜度。"棋博","棋",围棋。"博",六博,即博戏,已见前(6.3)注。"胡书",指少数民族文字,此或专指鲜卑族文字。"胡桃油",北朝人作画的一种材料。《北齐书·祖珽传》,"珽善为胡桃油以涂画"。

(5)**惜乎,以彼神明,若省其异端,当精妙也**:"神明",灵慧、聪明。"异端",这里指各种没有多大用处的小技能,原意指邪说,见《论语·为政》:"攻乎异端,斯害也已。"

【译文】

周朝的太庙前有一铜人,背上铭文说:"不要多话,多话多坏事;不要多事,多事多祸患。"这个训诫真是太对了!你看动物,会奔跑的就不让它长上翅膀,会飞行的就减少它的脚,头上长了双角的,嘴上没有上齿,后肢发达的,前肢就退化,这大抵是自然的法则不让它们兼有各种长处吧。古人说:"做得多而做好的少,那就不如专心做好一件;鼫鼠有五种本事,却都算不上技术。"近世有两个人,都是聪明之士,兴趣广泛,多所涉猎,却没有一样能给他们树立名声。经学不能做君王的顾问,史学不足以同别人讨论,文章够不上辑集流传,墨迹不值得留存赏玩,为人卜筮六次仅猜中三次,给人医病十个治好五个,音乐水平在数十人之下,射箭的技能与众人差不多,天文、绘画、棋博、鲜卑话、鲜卑文字、煎胡桃油、炼锡为银,诸如此类,都懂得个大概,却不能精通熟练。真是可惜啊!以他们的灵慧聪明,如果能抛弃其他不重要的爱好,专心于一种,应该会达到精妙的程度。

12.2 上书陈事，起自战国，逮于两汉，风流弥广。原其体度：攻人主之长短，谏诤之徒也；讦群臣之得失，讼诉之类也；陈国家之利害，对策之伍也；带私情之与夺，游说之俦也。总此四涂，贾诚以求位，鬻言以干禄。或无丝毫之益，而有不省之困，幸而感悟人主，为时所纳，初获不赀之赏，终陷不测之诛，则严助、朱买臣、吾丘寿王、主父偃之类甚众。良史所书，盖取其狂狷一介，论政得失耳，非士君子守法度者所为也。今世所睹，怀瑾瑜而握兰桂者，悉耻为之。守门诣阙，献书言计，率多空薄，高自矜夸，无经略之大体，咸粃糠之微事，十条之中，一不足采，纵合时务，已漏先觉，非谓不知，但患知而不行耳。或被发奸私，面相酬证，事途回穴，翻惧愆尤；人主外护声教，脱加含养，此乃侥幸之徒，不足与比肩也。

【注释】

（1）**上书陈事，起自战国，逮于两汉，风流弥广**："上书"，一般指给皇帝写信，细分则有章、奏、表、议。"陈事"，陈述事情的原委及自己的意见。"逮于"，到、到了。"风流"，遗风，流风遗韵。

（2）**原其体度：攻人主之长短，谏诤之徒也；讦群臣之得失，讼诉之类也；陈国家之利害，对策之伍也；带私情之与夺，游说之俦也**："原"，动词，推原、考察。"长短""得失""利害""与夺"，这几个词都是偏义复词，"长短"偏在"短"，"得失"偏在"失"，"利害"偏在"害"，"与夺"偏在"夺"。"对策"，陈述国事，提出自己的看法，《文心雕龙·议对》："对策者，应诏而陈政也。""游说"，战国时代的策士，周游各国，向统治者陈说形势，提出政治、军事、外交等方面的主张，以求取高官厚禄。《汉纪·孝武纪》："饰辨辞，设诈谋，驰逐于天下以要时势者，谓之游说。""徒""类""伍""俦"，都是辈、类的意思。

（3）**总此四涂，贾诚以求位，鬻言以干禄**："涂"，通"途"。"贾诚"，这里的意思像卖商品一样地炫耀自己的忠诚。"贾（gǔ）"，卖。"诚"，即"忠"，避隋文帝杨忠讳而改。"鬻"，卖。"干"，求。

（4）**或无丝毫之益，而有不省之困，幸而感悟人主，为时所纳，初获不赀之赏，终陷不测之诛**："省（xǐng）"，省悟；"不省"，即不理解、没察觉到。"不赀（zī）之赏"，很重的奖赏。《汉书·盖宽饶传》："不赀者，言无赀量可以比之，贵重之极也。"《资治通鉴》一四二《齐纪八》胡三省注云："赀之为言量也，不赀，言无量之可比也。"

(5)则严助、朱买臣、吾丘寿王、主父偃之类甚众：严助，西汉会稽吴（今江苏苏州）人。武帝初，郡举贤良对策，擢为中大夫，数与朝臣辩论义理，后迁会稽太守。因与淮南王刘安谋反事牵连，被杀。朱买臣，西汉会稽吴县（今江苏苏州）人，字翁子。家贫，卖薪自给。武帝时，受严助推荐，为会稽太守、中大夫等职，后告张汤阴事，汤自杀，武帝亦诛朱买臣。"吾丘寿王"，"吾丘"复姓，西汉赵国（治今河北邯郸西南）人，字子赣。为侍中中郎，坐法免，上书愿击匈奴，拜东郡都尉，征入为光禄大夫侍中。后犯罪被杀。"主父偃"，西汉临淄（今山东淄博临淄区北）人，任中大夫，上书主张削弱地方割据势力，为武帝所采纳，颁布"推恩令"。因以上书言事，曾一年四迁。大臣皆畏其口，贿赂以千金。后为齐相，以迫齐王自杀而被诛。

(6)良史所书，盖取其狂狷一介，论政得失耳，非士君子守法度者所为也："一介"，耿介。《后汉书·袁绍传》："以臣颇有一介之节，可责以鹰犬之功，故授臣以督司，谐臣以方略。"

(7)今世所睹，怀瑾瑜而握兰桂者，悉耻为之："瑾瑜"，美玉。"兰桂"，香草和桂花。古人常拿"瑾瑜""兰桂"来比喻才德。《拾遗记》卷六《后汉录》曰："夫丹石可磨而不可夺其坚色，兰桂可折而不可掩其贞芳。"

(8)守门诣阙，献书言计，率多空薄，高自矜夸，无经略之大体，咸粃糠之微事，十条之中，一不足采，纵合时务，已漏先觉，非谓不知，但患知而不行耳："粃糠"，比喻琐碎。"纵"，即使。"漏"，泄露。

(9)或被发奸私，面相酬证，事途回穴，翻惧愆尤；人主外护声教，脱加含养，此乃侥幸之徒，不足与比肩也："回穴"，迂回，变化不定。《文选》宋玉《风赋》："回穴错迕。"李善注："凡事不能定者回穴，此即风不定貌。""愆尤"，罪过。"声教"，声威与文教。"脱"，或许，或然。"含养"，包容，包涵。"比肩"，并肩，与之为伍。

【译文】

向人君上书陈事，起自于战国，到了两汉，这种风气流行更广。考察它的体制大约是以下几类：指责人君缺失的，属谏诤一类；攻讦群臣过失的，属讼诉一类；指陈国家问题的，属对策一类；带着私情来表示赞成或者反对的，属游说一类。总的说来，这四类人都是靠炫耀忠诚以谋取职位，出卖言论以求得利禄。他们所做的可能没有丝毫益处，却会因不被人君所理解而带来麻烦，即使有幸使人君感悟，被及时采纳，起初他们可能得到无量数的赏赐，但最终还是难逃无法预测的诛杀，像严助、朱买臣、吾丘寿王、主父偃，这样的人不少。史官记录下来，不过是取其狂狷耿介、敢于评论时政得失而已，不是正人君子和谨守法度的人所做的。现在我们所能看到的，那些怀才抱德之士，都耻于做这种事。守候于朝门或趋赴于宫阙，向人君上书献策的，大多是空疏浅薄，自我吹嘘，没有策划处理国事的大谋略，尽是些琐碎的小事，十条之中，一条也不值得采纳，即使其中所言有合乎当前事务的，也往往是提前透露了不该透露的东西，那些事情人君早就知道了，恐怕是知道了而不能实行罢了。有的上书人被揭发怀有奸诈私情，当面与人对质，结果事情中途翻覆，反而要担心自己会得到罪过。人君为了对外维护朝廷的声威教化，或许会对他们予以包涵，但这终归是侥幸之徒，不值得与之为伍。

12.3 谏诤之徒，以正人君之失尔，必在得言之地，当尽匡赞之规，不容苟免偷安，垂头塞耳；至于就养有方，思不出位，干非其任，斯则罪人。故《表记》云："事君，远而谏，则谄也；近而不谏，则尸利也。"《论语》曰："未信而谏，人以为谤己也。"

【注释】

（1）**谏诤之徒，以正人君之失尔，必在得言之地，当尽匡赞之规，不容苟免偷安，垂头塞耳；至于就养有方，思不出位，干非其任，斯则罪人**："正"，纠正，动词。"尔"，同"耳"。"得言之地"，可以讲话、应当讲话的地方，例如身为谏官之位。"匡赞"，匡正、辅佐。"就养"，侍奉。《礼记·檀弓上》："事君有犯而无隐，左右就养方。""思不出位"，思考问题不超出自己的职权范围。《论语·宪问》："君子思不出其位。"《论语注疏》："孔曰：'不越其职。'""干非其任"，做不是职务范围之内的事，"干"，关涉、干犯，动词，"非其任"是"干"的宾语。

（2）**故《表记》云："事君，远而谏，则谄也；近而不谏，则尸利也。"**："表记"，《礼记》篇名。"尸利"，犹尸禄，尸位素餐，受禄而不尽职。

（3）**《论语》曰："未信而谏，人以为谤己也。"**：见《论语·子张》："（君子）信而后谏，未信则以为谤己也。"

【译文】

担任谏官的人，是要纠正人君的过失的，如果在应当说话的地位，当然要尽其匡正辅佐之责，而不容许苟且偷安，装聋作哑。但是侍奉人君应该有一定的原则，考虑问题不要超出自己的职位，如果去做不是自己权限中的事，那就是朝廷的罪人。所以《礼记·表记》说："侍奉人君，关系疏远却要去进谏，那是谄媚；但如果关系密切而不去进谏，那就是不尽责。"《论语》说："没有取得信任而去进谏，人家就会认为你在毁谤他。"

12.4 君子当守道崇德，蓄价待时，爵禄不登，信由天命。须求趋竞，不顾羞惭，比较材能，斟量功伐，厉色扬声，东怨西怒；或有劫持宰相瑕疵，而获酬谢，或有谊聒时人视听，求见发遣；以此得官，谓为才力，何异盗食致饱，窃衣取温哉！世见躁竞得官者，便谓"弗索何获"；不知时运之来，不求亦至也。见静退未遇者，便谓"弗为胡成"；不知风云不与，徒求无益也。凡不求而自得，求而不得者，焉可胜算乎！

【注释】

（1）君子当守道崇德，蓄价待时，爵禄不登，信由天命："蓄价"，蓄积声价。

（2）须求趋竞，不顾羞惭，比较材能，斟量功伐，厉色扬声，东怨西怒；或有劫持宰相瑕疵，而获酬谢，或有谊聒时人视听，求见发遣："须求"，干求，索求。"趋竞"，奔走、跑官。"功伐"，功劳。"谊聒"，闹声刺耳。

（3）以此得官，谓为才力，何异盗食致饱，窃衣取温哉："何异"，跟……有什么不同。

（4）世见躁竞得官者，便谓"弗索何获"；不知时运之来，不求亦至也："躁竞"，浮躁争竞。"弗索何获"，不求怎么能得到，"弗"，不；"索"，求。

（5）见静退未遇者，便谓"弗为胡成"；不知风云不与，徒求无益也："静退"，安静退让。"未遇"，没有得到任命或提拔。"弗为胡成"，不做怎么能成功，"胡"，为何。"风云"，《易·乾·文言》："云从龙，风从虎。圣人作而万物睹。"意谓同类相感，后因以"风云"比喻际遇。

（6）凡不求而自得，求而不得者，焉可胜算乎："焉可胜算"，怎能算得完。

【译文】

君子应当坚守正道，崇尚德行，蓄积声望，等待时机，即使官爵俸禄没有得到提升，也应当听从天命的安排。自己去索求奔走，不顾羞耻，与旁人比较才能，计算功劳，声色俱厉，怨东怨西，或抓住宰相的缺点作要挟，以此获得酬谢；或喧腾叫嚷，混淆时人的视听，以求得早日被安排任用。用这种手段得到官职，还说是自己的才能，其实与偷东西来填饱自己的肚子，偷衣服来求得自己的温暖有什么不同？世人见到那些躁竞奔走的人获取了官职，便说："不去争取怎能获得呢？"可他们不知道时运到来时，不求也会自来的；见那些安静退让之士没有得到赏识重用，便说："不去努力怎能成功呢？"却不晓得际遇未到，徒然去追求也是无用的。不妨统计一下，这世上不求而得的人和求而不得的人，数得过来吗？

12.5 齐之季世，多以财货托附外家，谊动女谒。拜守宰者，印组光华，车骑辉赫，荣兼九族，取贵一时。而为执政所患，随而伺察，既以利得，必以利殆，微染风尘，便乖肃正；坑阱殊深，疮痏未复，纵得免死，莫不破家，然后噬脐，亦复何及。吾自南及北，未尝一言与时人论身分也，不能通达，亦无尤焉。

【注释】

（1）**齐之季世，多以财货托附外家，谊动女谒**："齐"，指北齐。"季世"，末世。"外家"，女子出嫁后称娘家为外家。"女谒"，通过宫廷嬖宠女性，进行干求请托。

（2）**拜守宰者，印组光华，车骑辉赫，荣兼九族，取贵一时**："印"，官印。"组"，即绶，为系印的丝带。王利器《集解》引卢文弨曰："古者居官，人各一印，后世凡同曹司者，共一印。组即绶也，所以系佩者。《汉书·严助传》：'方寸之印，丈二之组。'"

（3）**而为执政所患，随而伺察，既以利得，必以利殆，微染风尘，便乖肃正**："利"，指上述干求请托、官由财进之事。"风尘"，世俗不洁之事。

（4）**坑阱殊深，疮痏未复，纵得免死，莫不破家，然后噬脐，亦复何及**："疮痏（wěi）"，创伤，瘢痕。"噬脐"，自咬腹脐，不可及。借指后悔不及。

（5）**吾自南及北，未尝一言与时人论身分也，不能通达，亦无尤焉**："尤"，怨恨，抱怨。

【译文】

北齐的末世，很多人把钱财托附给外家，通过宫中得宠女性去干求请托。一旦被授为地方长官，则官印绶带，光鲜华丽，车高马大，辉煌显赫，荣耀兼及九族，富贵显于一时。而遭到执政者的忌恨后，随之而来的便是侦视和考察。以钱财求得的好处，也一定会因此招致危险，只要稍微涉及一点不干净的事情，就会背离公正威严。陷阱往往很深，落下的疮瘢难以恢复，就算免于一死，但家族没有不因此而破败的。到那时再后悔，还怎么来得及？我从南方到北方，从来未向人谈过一句有关自己过去地位和资历的话，即使不能通显发达，也不后悔。

12.6 王子晋云："佐饔得尝，佐斗得伤。"此言为善则预，为恶则去，不欲党人非义之事也。凡损于物，皆无与焉。然而穷鸟入怀，仁人所悯；况死士归我，当弃之乎？伍员之托渔舟，季布之入广柳，孔融之藏张俭，孙嵩之匿赵岐，前代之所贵，而吾之所行也，以此得罪，甘心瞑目。至如郭解之代人报仇，灌夫之横怒求地，游侠之徒，非君子之所为也。如有逆乱之行，得罪于君亲者，又不足恤焉。亲友之迫危难也，家财己力，当无所吝；若横生图计，无理请谒，非吾教也。墨翟之徒，世谓热腹，杨朱之侣，世谓冷肠；肠不可冷，腹不可热，当以仁义为节文尔。

【注释】

（1）**王子晋云："佐饔得尝，佐斗得伤。"**："王子晋"，周灵王太子。"佐饔（yōng）得尝，佐斗得伤"，语出《国语·周语下》。其文曰："佐雝者尝焉，佐斗者伤焉。""雝"与"饔"通。《淮南子·说林训》："佐祭者得尝，救斗者得伤。"（又见《文子·上德》）亦本于王子晋语。"佐"，襄助、帮忙。

（2）**此言为善则预，为恶则去，不欲党人非义之事也**："预"，参与。"去"，离开。"党人"，"党"在这里作动词，"党人"意为与人结伙。

（3）**凡损于物，皆无与焉**："物"，人，"损于物"，即对别人有损。"无与（yù）"，不参与。

（4）**然而穷鸟入怀，仁人所悯；况死士归我，当弃之乎**："穷鸟入怀"，无处可栖的鸟被迫投入人的怀抱，喻处境困难而投依别人。"死士"，这里指有生命危险的君子。

（5）**伍员之托渔舟**：伍员，春秋时吴国大夫，字子胥，楚大夫伍奢次子，伍奢被杀，他由楚国逃到吴国，帮助吴王阖闾夺得王位，后率吴军攻破楚国。《史记·伍子胥列传》：伍子胥奔吴，"追者在后，至江，江上有一渔父乘船，知伍胥之急，乃渡伍胥"。

（6）**季布之入广柳**：季布，汉初楚人，楚汉战争时为项羽部将，领军数困刘邦，汉朝建立，被刘邦追捕，后赦免，为河东守。《史记·季布传》："季布者，楚人也。为气任侠，有名于楚。项籍使将兵，数窘汉王。及项羽灭，高祖购求布千金……季布匿濮阳周氏。"周氏献计，"髡钳布，衣褐衣，置广柳车中，并与其家僮数十人，之鲁朱家所卖之。朱家心知是季布，乃买而置之田，诫其子曰：'田事听此奴，必与同食。'"广柳，一种丧车，用于运载棺柩。

（7）**孔融之藏张俭**：张俭，东汉官吏。字符节，山阳高平（今山东微山西北）人。《后汉书·孔融传》曰："山阳张俭为中常侍侯览所恶，刊章捕俭。俭与融兄褒有旧，亡抵褒，不遇。时融年十六，见其有窘色，谓曰：'吾独不能为君主邪？'因留舍之。后事泄，俭得脱，兄弟争死，诏书竟坐褒焉。"

（8）**孙嵩之匿赵岐**：《后汉书·赵岐传》曰："岐，字邠卿，京兆长陵人。耻疾宦官，中常侍唐衡兄玹为京兆尹，收其家属尽杀之。岐逃难，自匿姓名，卖饼北海市中。时安丘孙嵩游市，察非常人，呼与共载。岐惧失色。嵩屏人语曰：'我北海孙宾石，阖门百口，势能相济。'遂以俱归，藏复壁中。"

（9）**前代之所贵，而吾之所行也，以此得罪，甘心瞑目**："瞑目"，死，这里指被杀。

（10）**至如郭解之代人报仇，灌夫之横怒求地，游侠之徒，非君子之所为也**："郭解"，《史记·游侠列传》曰："郭解，轵人也，字翁伯。为人短小精悍，以躯借交报仇。""灌夫"，《史记·魏其武安侯列传》曰："丞相（田蚡）尝使籍福请魏其城南田……（魏其）不许。灌夫闻，怒，骂籍福。籍福恶两人有郤，乃谩自好谢丞相……已而武安闻魏其、灌夫实怒不予田，亦怒曰：'……蚡事魏其无所不可，何爱数顷田？且灌夫何与也？吾不敢复求田。'武安由此大怨灌夫、魏其。""游侠"，《史记·游侠列传》《集解》："荀悦曰：'尚意气，作威福，结私交，以立强于世者，谓之游侠。'"

（11）**如有逆乱之行，得罪于君亲者，又不足恤焉**："恤"，怜悯。

（12）**亲友之迫危难也，家财己力，当无所吝；若横生图计，无理请谒，非吾教也**："横生"，凭空生出。"图计"，图谋、计谋。"请谒"，请求。

（13）**墨翟之徒，世谓热腹，杨朱之侣，世谓冷肠；肠不可冷，腹不可热，当以仁义为节文尔**："墨翟（dí）"，即墨子。春秋战国之际的思想家、政治家。相传为宋国人，长期住在鲁国。主张"兼爱""非攻""尚贤""尚同",创立墨家学说。孟子说他"摩顶放踵利天下,为之"。杨朱,战国初哲学家。魏国人。相传他反对墨子的"兼爱"和儒家的伦理,主张"重己""贵生""为我",重视个人生命的保存。孟子说他"拔一毛而利天下,不为也"。黄叔琳曰:"酌量最当,然亦最难,能如是者,君子哉!"卢文弨曰:"仁者爱人,而施之有等;义者正己,而处之得宜。墨氏之兼爱,疑于仁而实有害于仁;杨氏之为我,疑于义而实害于义,是以孟子必辞而辟之。""节文",节制修饰。《孟子·离娄上》:"礼之实,节文斯二者(仁、义)是也。""以仁义为节文",这里是以仁义为标准的意思。

【译文】

王子晋说:"帮人做饭,能尝到美味;帮人打架,要受到伤害。"这话是说看见别人做好事时就应该参与,看见有人做坏事时就应该避开,不要与人结党干不义的事。凡是对人有损害的事,都不要参与。然而,走投无路的小鸟投入人的怀抱,仁慈的人都会怜悯它,何况有生命危险的义士投奔我,难道可以不管他吗?伍子胥被渔父搭救,季布为人藏于广柳车中;孔融掩护张俭,孙嵩藏匿赵岐,这些举动都是前代人所崇尚的,也是我所奉行的。即使因此而获罪,我也心甘情愿,死而瞑目。至于像郭解那样替人报仇,灌夫为人怒责田蚡索要田产,这是游侠之士所做的事,不应该是君子所为。如果有逆乱的行径,得罪了君王与父母,那就更不值得同情了。亲友迫于危难之时,应当不吝惜家里的财产和力量去帮助他们;但如果有人凭空生出图谋之心,提出无理请求,那就不在我说的这个范围。墨翟之类的人,世人认为他们热心肠;杨朱之类的人,世人认为他们是冷心肠。心肠不能冷漠,但也不能太热,而应当遵循仁义的原则来处事。

12.7 前在修文令曹,有山东学士与关中太史竞历,凡十余人,纷纭累岁,内史牒付议官平之。吾执论曰:"大抵诸儒所争,四分并减分两家尔。历象之要,可以晷景测之;今验其分至薄蚀,则四分疏而减分密。疏者则称政令有宽猛,运行致盈缩,非算之失也;密者则云日月有迟速,以术求之,预知其度,无灾祥也。用疏则藏奸而不信,用密则任数而违经。且议官所知,不能精于讼者,以浅裁深,安有肯服?既非格令所司,幸勿当也。"举曹贵贱,咸以为然。有一礼官,耻为此让,苦欲留连,强加考覈。机杼既薄,无以测量,还复采访讼人,窥望长短,朝夕聚议,寒暑烦劳,背春涉冬,竟无予夺,怨诮滋生,赧然而退,终为内史所迫:

此好名之辱也。

【注释】

（1）前在修文令曹，有山东学士与关中太史竞历，凡十余人，纷纭累岁，内史牒付议官平之："竞历"，争论历法。刘盼遂认为此指北齐后主武平三年（572）颜之推在修文殿撰御览之事。其依据是《北齐书》本传所载《观我生赋》自注，其文曰："齐武平中，署文林馆，待诏者阳休之、祖孝徵以下三十余人，之推专掌，其撰《修文殿御览》《续文章别流》皆诣进贤门奏之。"缪钺《颜之推年谱》则认为竞历之事约在隋文帝开皇十年（590）。"竞历"，争论历法。《隋书·百官志下》：秘书省"领著作、太史二曹……太史曹置令、丞各二人，司历二人，监候四人。其历、天文、漏刻、视祲，各有博士及生员。"王利器《集解》认为："此当指北齐后主武平七年（576）董峻、郑元伟立议非难天保历事，见《隋书·律历志》。《志》称其'争论未定，遂属国亡'，与此言'竟无予夺'合。之推自言'举曹贵贱，咸以为然'，则固在齐修文令曹时事也。""内史"，官名，本汉初王国所置，掌民事。魏晋南北朝沿置，为国相的改名，其职位、体制均与地方郡守相同。又北周仿《周礼》，春官府置内史中大夫，掌王言。凡国中大事，皆须内史参议。隋时改中书省为内史省，中书令为内史令，实为宰相之任。"牒"，公文。

（2）吾执论曰："大抵诸儒所争，四分并减分两家尔。"："执论"，持论。"四分"，指四分历。东汉编䜣、李梵创制，因岁余四分之一日，故名。"减分"，减分历。赵曦明引《后汉书·律历志中》曰："元和二年（85），《太初》失天益远，召治历编䜣、李梵等，综校其状，遂下诏改行四分，以遵于尧。熹平四年（175），蒙公乘宗绀孙诚上书，言受绀法术，当复改。诚术：以百三十五月二十三食为法，乘除成月，从建康以上减四十一，建康以来减三十五。"案：熹平，汉灵帝年号。"蒙公乘"，"蒙"，地名，在今山东蒙阴县境，"公乘"，爵位名，见《汉书·百官公卿表》。"宗绀"，人名。"孙诚"，宗绀之孙宗诚。"诚术"，宗诚的算法，亦即制定减分历的办法。"建康"，汉顺帝年号，仅一年，即144年。

（3）历象之要，可以晷景测之；今验其分至薄蚀，则四分疏而减分密："晷（guǐ）景"，日晷上晷表的投影。晷指日晷，测度日影以确定时刻的仪器。"景"同"影"。《汉书·天文志》："日有中道，月有九行。中道者，黄道，一曰光道。光道北至东井，去北极近；南至牵牛，去北极远;东至角,西至娄,去极中。夏至至于东井,北近极,故暑短;立八尺之表,而晷景长尺五寸八分。冬至至于牵牛,远极,故晷长;立八尺之表,而晷景长丈三尺一寸四分。春、秋分,日至娄、角,去极中,而晷中;立八尺之表,而晷景长七尺三寸六分。此日去极远近之差,晷景长短之制也。去极远近难知,要以晷景。晷景者,所以知日之南北也。""分至",指春分、秋分、夏至、冬至。"薄蚀",指日食、月食。"蚀"与"食"通。

(4)疏者则称政令有宽猛,运行致盈缩,非算之失也;密者则云日月有迟速,以术求之,预知其度,无灾祥也:"盈缩",亦称赢缩。《汉书·天文志》:岁星"超舍而前为赢,退舍为缩。"王先谦《补注》:"《占经》引《七曜》云:'超舍而前,过其所舍之宿以上一舍二舍三舍谓之赢,退舍以下一舍二舍三舍谓之缩。'""度",躔度,指日月星辰运行的度次。

(5)用疏则藏奸而不信,用密则任数而违经:"不信",不实。"任数",顺应历数。"违经",违背经义。

(6)且议官所知,不能精于讼者,以浅裁深,安有肯服:"议官",参加讨论的官员。"讼者",争论的双方。"以浅裁深",以对历法懂得少的(即议官)去裁量对历法懂得多的(即讼者)。"安有肯服",怎么能让他们服气?

(7)既非格令所司,幸勿当也。":"格令",犹言律令。"当(dāng)",判断、断定。

(8)举曹贵贱,咸以为然:"举曹",全曹,"曹",即修文令曹。

(9)有一礼官,耻为此让,苦欲留连,强加考覈:"耻为此让",以此让为耻,"让",妥协、谦让,"此让",指颜之推提出的不做裁断的建议。

(10)机杼既薄,无以测量,还复采访讼人,窥望长短,朝夕聚议,寒暑烦劳,背春涉冬,竟无予夺,怨诮滋生,赧然而退,终为内史所迫:此好名之辱也:"机杼",胸中才识,参看前(10.4)注。卢文弨曰:"机杼,言其胸中之经纬也。""窥望长短",测试孰长孰短,"窥望"在这里有探测的意思。"竟无予夺",最后还是无法裁夺,"竟",毕竟、结果。"迫",逼迫,这里有斥责的意思。

【译文】

以前我在修文令曹时,有山东学士和关中太史争论历法,总共十几个人参与争论,众说纷纭,持续数年。内史下公文交付议官们去评议。我发表议论道:

"大抵诸位所争论的,其实不过是'四分历'和'减分历',两家而已。天体运行的要领,可以通过日影来测算。现在根据春分、秋分、冬至、夏至、日食、月食相验证,就看得出'四分历'比较疏略,而'减分历'又过于细密。主张疏略的一方声称政令有宽猛之别,致使天体运行的快慢略有增减,这并不是历法计算的差误。主张细密的一方认为日月的运行虽有快慢,用正确的方法来推算,就可以预先知道它们运行的躔度,并不存在灾祥导致天体运行速度增减之说。如果采用比较疏略的'四分历',就可能隐藏奸邪,不真实可信;用太细密的'减分历',虽顺应天数却违背经义。况且议官对历法的了解,不可能比争论的双方更精通,现在用天文知识少的来裁量天文知识多的,怎么能让对方信服呢?历法问题既然不是律令掌管的范围,那么最好不要裁决谁对谁错。"令曹上下,全都认为我说得有理。有一个礼官,却以这种谦让为耻辱,苦苦地不肯放手,硬要去考核。可他又才疏学浅,无法实地进行测量,只得反复地采访争论双方,想以此分出双方优劣,他们日夜聚在一起议论不止,历暑经寒,不胜烦劳,由春至冬,讨论了一年,最后还是无法裁夺,由此引来了抱怨和讥诮,他只好红着脸羞愧地告退,最终受到了内史的斥责。这就是好名所带来的耻辱。

【评析】

我常常讲,中国传统文化的精髓可以用三个词组十二个字来概括。一、天人合一;二、内圣外王;三、中庸之道。天人合一是处理人和自然关系的原则。内圣外王是处理自我和社会关系的原则。中庸则是处理一切关系的方法论总则。中庸并不是折中,不是没有原则,不是各打五十大板,中庸是适度,是凡事把握正确的尺度,恰到好处,不偏不倚,不多不少,无过无不及。中庸是处理一切事情的最佳原则,也是一种很不容易达到的理想境界,所以孔子说:"中庸之为德也,其至矣乎,民鲜久矣。"(《论语·雍也》)

颜之推是儒家信徒,《颜氏家训》从头至尾都贯穿着中庸的精神,《省事》一篇尤为突出。颜之推在这一篇中反复叮咛子孙,凡事都要把握好尺度,做好自己分内的事,不要多管闲事,时机不成熟的时候要守正待时,顺从命运的安排,不可躁竞,做事要专心执一,不可贪多。现在我们来看看颜之推的这些观点对我们有什么启发。

一、守道待时,不可躁竞

一个人来到这个世界上,都希望活好一点,温饱满足了,就希望发达。美国社会学家马斯洛(Abraham H. Maslow, 1908—1970)就说过,人的需求一般有五个基本层次：生存需求、安全需求、归属需求、尊重需求、自我实现需求。一个人求发达，就是希望自己的能力和才华得到施展，取得一定的社会地位，受到他人的尊重。这就相当于马斯洛说的后面两个层次，这两个层次对知识分子尤其重要，中国传统的知识分子达到这两个层次的途径只有一条，就是当官，所谓"学而优（优裕、有余力）则仕"。官当然是做得越大越好，越大就越有可能施展自己的才华，越大就越有可能得到他人乃至整个社会的尊重，其极致就是流芳百世。在旧时，一个读书人没有做官或官做得不够大，就常常觉得生不逢时，怀才不遇，牢骚满腹。一些人耐不住寂寞，不惜走歪路求捷径，或吹牛——自我炫耀、夸大吹嘘，或拍马——巴结上司、谄媚当道，甚至采取更卑劣的手段，如贿赂买官，或以揭露上级的隐私为要挟，以求升官的。颜之推说，用这种手段，就算是得到了自己想得到的官职，又"何异盗食致饱，窃衣取温哉"！偷东西吃来填饱肚子，偷衣服穿来得到温暖，这跟小偷又有什么区别呢？以这样的手段来求发达，而想得到他人的尊重，社会的尊重，岂非缘木求鱼？更何况走这样的歪门邪道还并不见得能得逞呢？颜之推下面这段话我以为值得我们所有的人认真想一想。

  世见躁竞得官者，便谓"弗索何获"；不知时运之来，不求亦至也。见静退未遇者，便谓"弗为胡成"；不知风云不与，徒求无益也。凡不求而自得，求而不得者，焉可胜算乎！（12.4）

  世上的人，常常只看到求而得到的一面，以为凡事都要求，然后才能得，"弗索何获"，你不求怎么能得到？"索"就是求，而不知道时运到了，不求也会得到的。有人甚至以为凡事只要求，必能得，而且往往并不考虑用什么手段去求，以为只要求就好了。看到别人走后门成功了，就以为只有走后门才能成功，甚至以为只要走后门必能成功，"弗为胡成"，你不走后门，怎么能成功？他们不知道时机没有成熟，就是走后门也不一定成功。或者暂时成功了，却在另一个时候或另一个方面失败了。就算走后门的确成功了，这样的成功能算成功吗？为了得到这一点成功，却要去"求爷爷，告奶奶"，失了自尊，失了人格，到底值不值得？

  颜之推讲，时运到了，"不求亦至"，而时运未到，则"徒求无益"。这其实说得很对，只是我们很多人看不透罢了。他又说，世上的事，"不求而自得"，或"求而不得"，实在太多了。我们平心想想，是不是这样？世上的事，稍微大一点的，往往都不是我们能够自己掌控的，我们自己能掌控的，其实都是一些小事。前人信命，今天的人大多都不信了，到底有没有"命"这种东西呢？这看你怎么理解命。如果你把命理解为宿命，那种可以由算命的人算出来的命，比方说哪一年你会害一场大病，哪一年你会升官，什么时候你会有血光之灾等。这样的命也许有人信，但我不信。如果把"命"理解为人的一生是由无数复杂的因素构成的一定的轨迹，这些复杂的因素大多不能由我们自己的主观意志掌控，而是由我们主观意志之外的力量所决定，这样的命我认为是有的。中国儒家说的命，其实指的就是这个命。孔夫子说"五十而知天命"，又说"不知命，无以为君子也"，孔子说的命就是这种命。

我常跟一些年轻的朋友讲，人一生的命运就像一辆马车，这辆马车有两根缰绳，一根捏在自己的手里，一根捏在上帝的手里。我这里说的上帝并不等于有神论者的上帝，我说的上帝只是一个代名词，指称我们自己所不能掌控的外在力量的总和。这辆马车往哪里走，怎么走，不是你自己手里的这一根缰绳就可以决定的，上帝手里的那根缰绳比你手里的那根更强大得多。我们试想一想，我们的命运我们自己到底能够掌握多少？人生重要的许多方面在我们出生的时候，就已经被决定了，我们对此是没有选择余地的。比如，你出生在什么样的时代，是你可以选择的吗？你出生在什么样的国度和地方，是你可以选择的吗？你出生在什么样的家庭，有什么样的父母和兄弟姐妹，又是你能够选择的吗？而这些对于一个人的命运无疑都是至关重要的。还有，你生下来体质如何，强还是弱？你的DNA里面有没有包含癌症、高血压、糖尿病、精神病等基因，你可以决定吗？你生下来智力如何？智商多高？情商多高？偏于形象思维还是逻辑思维……你可以决定吗？而这些对于一个人的一生有多大的影响，显然不待多言。至于我们活在世上的日子，那不可控的事件也几乎无日无之，大至战争，小至车祸，都非我们个人的意志所可避免，而这些对于一个人的命运又有多大的影响，自然也不待多言。

你也许会问，人的一生既然大部分都不由自主，那么我们还应该努力吗？当然应该，就是应该捏好自己手里的那根缰绳，去努力配合上帝手中的那根缰绳。所以人的一生，努力只能从自己的一方去努力，要求只能求自己，求别人是没有用的。走歪门邪道更是没有用，它只会跟上帝手中那根缰绳发生冲突，导致失败，甚至毁灭。颜之推告诫自己的子孙说："君子当守道崇德，蓄价待时，爵禄不登，信由天命。"如果他说的天命跟我理解的天命一样，那么我就完全同意他的话。"守道崇德"，就是努力捏好自己手中的那根缰绳，"蓄价待时"，就是努力配合上帝手中的那根缰绳，如果这样，还是不能得到富贵爵禄，那就由它去吧。

二、不走偏锋，不走捷径

走偏锋走捷径，是传统士大夫中的一些人，在仕途上躁竞表现的主要方式。偏锋捷径之一，就是给皇帝上书言事。有的人读书一辈子，一直没机会当官，又不甘心穷困潦倒，一辈子不能出人头地，等不及了，就直接给皇帝上书。这些上书的内容不外乎或给皇帝提意见，或指责大臣的错误，或对国家大政提些建议，往往危言耸听，以求引起皇帝的注意，得到重用。颜之推举了严助、朱买臣、吾丘寿王、主父偃等几个人的例子，说明这样的人即使一时得到皇帝的嘉奖，做了官得到提拔，但因为走的路子不正，不择手段，所以都没有好下场。

颜之推说的这几个人中，朱买臣大家比较熟悉，京剧有一出《马前泼水》的戏就是讲他的故事。说他四十多岁了还在会稽山中砍柴，一边挑柴，一边背书，老婆受不了了，叫他别背，他说，我五十岁就会富贵，现在都四十多了，你再等几年吧，我会报答你的。老婆越发生气了，说，你这个穷样子还想富贵？结果离他而去。没想到他后来因为上书给汉武帝，又受到同乡严助的推荐，终于当了官，还竟然当了家乡会稽的太守。京剧《马前泼水》是说朱买臣当官以后，老婆想复合，朱买臣在地上泼了一盆水，告诉老婆，覆水难收，复合是不可能的。结果老婆又羞又气又后悔，上吊自杀了。朱买臣后来官越做越大，竟然做到九卿之一，但最后还是被杀，没有落到好下场。因为，他跟御史大夫张汤闹矛盾，向汉武帝揭发张汤的隐私，张汤自杀，武帝又把朱买臣也杀了。

更典型的例子是主父偃，也是读了满肚子书，始终没机会做官，后来上书给汉武帝，书中讲了九件事，其中有一件是谏阻汉武帝伐匈奴，得到汉武帝的欣赏，拜他为郎中，而且一年中四次升官，越做越大。他喜欢揭发别人的隐私，朝里的大臣都怕他，送他很多钱来塞他的口。有朋友劝他，说你这样做太过分了。他回答说，我从少年时代起就结发读书，四处游学，四五十岁了还是一介平民，父母不把我当儿子看待，连兄弟都不愿意接济我，跟我的人也一个个都跑了，我实在受够了！大丈夫活着的时候如果不能富贵，享受列鼎而食的待遇，那么就干脆死的时候受鼎烹的待遇吧。（"且丈夫生不五鼎食，死即五鼎烹耳。"见《史记·平津侯主父列传》）我日子不多了，所以只好倒行逆施。

主父偃的话很典型，非常生动地说出了一个无论如何都要出名，为了谋求富贵不择手段的古代读书人的心里话。中国历史上的确有不少像朱买臣、主父偃这样的知识分子。颜之推不赞成这些人的做法，认为这些人的做法不合乎圣人中庸的教导。《礼记·中庸》说："君子居易以俟命，小人行险以徼幸。"颜之推认为这些人就是"侥幸之徒"，不值得仿效。

偏锋捷径之二，就是走后门，特别是走"佞幸"（皇帝的宠臣）之门，靠行贿买官。颜之推说北齐的末年，就有一些人走这条路子当了大官，一时威风凛凛，"车骑辉赫，荣兼九族"。颜之推没有指名，但是我们查查《北齐书》，就知道确有这样的人。《北齐书·后主纪》就说到北齐后主高恒在位的时候，"任陆令萱、和士开、高阿那肱、穆提婆、韩长鸾等宰制天下，陈德信、邓长颙、何洪珍参预机权。各引亲党，超居非次，官由财进，狱以贿成，其所以乱制害人，难以备载。"又说当时"赋敛日重，徭役日繁，人力既殚，帑藏空竭。乃赐诸佞幸卖官，或得郡两三，或得县六七，各分州郡，下逮乡官，亦多降中旨。"颜之推说，这些买官的人"既以利得，必以利殒"，就是说靠"利"（送钱行贿）得到的东西，最后还是会败在"利"上。

其实一个人想发达想富贵，也无可厚非，但是在求发达求富贵的过程中，也要守中庸之道，不能太躁竞，特别是不能不择手段，不能抄捷径走偏锋。颜之推这些告诫，我觉得即使在今天也还是适用的。西方有一句谚语说："阳光之下无新事。"我们只要翻开报纸的社会新闻版，几乎天天都可以找到类似颜之推讲过的例子，大家都看过，我就不多说了。

三、肠不可冷，腹不可热

如果碰到有人遇到急难向你求助的时候，应该怎么办呢？颜之推告诫子孙说，在这样的事情面前也要谨守中庸之道，该帮则帮，不该帮就不要帮。胆小怕事，只考虑到自己，生怕影响到自己的利益，该帮的也不帮，是不可取的。但是，过分热心，不该帮的也帮，甚至明明知道对方是干了坏事，也去帮，这也是不可取的。决定该帮不该帮的原则是"仁"和"义"。合乎仁义的就该帮，哪怕自己要受到损失，也不可吝啬。不合乎仁义的就不该帮，墨子的兼爱，游侠的仗义，都不合乎儒家的中庸原则，是颜之推所不赞同的。我们来看看他说的话，他说：

王子晋云："佐饔得尝，佐斗得伤。"此言为善则预，为恶则去，不欲党人非义之事也。凡损于物，皆无与焉。（12.6）

颜之推在这里先引用王子晋的话，王子晋是春秋时周灵王的太子，他讲的两句话也挺有意思的，就是说你帮人家做饭，就会吃到好吃的，你帮人家打架，就要准备受伤。所以颜之推总结说，好事可以参加，坏事就要避开，不义的事不可以帮着别人干。总之，凡是损害他人的事都不能参与。

但如果做这件事可能对自己有损害却合乎道义呢？颜之推说，那就哪怕会因此获罪，也要见义勇为。他接下去讲了四个古人的故事，一个是伍员，一个是季布，一个是孔融，一个是孙嵩。伍员和季布都是忠臣，急难时为人所救，孔融和孙嵩勇敢仗义，救了汉末两个遭受迫害的正人君子。下面我就讲讲伍员和孔融的故事。

伍员又叫伍子胥，是春秋时期楚国人，父兄都是楚国的大臣，为楚王所冤杀，他逃到吴国，后来成为吴国的宰相。他在逃亡途中，过昭关时一夜急白了头发，有一出京剧叫《文昭关》就讲的这件事。伍子胥出了昭关以后，偏偏又遇到一条大江，正在无计可施之时，突然从芦苇丛中飘出一叶扁舟，把伍子胥送到对岸，临别时伍子胥叮嘱驾船的老渔夫不要向人提起此事，渔夫觉得伍子胥不信任自己，就将渔船划到江中自沉而死。"伍员之托渔舟"即指此事。

再讲讲孔融救张俭的故事。张俭是汉末党锢之祸中反对宦官的著名领袖人物，当时宦官专权到处追杀党人（即反对宦官的士大夫领袖），他一路奔逃，许多仗义的士人都因收留他而破家亡身。有一天他去投奔自己的好友孔褒，碰巧孔褒不在，张俭转身要走，孔褒的弟弟孔融当时只有十六岁，看他神色慌张，说，我哥哥虽然不在，我难道就不能帮助你吗？于是把张俭留下。后来事情败露，孔褒、孔融和他们的母亲都说罪在自己，三人争死，后来朝廷杀了孔褒，而孔融则从此名闻天下。

颜之推称赞孔融等人的行为，认为碰到这样的事即使有可能让自己获罪，也还是应该见义勇为，因为伍员、季布、张俭、赵岐都是忠臣，而受到邪恶小人的迫害，所以值得舍身救之。但如果只是私人恩怨，小集团的利益，就不值得了。他下面举了汉初另外一个有名的侠客郭解代人报私仇的事。刘邦的一个大将灌夫与当时的丞相田蚡之间因私怨而大打出手，颜之推说像这样的事就不值得参与。

总而言之，碰到人有急难来求救于我，要视情形决定该帮不该帮，要守中庸的原则，一切以仁义为准。用颜之推的原话就是：

墨翟之徒，世谓热腹，杨朱之侣，世谓冷肠；肠不可冷，腹不可热，当以仁义为节文尔。（12.6）

我觉得颜之推这话说得很好，我们今天仍然可以奉为教导子女处理这类事情的原则，比如，子女在外边因为帮助朋友而惹了一些麻烦，做父母的应该弄清事情的原委，不可一概批评，也不可一味袒护，而要以仁义为准则。

四、多为少善，不如执一

颜之推在《省事》篇中还特别告诫子孙，人的天赋和才能都是有限的，在某一方面突出，在另一方面就可能有不足之处，因为上天在赋予万物的能力时，就是采取一种中庸的原则，不会把好处都集中在一个物种身上。他说："能走者夺其翼，善飞者减其指，有角者无上齿，丰后者无前足，盖天道不使物有兼焉也。"这话汉朝的董仲舒也说过，只是字词略有不同。"夫天亦有所分予，予其齿者去其角，傅其翼者两其足。"（《汉书·董仲舒传》）再早一点的《大戴礼·易本命》里也说过："四足者无羽翼，戴角者无上齿。"会跑的，就不给你翅膀；会飞的，就不给你四条腿；有角的，就没有尖锐的爪牙；爪牙尖锐的就没有角。所以人也是这样，没有人会样样都行，所以不可争强好胜，什么都要比别人强。与其什么都会一点，不如集中精力，在自己有天赋的方面，努力发展，精益求精。颜之推引古人的话说："多为少善，不如执一。"就是说与其做很多而没有什么做得很好的，就不如把一样认真做好。

我觉得这点很值得我们在教育子女时参考。我们现在很多家长不仅要求自己的孩子在学校里门门功课都要好，还要在课余的时间包括周末，送他们进各种各样的补习班和才艺班，学钢琴，学舞蹈，学唱歌，学游泳，学下棋，学英文，学奥数，用心很好，想让孩子们长大后多才多艺。但效果恐怕适得其反，孩子们累得要死，结果是每一样都只学了一点皮毛，都没多大用处。那就不如让孩子集中精力学一两样，学精一点。

当然，反过来，过早地让学生分科，只专某一门，其他都不懂，这样也不好。钱锺书在短篇小说《灵感》中讽刺说："获得本届诺贝尔医学奖金的美国眼科专家，只研究左眼，不诊治右眼的病。"话虽然说得刻薄，但的确也值得警惕。总之，在博与专的问题上也要守中庸之道，不可走极端。

止足第十三

13.1　《礼》云：“欲不可纵，志不可满。”宇宙可臻其极，情性不知其穷，唯在少欲知足，为立涯限尔。先祖靖侯戒子侄曰：“汝家书生门户，世无富贵；自今仕宦不可过二千石，婚姻勿贪势家。”吾终身服膺，以为名言也。

【注释】

（1）**《礼》云："欲不可纵，志不可满。"**：见《礼记·曲礼上》。

（2）**宇宙可臻其极，情性不知其穷，唯在少欲知足，为立涯限尔**："臻"，到达。"涯限"，界限。

（3）**先祖靖侯戒子侄曰："汝家书生门户，世无富贵；自今仕宦不可过二千石，婚姻勿贪势家。"**："靖侯"，指颜之推九世祖颜含，已见前（5.13）注。"二千石（dàn）"，汉制，郡守每年的俸禄二千石粮食，以后"二千石"便成为太守的代称。此指位居二千石的高官。卢文弨曰："案：自汉以来，官制有中二千石、二千石、比二千石，此但不至公耳，然于官品亦优矣。郮曼容为官，不肯过六百石，辄自免去，岂不更冲退哉？"王利器《集解》案："二千石，汉人谓之大官，仕宦之徒，冲退与躁进者，于此有以觇其趣焉。《汉书·疏广传》：'今仕宦至二千石，宦成名立。'又《宁成传》：'称曰："仕不过二千石，贾不至千万，安可比人乎？"'《世说新语·贤媛》篇：'王经少贫苦，仕至二千石，母语之曰："汝本寒家子，仕至二千石，此可以止乎！"'江淹《自序传》：'仕所望，不过诸卿二千石。'盖自汉、魏以来，仕途险巇，一般浮沉于宦海者，率以此为持盈之限云。""势家"，权贵之家，诸本或作"世家"，意思大同小异。

(4) 吾终身服膺，以为名言也："服膺（yīng）"，佩服，时时记在胸间，"膺"，胸。

【译文】

《礼记》说："欲望不可放纵，志意不可满盈。"宇宙之大，尚有极限，人的情性却是没有边的；唯有减少欲望，懂得满足，为自己立个限度才好。先祖靖侯曾告诫子侄说："你们家是书生门户，世世代代没有富贵过，从现在起你们为官不可超过二千石，婚姻嫁娶不要攀附权势显赫之家。"这句话，我终身服膺，把它作为至理名言。

13.2 天地鬼神之道，皆恶满盈。谦虚冲损，可以免害。人生衣趣以覆寒露，食趣以塞饥乏耳。形骸之内，尚不得奢靡，己身之外，而欲穷骄泰邪？周穆王、秦始皇、汉武帝，富有四海，贵为天子，不知纪极，犹自败累，况士庶乎？常以二十口家，奴婢盛多，不可出二十人，良田十顷，堂室才蔽风雨，车马仅代杖策，蓄财数万，以拟吉凶急速。不赍此者，以义散之；不至此者，勿非道求之。

【注释】

(1) **天地鬼神之道，皆恶满盈**：《易·谦·彖传》："天道亏盈而益谦，地道变盈而流谦，鬼神害盈而福谦，人道恶盈而好谦。""恶（wù）"，厌恶、不喜欢。
(2) **谦虚冲损，可以免害**："冲损"，减少。
(3) **人生衣趣以覆寒露，食趣以塞饥乏耳**："趣"，通"取"，《集解》引卢文弨曰："趣者，仅足之意，与《孟子》'杨子取为我'之取同。"
(4) **形骸之内，尚不得奢靡，己身之外，而欲穷骄泰邪**："形骸"，身体。
(5) **周穆王、秦始皇、汉武帝，富有四海，贵为天子，不知纪极，犹自败累，况士庶乎**："周穆王"，西周国王。姬姓，名满。传说他曾西行作乐，引起东方徐戎的反叛。《穆天子传》即写其西游故事。"汉武帝"，西汉皇帝，名彻。在位期间，是西汉诸方面的极盛时期，然好大喜功，滥用民力。晚年连年用兵，致使海内虚耗，人口减半。桓谭《新论》："汉武帝材质高妙，有崇先广统之规，故即位而开发大志……然上多过差。

既欲斥境广土，乃又贪利，争物之无益者。闻西夷大宛国有名马，即大发军兵，攻取历年，士众多死，但得数十匹耳……多征会邪僻，求不急之方。大起宫室，内竭府库，外罷（同"疲"）天下，百姓之死亡不可胜数。此可谓通而弊者也。"

（6）常以二十口家，奴婢盛多，不可出二十人，良田十顷，堂室才蔽风雨，车马仅代杖策，蓄财数万，以拟吉凶急速："以"，以为、认为。"吉凶"，指婚丧。"急速"，指仓促间发生之事。

（7）不啻此者，以义散之；不至此者，勿非道求之："不啻（chì）"，不仅，不止、超过。《集解》引卢文弨曰："不啻，不但，言过之也。"刘盼遂曰，"案：不啻此，谓过于此也。与不至此对文。六朝人以不啻为常谈"。

【译文】
　　天地鬼神之道，都不喜欢满盈；谦虚淡泊，可以免除祸害。人活在世上，穿衣服只是为了覆盖身体以免寒冷袒露，吃东西只是为了填饱肚子以免饥饿而已。一身都不应该浪费，此身之外还求穷尽奢侈吗？周穆王、秦始皇、汉武帝富有四海，贵为天子，还因为不知满足，而导致伤败，何况一般老百姓呢？我常以为，若是二十口的家庭，奴婢再多也不要超过二十人，良田不超过十顷，房屋只求能遮挡风雨，车马只求能代步。存个几万钱财，用来准备婚丧和应急之事。超过这个数目，就该遵循道义的原则散掉；如果没有达到这个数目，也不要用不正当的方法来求取。

13.3　仕宦称泰，不过处在中品，前望五十人，后顾五十人，足以免耻辱，无倾危也。高此者，便当罢谢，偃仰私庭。吾近为黄门郎，已可收退；当时羁旅，惧罹谤讟，思为此计，仅未暇尔。自丧乱已来，见因托风云，徼幸富贵，旦执机权，夜填坑谷，朔欢卓、郑，晦泣颜、原者，非十人五人也。慎之哉！慎之哉！

【注释】
（1）仕宦称泰，不过处在中品，前望五十人，后顾五十人，足以免耻辱，无倾危也："称泰"，可称平稳的，"泰"，安稳。"倾危"，垮台的危险。

（2）高此者，便当罢谢，偃仰私庭："罢谢"，辞官。"偃仰"，休息娱乐。《诗经·小雅·北山》："或栖迟偃仰。"马瑞辰《通释》曰："偃仰，犹偃息、媅（dān）乐之类，皆二字同义。""私庭"，自己家里，跟"公家"

相对。

（3）**吾近为黄门郎，已可收退；当时羁旅，惧罹谤讟，思为此计，仅未暇尔**："黄门郎"，官名，给事黄门侍郎的省称。东汉始设此官，侍从皇帝，传达诏命。南朝后职掌机密，供皇帝备问，虽秩仅六百石，却权势显重。《隋书·百官志》中记北齐官制云："门下省，掌献纳谏正及司进御之职。侍中，给事黄门侍郎各六人。"又《百官志》记梁官制云："门下省，置侍中、给事黄门侍郎各四人。""羁旅"，漂泊异乡。"谤讟（dú）"，诽谤、非议。

（4）**自丧乱已来，见因托风云，徼幸富贵，旦执机权，夜填坑谷，朔欢卓、郑，晦泣颜、原者，非十人五人也。慎之哉！慎之哉**："朔"，农历每月初一。"晦"，农历每月月底。"卓"，指卓氏。战国时大商人。"郑"，指程郑。汉初商人，其祖先于秦始皇时被迁至蜀郡临邛。卢文弨引《史记·货殖列传》曰："蜀卓氏之先，赵人也，徙临邛，室至僮千人，田池射猎之乐，拟于人君。程郑，山东迁虏也，亦冶铸，富埒卓氏。""颜"，指颜回，"原"，指原思，两人都是孔子弟子，家里都很穷。

【译文】

做官可称平稳的，莫过于处在中品，向前看有五十人，向后看有五十人，这样就足以避免耻辱，没有什么倾覆风险。高于中品，就应当辞官，偃息于家中。我近来任黄门侍郎，已经可以引退了，无奈客居他乡，害怕遭到诽谤和非议；心里虽想着告退，只是没有适当的机会。自从天下大乱以来，我看见乘机得势，侥幸获取富贵的人，早上还大权在握，晚上就填尸坑谷；月初快乐如卓氏、程郑那样的富豪，月底悲苦如颜回、原思那样的穷人，像这种人不止五个十个。你们要谨慎啊，千万要谨慎啊！

【评析】

在这个世界上有许多道理极其明白简单，但就是有很多聪明人偏偏想不通想不透，而且古今中外皆然，看来永远都改变不了。关于人心的贪婪就是其中之一。有句俗话说："人心不足蛇吞象。"用蛇吞象用来比喻人心之贪婪，实在是最生动不过了，蛇那么小，象那么大，蛇怎么吞得了象呢？又有什么必要去吞象呢？可就是想吞，令人百思不得其解。

庄子早就说过："鹪鹩巢于深林，不过一枝；偃鼠饮河，不过满腹。"（见《逍遥游》）鹪鹩是一种很小的鸟，偃鼠是一种很小的老鼠，小鸟做巢，树林再大,也只能做在一条树枝上,老鼠饮水,河水再多,顶多也只能喝满一肚子,要贪那么多干什么呢?

清朝乾隆时期的和珅是历史上有名的大贪官,和珅的故事这些年来广为流传,演和珅的王刚也家喻户晓。乾隆死后和珅被嘉靖赐死,据说被没入官府的财物相当于大清帝国十来年国库收入的总和,所以当时有句民谣说:"和珅跌倒,嘉靖吃饱。"和珅人一点都不蠢,相反极其聪明机巧,为什么料不到后来的下场呢?贪这么多干什么呢?用得完吗?吃得完吗?用被赐死的代价去贪这么多对自己并无用处的钱财,除了说明他实在是晕了头,还能说明什么呢?所以,成语说"利令智昏",看来真的不夸张。

一、"欲不可纵,志不可满",在欲望面前要止住脚步

有个成语说"欲壑难填",欲望人人都有,没有欲望就没有生命,欲望是推动人前进的重要动力。但欲望又是一把双刃剑,它可以把你推向成功的峰巅,也可以把你推向罪恶的深渊。一个人在"欲壑"面前,真的要戒慎恐惧,真的要有一种如临深渊、如履薄冰的感觉,尤其是已经有一定社会地位的人,千万千万要深思。《红楼梦》里有副对联说:"身后有余忘缩手,眼前无路想回头。"有了一定的名和利,已经富到一定的程度,贵到一定的程度,千万想想缩手的问题,不要等到无路可走的那一天,那时候想回头也来不及了。

所以,见惯兴亡的颜之推在《家训》当中特别写了《止足》一篇,谆谆告诫子孙在贪欲面前一定要止足。"止足"二字,可解为"知止、知足",一个人在欲望面前要控制自己,要懂得满足,要懂得止住自己的脚步,才不至于掉到欲望的深壑里去。"止足"也不妨解释为"止于足",就是说够了便该停止,不要过分贪求。

在《止足》篇一开头,颜之推就引用《礼记》的话说:"欲不可纵,志不可满。"欲望不可以放纵,心意不可以满盈,为什么呢?因为任何东西都有一个边界,唯独一个人的欲望和心意是没有边的,如果自己不控制的话。一个穷光蛋当他连饭都吃不饱的时候,他只想能够餐餐吃饱就好了,但是一旦吃饱了饭,他就想要吃鱼吃肉,有了鱼和肉,他又想山珍海味,有了山珍海味,他又想豪宅名车,有了豪宅名车,他又想变成百万富翁,成了百万富翁,他又想成为千万富翁,成了千万富翁,他又想成为亿万富翁,如果不自己给自己划一个界限,这个欲望实在是没边的。

有一个民间故事很生动地显示一个人欲望膨胀的过程,说是有个穷光蛋,捡了一个鸡蛋,就津津有味地向老婆描述他未来的梦想。他说,我先把这个蛋寄放到邻居家里的鸡窝里去孵养,孵出一只母鸡来,长大了就可以下蛋,一个月生

十五个蛋，下了蛋我再拿去孵，不到两年我就会有三百只鸡。然后拿着这些鸡去卖，可得黄金十两，换回五头小母牛；养大后母牛生小牛，三年后可得一百五十头牛；卖了牛可得黄金三百两，拿去放高利贷，三年后便变成五千两，拿这些钱去买田地，种豆、种稻、种高粱，我就会得到一万担粮食；拿着这一万担粮食我就可以买更多的田地，盖漂亮的房子，讨小老婆……这就是欲望，如此膨胀下去，边在哪里？这个故事的结局是，老婆听说他要讨小老婆，突然酸从心里起，醋向胆边生，一巴掌打过去，这一个鸡蛋的家当就此完蛋。所有不懂得控制欲望无限膨胀的人，最后都免不了被命运的巴掌打昏，甚至打死。

曹操做了宰相以后，曾发过一篇《让县自明本志令》，中间有一段话说他自己少年时代并没有什么很了不起的志向，只是不甘心被别人看作凡夫愚子，在被举为"孝廉"以后，希望将来能够做一个郡守，把地方治理好，得到一个清廉的名声就可以了。后来碰到黄巾起义，天下大乱，他就有了更大的野心，想"为国家讨贼立功"，成功之后能够封侯，做征西将军，死的时候墓碑上能够写上"汉故征西将军曹侯之墓"，这样就很满足了。不料后来他的势力越来越强，消灭了各霸一方的袁绍、袁术、刘表，最后做了宰相。他很得意地说："设使国家无有孤，不知当几人称帝，几人称王。"这就有一点想当皇帝的味道了——后来他儿子曹丕当了皇帝，果然追封他为魏武帝。曹操这段话说得很坦白，一个人的欲望就是这样一步一步膨胀的。无论求富、求贵、求名、求利，如果不自己给自己划定一个边界，这欲望是没有满足的一天的。所以，颜之推说"宇宙可臻其极，情性不知其穷"，宇宙都有边、情性，也就是欲望和心意是没有边的，因此也就永远不能满足，如果我们任由这不能满足的欲望和心意牵引自己，我们就有可能走到罪恶和毁灭的深渊。

那怎么办呢？颜之推说："唯在少欲知足，为立涯限尔。"唯一解决的办法，就是减少欲望，控制欲望，知所满足，并且为自己立定一个"涯限"，也就是界限，到了这个界限，就停步，就收手。我记得自己小时候在乡下过了几年替人砍柴放牛的日子，当时父母不在身边，差一点穷得要讨饭。我还清清楚楚地记得我那个时候只有一个很可怜的愿望，就是希望每年有三十六块人民币的收入就好了。为什么是三十六块呢？因为那时候的米是一毛钱一斤，三十六块就可以买三百六十斤米，有了三百六十斤米，每天就有一斤米可吃，我就不会饿死了。你看这是多么卑微的愿望！可是随着年龄增长，境况改善，就想上学，上了初中上高中，上了高中上大学，上了大学想读研究生，读了研究生想出国留学……小时候只想每年赚三十六块，后来想一个月赚一百块就好，以后又想一千块，现在每个月赚一万块也觉得不够花了。到底要赚多少才够呢？所以我就常常在心里告诫自己，现在这样就很好了，该满足了。我在六十岁的时候就给自己写过三条箴言：只做自己想做的事；只做自己能做的事；只做自己喜欢做的事。其他一概顺其自然。

当然，一个人到底要立多高的"涯限"则是因人而异的，有的人认为一个月赚一万块就好了，有的人可能觉得要赚个五万、十万才满足，但总得有个"涯限"才好。颜之推的家族是当时著名的门阀士族之一，在当时的社会地位很高，他的"涯限"自然比一般人高很多，他引用九世祖靖侯颜含的告诫："汝家书生门户，世无富贵；自今仕宦不可过二千石，婚姻勿贪势家。"这就是说，做官不要超过二千石，二千石就是二千石谷子，是汉朝太守的年薪，所以二千石也就相当于今天的省部级干部；嫁女娶媳，取清白的家庭（"素对"），门当户对就好了，不要贪求权势之家，也就是不要攀高结贵，趋炎附势。对于九世祖颜含的告诫，颜之推说自己"终身服膺，以为名言"。这个"涯限"在一般人看来可能已嫌太高了，但我们要知道，魏晋南北朝时期是一个门阀士族轮流当权的时代，皇帝只是若干著名士族的盟主而已，地位并不那么牢靠，其他豪族也未尝觉得自己就不可以当皇帝。所谓"皇帝轮流做，明年到我家"，有晋一代除了司马氏之外，王敦、桓温，甚至陶侃，都曾经做过当皇帝的梦。南北朝事实上就已经是皇帝轮流做的局面了，所以像颜氏家族这样愿意克制自己，只做到二千石就罢手，已经算是很知足的了。

二、求损求缺，戒骄戒满

颜之推说，以一家二十个人算（当时祖孙同堂，兄弟不分家，所以一家二十口是普通的士族家庭），奴婢不超过二十人，良田十顷（一千亩），有房子能够遮挡风雨，有车马可以代步，另外有数万存款，以备不时之需，这样就够了。如果超过了这个"涯限"，就应当"以义散之"，就是遵循道义的原则（如周济贫困的亲友之类）把多余的钱散掉。如果还没有到这个"涯限"，也不可"非道求之"，就是不可不择手段地求取财富，也就是我们平常所说的"君子好财，取之有道"。

为什么要这样做呢？颜之推说"天地鬼神之道，皆恶满盈"，就是说无论万事万物，都是不喜欢太满的。古人说"物极必反"，用今天的话来说，就是任何事情走到极端，就会向它们的反面转化。是不是这样呢？太阳走到天中，就一定向西方偏落，月亮到了满月，就一定慢慢月缺，花开到最盛，就一定逐渐凋落，江河水满，就会成灾，哪一样不是如此呢？有什么例外呢？前人有句话，"物无美恶，过则成灾"，没有什么东西比饭更好吧？但饭吃多了也会撑死。没有什么东西比酒更美吧？但酒喝多了也会醉死。如何把握分寸，不要让事情走到最满最盛最极端，这是一种智慧。颜之推说"谦虚冲损，可以免害"。谦虚冲损就是让它不要满，满了就自己虚一点，损一点，所以说酒到微醺就最好，不要过醉。花未全开，月未全圆，这个时候就最好看。花，如果一定要看到全开，接下来你就要准备看它凋零的样子了。月亮如果一定要看到全圆，接下去你就要准备看它缺的样子了。曾国藩晚年把他的书房叫"求缺斋"，别人求圆，他却求缺，这就是有智慧的人想到的。曾国藩从一个农民家庭出身的书生做到湘军统帅，做到一品大员，做到当朝宰相，做到门生故旧遍天下，他却一生力戒骄满，到晚年更加兢兢业业，更加谨慎小心。而且在一封又一封的家书中，不断地告诫子弟亲属，绝对不可奢侈骄横，所以曾国藩能够至死不败，笑到最后。不仅如此，曾家后代也都很争气，出了许多科学家、教育家、外交家，一直到当代，一百多年了，子孙仍然发达，在近代名人之中，子孙如此发达的大概找不出第二家。

可惜古往今来能够像颜之推、曾国藩这样自觉到盛满的危害而力求谦损的人不多，贪欲对于不少人来说就像一个巨大的黑洞，在这个黑洞的强力吸引面前，他们止不住自己的脚步。在颜之推所处的魏晋南北朝时期，就有许多这样的例子。

西晋时有两个人，一个人叫石崇，一个人叫王恺。石崇是贵族，王恺是外戚，两个人互相炫耀自己的财富，看谁更多。王恺用贵重的麦糖来清洗锅子，石崇则用更为珍贵的石蜡当作柴火来烧。王恺不甘示弱，又用紫纱作步障（设在路边遮泥巴的屏障）四十里，石崇则用更贵重的织锦作步障五十里。石崇用一种香料当石灰涂饰房屋，王恺则用更贵的红石脂。有一次，王恺拿出一株二尺多高的珊瑚树，非常漂亮，市面上根本见不到，王恺说是晋武帝赐给他的，以此向石崇炫耀。没想到石崇看了两眼，竟拿出一柄铁如意，一下就把珊瑚树击成了碎片。王恺勃然大怒，石崇却轻轻松松地说："别大惊小怪，我赔给你就是啦。"便命令仆从抬出一堆珊瑚树，三四尺高的就有六七株之多，像王恺那样二尺多高的就更多了。弄得王恺目瞪口呆，惊羡万分。石崇还有一个豪华的别墅金谷园，占地千亩，流水萦回，奇花异木，珍禽怪兽，布满园中，更有美女数十，天天在里面唱歌跳舞。后来在"八王之乱"中，赵王伦部下的将军孙秀指名要石崇的爱妾绿珠，石崇不给，孙秀便派兵包围金谷园，绿珠跳楼而死，石崇也被抓去处死。刑前石崇叹气说："这些家伙还不就是看中了我的财富吗？"抓他的人说："你既然知道是你的财富害了你，那你为什么不早早散掉呢？"这个问题问得非常好，是啊，石崇如果能像颜之推这样给自己设立一个财富的"涯限"，超过这个"涯限"就散掉，那么他哪里会落到杀头的下场呢？

做官到底要做多大？颜之推说："仕宦称泰，不过处在中品，前望五十人，后顾五十人,足以免耻辱,无倾危也。高此者,便当罢谢,偃仰私庭。"就是说官做到"中品"就可以了,就可以"称泰"了,也就算官运亨通了,"泰"就是亨通的意思。官高过中品,就要主动辞掉,回家养老。什么是中品呢?就是"前望五十人,后顾五十人",比方说朝官一百名左右,中品就是五十几名,比你高的还有五十个,比你低的也还有五十个,这样一方面"免耻辱",就是说地位不算低,不算无能,朝廷出了什么事,也不至于拿你出气,因为还有比你更软的柿子;另一方面"无倾危",就是说没有危险,没有风险,因为你不是出头鸟,不是出头的椽子,一片林子中,你不是最高的几棵树,所以风吹过来的时候不会首先把你吹折,也就是俗话说的"天塌下来,还有长子撑着"。

　　这其实也就是做官的中庸之道。听起来有点胆小怕事的味道,但的确是一个久历官场见过风波的老人的经验之谈。我们特别应当记住魏晋南北朝是一个政权更替频繁、政治动乱接连不断的时代,颜之推本人就经历了无数的兴亡动乱,他说"予一生而三化"(见《观我生赋》),就是说他一生三次做亡国之人,第一次是梁亡,他变成北齐的臣子;第二次是北齐亡,他又变成北周的臣子;第三次是北周亡,他又变成隋的臣子。"化"就是变。但他居然安然地渡过这三次大变动,还能一直保持优越的社会地位,一直在朝廷为官。如果他官做得大,那么在变乱中就免不了首当其冲,不杀头也会被革职,如果他官做得小,新的政权就不会觉得有再使用他的价值。在乱世中没有什么真理可言,没有什么正统可言,无谓地做某一个人或某一个政权的牺牲品,是没有什么价值的,这不像抵抗外族的侵略,不会产生岳飞、文天祥、史可法、戚继光这样的英雄人物,所以我们不必苛责颜之推,这也是不得已的自保之法。他曾沉痛地说:"自丧乱已来,见因托风云,徼幸富贵,旦执机权,夜填坑谷,朔欢卓、郑,晦泣颜、原者,非十人五人也。慎之哉!慎之哉!"在一次次的政权更替和政治动乱中,有的人不守中庸之道,只知进不知退,早上还掌握着机要大权,晚上就被人杀了头,埋到坑谷里去了。刘宋时诗人颜延之的儿子颜竣做到丹阳尹,相当于首都市长,还加金紫光禄大夫,权倾一朝,但是贪进不已,不懂得谦退,不懂得守中庸之道,气焰嚣张,连他父亲颜延之都讽刺他是"要人",要他好自为之,结果还是因罪赐死,没有得到好下场。

　　总之,求名求利本是人生常态,想富想贵也都很自然,但是,第一是要取之有道,不可不择手段;第二是要止足,要守中庸之道,要给自己立定涯限,不要贪进不已,自取其祸。

诚兵第十四

14.1 颜氏之先，本乎邹、鲁，或分入齐，世以儒雅为业，遍在书记。仲尼门徒，升堂者七十有二，颜氏居八人焉。秦、汉、魏、晋，下逮齐、梁，未有用兵以取达者。春秋世，颜高、颜鸣、颜息、颜羽之徒，皆一斗夫耳。齐有颜涿聚，赵有颜冣，汉末有颜良，宋有颜延之，并处将军之任，竟以颠覆。汉郎颜驷，自称好武，更无事迹。颜忠以党楚王受诛，颜俊以据武威见杀，得姓已来，无清操者，唯此二人，皆罹祸败。顷世乱离，衣冠之士，虽无身手，或聚徒众，违弃素业，徼幸战功。吾既羸薄，仰惟前代，故实心于此，子孙志之。孔子力翘门关，不以力闻，此圣证也。吾见今世士大夫，才有气干，便倚赖之，不能被甲执兵，以卫社稷；但微行险服，逞弄拳腕，大则陷危亡，小则贻耻辱，遂无免者。

【注释】

（1）**颜氏之先，本乎邹、鲁，或分入齐，世以儒雅为业，遍在书记**："邹、鲁"，皆为春秋战国时的诸侯国，地处以今曲阜为中心的山东西南一带，是儒家的发源地。陈直曰："颜真卿《家庙碑铭》云：'系我宗，郳颜公，子封郳，鲁附庸。'比本文'本乎邹、鲁'句，叙得姓之始为详。""书记"，这里是书籍记载的意思。

（2）**仲尼门徒，升堂者七十有二，颜氏居八人焉**："升堂"，孔子弟子中凡学问高者以"升堂"为喻，意为进了学问的大厅。《论语·先进》："由也升堂矣，未入于室也。"后人便将懂得学问旨趣者谓为升堂入室，或云登堂入室。相传孔子有弟子三千，其中留下名字的优秀弟子有七十余人，有的说七十二，有的说七十七，还有的说七十，各本说法不一。参看《史记·仲尼弟子列传》并《索隐》。此七十余人中，凡颜氏者八人，即颜回、颜无繇、颜幸、颜高、颜祖、颜之仆、颜哙、颜何。

（3）**秦、汉、魏、晋，下逮齐、梁，未有用兵以取达者**："用兵以取达"，靠打仗而做官的。

（4）**春秋世，颜高、颜鸣、颜息、颜羽之徒，皆一斗夫耳**：以上四人均为鲁国人。颜高、颜息善射，颜鸣、颜羽曾和齐国作战。事分见《左传》定公八年、昭公二十六年、定公六年和哀公十一年。"斗夫"，打架斗狠之人，言下之意是算不上带兵打仗的将军。

（5）**齐有颜涿聚，赵有颜冣，汉末有颜良，宋有颜延之，并处将军之任，竟以颠覆**："颜涿聚"，春秋时齐国人，后战死。事见《左传·哀公二十七年》和《韩非子·十过》。"颜冣"，战国时赵将，赵亡，为秦所俘。事见《战国策·赵策下》和《史记·赵世家》。"冣"是"最"的异体。"颜良"，东汉末袁绍部大将，与曹操作战时被杀。事见《三国志·袁绍传》。"颜延之"，南朝宋临沂人。曾领步兵校尉，未尝为将军。文章冠绝当世，与谢灵运齐名。《宋书》有传。钱大昕曰："案：延之未尝以将兵颠覆，其子竣虽不善终，亦非由将兵之故，且与其父何与？后读《宋书·刘敬宣传》：'王恭起兵京口，以刘牢之为前锋，牢之至竹里，斩恭大将颜延。'乃悟此文颜延下衍一'之'字。牢之事本在晋末，而见于《宋书》，故之推系之宋耳。或后来校书者，因延之为宋人，妄改'晋'为'宋'也。"

（6）**汉郎颜驷，自称好武，更无事迹**："颜驷"，西汉人。赵曦明引《汉武故事》曰："颜驷，不知何许人，文帝时为郎，武帝辇过郎署，见驷尨眉皓发，问曰：'叟何时为郎？何其老也！'对曰：'臣文帝时为郎，文帝好文而臣好武；至景帝好美，而臣貌丑。陛下即位，好少，而臣已老，是以三世不遇。'上感其言，擢拜会稽都尉。"

（7）**颜忠以党楚王受诛，颜俊以据武威见杀，得姓已来，无清操者，唯此二人，皆罹祸败**："颜忠"，东汉人。《后汉书·天文志中》称东汉明帝永平十三年（70）十二月，楚王英与颜忠等造作妖书谋反，事觉，英自杀，忠等皆伏诛。《后汉书·楚王英传》及《济南安王康传》《耿纯传》《马武传》《寒朗传》等皆有记载。"颜俊"，东汉末人。《三国志·魏书·张既传》："是时，武威颜俊、张掖和鸾、酒泉黄华、西平麴（qū）演等并举郡反，自号将军，更相攻击。俊遣使送母及子诣太祖为质，求助。太祖问既，既曰：'俊等外假国威，内生傲悖，计定势足，后即反耳。今方事定蜀，且宜两存而斗之，犹下庄子之刺虎，坐收其毙也。'太祖曰：'善。'岁余，鸾遂杀俊，武威王秘又杀鸾。"

（8）顷世乱离，衣冠之士，虽无身手，或聚徒众，违弃素业，微幸战功："身手"，指有武艺、能打斗，犹如今人说的"功夫"。

（9）吾既羸薄，仰惟前代，故寘心于此，子孙志之："惟"，思。此句意为想起过去那些颜氏好武致祸之事。"羸（léi）薄"，身子单薄。"寘心"，放在心上。"志"，记。

（10）孔子力翘门关，不以力闻，此圣证也："门关"，古城门上的悬门。"翘"，举。"力翘门关"一事，《左传·襄公十一年》说是孔子之父叔梁纥所为，而《吕氏春秋·慎大》《淮南子·主术训》《论衡·效力》及《列子·说符》等都以为是孔子事。"圣证"，曹魏时经学家王肃著《圣证论》，用圣人孔子之语论证经学上的问题。此处意为以孔子之事来论证。

（11）吾见今世士大夫，才有气干，便倚赖之，不能被甲执兵，以卫社稷；但微行险服，逞弄拳腕，大则陷危亡，小则贻耻辱，遂无免者："气干"，也是身手、功夫之意。"微行"，隐瞒高贵身份，易服外出。"险服"，武士之服，后幅较短，便于行动。

【译文】

颜氏的祖先，本来住在邹国、鲁国一带，后来有一部分迁到齐国，世世代代从事儒雅之业，这些都记载在古书上面。孔子的弟子，学问达到精深的有七十二人，姓颜的就占了八个。秦、汉、魏、晋，直到齐、梁，颜氏家族中没有人靠带兵打仗而显贵的。春秋时代，颜高、颜鸣、颜息、颜羽之流，都是一介武夫而已。齐国有颜涿聚，赵国有颜冣，汉末有颜良，东晋末年有颜延之，都担任过将军的职务，最终都以此而倾败。汉朝的郎官颜驷，自称好武，更未见他有什么功绩。颜忠因党附楚王而受诛，颜俊因割据武威而被杀，颜氏自从得此姓以来，节操不良的，只有这两个人，他们都遭到了祸败。近世遭逢战乱，士大夫和贵族子弟，虽然没有勇力，有的却聚集徒众，放弃儒雅之业，想侥幸获取战功。我自己身子单薄，又鉴于家族前人好兵致祸的教训，所以仍旧将心力放在读书仕宦上，子孙们要牢记这一点。孔子力大能举起城门，却不以武力闻名于世，这就是圣人给我们留下的榜样。我看当今士大夫，稍有些力气身手，就仗着它，但不是用来披盔甲、执兵器以保卫国家，而是穿着武士之服，行踪诡秘，卖弄拳勇，如此重则身陷危亡，轻则自取耻辱，没有一人能幸免的。

14.2 国之兴亡，兵之胜败，博学所至，幸讨论之。入帷幄之中，参庙堂之上，不能为主尽规以谋社稷，君子所耻也。然而每见文士，颇读兵书，微有经略，若居承平之世，睥睨宫闱，幸灾乐祸，首为逆乱，诖误善良；如在兵革之时，构扇反覆，纵横说诱，不识存亡，强相扶戴：此皆陷身灭族之本也。诫之哉！诫之哉！

【注释】

（1）**国之兴亡，兵之胜败，博学所至，幸讨论之**："幸讨论之"，不妨加以讨论，"幸"，有幸，在这里已经虚化为表希望的语气词。

（2）**入帷幄之中，参庙堂之上，不能为主尽规以谋社稷，君子所耻也**："帷幄"，军中的帐幕。《汉书·高帝纪》："运筹帷幄之中，决胜千里之外，吾不如子房。""庙堂"，朝廷。"尽规"，尽谋划之责，"规"，规划、谋划。

（3）**然而每见文士，颇读兵书，微有经略，若居承平之世，睥睨宫闱，幸灾乐祸，首为逆乱，诖误善良**："睥睨"，窥视、占察。"宫闱（kǔn）"，指帝王居处的宫室。"诖（guà）误"，贻误，连累。陈直曰："《汉书·霍光传》：'谋为大逆，欲诖误百姓。'为之推所本。"

（4）**如在兵革之时，构扇反覆，纵横说诱，不识存亡，强相扶戴：此皆陷身灭族之本也。诫之哉！诫之哉**："构扇"，挑拨、煽动。"纵横"，本指战国时纵横家向国君游说时所用的"合纵""连横"两种策略。此指在各个势力间游说煽动。"扶戴"，拥戴。

【译文】

国家的兴亡，战争的胜败，在学识已达到渊博的时候，也是可以讨论这类问题的。在军中运筹帷幄，在朝廷里参与议政，如果不能为人主尽谋划之责以确保江山社稷的安全，这是君子所引以为耻的。然而我常见一些文士，粗略地读过几本兵书，稍懂得一些谋略，如果生活在太平盛世，他们就窥视宫室，一旦有事就幸灾乐祸，带头叛逆作乱，以致连累善良之辈；如果是在兵荒马乱的时代，就挑拨煽动，反复无常，四处游说，拉拢诱骗，不识存亡之势，拥戴那些不该拥戴的人。这些都是招致杀身灭族的祸根。要警诫呀！要警诫呀！

14.3 习五兵，便乘骑，正可称武夫尔。今世士大夫，但不读书，即称武夫儿，乃饭囊酒瓮也。

【注释】

（1）**习五兵，便乘骑，正可称武夫尔**："五兵"，五种兵器。所指不一。《周礼·夏官·司兵》："掌五兵。"郑玄注："五兵者，戈、殳、戟、酋矛、夷矛也。"此指车之五兵。步卒之五兵，则无夷矛而有弓矢。"便"，习、熟习。"正"，止、只，这种用法在魏晋南北朝的时候非常普遍，不应误解为恰好、正是。

（2）**今世士大夫，但不读书，即称武夫儿，乃饭囊酒瓮也**："饭囊酒瓮"，饭袋、酒桶。《论衡·别通》："腹为饭坑，肠为酒囊。"

【译文】

学过多种兵器，能够骑马，只可以叫作武夫。当今的士大夫，只要不读书，就自称武夫，其实不过是个酒囊饭袋。

【评析】

战争是人类自我毁灭的悲剧。两个素不相识的人，无冤无仇，也完全无法区别对方人品的好坏，一上了战场就被赶着去互相残杀，而且不得不残杀，因为你不杀对方，对方就会杀你，你这时只不过是战争机器上的一枚螺丝钉，你只能跟着整个机器运转，完全由不得你自己的意志。孔孟儒家从来都是反战、反暴力的，孔子身高两米多，据说力能"翘关"（翘关，又叫拓关，即能把城门门栓举起来的意思。事见《列子·说符》）。但是孔子从来不以此自豪，而且一贯讨厌炫耀武力、使用暴力，甚至谈都不愿意谈到，所谓"子不语怪、力、乱、神"（《论语·述而》）。孟子虽然区分"义战"与"不义之战"，曾经说过："春秋无义战。"（《孟子·尽心下》）但本质上是不赞成战争的。因为无论"义战"或"不义之战"，都无法改变人和人之间不分青红皂白，互相屠杀的事实。所以孟子说："仲尼之徒无道桓文之事者。"（《孟子·梁惠王上》）说到国家统一，孟子说："不嗜杀人者能一之。"（《孟子·梁惠王上》）又说："行一不义，杀一不辜，而得天下，皆不为也。"（《孟子·公孙丑上》）

无须多加论证，南北朝时期那些层出不穷的改朝换代、异族相争的灾难，与义不义没有多大关联，甚至也无须去区分义与不义，对普通人而言，总是躲得越远越好。作为孔孟之徒的颜之推特别在《家训》中写下《诫兵》一篇，告诫子孙远离暴力，远离兵事，不仅可以理解，而且是非常明智的。

在《诫兵》篇中，颜之推先是溯源颜氏家族"世以儒雅为业"，从孔子时代就是如此。孔门七十二贤人中有八位是颜氏家族的人，以孔子最赞赏的弟子颜回为其杰出代表。孔、颜二族，都是山东曲阜的望族，来往密切，孔子母亲颜徵在就是曲阜颜家的人。孔子出生时，父亲叔梁纥已经七十三岁，母亲才十九岁，孔子出生后不久，父亲就过世了，完全靠母亲抚养教育成人。直到今天曲阜颜氏的人，还以此为傲，说儒家文化一半来自颜氏，不能说没有道理。所以，以颜回为代表的颜氏家族历代名人，几乎都是孔孟的信徒，崇文而不崇武，少数几个跟兵事有关系的，基本上都是这个家族的异类，而且都没有得到好下场，如颜之推在《诫兵》里面所提到的颜涿聚、颜冣、颜良、颜延之、颜忠、颜俊等人。

颜之推尤其告诫子孙，不可因为涉猎了几本兵书，就去高谈阔论，尤其不可参与谋乱造反，拥戴有野心的军阀，以免误国害家、"陷身灭族"。他连用两个"诫之哉"以表达对这种事情的深恶痛绝，生怕子孙卷入这种凶险而没有意义的纷争。

今天的世界与一千五百年前已经截然不同了，但是形形色色的纷争、暴力、残杀乃至大规模的战争，从来都没有停止过，甚至有愈演愈烈之势。现在人们一方面耗费巨资去研医制药救人一命，另一方面又毫不犹豫地花费更多的钱造杀人武器，这种愚蠢的悲剧好像谁都没有办法让它停止。人类会这样走向自我毁灭吗？我不知道。颜之推《诫兵》之教，何止适用于颜氏子孙？真希望全人类都能诫兵、诫战、诫暴力、诫霸凌，一切争端都坐下来谈，而不要诉诸武力，则世界幸甚，人类幸甚！

养生第十五

15.1 神仙之事，未可全诬；但性命在天，或难钟值。人生居世，触途牵絷：幼少之日，既有供养之勤；成立之年，便增妻孥之累。衣食资须，公私驱役；而望遁迹山林，超然尘滓，千万不遇一尔。加以金玉之费，炉器所须，益非贫士所办。学如牛毛，成如麟角。华山之下，白骨如莽，何有可遂之理？考之内教，纵使得仙，终当有死，不能出世。不愿汝曹专精于此。若其爱养神明，调护气息，慎节起卧，均适寒暄，禁忌食饮，将饵药物，遂其所禀，不为夭折者，吾无间然。

【注释】

（1）**神仙之事，未可全诬；但性命在天，或难钟值**："诬"，欺骗、不实。"钟值"，正好遇上。"钟"，适逢；"值"，遇上。

（2）**人生居世，触途牵絷：幼少之日，既有供养之勤；成立之年，便增妻孥之累**："絷（zhí）"，本义为用绳索绊住马足，引申为绊住。"妻孥（nú）"，妻子儿女。

（3）**衣食资须，公私驱役；而望遁迹山林，超然尘滓，千万不遇一尔**："资须"，需要（钱、物）。"尘滓"，尘世。

（4）**加以金玉之费，炉器所须，益非贫士所办**："金玉"，指修仙炼丹所用的黄金、玉石、丹砂、云母等物。"炉器"，炼丹所用的炉子和器皿。

（5）**学如牛毛，成如麟角。华山之下，白骨如莽，何有可遂之理**："华山"，即今陕西东部的华山，古代传说为仙人居住之处。"白骨如莽"，谓修仙不成反遇祸害，死于山下。"莽"，草。《抱朴子·登涉》云："凡为道合药及避乱隐居者，莫不入山。然不知入山法者，多遇祸害。故谚有之曰：'太华之下，白骨狼藉。'"

（6）考之内教，纵使得仙，终当有死，不能出世。不愿汝曹专精于此："内教"，指佛教。信佛之人称儒学为外学，佛学为内学，儒籍为外典，佛经为内典，故也称儒家为外教，佛教为内教。

（7）若其爱养神明，调护气息，慎节起卧，均适寒暄，禁忌食饮，将饵药物，遂其所禀，不为夭折者，吾无间然："神明"，精神。"寒暄"，冷暖。"无间然"，就是没有什么可非议的意思。

【译文】

修道成仙的事，不能说全是假的，只是人的性命取决于天，很难碰上这种机会。人活在世上，处处都受到牵挂羁绊。小的时候，有供养侍奉父母的辛劳；成年以后，又增加了妻子儿女的拖累。既要解决吃饭穿衣的费用，又要为公事和私事操劳奔波，这种情况下要想隐居于山林，超脱于尘世，怕千万个人中也遇不到一个。加上炼丹所需的费用，以及置办炉、鼎等器具所花的钱，更不是一般贫士所能办到的。学仙的人多如牛毛，成仙之人却少如麟角。华山之下，白骨有如草莽，哪里有遂心如愿的道理？查考佛教之说，即使能成仙，最终还是得死，不能超脱尘世，所以我不希望你们专心致力于此事。如果只是爱惜保养精神，调理护卫气息，起居有节，适应天气的冷暖变化，重视诸种饮食的禁忌，服用适当的药物，使自己达到上天所赋予的年限，不至于中途夭折，这个我没有意见。

15.2 诸药饵法，不废世务也。庾肩吾常服槐实，年七十余，目看细字，须发犹黑。邺中朝士，有单服杏仁、枸杞、黄精、术、车前得益者甚多，不能一一说尔。吾尝患齿，摇动欲落，饮食热冷，皆苦疼痛，见《抱朴子》牢齿之法，早朝叩齿三百下为良；行之数日，即便平愈，今恒持之。此辈小术，无损于事，亦可修也。凡欲饵药，陶隐居《太清方》中总录甚备，但须精审，不可轻脱。近有王爱州在邺学服松脂，不得节度，肠塞而死，为药所误者甚多。

【注释】

（1）诸药饵法，不废世务也："饵法"，服法。"世务"，日常事务。

（2）庾肩吾常服槐实，年七十余，目看细字，须发犹黑："庾肩吾"，南朝梁人，字子慎。能诗赋，初为晋安王国常侍，历王府中郎、湘东王录事参军、荆州大中正、太子率更令。简文帝萧纲在藩时，雅好文学，他与陆杲、刘遵等人同受赏识。及侯景攻陷建康，萧纲即位，为度支尚书。后奔江陵，未几死。传附《梁书·文学·庾于陵传》。"槐实"，槐树的果实，能入药。《名医别录》："槐实味酸咸，久服，明目益气，头不白，延年。"

（3）邺中朝士，有单服杏仁、枸杞、黄精、术、车前得益者甚多，不能一一说尔："杏仁、枸杞、黄精、术（zhú）、车前"，均为中草药名。卢文弨曰："古有服杏金丹法，云出左慈，除瘖、盲、挛、跛、疝、痔、瘿、痈、疮、肿，万病皆愈；久服，通灵不死云云。其说妄诞，杏仁性热，降气，非可久服之药。《本草经》：'枸杞，一名杞根，一名地骨，一名地辅，服之，坚筋骨，轻身，耐老。'《博物志》：'黄帝问天老曰：天地所生，岂有食之令人不死者乎？天老曰：太阳之草，名曰黄精，饵而食之，可以长生。'《列仙传》：'涓子好饵术节，食其精，三百年。'《神仙服食经》：'车前实，雷之精也，服之行化。八月采地衣，地衣者，车前实也。'"案："术"，草名，根茎可入药，有白术、苍术等数种。

（4）吾尝患齿，摇动欲落，饮食热冷，皆苦疼痛，见《抱朴子》牢齿之法，早朝叩齿三百下为良；行之数日，即便平愈，今恒持之：《抱朴子·杂应》："或问坚齿之道。抱朴子曰：'能养以华池，浸以醴液，清晨建齿三百过者，永不摇动。'""早朝（zhāo）"，清晨。

（5）此辈小术，无损于事，亦可修也："小术"，小办法，跟"大道"相对。

（6）凡欲饵药，陶隐居《太清方》中总录甚备，但须精审，不可轻脱："陶隐居"，即陶弘景。南朝时丹阳秣陵（今江苏南京市江宁区）人，字通明。初为齐诸王侍读，齐末辞官，止于句容之句曲山，于山中立馆，自号华阳隐居。《太清方》，《隋书·经籍志》云："《太清草木集要》二卷，陶隐居撰。"陈直曰："道家传说神仙居住有三清，谓上清、太清、玉清。此隐居医方命名之所本。"另据《道藏》洞真部所录《茅山志》卷九，陶隐居在山上所著书，有《太清玉石丹药集要》三卷、《太清诸草木方集要》三卷。"总录"，合录。"轻脱"，轻易。

（7）近有王爱州在邺学服松脂，不得节度，肠塞而死："松脂"，《本草纲目》："松脂，一名松膏，久服，轻身，不老延年。"

（8）为药所误者甚多：被药所耽误的人很多。

【译文】

　　多种药物的服法,并不会荒废世间事务。庾肩吾常服用槐实,到了七十多岁,眼睛还能看得清小字,胡须头发仍然是黑的。邺城的朝官,有人单服杏仁、枸杞、黄精、术、车前,从中得到的好处很多,难以一一地说。我曾患有牙病,牙齿松动快掉了,吃热的冷的,都觉得痛苦,看了《抱朴子》中固齿的方法,说早上起来叩齿三百次可获良效,我依此做了几天,牙就好了,到现在我还坚持这么做。诸如此类的一些小方法,对行事没有什么妨碍,也是可以学学的。如果想要服药,可看陶弘景的《太清方》,里面收录的药方很完备,但必须精心挑选,不能轻率。近世有个叫王爱州的人,在邺城学服松脂,不懂得剂量方法,结果因肠子梗塞而死。这种为药物所害的例子是很多的。

15.3　夫养生者先须虑祸,全身保性。有此生然后养之,勿徒养其无生也。单豹养于内而丧外,张毅养于外而丧内,前贤所戒也。嵇康著《养生》之论,而以慠物受刑;石崇冀服饵之征,而以贪溺取祸,往世之所迷也。

【注释】

（1）**夫养生者先须虑祸,全身保性**:"虑祸",想到祸患而加以防备。"保性",保有生命,"性"即"生"。

（2）**有此生然后养之,勿徒养其无生也**:"徒养",空养。

（3）**单豹养于内而丧外,张毅养于外而丧内,前贤所戒也**:这一典故见于《庄子·达生》:"鲁有单豹者,岩居而水饮,不与民共利,行年七十而犹有婴儿之色,不幸遇饿虎,饿虎杀而食之。有张毅者,高门县薄,无不走也,行年四十而有内热之病以死。豹养其内而虎食其外,毅养其外而病攻其内。此二子者,皆不鞭其后者也。"又《淮南子·人间训》云:"单豹倍世离俗,岩居谷饮,不衣丝麻,不食五谷,行年七十,犹有童子之颜色,卒而遇饥虎杀而食之。张毅好恭,遇宫室廊庙必趋,见门闾聚众必下,厮徒马围,皆与伉礼。然不终其寿,内热而死。豹养其内而虎食其外;毅修其外而疾攻其内。"

（4）**嵇康著《养生》之论,而以慠物受刑;石崇冀服饵之征,而以贪溺取祸,往世之所迷也**:嵇康,魏文学家、思想家,已见前（8.12）。"慠物",瞧不起人,"慠"同"傲"。石崇,西晋渤海南皮（今河北南皮东北）人,字季伦。历修武令、荆州刺史、侍中等职,以劫掠客商而致富。

曾于河阳建金谷园，与贵戚斗富。八王之乱时，党附齐王同，后为赵王伦所杀。《文选》石季伦《思归引序》："又好服食咽气，志在不朽，傲然有凌云之操。"据《晋书·石崇传》云：石崇有一妓名绿珠，孙秀使人求之。崇尽出数十人以示，曰："在所择。"使者曰："本受命指索绿珠。"崇曰："绿珠吾所爱，不可得也。"使者还报孙秀，秀怒，乃矫诏收崇。绿珠自投楼下而死。崇母兄妻子，无少长，皆被杀害。

【译文】

养生的人首先必须考虑避免祸患，保住身家性命。有了这个生命，然后才能保养它；不要空养保不住的生命。单豹善于保养身体，却因外部的因素丧失生命；张毅善于防备外部的灾祸侵害，却因体内发病而死亡，这都是前代贤人所引以为戒的。嵇康写了《养生论》，但由于傲慢无礼而遭刑戮；石崇希望服药延年，而因贪财好色取杀身之祸，这都是前人中糊涂的例子。

15.4 夫生不可不惜，不可苟惜。涉险畏之途，干祸难之事，贪欲以伤生，谗慝而致死，此君子之所惜哉；行诚孝而见贼，履仁义而得罪，丧身以全家，泯躯而济国，君子不咎也。自乱离已来，吾见名臣贤士，临难求生，终为不救，徒取窘辱，令人愤懑。侯景之乱，王公将相，多被戮辱，妃主姬妾，略无全者。唯吴郡太守张嵊，建义不捷，为贼所害，辞色不挠；及鄱阳王世子谢夫人，登屋诟怒，见射而毙，夫人，谢遵女也。何贤智操行若此之难？婢妾引决若此之易？悲夫！

【注释】

（1）**夫生不可不惜，不可苟惜**："苟惜"，没有原则地爱惜，也就是苟且偷生。

（2）**涉险畏之途，干祸难之事，贪欲以伤生，谗慝而致死，此君子之所惜哉**："险畏之途"，危险的道路。"干（gān）祸难之事"，参与招致灾祸的事情。"谗慝（tè）"，谗言恶语。

（3）**行诚孝而见贼，履仁义而得罪，丧身以全家，泯躯而济国，君子不咎也**："诚孝"，即忠孝，避隋文帝杨坚父杨忠之讳改。"见贼"，被害，"见"，被；"贼"，害。"泯躯"，丧生。"不咎"，不加罪、不责备，"咎"，罪过、过错，这里作动词用。

（4）**自乱离已来，吾见名臣贤士，临难求生，终为不救，徒取窘辱，令人愤懑**："乱离"，祸乱、离散，这里指南梁被西魏所侵事。

(5)侯景之乱,王公将相,多被戮辱,妃主姬妾,略无全者:"侯景之乱",见(11.3)注。

(6)唯吴郡太守张嵊,建义不捷,为贼所害,辞色不挠:张嵊(shèng),南朝梁人,字四山。《梁书·张嵊传》:武帝大同中,嵊迁吴兴太守。太清二年,侯景陷建康。嵊收集士卒,缮筑城垒。侯景将刘神茂遣使招降之,嵊斩其使,及为刘神茂所败,"乃释戎服,坐于听事,贼临之以刃,终不为屈。乃执嵊以送景,景刑之于都市,子弟同遇害者十余人。""建义",起义,此指组织义军讨伐侯景。

(7)及鄱阳王世子谢夫人,登屋诟怒,见射而毙,夫人,谢遵女也:"世子",即古代帝王、诸侯的嫡长子。此指萧嗣。《梁书·鄱阳王恢传》:萧恢孙萧嗣,性骁果有胆略,倜傥不护细行,而能倾身养士。侯景乱时,其据晋熙,城中粮尽,士卒饥乏。侯景遣任约来攻,嗣出垒拒之。"时贼势方盛,咸劝且止,嗣按剑叱之,曰:'今之战,何有退乎?此萧嗣效命死节之秋也。'遂中流矢,卒于阵。""谢夫人",萧嗣的妻子。"诟(gòu)怒",怒骂。

(8)何贤智操行若此之难?婢妾引决若此之易?悲夫:"操行",在这里作动词用,坚持操守的意思。"引决",自杀。

【译文】

生命不能不珍惜,也不能无原则地珍惜。走危险可畏的道路,做招致灾难的事情,因贪恋欲望而损伤身体,因恶言恶语而枉遭杀害,在这些事情上,君子是珍惜生命而力求避免的。如果是坚守忠孝而被害,奉行仁义而获罪,舍身而全家,捐躯而救国,这是君子所不责备的。自丧乱以来,我见到一些名吏和贤士,面对危难苟且求生,结果不仅无法得救,还白白地招致窘迫和羞辱,真令人愤怒。侯景叛乱时,王公将相,大多被杀遭辱,妃嫔、公主、姬妾,几乎没有能保住生命的。只有吴郡太守张嵊,组织义军反抗侯景,未能成功,被叛贼杀害,言语面色不屈不挠。还有鄱阳王嫡长子萧嗣的夫人谢氏,登上房顶怒骂叛贼,被箭射死,谢夫人是谢遵的女儿。为什么那些贤良明智的吏士坚守操行就那么困难?而侍婢、小妾轻生自杀竟如此容易?真让人悲哀呀!

【评析】

中国的养生文化源远流长,先秦时代已有零星论述,两汉续有发展。最早的关于养生的经典像《黄帝内经》《素女经》,据现代人研究,大概都是两汉的作品。早期的养生文化基本上都局限在金字塔的顶端，像《黄帝内经》《素女经》都是假借黄帝跟岐伯、采女等人的对话，一方面是故神其辞，一方面也是只有金字塔顶端的人才有资格谈养生。

魏晋南北朝时期随着富裕而自给自足的士族阶级的兴起及士人个体意识的觉醒，养生的理论与实践由金字塔的顶端扩散到士族，再经由士族传播到民间。所以关于养生的理论和方法的讨论，在魏晋时期形成一个热潮，其中的代表人物是嵇康、葛洪、陶弘景等人。而嵇康的《养生论》是第一篇有作者可考而详细独立地讨论养生理论与方法的文章。嵇康的观点大致认为：神仙是有的，不过神仙是秉自然中的异气所生，非积学所致，也非修炼可成；但一般人若能注意养生，导养得理，活到数百岁乃至上千岁都是可能的。至于导养之法，以养神为要，辅以养形（包括导引、行气、服食、房中等术），这样便可以保性全身，活到应当活到的年龄。魏晋六朝人谈养生大都遵循嵇康这一思路，由此奠定了中国传统养生文化的基础。

颜之推是六朝人，他在《颜氏家训·养生篇》中教导子孙，不要服药求长生不老，但可以注意养生之术，让自己活得更健康一些；同时还提醒子孙要注意，养生不能离开社会现实，养生也不是苟且偷生等，大体上跟嵇康的观点差不多。下面我就结合《养生》篇，谈谈有关养生的一些问题。

一、什么是养生，养生的可能性

人到底能活多少岁？中国传统的说法是下寿八十岁，中寿一百岁，上寿一百二十岁。根据西方科学家的研究，哺乳动物能够活到的岁数是他成熟期的五倍到七倍。人是哺乳动物，人的成熟期是二十岁到二十五岁，所以人应当活到一百到一百七十五岁，那么这个说法其实跟我们古人的说法相差不是太大。从我们观察到的情形看来，大体上也是如此。根据吉尼斯纪录，世界上最长寿的人也就是一百二十岁左右。

人有没有可能活得更长？这个问题恐怕一时之间还无法给出绝对的答案。根据我所看到的资料，重庆綦江的李青云（又名李清云、李庆远）是1933年过世的，据说他活了二百五十六岁，河南的吴云清是1998年过世的，据说他活了一百六十岁，更早的福建有个人叫陈俊，据说他从唐朝一直活到元朝，活了四百四十四岁。传说中的安期生活了一千多岁，彭祖活了八百多岁，基督教《圣经》里有一篇《创世纪》，其中叙说亚当的子孙、诺亚的祖先许多活到了九百多岁、八百多岁，而且都有名有姓。至于长生不老不死的神仙，则基本上可以肯定是没有的，因为不符合有生必有死的自然规律，连整个人类都要灭亡，自然没有人可以不死。所以养生跟成仙是两码事，成仙不可能，养生则可能。养生也基本上不是延长生命的问题，而是努力活到可以活到的岁数，说直率一点，养生也就不过是力争不夭折。古往今来绝大多数人都没有活到应该活到的岁数，绝大多数人都是夭折而死的，一般人连下寿都没有活到，所谓"人生七十古来稀"。现代人的平均寿命都延长了，但连健康水平最高的国家也都只是接近下寿的水准，至少还有几十岁的空间可以努力。

颜之推虽然说"神仙之事，未可全诬"，但这是当时的流行看法，实质上他对神仙之事基本上是持否定态度的。他说求仙的事"学如牛毛，成如麟角。华山之下，白骨如莽，何有可遂之理？"所以他要子孙要抛弃学仙的幻想，但养生则是可能的。他说："若其爱养神明，调护气息，慎节起卧，均适寒暄，禁忌食饮，将饵药物，遂其所禀，不为夭折者，吾无间然。"他这里提到，养生就是"遂其所禀，不为夭折"，正是我上段所说的养生就是努力活到可以活到的岁数，力争不夭折。这是非常科学的。

人为什么会夭折，活不到应该活到的年纪？大致说来有两方面原因：一方面是身体自身的原因，另一方面则是外在环境尤其是社会的原因。

先说身体自身的原因。

这里又有两方面，即先天与后天。有的人先天禀赋不强，在基因中（DNA）就遗传了先代的某些缺陷和重大疾病的因子，后天又没有得到修补，导致活不到人类应当活到的年龄。有的人先天禀赋没有问题，但是后天失调，生命没有得到应有的保护，反而受到种种斫伤（包括过度使用），这样自然也就活不到本该活到的年龄。颜之推讲的"爱养神明，调护气息，慎节起卧，均适寒暄，禁忌食饮，将饵药物"，基本上都是说后天爱护的问题，就是至少做到不要斫伤先天的禀赋，如果做得好，也许还可以修补先天的不足。"爱养神明"，是从精神心理方面保持健康。嵇康说过"精神之于形骸，犹国之有君也"，所以养生首在养神，做到"修性以保神，安心以全身"（见《养生论》），至于"调护气息，慎节起卧，均适寒暄，禁忌食饮"，讲的是养形，注意呼吸、睡眠、冷暖、饮食，中心是顺适自然，守中庸之道。我们今天讲究健康的生活，也仍然主要是注意这几个方面。

在"将饵药物"方面，颜之推提到一些有益的药物，都是植物性的，像槐实、杏仁、枸杞、黄精、白（苍）术、车前等，对于非植物性的尤其是矿物性的药物，他说要特别小心，如果不得法，反而会误送性命。他提到当时有个人服用松脂，结果肠子被塞住导致死亡，这样与养生的意义刚好相反，不是护养而是斫伤。但是当时乃至后世都有不少的人，尤其是养生术中的炼丹派，迷信一些用多种矿物炼成的所谓药物，认为服之可以延年益寿，如魏晋之间流行的"五石散"，就是一个有名的例子。所谓五石散，是用五种矿物质炼成的一种药丸。哪五种矿物呢？一般说是石钟乳、紫石英、白石英、石硫黄、赤石脂，也有说是丹砂、雄黄、白矾、曾青、磁石的（见《抱朴子·金丹》），据说是汉代名医张仲景发明的，又称"寒食散"。有祛风痹、旺精神、壮阳等功效，服后要吃冷食，饮热酒，用冷水洗澡，还要快步行走以发散药力，称为"行散"。服药后常见皮肤过敏，身体燥热，所以不能穿新衣或刚浆洗的衣服，而要穿旧衣、脏衣、宽大的衣服。我们读魏晋的书籍，会发现魏晋人多虱，而且不以为耻。嵇康《与山巨源绝交书》说自己"性复多虱"，《世说新语·雅量》篇载顾和当街觅虱，《晋书·王猛传》载王猛诣桓温，"谈当世之事，扪虱而言，旁若无人"。这就是他们好穿脏衣、旧衣的缘故。又魏晋士族多妻妾，而五石散有壮阳的功能，所以五石散也可以说就是魏晋时候的"伟哥"和"摇头丸"。

但五石散如果服用不得法，不仅会引起药物过敏，还会引起药物中毒，皮肤溃疡，脾气暴躁，狂傲自大，魏晋名士风度中有一些不好的东西大概也跟此有关。因为副作用大，魏晋以后服五石散的人逐渐减少，但还是有一些人迷信"服食"（"服食"一词专指服药，特别是服用矿物质类的药物）可以健身，尤其是壮阳，所以因服食而致死的人史不绝书。据说唐朝的文豪韩愈和元稹也是因为服药不当而死的。白居易有两句诗说这件事："退之服硫磺，一病竟不痊。微之炼秋石，未老身溘然。"（《感旧》）所以古诗也说："服食求神仙，多为药所误。"（《古诗十九首》）今天也有些人过于迷信药物，喜欢吃所谓的"补药"，结果往往适得其反，副作用大于正作用，身体越补越差，这是特别要提醒大家注意的。至于有的人，吸毒成瘾，以生命的代价去追求片刻的快乐，当然就更不值得了。

二、养生与环境及社会的关系

古时求仙的人往往想与世隔绝，躲到深山里去修炼，这其实是一种幻想。人不可能离开生长的环境，也不能离开社会，养生必须在环境中养，必须在社会中养，不可能单独一个人养，人总会受到环境或者社会这样那样的影响，因此考虑养生的问题就不能不联系环境和社会一起来考虑。

关于环境对人的影响，现在越来越多的人都已经认识到了，整个地球环境恶化，已经对人类的健康产生巨大的危害，如果我们不能改善我们所处的环境而让它继续恶化，人类再怎么讲究养生也是徒然。关于这个问题在颜之推的时代自然还不可能有我们今天这样深刻的认识，但是关于社会跟养生的关系，当时的人则已经认识到了。颜之推在《养生》篇中告诫子孙"夫养生者先须虑祸，全身保性，有此生然后养之，勿徒养其无生也"。养生要先考虑避开祸患，保全生命，有了生命，才能养生，生命都没了，还养什么呢？这里提出"虑祸"的问题，就跟环境和社会有关，而侧重在社会。

他举了《庄子·达生》篇中说的两个例子，一个是单豹，一个是张毅。单豹这个人很注意养生，到了七十岁还像年轻人一样，结果有一天遇到一只饿虎，他那养得很好的身体却成了这只饿虎的一顿美餐。张毅呢，很注意锻炼，能够飞檐走壁，身体很强壮，但是四十岁的时候却因为得了内热之病而死掉了。庄子说："豹养其内而虎食其外；毅修其外而疾攻其内。"就是说单豹和张毅没有把养生跟环境与社会联系起来考虑，没有"虑祸"，结果养生也就等于白养了。

魏晋南北朝是一个政治斗争激烈、政权更替频繁、社会充满动乱的时代，一个人的生命更容易受到社会因素的影响，所以在考虑养生问题的时候，就要格外注意避开社会尤其是政治对人的伤害。颜之推特别提到嵇康和石崇的例子，他们两个都很注意养生，讲究服食，但两人都在中年即死于政治斗争，嵇康被司马氏所杀，死时才三十九岁，石崇死于八王之乱，死时也不过五十一岁。这两个人也都注意养生，却都没有注意"虑祸"，尤其是政治斗争之祸，结果养生也是白养了。

颜之推在这里批评了嵇康和石崇，但这两个人的情况是不一样的，批评石崇没有错，批评嵇康则错了。石崇贪求权势，贪求财富，穷奢极欲，只知进不知退，只知聚不知散，而且在求富求贵的过程中表现得不择手段，他的死虽然跟政治斗争有关，但更直接的原因是财富积聚过多，让别人眼红，所以被杀。嵇康跟石崇有本质的不同，在人格上更是石崇望尘莫及的。嵇康的死是死于政治迫害，他为了坚持自己的理想，坚决不与卑鄙龌龊的司马氏政权合作，因而被杀。所以嵇康的死不是不懂得"虑祸"，而是为了坚持高尚的人格而不肯"避祸"，他希望生命活得长一些，但是决不愿意因此就降低人格，苟且偷生，这恰恰是颜之推下文中推崇的"生不可不惜，不可苟惜"的原则。所以，颜之推批评嵇康是错误的，而且自相矛盾。

三、养生的目的与生命的价值

人和动植物都有生命，但人有灵魂，人需要意义和价值才活得下去，动植物则不需要。所以人的养生就不可能跟动植物的养生一样，一只乌龟能活几百年，一棵树能活几千年，这样无知无识无灵魂无意义无价值的生命，并不是人所追求的。

人的养生在根本上是追求有意义有价值的人生，让这样有意义有价值的人生更长一些，活得更充分一些。所以养生是要养有意义有价值之生，不是养无意义无价值之生。养生是要在追求品质的前提下去追求生命长度，如果二者不能得兼，则宁可取品质而不是取长度，生命的品质比生命的长度更重要。

第一，不讲究生命的品质而只是活着，这叫苟活；如果养生只是注意生命长度而不注意品质，这叫苟养。生不可不养，但也不可以苟养。颜之推讲："夫生不可不惜，不可苟惜。""苟惜"就是没有原则地爱惜。爱惜要有原则，不是在什么情况下失去生命都可惜。怎样失去生命是可惜的呢？颜之推说："涉险畏之途，干祸难之事，贪欲以伤生，谗慝而致死，此君子之所惜哉。"这里讲了四种情况。

第二，"涉险畏之途"，就是没有必要却走危险的道路，这样死掉是可惜的。举个例子，有人不遵守交通规则，为了抢一秒两秒，冒险穿过马路，结果被车轧死，这是不值得的。有人故意开快车，所谓"飙车"，与同伙争胜，抖威风，结果被撞死，这也是不值得的。长江涨大水，还有人故意去游泳，表示自己很勇敢，结果被淹死，这也是不值得的。这样的例子很多，生活中死于这种没必要的冒险之事时有所闻，尤其是在青少年中。

第三，"干祸难之事"，就是做一些不好的尤其是犯法的事，这样死掉也是可惜的。例如，拉帮结派干坏事，争风吃醋，聚众斗殴，贩卖毒品，因而被打死或判罪而死，这样的死显然是不值得的。

第四，"贪欲以伤生"，因为贪财或纵欲而伤害身体，这样也是可惜的。这样的例子很多，现在尤其普遍，贪污腐化、卖官行贿、包养情妇、纵欲伤身，几乎每天的报纸上都可以读到这样的故事，如果因此而伤害身体甚至丢掉性命，自然也是不值得的。

第五，"谗慝而致死"，被人陷害，被人说坏话，或自己说别人的坏话，陷害别人，因而致死，这样的事常常发生在争权夺利、争风吃醋的过程中，显然也是不值得的。

什么样的死是值得而无须惋惜的呢？

颜之推说："行诚孝而见贼，履仁义而得罪，丧身以全家，泯躯而济国，君子不咎也。""行诚孝而见贼"，说的是因为做忠臣孝子该做的事，而受到坏人的陷害；"履仁义而得罪"，说的是坚持走仁义的道路而得罪了当权者；"丧身以全家"，说的是牺牲自己保全家族；"泯躯而济国"，说的是用自己的生命挽救国家。因以上四种情况而死，这是值得的，"君子不咎也"，"不咎"就是不批评，不责备，认为应该，认为值得，无须惋惜。

惜生不能苟惜，养生不是苟养，这是讲到养生问题时必须特别注意的问题。

中国的传统思想尤其是儒家思想，从来不把生命看成是至高无上的东西，人世间还有比生命更值得珍惜的东西，孔子认为仁、信都是比生命更高的价值。他说："无求生以害仁，有杀生以成仁。"（《论语·卫灵公》）又说："自古皆有死，民无信不立。"孟子也认为仁义道德是比生命更高的价值，他说："鱼，我所欲也，熊掌亦我所欲也；二者不可得兼，舍鱼而取熊掌者也。生亦我所欲也，义亦我所欲也；二者不可得兼，舍生而取义者也。"（《孟子·告子上》）所以后来文天祥临死前在《绝命辞》中说："孔曰成仁，孟曰取义，唯其义尽，所以仁至。读圣贤书，所学何事？而今而后，庶几无愧。"

　　为什么呢？因为生命归根结底是有限的，活得好就多活几年，自然是好事，值得追求。但是，如果丧失了生命的意义，丧失了人所崇尚的道德价值，只是偷生苟活，那么多活几年只是增加了羞耻，有何意义呢？有什么值得追求的地方呢？所以文天祥又说："人生自古谁无死，留取丹心照汗青。"但可惜很多人就是想不透这个道理，"自古艰难唯一死"，多少人在死亡面前不能坚持节操，临难求生，不惜做变节叛国之徒，最后还是不免一死。颜之推感叹说："自乱离已来，吾见名臣贤士，临难求生，终为不救，徒取窘辱，令人愤懑。"

　　颜之推还说，在动乱危难面前，只有少数名士能够坚持节操，倒是有许多女子反而表现得很勇敢，令他不胜感慨："何贤智操行若此之难？婢妾引决若此之易？悲夫！"在古代，女子是受教育较少的群体，却胜过有着良好教育的男人们，这确实值得我们反思。

　　颜氏家族后代子孙中出了不少宁死不屈的忠臣，如果颜之推死后有知，他一定会为自己的后代感到骄傲。唐朝著名书法家颜真卿就是他的五世孙，官拜平原太守，在平定李希烈之乱中不屈而死；颜真卿的堂兄颜杲卿官拜常山太守，在安史之乱中骂贼而死；颜杲卿的儿子颜季明也在安史之乱中英勇牺牲。一门忠烈，没有辜负祖先的教导。

归心第十六

16.1 三世之事，信而有征，家世归心，勿轻慢也。其间妙旨，具诸经论，不复于此，少能赞述；但惧汝曹犹未牢固，略重劝诱尔。

【注释】

（1）**三世之事，信而有征，家世归心，勿轻慢也**："三世"，佛教说法，指个体一生的存在时间，即过去世、现在世、将来世。"归心"，心悦诚服而归附。此指归心于佛教。

（2）**其间妙旨，具诸经论，不复于此，少能赞述；但惧汝曹犹未牢固，略重劝诱尔**："经论"，指佛教典籍。佛教以经、律、论为三藏，经为佛自说，论是经义的解释，律记戒规诸仪。"重（chóng）"，再。

【译文】

佛教所言过去、现在、将来三世的事，是可信而有应验的，我们家世代皈依佛教，对此不可轻慢。佛教精妙的意旨，都记载在佛教典籍中，我在此就不多作赞美转述了；只是怕你们对此信念尚未牢固，我稍微再作一些劝说诱导。

16.2 原夫四尘五荫，剖析形有；六舟三驾，运载群生：万行归空，千门入善，辩才智惠，岂徒《七经》、百氏之博哉？明非尧、舜、周、孔所及也。内外两教，本为一体，渐积为异，深浅不同。内典初门，设五种禁；外典仁义礼智信，皆与之符。仁者，不杀之禁也；义者，不盗之禁也；礼者，不邪之禁也；智者，不酒之禁也；信者，不妄之禁也。至如畋狩军旅，燕享刑罚，因民之性，不可卒除，就为之节，使不淫滥尔。归周、孔而背释宗，何其迷也！

【注释】

（1）原夫四尘五荫，剖析形有；六舟三驾，运载群生："四尘"，指色、香、味、触。《楞严经》曰："我今观此，浮根四尘，祇在我面，如是识心，实居身内。""五荫"，即"五蕴"。蕴，覆蔽之意。佛教认为人身并无一个自我实体，只是由色、受、想、行、识集合而成的。色指组成身体的物质；受指随感官而生的苦、乐、忧、喜等情感；想是指意象作用；行是指意志活动等；识指意识、心灵。"六舟"，即六度。指从生死此岸到达涅槃彼岸的六种途径：布施（檀那）、持戒（尸罗）、忍（羼提）、精进（毗梨耶）、定（禅那）、智慧（般若）。此为大乘佛教修习的主要内容。"三驾"，即三乘，见《法华经》。佛教以羊车喻声闻乘、以鹿车喻缘觉乘、以牛车喻菩萨乘。以此三种方法引导众生达到解脱。"千门"，指种种修行的法门。《仁王经》："若菩萨摩诃萨住千佛刹，作忉利天，修千法名门，说十善道，化一切众生。"

（2）万行归空，千门入善，辩才智惠，岂徒《七经》、百氏之博哉？明非尧、舜、周、孔所及也："惠"，同"慧"。"七经"，指儒家的七种经典，即《诗》《书》《礼》《乐》《易》《春秋》和《论语》。"百氏"，诸子百家。

（3）内外两教，本为一体，渐积为异，深浅不同："渐积为异"，通过逐渐的演变而产生差异。渐积为异是指中土之民与天竺之民因所处地域不同，其悟道的过程、方式也有所不同。

（4）内典初门，设五种禁；外典仁义礼智信，皆与之符："五种禁"，指佛教五戒。《魏书·释老志》："又有五戒：去杀、盗、淫、妄言、饮酒，大意与仁、义、礼、智、信同，名为异耳。"

（5）仁者，不杀之禁也；义者，不盗之禁也；礼者，不邪之禁也；智者，不酒之禁也；信者，不妄之禁也："不妄"，即"不妄言"。不说假话。

（6）至如畋狩军旅，燕享刑罚，因民之性，不可卒除，就为之节，使不淫滥尔："畋（tián）狩"，打猎。"燕享"，同"宴飨"。"因"，顺着。"卒"，尽。

（7）归周、孔而背释宗，何其迷也："释宗"，即佛教。因佛教创始者汉译为释迦牟尼，故人们习称佛教为释教、释宗。

【译文】

推究"四尘"和"五蕴"的道理，剖析世间万事万物的奥妙；运用"三乘"和"六舟"的修行方法，超度万物众生：佛教有种种修行，让众生归依空寂，有种种法门，使人进入善道，其中有广博的辩才和智能，不只是儒家七经和诸子百家才有。佛教的高明之处，非尧、舜、周公、孔子之道所能及。佛教与儒学，本来是一体的，只是在演变的过程中逐渐产生差异，变得深浅不同。佛典的初学门径，设有五种禁戒；儒家经典中所强调的仁、义、礼、智、信这五种德行，皆与之符合。仁，就是不杀生的禁戒；义，就是不偷盗的禁戒；礼，就是不邪恶的禁戒；智，就是不酗酒的禁戒；信，就是不妄言的禁戒。至于像狩猎、战争、宴饮、刑罚等，这些原本就是人类的本性，不可能完全消除，只能让它们有所节制，不至于过分。尊崇周公、孔子却背离佛教，这是多么糊涂啊！

16.3 俗之谤者，大抵有五：其一，以世界外事及神化无方为迂诞也。其二，以吉凶祸福或未报应为欺诳也。其三，以僧尼行业多不精纯为奸慝也。其四，以糜费金宝减耗课役为损国也。其五，以纵有因缘如报善恶，安能辛苦今日之甲，利益后世之乙乎？为异人也。今并释之于下云。

【注释】

（1）**俗之谤者，大抵有五**："俗之谤者"，世俗对佛教批评的地方。

（2）**其一，以世界外事及神化无方为迂诞也**："无方"，不可捉摸。

（3）**其二，以吉凶祸福或未报应为欺诳也**："欺诳（kuáng）"，欺骗。

（4）**其三，以僧尼行业多不精纯为奸慝也**："奸慝"，奸恶。

（5）**其四，以糜费金宝减耗课役为损国也**："课役"，"课"，指国家规定数额征收的赋税；"役"，徭役。《旧唐书·职官志》二："凡赋役之制有四：一曰租，二曰调，三曰役，四曰课。"

（6）**其五，以纵有因缘如报善恶，安能辛苦今日之甲，利益后世之乙乎？为异人也**："因缘"，佛教语，指得以形成事物、引起认识和造就"业报"等现象所依赖的原因和条件。《俱舍论》卷六："因缘合，诸法即生。"在生"果"中起主要直接作用的条件叫"因"，起间接辅助作用的条件叫"缘"。"异人"，异于人之情性。

（7）**今并释之于下云**："并"，一起。

【译文】

世俗对佛教的指责，大概有以下五种：第一，认为佛教所讲述的是现实世界以外神秘离奇、不可捉摸的事，是迂阔荒诞的；第二，认为人世间的吉凶祸福，未必有相应的报应，佛教强调因果报应是骗人的；第三，认为和尚、尼姑这一行业中人，品行多不清白，道行也不纯熟，寺庵成了藏奸纳垢之地；第四，认为寺庵耗费黄金宝物，僧尼不交租、不服役，损害了国家利益；第五，认为即使有因缘之事，善恶报应存在，又怎能使今天辛苦劳作的甲某去为来世的乙某预谋利益呢？这是不合人情的。现在，我对以上的指责一并解释如下。

16.4 释一曰：夫遥大之物，宁可度量？今人所知，莫若天地。天为积气，地为积块，日为阳精，月为阴精，星为万物之精，儒家所安也。星有坠落，乃为石矣；精若是石，不得有光，性又质重，何所系属？一星之径，大者百里，一宿首尾，相去数万；百里之物，数万相连，阔狭从斜，常不盈缩。又星与日月，形色同尔，但以大小为其等差；然而日月又当石也？石既牢密，乌兔焉容？石在气中，岂能独运？日月星辰，若皆是气，气体轻浮，当与天合，往来环转，不得错违，其间迟疾，理宜一等；何故日月五星二十八宿，各有度数，移动不均？宁当气坠，忽变为石？地既浑浊，法应沉厚，凿土得泉，乃浮水上；积水之下，复有何物？江河百谷，从何处生？东流到海，何为不溢？归塘尾闾，渫何所到？沃焦之石，何气所然？潮汐去还，谁所节度？天汉悬指，那不散落？水性就下，何故上腾？天地初开，便有星宿；九州未划，列国未分，翦疆区野，若为躔次？封建已来，谁所制割？国有增减，星无进退，灾祥祸福，就中不差；乾象之大，列星之伙，何为分野，止系中国？昂为旄头，匈奴之次；西胡、东越、雕题、交阯，独弃之乎？以此而求，迄无了者，岂得以人事寻常，抑必宇宙外也？

【注释】

（1）**释一曰**："释一"，解释第一点，即前文所说的世俗对佛教的五种指责的第一种。

（2）**夫遥大之物，宁可度量**："宁（nìng）可"，哪里可以。

（3）**今人所知，莫若天地。天为积气，地为积块，日为阳精，月为阴精，星为万物之精，儒家所安也**："块"，块状物，土块、石块，古人称地球为大块。

（4）星有坠落，乃为石矣；精若是石，不得有光，性又质重，何所系属："何所系（jì）属"，系在什么东西上面，"属"，连着。

（5）一星之径，大者百里，一宿首尾，相去数万；百里之物，数万相连，阔狭从斜，常不盈缩：卢文弨曰："徐历《长历》：'大星径百里，中星五十，小星三十，北斗七星间相去九千里，皆在日月下。'""宿"，指二十八宿。"从（zòng）斜"，"从"同"纵"。"盈缩"，增加与减少。

（6）又星与日月，形色同尔，但以大小为其等差；然而日月又当石也："但以大小为其等差"，它们（日月与星）的区别仅仅在于大小，"但"，仅仅、只是。

（7）石既牢密，乌兔焉容？石在气中，岂能独运："乌兔"，古代神话传说日中有乌，月中有兔。赵曦明引《春秋元命苞》曰："阳数起于一，成于三，故日中有三足乌。月两设以蟾蜍与兔者，阴阳双居，明阳之制阴，阴之制阳。""独运"，单独运行、自我运行。

（8）日月星辰，若皆是气，气体轻浮，当与天合，往来环转，不得错违，其间迟疾，理宜一等；何故日月五星二十八宿，各有度数，移动不均："五星"，指金、木、水、火、土五大行星。"二十八星宿"，我国古代天文学家为了观测天象及日、月、五星在天空中的运行，在黄道带与赤道带的两侧绕天一周，选取了二十八个星座作为观察时的标志，称为"二十八星宿"。《尚书·尧典》正义："《六历》诸纬与《周髀》皆云：'日行一度，月行十三度十九分度之七。'"又《汉书·律历志》：金、水皆日行一度，木日行千七百二十八度之百四十五，土日行四千三百二十分度之百四十五，火日行万三千八百二十四分度之七千三百五十五。又二十八星宿所载黄赤道度各不同。

（9）宁当气坠，忽变为石："宁（nìng）当"，难道是。

（10）地既滓浊，法应沉厚，凿土得泉，乃浮水上；积水之下，复有何物："法应"，于法应该、按理应该。

（11）江河百谷，从何处生？东流到海，何为不溢？归塘尾闾，渫何所到："归塘"，一作"归墟"，为古代传说海中无底之谷。《列子·汤问》："渤海之东不知几亿万里，有大壑焉，实惟无底之谷，其下无底，名曰归墟，八纮九野之水，天汉之流，莫不注之，而无增无减焉。""尾闾"，古代传说中海水所泄之处。《庄子·秋水》："天下之水，莫大于海，万川归之，不知何时止而不盈；尾闾泄之，不知何时已而不虚。""渫"，音、义同"泄"。

（12）沃焦之石，何气所然："沃焦"，古代传说中东海南部的大石山。《玄中记》："天下之强者，东海之沃焦焉。沃焦者，山名也，在东海南三万里，海水灌之而即消。"又《文选》录嵇康《养生论》中"泄之以尾闾"，李善注引司马彪曰："一名沃焦……在扶桑之东，有一石，方圆四万里，厚四万里，海水注者无不焦尽，故名沃焦。""然"，同"燃"。

（13）潮汐去还，谁所节度："节度"，指挥。

（14）天汉悬指，那不散落？水性就下，何故上腾："天汉"，即银河。《晋书·天文志上》："天汉起东方，经尾箕之间，谓之汉津，乃分为二道……在七星南而没。""那（nǎ）"，同"哪"，古代没有"哪"字，凡"哪"都写成"那"。

（15）天地初开，便有星宿；九州未划，列国未分，翦疆区野，若为躔次："九州"，传说中的我国中原上古行政区划，州名未有定说。《尚书·禹贡》为冀、兖、青、徐、扬、荆、豫、梁、雍。"若为"，如何、怎么样。"躔（chán）次"，日月星辰运行的轨迹。古人认为地上各州郡邦国与天上一定的区域存在一一对应关系，如《史记·天官书》："角、亢、氐，兖州；房、心，豫州；尾、箕，幽州；斗、江、湖；牵牛、婺女，扬州；虚、危，青州；营室至东壁，并州；奎、娄、胃，徐州；昴、毕，冀州；觜（zī）觿（xī）、参，益州；东井、舆鬼，雍州；柳、七星、张，三河；翼、轸，荆州。"

（16）封建已来，谁所制割："封建"，此指周时的封邦建国。"已来"，以来，"已""以"同。

（17）国有增减，星无进退，灾祥祸福，就中不差；乾象之大，列星之伙，何为分野，止系中国："分野"，王利器《集解》引毛奇龄之言曰："分野即是分星。第'分野'二字，出自《周语》'岁在鹑火，我有周之分野'语。分星二字，出自《周礼》保章氏'以星土辨九州之地，所封封域皆有分星'语。虽分星、分野两有其名，而皆不得其分之法。大抵古人封国，上应天象。在天有十二辰，在地有十二州。上下相应，各有分属；则在天名分星，在地名分野，其实一也。"

（18）昴为旄头，匈奴之次；西胡、东越、雕题、交阯，独弃之乎："昴"，二十八星宿之一。《史记·天官书》："昴曰旄头，胡星也。""雕题、交阯"，《后汉书·南蛮传》："《礼记》称南方曰蛮、雕题、交阯'。其俗男女同川而浴，故曰交阯。"卢文弨曰："雕题、交阯，《礼记·王制》

文。雕谓刻也，题谓额也，非惟雕额，亦文身也。"匈奴、西胡、东越、雕题、交阯，都是当时中国周围的少数民族国家。

（19）**以此而求，迄无了者，岂得以人事寻常，抑必宇宙外也**："抑必"，在这里有推断的意思，"抑"，语气词，"必"，一定、断定。"岂得以人事寻常，抑必宇宙外也"，怎么能以寻常的人事去推断宇宙外的情况呢？

【译文】

对于第一种指责的解释：极远极大的东西，难道可以测量吗？现在人们所知道的，没有比对天地更远大的了。天是各种云气积聚而成，地是各种实块积聚而成，太阳是阳气的精华，月亮是阴气的精华，星辰是宇宙万物的精华，这是儒家所信服的观点。星辰有时坠落在地上，就成了石头了；如果精华是石头，就不会有光芒，它的特性是沉重而坚实的，那么靠什么力量使它悬挂在天上？一颗星的直径，大的有一百里长，星宿之间从头到尾，相隔几万里；直径百里之长的物体，相隔万里连成一片，它们之间的宽窄、纵横排列永远没有增减的变化。再说，星星与日月的形体、色泽相似，只是大小有差别而已，那么日月也是石头吗？石头是牢固细密的，那太阳中的三足乌、月亮中的玉兔又怎么能藏在里面呢？石头漂浮在气体中，怎么能自行运转？日月星辰，如果全是气体，那么，气体轻飘，应当与天合而为一，来回环绕运转，不能有错失出现，它们的速度快慢，按理应该是一致的，为什么日月、五大行星、二十八宿却各有各的速度与位置，移动的快慢也不均衡呢？难道是气体坠落地上，忽然变成石头吗？大地既然是实物积聚而成，按理应该沉重，可是往地下挖能发现泉水，说明地是浮在水上的，那么积水下面又有些什么东西？长江、黄河以及众多的川溪，其水流从哪里来的？它们都流到海里，海水为何不溢出地面？海水经过归塘、尾闾泄水，那么这些水又泄到哪里去了？如果说海水被沃焦山的石头烧掉了，那么是什么样的气体让石头燃着了？潮汐的涨落，又是谁在控制呢？天河挂在空中，为什么不散落下来？水的特性是从高处往低处流，为什么又升腾到天上去了呢？天地初开的时候，就有了星宿；当时九州的地域尚未划分，诸侯列国尚未分封，此疆彼界是如何依据星辰运行的位置来确定的呢？分封以后，又是谁来主宰的呢？诸侯国有增有减，星辰的位置并不跟着变化，吉凶祸福照样发生。天象之大，星辰之多，为何以天上星宿的位置来对应划分地上州郡的区域只是发生于中原？被称为庞头的昴星是对应匈奴的；西胡、东越、雕题、交阯这些地域，难道就没有对应的分星吗？诸如此类的问题，是追究不完的，怎么可以用寻常的人事道理去判断茫茫宇宙之外的无穷事理呢？

16.5 凡人之信，唯耳与目；耳目之外，咸致疑焉。儒家说天，自有数义：或浑或盖，乍宣乍安。斗极所周，管维所属，若所亲见，不容不同；若所测量，宁足依据？何故信凡人之臆说，迷大圣之妙旨，而欲必无恒沙世界、微尘数劫也？而邹衍亦有九州之谈。山中人不信有鱼大如木，海上人不信有木大如鱼；汉武不信弦胶，魏文不信火布；胡人见锦，不信有虫食树吐丝所成；昔在江南，不信有千人毡帐，及来河北，不信有二万斛船：皆实验也。

【注释】

（1）**凡人之信，唯耳与目；耳目之外，咸致疑焉**："咸"，都。"致疑"，表示怀疑。

（2）**儒家说天，自有数义：或浑或盖，乍宣乍安**："浑"，指浑天说。为我国古代的一种宇宙论，认为天的形体浑圆如弹丸，天地的关系好像鸟卵壳包着卵黄一样。"盖"，指盖天说。此说起初认为天圆像张开的伞，大地方如棋盘；后改为天像一个斗笠，地像覆着的盘。天在上，地在下，日月星辰随天盖而运动。"宣"，指宣夜说。其说认为天没有形质，气体构成无垠的宇宙，日月星辰自然漂浮在无边的虚空之中，无所根系。"安"，指《安天论》。此著为汉代会稽虞喜据宣夜说写成。

（3）**斗极所周，管维所属，若所亲见，不容不同；若所测量，宁足依据**："斗"，指北斗七星。"极"，指北极星。"管维"，一作"斡维"，即斗枢。"测量"，推测、思量，不是今词测量的意思。

（4）**何故信凡人之臆说，迷大圣之妙旨，而欲必无恒沙世界、微尘数劫也**："恒沙"，"恒河沙数"的略称，言其数多至无可计量。《金刚经》："是诸恒河所有沙数，佛世界如是，宁为多不？"恒河，南亚大河，主要部分在印度。"微尘"，指极细微的物质。"劫"，佛教以天地的形成到毁灭为一劫。《法华经》："如人以力摩三千大千土，复尽末为尘，一尘为一劫，如此诸微尘数，其劫复过是。"

（5）**而邹衍亦有九州之谈**：邹衍，即驺衍。战国时齐国人，阴阳家的代表人物。《史记·孟子荀卿列传》：驺衍著书"以为儒者所谓中国者，于天下乃八十一分居其一分耳。中国名曰赤县神州。赤县神州内自有九州，禹之序九州是也，不得为州数。中国外如赤县神州者九，乃所谓九州也"。

（6）山中人不信有鱼大如木，海上人不信有木大如鱼；汉武不信弦胶，魏文不信火布；胡人见锦，不信有虫食树吐丝所成："弦胶"，《云笈七签》卷二六《十洲记·凤麟洲》曰，"（仙家）煮凤喙及麟角合煎作胶，名之为续弦胶，或名连金泥。此胶能续弓弩已断之弦，连刀剑已断之金，更以胶连续之处，使力士掣之，他处乃断，所续之际，终无所损也。天汉三年（前98），帝幸北海祠恒山。四月，西国王使至，献灵胶四两及吉光毛裘，武帝受以付外库，不知胶、裘二物之妙用也，以为西国虽远，而上贡者不奇，稽留使者未遣。久之，武帝幸华林园，射虎而弩弦断，使者从驾，又上胶一分，使口濡以续弩弦。帝惊曰：'异物也。'乃使武士数人，共对掣引，终日不脱，如未续时。其胶色青如碧玉。"《博物志》卷二也有类似记载。"火布"，火浣之布。《列子·汤问》："火浣之布，浣之必没于火；布则火色，垢则布色；出火而振之，皓然疑乎雪。"《三国志·魏书·三少帝纪·齐王芳》：景初三年二月，"西域重译献火浣布。"裴松之注引《搜神记》："汉世西域旧献此布，中间久绝。至魏初，时人疑其无有。文帝以为火性酷烈，无含生之气，著之《典论》，明其不然之事，绝智者之听。及明帝立，诏三公曰：'先帝昔著《典论》，不朽之格言，其刊石于庙门之外及太学，与石经并，以永示来世。'至是西域使至而献火浣布焉，于是刊灭此论，而天下笑之。"

（7）昔在江南，不信有千人毡帐，及来河北，不信有二万斛船："千人毡帐"，可以容纳千人的帐篷。"二万斛船"，可以装二万斛米的船。

（8）皆实验也："实验"，亲身经历，被事实所验证。

【译文】

一般人所相信的，只是耳闻目睹的事物；眼见与耳闻之外的事物，都表示怀疑。儒家对天的看法，本来就有好几种：有的持浑天说，有的持盖天说，有的持宣夜说，有的则信服《安天论》。此外还认为北斗七星绕着北极星转动，是依靠斗枢为转轴。如果是亲眼看见，就不会有这么多的看法；如果是凭推测，那么哪种看法足以为据？我们为何相信这些凡人的臆测而怀疑大圣人的精妙教义呢？为什么认定绝不会有像印度恒河中的沙子那样多的世界，一粒微小的尘埃也经历过数次劫波呢？而且，邹衍也有中国之外还有九州的说法呢！山里的人不相信有树木那么大的鱼，海上的人不相信有鱼那么大的树木，汉武帝不相信世上有可以黏合断裂弓弦刀剑的弦胶，魏文帝不相信有在火上烧可以去垢的火浣布；胡人看见锦，不相信是用吃桑叶的蚕吐的丝织成的；过去我在江南的时候，不相信有容纳千人的毡帐；等到了黄河之北，发现这里的人们不相信有容纳二万斛的大船：而这些都是得到事实验证的。

16.6 世有祝师及诸幻术，犹能履火蹈刃，种瓜移井，倏忽之间，十变五化。人力所为，尚能如此；何况神通感应，不可思量，千里宝幢，百由旬座，化成净土，踊出妙塔乎？

【注释】

（1）**世有祝师及诸幻术，犹能履火蹈刃，种瓜移井，倏忽之间，十变五化**："祝"，祭祀时司告鬼神之人。"履火"，从火堆里走过。"蹈刃"，从刀口上踏过。履火、蹈刃、种瓜、移井，都是幻术，现在叫魔术。《列子·周穆王篇》、张衡《西京赋》，以及《搜神记》《汉书·张衡传》皆有很多关于幻术的记载。

（2）**人力所为，尚能如此；何况神通感应，不可思量，千里宝幢，百由旬座，化成净土，踊出妙塔乎**："宝幢（chuáng）"，珍宝做成的柱子，上面刻佛号或经咒。"百由旬座"，非常广大的佛座，"由旬"是古印度度量单位，也译作"逾缮那""由延""俞旬"，释玄应注《放光般若经》云："八拘卢舍为一逾缮那，即此方三十里也。"另有四十里之说，见支僧载《外国传》。"净土"，佛教谓庄严洁净，没有五浊（劫浊、见浊、烦恼浊、众生浊、命浊）的极乐世界，与"秽土"相对。"踊出"句，《妙法莲华经见宝塔品》第十一云："尔时，佛前有七宝塔，高五百由旬，纵广二百五十由旬，从地涌出，住在空中，种种宝物而庄校之。"踊出妙塔事盖出于此。

【译文】

世上的巫师及晓习诸种幻术的人，尚能穿行火焰，在刀刃上行走，种下的瓜果即刻成熟，还能挪动井口，片刻之间，千变万化。人力所作所为，尚且如此；何况佛的神通感应之力，更是不可思量，那么高达千里的宝幢，广达数千里的佛座，庄严洁净的极乐世界，从地上踊出座座宝塔，有什么可怀疑的呢？

16.7 释二曰：夫信谤之征，有如影响；耳闻目见，其事已多，或乃精诚不深，业缘未感，时傥差阑，终当获报耳。善恶之行，祸福所归。九流百氏，皆同此论，岂独释典为虚妄乎？项橐、颜回之短折，伯夷、原宪之冻馁，盗跖、庄𫏋之福寿，齐景、桓魋之富强，若引之先业，冀以后生，更为通耳。如以行善而偶钟祸报，为恶而傥值福征，便生怨尤，即为欺诡；则亦尧、舜之云虚，周、孔之不实也，又欲安所依信而立身乎？

【注释】

（1）释二曰：夫信谤之征，有如影响："信谤之征"，这一条是针对前面（16.3）所说的"俗之谤者"的第二种，即认为吉凶祸福的报应不见得可靠，所以这里的"信"，是认为吉凶祸福的报应可信，这里的"谤"，则是认为吉凶祸福的报应不可信，所以"信谤之征"就是吉凶祸福有没有报应的表征。"影响"，影子和回声。《尚书·大禹谟》："惠迪吉，从逆凶，惟影响。"伪孔《传》："吉凶之报，若影之随形，响之应声，言不虚。"

（2）耳闻目见，其事已多，或乃精诚不深，业缘未感，时傥差阑，终当获报耳："业缘"，指业的因缘和业的果报。佛教谓人由身、口、意三业的善恶，必将得到相应的报应，一切众生的境遇和生死都由前世业缘所决定。"傥"，同"倘"，或许。"差阑"，稍迟一点，"差"，少、略微，"阑"，迟。

（3）善恶之行，祸福所归。九流百氏，皆同此论，岂独释典为虚妄乎："九流"，指战国时的九个学术流派，即儒家、道家、法家、名家、墨家、纵横家、阴阳家、杂家、农家，《汉书·艺文志》又加小说家，成十家，后作为各种学派的泛称。"百氏"，诸子百家。

（4）项橐、颜回之短折，伯夷、原宪之冻馁，盗跖、庄𫏋之福寿，齐景、桓魋之富强，若引之先业，冀以后生，更为通耳："项橐（tuó）"，春秋时人。《战国策·秦策》："甘罗曰：'项橐生七岁而为孔子师。'"卢文弨曰："《淮南·修务训》作项托，其短折未详。""颜回"，孔子弟子，年二十九生白发，三十一岁死。"原宪"，春秋时人，字子思，又叫原思，孔子弟子。传说他过着居蓬户、褐衣、蔬食的生活，却不减其乐。事见《史记·仲尼弟子传》《韩诗外传》及《庄子·让王》等。"盗跖（zhí）"，相传为春秋末期人。《史记·伯夷列传》："盗跖日杀不辜，肝人之肉，暴戾恣睢，聚党数千人横行天下，竟以寿终。""庄𫏋（qiāo）"，战国时楚将。楚顷襄王时率军通过黔中向西南进兵，越过且兰（今贵州贵阳附近)、夜郎(今贵州西部及西部地区),直至滇池。后因黔中被秦攻占,与楚交通断绝,遂在滇称王,号庄王。一说为庄王之后。事见《华阳国志·南中志》。"齐景",即齐景公。"桓魋(tuí)",即向魋,春秋时宋司马。为宋景公嬖幸,后欲谋害景公,不成而出奔。

(5) 如以行善而偶钟祸报,为恶而傥值福征,便生怨尤,即为欺诡;则亦尧、舜之云虚,周、孔之不实也,又欲安所依信而立身乎:"偶钟",偶然得到。"傥值",偶然碰到。"怨尤",怨恨。"尧、舜之云虚,周、孔之不实",尧、舜的话是假的,周、孔的话也不可靠。两个"之"字都是助词,无义。"安所依信",何所依靠、信仰。

【译文】

对第二种责难的解释:吉凶祸福有没有报应的表征,就像形体和影子,声音与回响一样的明白。这样的事我耳闻目睹已经很多了。有的虽没有得到应验,或许是当事者的精诚还不够深厚,因缘还没有发生感应,报应还没有表现出来,时间或许会迟一点,但终归会得到报应的。一个人善恶的行为,决定了他会招致祸与福,九流百家都持这个观点,难道唯独佛家这么说,就是虚妄的吗?像项橐、颜回的短命而死;伯夷、原宪的受冻挨饿,盗跖、庄跻的得福获寿;齐景公、桓魋的富足强大,如果把这看成是他们的前辈功德或恶业,报应在后代人身上,道理就更容易说清楚。如果因为行善事而偶然蒙祸,做坏事又意外得到福报,就产生怨恨之心,认为因果报应之说是欺诈蒙骗;那么尧、舜的话也可以说是虚假的,周公、孔子的教导也可以说是不实的,倘若这样,我们还能相信什么,靠什么信念来立身处世呢?

16.8 释三曰:开辟已来,不善人多而善人少,何由悉责其精洁乎?见有名僧高行,弃而不说;若睹凡僧流俗,便生非毁。且学者之不勤,岂教者之为过?俗僧之学经律,何异士人之学《诗》《礼》?以《诗》《礼》之教,格朝廷之人,略无全行者;以经律之禁,格出家之辈,而独责无犯哉?且阙行之臣,犹求禄位;毁禁之侣,何惭供养乎?其于戒行,自当有犯。一披法服,已堕僧数,岁中所计,斋讲诵持,比诸白衣,犹不啻山海也。

【注释】

(1) 释三曰:开辟已来,不善人多而善人少,何由悉责其精洁乎:"开辟",开天辟地。我国古代有盘古开天辟地的神话。"精洁",精白洁净。

(2)见有名僧高行,弃而不说;若睹凡僧流俗,便生非毁:"非毁",责难、诋毁,"非",非议。

(3)且学者之不勤,岂教者之为过?俗僧之学经律,何异士人之学《诗》《礼》:四个"之"字都是助词,只有取消句子独立性的语法作用,无义。

(4)以《诗》《礼》之教,格朝廷之人,略无全行者;以经律之禁,格出家之辈,而独责无犯哉:"格",度量,衡量。"独责无犯",独独要求(僧侣们)不犯戒律,"责",要求,动词,"无犯"是"责"的宾语。

(5)且阙行之臣,犹求禄位;毁禁之侣,何惭供养乎:"阙行",操行有缺陷。"供养",一般指以香花、灯明、饮食、衣物等供佛、菩萨及亡灵,也指斋僧尼。这里指后者。

(6)其于戒行,自当有犯。一披法服,已堕僧数,岁中所计,斋讲诵持,比诸白衣,犹不啻山海也:"自",虽、即使。吴昌莹《经词衍释》卷八:"自,犹'虽'也。'自'训为'若','若'与'虽'同义。""比诸白衣",比之于白衣,"诸"是"之于"的合音;"白衣",南北朝时中国佛教徒穿缁衣,为黑色,故称教外在家的世俗人为白衣。王利器《集解》:"释氏称在俗人曰白衣,以天竺之婆罗门及俗人多服鲜白衣也。六朝以与缁流并称,则曰缁素,或曰黑白。""不啻",不止、过于,参看(13.2)注。

【译文】

对于第三种责难的解释:自从开天辟地有了人类以来,就是不善人多而善人少,怎么可以要求每一个僧尼都纯净清白呢?看见名僧高尚的德行,放在一边不提说;而见了凡庸僧尼同于流俗,就要责难诋毁。再说,受学的人不勤奋,难道是教育者的过错?一般僧尼学习经、律,与士人学习《诗经》《礼记》有什么不同?用《诗经》《礼记》的教义去衡量朝廷的官员,大概没有几个人是够格的;用佛经的戒律度量出家人,怎么能独独要求他们一点都不违反呢?何况行为有缺点的官员,还照样能享受俸禄职位;犯戒的僧徒,又何必惭愧被供养呢?他们在戒行上,即使可能有所违犯,而一旦披上法衣,就是加入了僧侣的行业,一年中所做的事,就是吃斋念经、持戒修行,比起那些世俗之人,其差距已超过高山与深海之别了。

16.9 释四曰：内教多途，出家自是其一法耳。若能诚孝在心，仁惠为本，须达、流水不必剃落须发；岂令罄井田而起塔庙，穷编户以为僧尼也？皆由为政不能节之，遂使非法之寺，妨民稼穑，无业之僧，空国赋算，非大觉之本旨也。抑又论之：求道者，身计也；惜费者，国谋也。身计国谋，不可两遂。诚臣徇主而弃亲，孝子安家而忘国，各有行也。儒有不屈王侯高尚其事，隐有让王辞相避世山林；安可计其赋役，以为罪人？若能偕化黔首，悉入道场，如妙乐之世，襄佉之国，则有自然稻米，无尽宝藏，安求田蚕之利乎？

【注释】

（1）释四曰：内教多途，出家自是其一法耳："自是"，只是。

（2）若能诚孝在心，仁惠为本，须达、流水不必剃落须发；岂令罄井田而起塔庙，穷编户以为僧尼也："诚孝"，即忠孝，已见前（15.4）注。"须达"，佛教人名，为舍卫国给孤独长者的本名，祇圆精舍的施主。见《经律异相》《须达经》及《中阿含须达多经》。"流水"，佛教人名，即流水长者。《金光明经》："流水长者见涸池中有十千鱼，遂将二十大象，载皮囊，盛河水置池中，又为称祝宝胜佛名。后十年，鱼同日升忉利天，是诸天子。"王利器《集解》："此举流水长者救鱼事，以为仁惠之证。""罄"，空，这里作动词用。"井田"，相传远古时代的一种土地制度，一块土地分成九份，如"井"字，周围八块为私有，中间一块为公有，八家共养，这里的"井田"指公田。"编户"，指编入户籍须向国家交纳赋税且服徭役的平民。

（3）皆由为政不能节之，遂使非法之寺，妨民稼穑，无业之僧，空国赋算，非大觉之本旨也："为政"，执政者。"大觉"，佛教谓领悟真理为"觉悟"。这里以"大觉"指代佛教。

（4）抑又论之：求道者，身计也；惜费者，国谋也。身计国谋，不可两遂："抑又论之"，表进一步论述的意思，可译为再说、进一步说之类，"抑"是语气词，无义。

（5）诚臣徇主而弃亲，孝子安家而忘国，各有行也："诚臣"，忠臣，同前"诚孝"，也是避讳。

（6）儒有不屈王侯高尚其事，隐有让王辞相避世山林；安可计其赋役，以为罪人："不屈王侯高尚其事"，不屈于王侯，自命清高。"让王辞相避世山林"，推辞国王、宰相不做，隐居山林。

（7）若能偕化黔首，悉入道场，如妙乐之世，襄佉之国，则有自然稻米，无尽宝藏，安求田蚕之利乎："黔首"，战国及秦对平民的称谓。"道场"，佛成道之所及作佛事之处。这里以"入道场"喻信佛教。"妙乐"，古代西印度国名。"襄（ráng）佉（qū）"，即转轮王，印度古代神话中国王名。

【译文】

　　对于第四种指责的解释：佛教修行的方法很多，出家只是其中一种。如果能把忠孝放在心上，以仁爱施惠为立身之本，像须达、流水两位长者那样，就不一定要剃掉须发为僧。哪里需要把国家的公田都拿去建寺庙佛塔，让所有的平民都去当僧尼呢？这都是因为由于执政者不能很好地节制佛事，才使得不守法纪的寺院，妨碍了民众的农事，没有德行的僧尼，浪费了国家的赋税，这不是佛教的本旨。再说，信奉佛教，这是个人的计划；珍惜费用，则是国家的谋划。个人的计划与国家的谋划，不可能两全其美。忠臣献身于君主而放弃抚养双亲的责任，孝子为了安养双亲而忽略了对国家应尽的义务，各有各的行为准则。读书人有不屈从于王侯而自许清高的人；隐士中有推辞国王宰相不做而隐居山林的人；怎能算计他们的赋税徭役，并认定他们是逃避赋役的罪人呢？如果能感化百姓都信奉佛教，皈依释迦，那么这就像佛经中所说的妙乐、襄佉国那样，会有自然生长的稻米，无尽的宝藏，哪里还用得着去求取种田、养蚕的利益呢？

16.10　释五曰：形体虽死，精神犹存。人生在世，望于后身似不相属；及其殁后，则与前身似犹老少朝夕耳。世有魂神，示现梦想，或降童妾，或感妻孥，求索饮食，征须福佑，亦为不少矣。今人贫贱疾苦，莫不怨尤前世不修功业；以此而论，安可不为之作地乎？夫有子孙，自是天地间一苍生耳，何预身事？而乃爱护，遗其基址，况于己之神爽，顿欲弃之哉？凡夫蒙蔽，不见未来，故言彼生与今非一体耳；若有天眼，鉴其念念随灭，生生不断，岂可不怖畏邪？又君子处世，贵能克己复礼，济时益物。治家者欲一家之庆，治国者欲一国之良，仆妾臣民，与身竟何亲也，而为勤苦修德乎？亦是尧、舜、周、孔虚失愉乐耳。一人修道，济度几许苍生？免脱几身罪累？幸熟思之！汝曹若观俗计，树立门户，不弃妻子，未能出家；但当兼修戒行，留心诵读，以为来世津梁。人生难得，无虚过也。

【注释】

（1）释五曰：形体虽死，精神犹存："精神"，这里指魂魄。

（2）人生在世，望于后身似不相属；及其殁后，则与前身似犹老少朝夕耳："后身"，佛教认为人死后要转生，故有前身后身、今世来世之说。

（3）世有魂神，示现梦想，或降童妾，或感妻孥，求索饮食，征须福佑，亦为不少矣："示现梦想"，灵魂出现于生存者的梦中，即所谓托梦。"求索"，索取。"征须"，与"求索"同义，"征"即"求"，"须"即"索"。

（4）今人贫贱疾苦，莫不怨尤前世不修功业；以此而论，安可不为之作地乎："作地"，留余地、预留地步。

（5）夫有子孙，自是天地间一苍生耳，何预身事？而乃爱护，遗其基址，况于己之神爽，顿欲弃之哉："夫（fú）"，发语词。"何预身事"，跟本身有什么关系。"基址"，基业、产业。"神爽"，即前面说的"精神"。

（6）凡夫蒙蔽，不见未来，故言彼生与今非一体耳；若有天眼，鉴其念念随灭，生生不断，岂可不怖畏邪："凡夫"，普通人。"天眼"，即天趣之眼。佛教五眼之一，能透视六道、远近、上下、前后、内外及未来等。《涅槃经》："天眼通非碍，肉眼碍非通。""生生不断"，指生死轮回，无休无止。

（7）又君子处世，贵能克己复礼，济时益物："克己复礼"，克制自己的欲望，使它符合礼的要求，语本《论语·颜渊》："克己复礼为仁，一日克己复礼，天下归仁焉。"

（8）治家者欲一家之庆，治国者欲一国之良，仆妾臣民，与身竟何亲也，而为勤苦修德乎："庆"，福。

（9）亦是尧、舜、周、孔虚失愉乐耳："虚失"，白白失去。

（10）一人修道，济度几许苍生？免脱几身罪累？幸熟思之："幸"，表示希望的语气词，已见前（14.2）注。"熟思"，仔细思考。

（11）汝曹若观俗计，树立门户，不弃妻子，未能出家；但当兼修戒行，留心诵读，以为来世津梁："津梁"，这里是渡过的意思，"津"是渡口，"梁"是桥梁。

（12）人生难得，无虚过也："人生难得"，佛教讲六道轮回，轮回中不一定都是人，所以说"人生难得"。"虚过"，白过。

【译文】

对于第五种指责的解释：人的形体虽然死了，精神仍然存在。人活在世上的时候，看自己的来世，似乎不相关；等到他死后，才发现后身与前身的关系，就像老人和小孩，早晨与晚上一样。世上有死者的魂灵，会在活人梦中出现，有的托梦于仆人婢妾，有的托梦于妻子儿女，向他们索求食物，乞求福佑，这类事不少。现在有人看到自己处于贫贱痛苦的境地，无不怨恨前世没有修好功德。由此推论，生前怎么能不为来世预留地步呢？至于人有子孙，他们也不过是天地间的众生而已，跟自身有什么相干？而人们尚且要尽心爱护，将家业留给他们，何况对于自己的灵魂，怎能舍弃不顾呢？凡夫俗子蒙昧蔽塞，无法预知来世，所以就说今生与来世并非一回事。如果人有洞察万物的天趣之眼，就能看到生生死死，轮回不断，难道不会感到惧怕吗？再者，君子处世，最可贵的是克制自己，使言行都合乎礼仪，匡时救世，有益于人。治家的希望家庭幸福美满，治国的希望国家兴旺发达。仆人、侍妾、臣僚、民众，和我自身究竟有什么相干而要为他们辛苦操持呢？这也和尧、舜、周公、孔子一样，为了别人的幸福而牺牲自己的欢乐罢了。一个人修身求道，可以超度几个苍生，能使几个人解脱罪恶？希望你们好好想想这个问题。你们如果顾及世俗的生计，建立门户，不能舍弃妻子儿女，不能出家当和尚，也至少要兼及修行，留心于诵读佛经，为过渡到来世架好桥梁。人生是很宝贵的，不要虚度啊。

16.11 儒家君子，尚离庖厨，见其生不忍其死，闻其声不食其肉。高柴、折像，未知内教，皆能不杀，此乃仁者自然用心。含生之徒，莫不爱命；去杀之事，必勉行之。好杀之人，临死报验，子孙殃祸，其数甚多，不能悉录耳，且示数条于末。

【注释】

（1）**儒家君子，尚离庖厨，见其生不忍其死，闻其声不食其肉**：《孟子·梁惠王上》："君子之于禽兽也，见其生，不忍见其死；闻其声，不忍食其肉。是以君子远庖厨也。""庖厨"，烹饪之事。

（2）**高柴、折像，未知内教，皆能不杀，此乃仁者自然用心**：高柴，春秋时人，孔子弟子。《孔子家语·弟子行》有云，高柴"启蛰不杀"，"方长不折"。"折像"，东汉时人，字伯式。《后汉书·方术传》："像幼有仁心，不杀昆虫，不折萌芽。"

（3）**含生之徒，莫不爱命；去杀之事，必勉行之**："含生"，谓有生命之物。"去杀"，不杀生。

（4）**好杀之人，临死报验，子孙殃祸，其数甚多，不能悉录耳，且示数条于**

末:"悉录",都记下来。"末",本篇之末。

【译文】

儒家的君子,尚且能远离烹饪,因为看见活的动物,就不忍心见到它们被杀死,听到动物被宰杀时的惨叫声,就不忍心吃它们的肉。高柴、折像二人,不知道佛教教义,都能做到不杀生,这就是仁慈之人天然的善心。有生命的东西,没有不爱惜自己生命的,不杀生的戒律,一定要努力做到。喜欢杀生的人,临死遭到报应,子孙遭殃,这样的例子很多,不能一一记录,下面姑且举几个例子。

16.12　梁世有人,常以鸡卵白和沐,云使发光,每沐辄二三十枚。临死,发中但闻啾啾数千鸡雏声。

【注释】

(1)"鸡卵白",蛋白。"和(huò)沐",掺和在水里洗沐。

【译文】

梁朝有个人,常常用蛋清和在水中洗头发,说是能使头发富有光泽,每次洗发就用去二三十个鸡蛋。待他临死之时,听到头发中传出几千只小鸡的啾啾鸣叫声。

16.13　江陵刘氏,以卖鳝羹为业。后生一儿头是鳝,自颈以下,方为人耳。

【译文】

江陵有个姓刘的人,以卖鳝鱼羹为业。后来生了一个小孩,头像鳝鱼,自颈部以下,才是人形。

16.14　王克为永嘉郡守,有人饷羊,集宾欲醼。而羊绳解,来投一客,先跪两拜,便入衣中。此客竟不言之,固无救请。须臾,宰羊为羹,先行至客,一脔入口,便下皮内,周行遍体,痛楚号叫;方复说之,遂作羊鸣而死。

【注释】

（1）王克为永嘉郡守，有人饷羊，集宾欲醼："王克"，南朝梁、陈时人。陈直曰："王克见《南史》卷二十三《王彧传》，为彧之曾孙。又王克官主客，见《酉阳杂俎》卷三。"王利器《集解》："《北周书·王褒传》：'江陵城陷，元帝出降，褒与王克等同至长安，俱授仪同大将军。'又《庾信传》：'时陈氏与朝廷通好，南北流寓之士，各许还其旧国。陈氏乃请王褒及信等数十人；高祖惟放王克、殷不害等，信及褒并留不遣。'即此人也。""永嘉"，治所在永宁（今浙江温州），辖境相当今温州、永嘉、乐清及以南地区。"饷羊"，送羊来犒劳。"醼"，同"宴"。

（2）而羊绳解，来投一客，先跪两拜，便入衣中。此客竟不言之，固无救请："竟"，始终。"固无"，坚持没有、坚持不。

（3）须臾，宰羊为羹，先行至客，一脔入口，便下皮内，周行遍体，痛楚号叫，方复说之，遂作羊鸣而死："方复"，才。

【译文】

王克任永嘉太守时，有人送了只羊给他，他就邀集宾客办一个宴会。那只羊挣断了绳子，冲到一位客人面前，先跪下拜了两拜，就钻入客人的衣服里。那位客人始终没讲话，坚持不替那只羊求情。过了一会儿，羊被宰杀，做成了羹汤，先送到那位客人面前，他夹了一块肉，刚入口，便觉得那肉窜入皮内，周身乱窜，他疼痛号叫不已，这个时候他才说出刚才羊向他求救之事，最后竟作羊叫之声而死。

16.15 梁孝元在江州时，有人为望蔡县令，经刘敬躬乱，县廨被焚，寄寺而住。民将牛酒作礼，县令以牛系刹柱，屏除形象，铺设床坐，于堂上接宾。未杀之顷，牛解，径来至阶而拜，县令大笑，命左右宰之。饮啖醉饱，便卧檐下，稍醒而觉体痒，爬搔隐疹，因尔成癞，十许年死。

【注释】

（1）梁孝元在江州时，有人为望蔡县令，经刘敬躬乱，县廨被焚，寄寺而住："望蔡"，《宋书·州郡志二》："（望蔡县），汉灵帝中平中，汝南上蔡民分徙此地，立县名曰上蔡，晋武帝太康元年（280）更名。""刘敬躬乱"，《梁书·武帝纪下》：南朝梁武帝大同八年（542）春正月，"安城郡民刘敬躬挟左道以反，内史萧悚委郡东奔。敬躬据郡，进攻庐陵，取豫章，妖党遂至数万，前逼新淦、柴桑。二月戊戌，江州刺史湘东王绎遣中兵曹子郢讨之……擒敬躬，送京师，斩于建康市"。"县廨（xiè）"，县衙。

（2）民将牛酒作礼，县令以牛系刹柱，屏除形象，铺设床坐，于堂上接宾："刹（chà）柱"，寺中悬挂旗幡的高竿。"屏（bǐng）除"，搬开。"形象"，指佛像。

（3）未杀之顷，牛解，径来至阶而拜，县令大笑，命左右宰之："牛解"，牛挣脱绳子，"解"，解开、松开。

（4）饮啖醉饱，便卧檐下，稍醒而觉体痒，爬搔隐疹，因尔成癞，十许年死："啖（dàn）"，吃。"隐疹"，风疹，一种皮肤出现红色或苍白风团，时隐时现的瘙痒性、过敏性皮肤病。"癞（lài）"，恶疮，如癫痫、麻风。

【译文】

梁元帝在江州的时候，有个人在望蔡县当县令，恰遇刘敬躬叛乱，县里的官署被烧毁了，他暂时在一所寺庙里寄住。老百姓将一头牛和几缸酒作礼物送给他。县令将牛拴在幡柱上，搬掉佛像，摆上坐具，在佛堂上接待宾客。牛快被宰杀的时候，挣脱了绳子，直奔到台阶前向县令跪拜。县令大笑，令旁边的侍从把牛杀了。县令酒足饭饱之后，就躺在屋檐下睡着了，醒来后感到身体发痒，抓搔后身上就起了疙瘩，他因此得了恶疮，十几年后病死了。

16.16 杨思达为西阳郡守，值侯景乱，时复旱俭，饥民盗田中麦。思达遣一部曲守视，所得盗者，辄截手腕，凡戮十余人。部曲后生一男，自然无手。

【注释】

（1）杨思达为西阳郡守，值侯景乱，时复旱俭，饥民盗田中麦："西阳"，郡名。东晋时置，治所在今湖北黄冈东。"旱俭"，旱灾，"俭"，歉收。

（2）思达遣一部曲守视，所得盗者，辄截手腕，凡戮十余人。部曲后生一男，自然无手："部曲"，本为军队的编制单位，这里指手下士兵。《后汉书·百官志》："大将军营五部，部校尉一人……部下有曲，曲有军侯一人。"魏晋以降，逐渐演化为私人武装。"凡"，共。

【译文】

杨思达在任西阳郡守的时候,遇侯景为乱,当时又旱灾,饥饿的老百姓就去偷官田里的麦子。杨思达派了一名部下去守麦田。凡是抓到偷麦子的人,就砍掉他们的手腕,一共砍了十几个人。后来这个部下生了一个儿子,天生就没有手。

16.17 齐有一奉朝请,家甚豪侈,非手杀牛,啖之不美。年三十许,病笃,大见牛来,举体如被刀刺,叫呼而终。

【注释】

(1)齐有一奉朝请,家甚豪侈,非手杀牛,啖之不美:"奉朝(cháo)请(qìng)",古代诸侯春季朝见天子叫朝,秋季朝见天子叫请,统称春朝秋请。汉代对退职大臣、皇室、外戚,多给以奉朝请名义,使能参加朝会,南朝自宋起,以此安置闲散官员。"非手杀牛",不是自己亲手杀的牛。

(2)年三十许,病笃,大见牛来,举体如被刀刺,叫呼而终:"病笃",病重、病危。"大见牛来",看见很多牛来。"举体",全身。

【译文】

齐国有个奉朝请,家里非常豪华奢侈。不是他亲手杀的牛,他就觉得吃起来味道不美。三十多岁时,他得了重病,看见一大群牛向他跑来,他觉得全身如刀割般疼痛,大声呼叫而死。

16.18 江陵高伟,随吾入齐,凡数年,向幽州淀中捕鱼。后病,每见群鱼啮之而死。

【注释】

(1)"幽州淀",王利器《集解》:"北方亭水之地,皆谓之淀。此幽州淀,疑即今赵北口地。"

【译文】

江陵的高伟,随我一同来北齐。几年以来,他时常到幽州的湖泊中捕鱼。后来病重,常看见成群的鱼来咬他,因而死了。

16.19 世有痴人，不识仁义，不知富贵并由天命。为子娶妇，恨其生资不足，倚作舅姑之尊，蛇虺其性，毒口加诬，不识忌讳，骂辱妇之父母，却成教妇不孝己身，不顾他恨。但怜己之子女，不爱己之儿妇，如此之人，阴纪其过，鬼夺其算。慎不可与为邻，何况交结乎？避之哉！

【注释】

（1）世有痴人，不识仁义，不知富贵并由天命："痴人"，蠢人。

（2）为子娶妇，恨其生资不足，倚作舅姑之尊，蛇虺其性，毒口加诬，不识忌讳，骂辱妇之父母，却成教妇不孝己身，不顾他恨："生资"，赖以为生的财产，这里指嫁妆。"舅姑"，公婆。"蛇虺其性"，"蛇虺"在这里作动词用，使动用法。

（3）但怜己之子女，不爱己之儿妇，如此之人，阴纪其过，鬼夺其算："阴"，指阴曹地府。"算"，寿命。《太上感应篇》："太上曰：祸福无门，惟人自召。善恶之报，如影随形。是以天地有司过之神，依人所犯轻重，以夺人算……算尽则死。又有三台北斗神君，在人头上，录人罪恶，夺其纪算。"

（4）慎不可与为邻，何况交结乎？避之哉："慎不可"，千万不可。

【译文】

世上有一种蠢人，不懂得仁义，不晓得人的富与贵皆由天命所定。为儿子娶媳妇，怨恨女家的嫁妆不多，仗着自己是公公婆婆的尊长身份，性如毒蛇，对儿媳恶毒辱骂，甚至不顾忌讳，谩骂女方的父母，这样做的结果，反而是教会了媳妇不孝顺自己，不顾忌因此而产生的其他祸害。只知道疼爱自己的儿女，却不懂得爱护自己的儿媳，像这样的人，阴曹会将其罪过记录下来，让恶鬼夺去他的寿命。千万不可与这种人做邻居，更不要说结为朋友了，避开这种人！

【评析】

佛经自东汉初年（1世纪中叶）传入中国，经过两百五十多年的传播，到晋室南渡前后已颇流行，尤其在上层人士中。读《世说新语》中的《文学》与《言语》等篇，我们很容易发现，东晋以后，佛徒相当活跃。他们来往于贵族名流之间，成为社会上一支不可忽视的势力。同时，佛理也逐渐侵入学术殿堂，成为玄学清谈家们研味探讨的对象。当时的名僧高僧往往也同时是很高明的清谈家，他们常常出现在贵族名士们的清谈集会中。他们不仅精通佛理，而且熟悉玄学，既谈佛，又谈玄，玄佛互参，相摩相扇，为清谈增添了新的内容和新的色彩。

佛理为什么会进入清谈，而且成为清谈的重要内容呢？这可以从佛理和玄学两方面来看。从佛理一面看，是佛理需要借玄学来传播，尤其要借清谈才能打进贵族学术圈；从玄学一面看，是玄学可以接受佛理，且需要佛理作为自己的新鲜血液。

其时佛经传入中国不久，尚未生根，尤其未在上层及学术界生根。佛教要求发展，要得到贵族知识分子的承认，只有借中国固有的学术来诠释，并借当时流行的方式来传播。因此，在当时佛经阐说中大量采用一种所谓"格义"的方法，即用中国原有经典中的精义与典故来比配佛经中的道理，以便于中国信徒的理解与接受。而要这样做，就要求佛徒，尤其那些以高僧自许的人，熟悉中国原有经典。事实上，他们当中也的确有不少人对于"外典"下过很大工夫，其熟悉程度不亚于当时最高明的清谈名士。《世说新语》一书中就记录了不少这样的名僧，支道林就是其中最杰出的代表之一。另一面，佛经作为一门不久前才从外国传入的学问，对于中国士大夫来说相当新奇，相当有吸引力。尤其是汉末以后，儒学的正统地位受到严重的挑战，社会对于异端的承受力大大增加；魏晋以后，玄学兴起，虚无之说盛行，对于旨趣颇有相通之处的佛理自然就更易于接受。《世说新语·文学》有言："殷中军见佛经，云：'理亦应在阿堵上。'"殷浩的话，如果译成现代汉语，那就是："理也该在这里找到。"这儿的"理"，今天的读者很容易理解为一般的道理，但魏晋时的用法，"理"是专指宇宙人生之哲理，即当时人说的"玄理"或"名理"。可见殷浩初见佛经便有一种似曾相识的感觉，而且相信佛理必与玄理相通。

殷浩的这种看法其实代表了当时学术界的一般意见，即认为佛与孔、老的区别，只不过一是"西方圣人"，一是"东方圣人"，而他们所述说的"理"，尤其是那关于宇宙和人生的终极之理，都是一样的。热心的人甚至根据《史记·老子列传》中说老子晚年出关，"莫知其所终"的话，造出一个"老子化胡"（"化"是教化之意）的故事。说老子去了西方，到达印度，收释迦牟尼和其他印度人为弟子，共有二十九个，云云。这样一来，所谓佛经就只不过是《道德经》的外国变种，那么佛理和玄理之相通，当然也就在意料之中了。《世说新语·文学》四四条："佛经以为祛练神明，则圣人可致。简文云：'不知便可登峰造极不？然陶练之功，尚不可诬。'"简文是清谈家，并非佛徒。但在他看来，"佛"也就是"圣人"，佛经可以陶练神明，正如同老庄可以陶练神明一样。事实上，东晋中期玄学和清谈得以重振，部分原因即是佛理得到了当时贵族知识分子的认同，清谈名士竞相借佛经来"陶练神明"之故。当时许多清谈名士，如刘惔、孙绰、许询、郗超、王坦之、袁宏、殷浩等人都好佛经，而殷浩下的功夫最大。《世说新语·文学》有好几条记他学佛经之事："殷中军被废东阳，始看佛经。""殷中军被废，徙东阳，大读佛经，皆精解，唯至事数处不解。遇见一道人，问所签，便释然。""殷中军读《小品》，下二百签，皆是精微，世之幽滞。尝欲与支道林辩之，竟不得。今《小品》犹存。"最后一条"世之幽滞"一语，证明当时努力读佛经的尚大有人在，绝不只殷浩等数人。

从东晋到南北朝，佛教的势力蓬勃发展，但南方与北方许多方面都存在明显的差异。北方佛教主要在中下层人民中发展，偏重于迷信仪式、崇拜偶像、相信因果报应，所以大建庙宇，广修佛像，直接与政治、经济及普通人的生活发生关系，成为一股强大的社会势力。而反对者也往往采取毁寺庙、杀僧徒之类的实际行动。南方的佛教则主要是在上层人士尤其是知识分子中流传，偏重于思想、哲理的研味与探讨，因而迅速进入学术领域，同玄学与清谈结合起来，在中国思想史上放一异彩。

颜之推在《家训》中写了《归心》一篇，正是佛教在南北朝时期蓬勃发展的一个缩影，也是当时儒家知识分子接受佛家思想的一个极佳例证。颜氏家族是一个典型的儒家士族，到颜之推这一代或更早，已经完全接受了佛教的哲理。他们并不觉得佛教跟儒家有什么根本的冲突，反倒认为它们在本质上是相通的。颜之推在《归心》一篇中，对当时反对、怀疑佛教理论的五种主要观点，一一加以驳斥，我们由此可以看出颜之推打通儒、佛两家的努力。他希望子孙们兼修儒、佛，一方面做到儒家的"克己复礼，济时益物"，另一方面又"留心诵读"佛经，作为"来世津梁"。颜之推出生成长在南方，所以南方佛教重哲理在他身上有明显的表现；后半生又活跃在北方，北方佛教重实际（如相信报应）也在他身上有明显的烙印。还有一点可注意的，就是颜氏家族并不崇尚老庄玄学，他们对佛教哲理的接受，似乎并没有通过玄学作为中介，这一点我们当然可以解释为颜之推口头上虽然并不崇尚老庄玄学，但年轻的他置身在南朝那个崇尚老庄玄学的氛围中，实质上不可能不受到当时流行思潮的影响。同时，我们也可以解释为，儒家信徒完全可以直接接受佛家哲理，而不需要通过老庄玄学的媒介。也许正因为如此，颜之推身上这种以儒为本、同时信佛的思想现象，我们在后来许多中国的读书人身上都可以看到，直到今天好像也还是如此。

书证第十七

17.1 《诗》云："参差荇菜。"《尔雅》云："荇，接余也。"字或为"莕"。先儒解释皆云："水草，圆叶细茎，随水浅深。今是水悉有之，黄花似莼，江南俗亦呼为'猪莼'，或呼为'荇菜'。"刘芳具有注释。而河北俗人多不识之，博士皆以参差者是苋菜，呼"人苋"为"人荇"，亦可笑之甚。

【注释】

(1) 《诗》云："参差荇菜。"：见《诗经·周南·关雎》。"荇菜"，一种水生植物，即莕菜。

(2) 《尔雅》云："荇，接余也。"字或为"莕"：《尔雅·释草》："莕，接余，其叶苻。"郭注云："丛生水中，叶圆，在茎端，长短随水深浅。江东菹食之。亦呼为莕，音杏。"又《齐民要术》九引《诗义疏》："接余，其叶白，茎紫赤，正圆，径寸余，浮在水上，根在水底，茎与水深浅等，大如钗股，上青下白，以苦酒浸之为菹，脆美，可案酒，其华蒲黄色。"

(3) **先儒解释皆云："水草，圆叶细茎，随水浅深。今是水悉有之，黄花似莼，江南俗亦呼为'猪莼'，或呼为'荇菜'。"刘芳具有注释**："莼（chún）"，植物名。卢文弨曰："《政和本草》：'凫葵，即莕菜也。一名接余。'唐本注云：'南人名猪莼，堪食。'别本注云：'叶似莼，茎涩，根极长，江南人多食，云是猪莼，全为误也。猪莼与丝莼同一种，以春夏细长肥滑为丝莼，至冬短为猪莼，亦呼为龟莼，此与凫葵，殊不相似也。'"陆玑《诗疏》:"莼乃是茆,非荇也,茆荇二物相似而异,江南俗呼荇为猪莼误矣。""刘芳",见(8.10)注。《隋书·经籍志》:"《毛诗笺音证》十卷,后魏太常卿刘芳撰。"

(4)而河北俗人多不识之,博士皆以参差者是苋菜,呼"人苋"为"人荇",亦可笑之甚:"人苋",卢文弨注引《本草图经》云:"苋有六种:有人苋、赤苋、白苋、紫苋、马苋、五色苋。入药者人、白二苋,其实一也,但人苋小而白苋大耳。"

【译文】

《诗经》上说:"参差荇菜。"《尔雅》解释说:"荇,就是接余。"字或写作"莕"。从前的学者皆解释说:荇是水草,叶圆茎细,它的长短取决于水的深浅。现在凡是有水的地方都长有荇菜,那种开黄花的像莼菜,江南民间也把它称作"猪莼",或叫作"荇菜"。刘芳有详细的解释。但在河北地区,一般人多不认识这种植物,连博士们都将水中长得参差不齐的荇菜当作"苋菜",把"人苋"称作"人荇",这也太可笑了。

17.2 《诗》云:"谁谓荼苦?"《尔雅》《毛诗传》并以荼,苦菜也。又《礼》云:"苦菜秀。"案:《易统通卦验玄图》曰:"苦菜生于寒秋,更冬历春,得夏乃成。"今中原苦菜则如此也。一名"游冬",叶似苦苣而细,摘断有白汁,花黄似菊。江南别有苦菜,叶似酸浆,其花或紫或白,子大如珠,熟时或赤或黑,此菜可以释劳。案:郭璞注《尔雅》,此乃"蘵",黄蒢也。今河北谓之"龙葵"。梁世讲《礼》者,以此当苦菜,既无宿根,至春方生耳,亦大误也。又高诱注《吕氏春秋》曰:"荣而不实曰英。"苦菜当言英,益知非龙葵也。

【注释】

(1)《诗》云:"谁谓荼苦?":见《诗经·邶风·谷风》。

(2)《尔雅》《毛诗传》并以荼,苦菜也。又《礼》云:"苦菜秀。":"苦菜"句,见《礼记·月令》。

(3)案:《易统通卦验玄图》曰:"苦菜生于寒秋,更冬历春,得夏乃成。"今中原苦菜则如此也:《易统通卦验玄图》,撰者不详。《隋书·经籍志》著录一卷。

(4)一名"游冬",叶似苦苣而细,摘断有白汁,花黄似菊:"游冬",《广雅·释草》:"游冬,苦菜也。"

（5）**江南别有苦菜,叶似酸浆,其花或紫或白,子大如珠,熟时或赤或黑,此菜可以释劳**:"酸浆",草名。卢文弨注引《尔雅·释草》云:"今酸浆草,江东呼曰苦葴。"

（6）**案:郭璞注《尔雅》,此乃"蘵",黄蒢也。今河北谓之"龙葵"**:"郭璞",字景纯,东晋河东闻喜（今属山西）人,博学,好古文奇字,又精通阴阳卜筮之术,后为王敦所杀,传见《晋书》。《隋书·经籍志》:"《尔雅》五卷,郭璞注。《图》十卷,郭璞撰。"《尔雅·释草》:"蘵（zhī）,黄蒢（chú）。"郭璞注:"蘵草,叶似酸浆,华小而白,中心黄,江东以作菹（zū,腌菜）食。"

（7）**又高诱注《吕氏春秋》曰:"荣而不实曰英。"苦菜当言英,益知非龙葵也**:"高诱",东汉时涿郡（今河北涿州）人。《隋书·经籍志》:"《吕氏春秋》二十六卷,秦相吕不韦撰,高诱注。"《吕氏春秋·孟夏纪》"苦菜秀"句下,高诱注云:"《尔雅》云:'不荣而实曰秀,荣而不实曰英。'苦菜当言英者也。"

【译文】

《诗经》上说:"谁谓荼苦?"《尔雅》《毛诗传》都把"荼"解释成苦菜。《礼记》也说:"苦菜秀。"案:《易统通卦验玄图》说:"苦菜生于寒秋,经历冬春两季,到夏天才成熟。"现在中原地区的苦菜就是这样的。苦菜又称作"游冬",菜叶像苦苣而比苦苣细,折断后会渗出白色的浆汁,菜花是黄色的,类似菊花。江南有另一种苦菜,菜叶像酸浆草,菜花有的是紫色的,有的是白色的,菜籽如珠子般大小,成熟时或是红色的,或是黑色的,服食这种菜可以消除疲劳。案:郭璞注《尔雅》,认为它是"蘵",也就是黄蒢。现今河北地区的人称其为"龙葵"。梁代讲述《礼》的人,把它当作中原地区的苦菜,中原地区的苦菜没有经冬留存的宿根,到春天才发芽生长,把它认作苦菜是个大误解。另外,高诱注《吕氏春秋》说:"植物开花而不结果称作英。"苦菜应该说是英,这更说明它绝不是龙葵。

17.3 《诗》云:"有杕之杜。"江南本并"木"傍施"大",《传》曰:"杕,独貌也。"徐仙民音徒计反。《说文》曰:"杕,树貌也。"在"木"部。《韵集》音"次第"之"第",而河北本皆为"夷狄"之"狄",读亦如字,此大误也。

【注释】

（1）《诗》云："有杕之杜。"："杕（dì）"，树木孤零独立的样子。见于《诗经·唐风·杕杜》《有杕之杜》及《小雅·杕杜》。"杜"，即杜梨。

（2）江南本并"木"傍施"大"，《传》曰："杕，独貌也。"徐仙民音徒计反。《说文》曰："杕，树貌也。"在"木"部：王利器《集解》注引臧琳《经义杂记》十八："《释文》云：'杕杜本或作夷狄字，非也。下篇同。'据此，则《唐风·杕杜》《有杕之杜》两篇，杕字皆有作狄者，颜、陆并以为误，是也。颜引《毛传》云：'杕，独貌也。'今《杕杜》篇孔、陆本皆作'特貌'，特字训独，颜引《毛诗》竟作独，非。""徐仙民"，即徐邈。见（8.20）注。据《隋书·经籍志》，徐邈有《毛诗音》二卷。

（3）《韵集》音"次第"之"第"，而河北本皆为"夷狄"之"狄"，读亦如字，此大误也："河北本"，指河北地区流行的《诗经》版本。许彦宗《鉴止水斋集》十四《记南北学》云："经学自东晋后，分为南北。自唐以后，则有南学而无北学……《五经正义》所谓定本，盖出于颜师古。师古之学，本之之推。之推《家训·书证》篇，每是江南本而非河北本。师古为定本时，辄引晋、宋以来之本，折服诸儒，则据南本为定可知已。"

【译文】

《诗经》上说："有杕之杜。"江南流传的各种《诗经》版本，都将"杕"字写成"木"旁加个"大"字。《毛诗传》说："杕，孤零零之状。"徐仙民注音为徒计反。《说文解字》解释说："杕，树的样子。"字在《木部》。《韵集》注音为"次第"的"第"，而河北地区流传的《诗经》版本都把它写作"夷狄"的"狄"字，读法也与"狄"相同，这就是一个大错误了。

17.4 《诗》云："骃骃牡马。"江南书皆作"牝牡"之"牡"，河北本悉为"放牧"之"牧"。邺下博士见难云："《骃颂》既美僖公牧于坰野之事，何限骠骘乎？"余答曰："案：《毛传》云：'骃骃，良马腹干肥张也。'其下又云：'诸侯六闲四种：有良马，戎马，田马，驽马。'若作放牧之意，通于牝牡，则不容限在良马独得骃骃之称。良马，天子以驾玉辂，诸侯以充朝聘郊祀，必无骠也。《周礼·圉人职》：'良马，匹一人。驽马，丽一人。'圉人所养，亦非骠也；颂人举其强骏者言之，于义为得也。《易》曰：'良马逐逐。'《左传》云：'以其良马二。'亦精骏之称，非通语也。今以《诗传》良马，通于牧骘，恐失毛生之意，且不见刘芳《义证》乎？"

【注释】

（1）《诗》云："駉駉牡马。"江南书皆作"牝牡"之"牡"，河北本悉为"放牧"之"牧"："駉駉牡马"，见《诗经·鲁颂·駉》。"駉（jiōng）"，肥壮之貌。

（2）邺下博士见难云："《駉颂》既美僖公牧于坰野之事，何限骘骒乎？"："见难（nàn）"，质疑（我）。"美"，赞美，动词。"坰（jiōng）"，遥远的郊野。"骒（cǎo）"，牝马。"骘（zhì）"，牡马。《诗序》曰："駉，颂僖公也。僖公能遵伯禽之法，俭以足用，宽以爱民，务农重谷，牧于坰野，鲁人尊之，于是季孙行父请命于周，而史克作是颂。"

（3）余答曰："案：《毛传》云：'駉駉，良马腹干肥张也。'其下又云：'诸侯六闲四种：有良马，戎马，田马，驽马。'若作放牧之意，通于牝牡，则不容限在良马独得駉駉之称。良马，天子以驾玉辂，诸侯以充朝聘郊祀，必无骘也。"："闲"，马厩。《周礼·夏官·校人》："天子十有二闲，马六种；邦国六闲，马四种；家四闲，马二种。""玉辂"，古代帝王所乘之车，以玉为饰。"朝聘"，指古代诸侯按期朝见天子。"郊祀"，于郊外祭祀天地。郊为大祀，祀为群祀。

（4）《周礼·圉人职》："良马，匹一人。驽马，丽一人。"圉人所养，亦非骘也；颂人举其强骏者言之，于义为得也。《易》曰："良马逐逐。"《左传》云："以其良马二。"亦精骏之称，非通语也。今以《诗传》良马，通于牧骘，恐失毛生之意，且不见刘芳《义证》乎？：《周礼·夏官·圉人》无此文，当为作者误记。丽，双，谓两匹。"圉人"，养马之人。卢文弨曰："'所养'下当有'良马'二字。"《易·大畜》："九三，良马逐，利艰贞。"赵曦明曰："案：《释文》：'郑康成本作逐逐，云两马走也。'是此书所本。""以其良马二"，见《左传·宣公十二年》。"毛生"，指毛苌。为汉河间太守，撰《诗传》十卷，今传。《史记·儒林列传》《史记索隐》："自汉以来，儒者皆号生。"《义证》，指刘芳所撰的《毛诗笺音义证》。《魏书》本传为此书名，而《隋书·经籍志》为《毛诗笺音证》。翼明按："通于牧骘"也许是"通于牧骘"之误，这样意义上才讲得通，王利器《集解》引《续家训》说："牧骘"作"骒骏"，似乎也没有道理。

【译文】

《诗经》上说:"骊骊牡马。"江南流传的《诗经》版本都将"牡"字写作"牝牡"的"牡",而河北地区的流传本皆写成了"放牧"的"牧"字。邺下博士诘问我说:"《骊颂》既然是赞美僖公在远郊放牧之事,何必去计较什么雌马、雄马呢?"我回答说:"据我考证:《毛诗传》说:'骊骊是形容良马的躯体肥壮。'下文又说:'诸侯有六个马厩,畜养四种马匹:良马、兵马、田马、驽马。'如果诗中的'牡'字作'放牧'的'牧',那么用于赞美雌马、雄马同样说得通,而不是仅限于用来形容'良马'了。'良马',天子用它驾玉车,诸侯用它朝觐天子或到郊外祭祀天地,一定不会用雌马。《周礼·圉人》职说:'良马,一人养一匹;驽马,一人养两匹。'圉人所养的马,也不是雌马。作颂人以良马的健壮强劲来赞美鲁僖公,在意义上这是恰当的。《易》说:'良马逐逐。'《左传》说:'以其良马二。'这也是对强壮骏马的称呼,不是通指一般的马。现在有人以《诗传》中所言'良马',可通用于雄马与雌马,恐怕误解了毛苌的本意。再说,难道没见过刘芳《毛诗笺音义证》中对这一句的解释吗?"

17.5《月令》云:"荔挺出。"郑玄注云:"荔挺,马薤也。"《说文》云:"荔,似蒲而小,根可为刷。"《广雅》云:"马薤,荔也。"《通俗文》亦云马蔺。《易统通卦验玄图》云:"荔挺不出,则国多火灾。"蔡邕《月令章句》云:"荔似挺。"高诱注《吕氏春秋》云:"荔草挺出也。"然则《月令》注荔挺为草名,误矣。河北平泽率生之。江东颇有此物,人或种于阶庭,但呼为"旱蒲",故不识马薤。讲《礼》者乃以为马苋;马苋堪食,亦名豚耳,俗名马齿。江陵尝有一僧,面形上广下狭;刘缓幼子民誉,年始数岁,俊晤善体物,见此僧云:"面似马苋。"其伯父绍因呼为"荔挺法师",绍亲讲《礼》名儒,尚误如此。

【注释】

(1)《月令》云:"荔挺出。":《月令》,《礼记》篇名。

(2)郑玄注云:"荔挺,马薤也。":"马薤(xiè)",草本植物名。

(3)《说文》云:"荔,似蒲而小,根可为刷。"《广雅》云:"马薤,荔也。":"蒲",菖蒲。

(4)《通俗文》亦云马蔺:《通俗文》,见前(8.20)注。"马蔺",多年生草本,花及种子可入药,叶有韧性,根可制刷子。

(5)《易统通卦验玄图》云:"荔挺不出,则国多火灾。":《易统通卦验玄图》,

《太平御览》一〇〇〇引作《易统验玄图》，书名。

（6）**蔡邕《月令章句》云：："荔似挺。"高诱注《吕氏春秋》云："荔草挺出也。"**：卢文弨曰："荔似挺，语不明，据《本草图经》引作'荔以挺出'，当是也。"

（7）**然则《月令》注荔挺为草名，误矣**：颜氏认为郑玄将"荔挺"二字释作草名是错误的，后人则有不同意见。王利器《集解》注引郝懿行曰："《周书·时训篇》云：'荔挺不生，卿士专权，'合之《通卦验》，则知康成之读，未可谓非也。"又王引之《经义述闻》卷十四云："如高氏所说，则是荔草挺然而出也。检《月令》篇中：凡言'萍始生'，'王瓜生'，'半夏生'，'芸始生'；草名二字者则但言生，一字者则言始生以足其文，未有状其生之貌者。倘经义专以荔之一字为草名，则但言荔始出可矣，何烦又言挺也？且据颜氏引《易通卦验》'荔挺不出'，则以荔挺为草名者，自西汉时已然。《逸周书·时训篇》亦曰：'荔挺不出，卿士专权。'郑氏注殆相承旧说，非臆断也。挺之言莛也。《说文》曰：'莛，茎也。'荔草抽茎作华，因谓之荔挺矣。"

（8）**河北平泽率生之。江东颇有此物，人或种于阶庭，但呼为"旱蒲"，故不识马薤**："故"，同"固"，"故不识马薤"，意为完全不知道什么叫马薤。

（9）**讲《礼》者乃以为马苋；马苋堪食，亦名豚耳，俗名马齿**："马齿"，今民间称马齿苋。

（10）**江陵尝有一僧，面形上广下狭；刘缓幼子民誉，年始数岁，俊晤善体物，见此僧云："面似马苋。"其伯父绦因呼"为荔挺法师"，绦亲讲《礼》名儒，尚误如此**："俊晤"，聪明颖悟，"晤"同"悟"。"体物"，形容人物，"体"，形容、描绘。

【译文】

《礼记·月令》说："荔挺出。"郑玄注解说："荔挺，就是马薤。"《说文解字》说："荔，类似蒲草而比它小，根可以做成刷子。"《广雅》说："马薤，就是荔。"《通俗文》又把它说成是马蔺。《易统通卦验玄图》说："如果荔草茎长不出，国家就会多生火灾。"蔡邕的《月令章句》说："荔草长出地面了。"高诱注解《吕氏春秋》说："荔草茎生出来了。"如此看来，郑玄《月令》注将"荔挺"当作一种草名是错误的了。河北地区的水泽大多生长有这草。江东也有此物，有人把它种在庭院里，只是把它叫作旱蒲，而完全不知道什么是马薤。而讲解《礼》的人把它当作"马苋"；马苋可以食用，又名豚草，民间称为马齿。江陵曾有一位僧人，脸形上宽下窄，刘缓的小儿子刘民誉，年纪才几岁，聪明颖悟，很会形容人物，他看见这位僧人就说："这人的脸长得像马齿苋。"他伯父刘绍因此将这位僧人称为"荔挺法师"，刘绍本人就是讲解《礼》的有名学者，尚且误解到如此地步。

17.6 《诗》云："将其来施施。"《毛传》云："施施，难进之意。"郑《笺》云："施施，舒行貌也。"《韩诗》亦重为"施施"。河北《毛诗》皆云"施施"。江南旧本，悉单为"施"，俗遂是之，恐为少误。

【注释】

（1）《诗》云："将其来施施。"：见《诗经·王风·丘中有麻》。高亨《诗经今注》说《丘中有麻》这首诗是说一个没落贵族因为生活贫困，向有亲友关系的贵族刘氏求救，得到一点小惠，因作此诗述其事。此诗第一节为："丘中有麻，彼留子嗟。彼留子嗟，将其来施施。""将"，有两解，一说请也，一说发语词。高亨认为前句的意思是请求子嗟（人名）来资助他，"施施"应为"施"，衍了一个"施"字。

（2）《毛传》云："施施，难进之意。"郑《笺》云："施施，舒行貌也。"：今本郑《笺》作"施施，舒行伺间独来见己之貌"。

（3）《韩诗》亦重为"施施"：《韩诗》，《诗》今文学派之一。汉初燕人韩婴所传。文帝时曾立为博士。此后传"韩诗"者代有数人。《汉书·艺文志》著录《内传》四卷、《外传》六卷，另有《韩故》三十六卷、《韩说》四十一卷。西晋时，"韩诗"虽存，却无有传者。南宋之后，仅存《外传》。清赵怀玉曾辑《内传》佚文，附于《外传》之后。陈乔枞辑有《韩诗遗说考》。

（4）河北《毛诗》皆云"施施"。江南旧本，悉单为"施"，俗遂是之，恐为少误：王利器《集解》注引臧琳《经义杂记》二八曰："考《诗·丘中有麻》，三章，章四句，句四字，独'将其来施施'五字，据颜氏说，知江南旧本皆作'将其来施'，颜氏以《传》《笺》重文而疑其有误。然颜氏述江南、河北书本，河北者往往为人所改，江南者多善本，则此文之悉单为施，不得据河北本以疑之矣。若以毛、郑皆云施施，而以作施施为是，则更误。经传每正文一字，释者重文，所谓长言之也。"但也有其他学者认为"施施"是对的，并引孟子"施施从外来"，认为孟子的话就是从这句诗变来的。

【译文】

《诗经》说:"将其来施施。"《毛传》说:"施施,难以行进的意思。"郑《笺》说:"施施,行进舒缓的样子。"《韩诗》中也是重叠为"施施"。河北本《毛诗》都是"施施"。江南过去的《诗经》版本,全单作一个"施"字,人们也就认可了,恐怕这是个小错误。

17.7《诗》云:"有渰萋萋,兴云祁祁。"《毛传》云:"渰,阴云貌。萋萋,云行貌。祁祁,徐貌也。"《笺》云:"古者,阴阳和,风雨时,其来祁祁然,不暴疾也。"案:渰已是阴云,何劳复云"兴云祁祁"耶?"云"当为"雨",俗写误耳。班固《灵台》诗云:"三光宣精,五行布序,习习祥风,祁祁甘雨。"此其证也。

【注释】

(1)《诗》云:"有渰萋萋,兴云祁祁。":见《诗经·小雅·大田》。这两句诗的意思是说,天上有云兴起,逐渐变浓,慢慢飘过来。"渰(yǎn)",阴云。

(2)《毛传》云:"渰,阴云貌。萋萋,云行貌。祁祁,徐貌也。"《笺》云:"古者,阴阳和,风雨时,其来祁祁然,不暴疾也。":《笺》,指郑《笺》。"阴阳和,风雨时",阴阳调和,风雨适时,"和"与"时"都作动词用。"暴疾",指暴烈的风雨。

(3)案:渰已是阴云,何劳复云"兴云祁祁"耶?"云"当为"雨",俗写误耳:这是颜之推的按语,认为"兴云祁祁"应该作"兴雨祁祁"。

(4)班固《灵台》诗云:"三光宣精,五行布序,习习祥风,祁祁甘雨。"此其证也:《灵台》诗四句说的是,日、月、星辰散发着光芒,金、木、水、火、土安排着时令,祥风习习地吹拂,甘雨缓缓地降落。"三光",指日、月、星。"序",季节,时令。颜氏据此,认为"兴云祁祁"当为"兴雨祁祁",清人段玉裁、臧琳等人有不同意见。臧琳曰:"颜氏说《诗》……皆引河北本、江南本为证,则当时犹有两书,独此止云'云当为雨',而不言有本作'雨',可见此条出自颜氏臆说,绝无凭据,而顿欲轻改千年已来相传之本,甚矣,其误也!陆、孔所见本有作'兴云',而以'兴雨'为是,《开成石经》亦作'兴雨',皆为颜氏所惑也。"王利器曰:"清人正颜氏失言,甚是。"

【译文】

《诗经》说:"有渰萋萋,兴云祁祁。"《毛传》说:"渰,云兴起的样子。萋萋,云移动的样子。祁祁,慢行的样子。"郑《笺》说:"古时候,阴阳调和,风雨适时,它们来的时候是缓缓地,而不暴烈迅疾。"案:渰既已是阴云兴起之意,何必又重复说"兴云祁祁"呢?"云"字当写作"雨"字,这是人们抄写时弄错的吧。班固的《灵台》诗说:"三光宣精,五行布序,习习祥风,祁祁甘雨。"这是"云"当写作"雨"的一条证据。

17.8 《礼》云:"定犹豫,决嫌疑。"《离骚》曰:"心犹豫而狐疑。"先儒未有释者。案:《尸子》曰:"五尺犬为犹。"《说文》云:"陇西谓犬子为犹。"吾以为人将犬行,犬好豫在人前,待人不得,又来迎候,如此往还,至于终日,斯乃"豫"之所以为未定也,故称"犹豫"。或以《尔雅》曰:"犹如麂,善登木。"犹,兽名也,既闻人声,乃豫缘木,如此上下,故称"犹豫"。狐之为兽,又多猜疑,故听河冰无流水声,然后敢渡。今俗云:"狐疑,虎卜。"则其义也。

【注释】

(1) 《礼》云:"定犹豫,决嫌疑。"《离骚》曰:"心犹豫而狐疑。"先儒未有释者:《礼记·曲礼上》:"决嫌疑,定犹与。"《释文》:"与音预,本亦作豫。""先儒",从前的学者、前辈学者。

(2) 案:《尸子》曰:"五尺犬为犹。"《说文》云:"陇西谓犬子为犹。":《尸子》,《隋书·经籍志》:"《尸子》二十卷,秦相卫鞅上客尸佼撰。"已佚。尸佼,晋国人,一说鲁国人。曾入秦参与商鞅变法的策划。商鞅被杀后,逃亡入蜀。"陇西",陇山(在甘肃)以西,在今甘肃东南部一带。

(3) 吾以为人将犬行,犬好豫在人前,待人不得,又来迎候,如此往还,至于终日,斯乃"豫"之所以为未定也,故称"犹豫":"将",带着。"好(hào)",喜欢。"豫在人前",预先走在人的前面。

(4) 或以《尔雅》曰:"犹如麂,善登木。":见《尔雅·释兽》。"麂(jǐ)",一种像鹿的兽。"登木",爬树。

(5) 犹,兽名也,既闻人声,乃豫缘木,如此上下,故称"犹豫":颜氏此说,后人有不同意见。宋人王观国《学林》九曰:"犹豫者,心不能自决定之辞也。《尔雅·释言》曰:'犹,图也。'《释兽》曰:'犹如麂,善登木。'所谓犹图者,图谋之而未定也。犹豫者,《尔雅·释言》所谓犹图是已，颜师古注《汉书》与《颜氏家训》，不悟《尔雅·释言》自有犹图之训，而乃引《释兽》'犹如麂'以训之，误矣。《广韵》去声曰：'犹音救。'注引《尔雅》：'犹如麂，善登木。'然则犹兽音救也。且先事而图之为犹，后事而图之为豫，故《曲礼》曰：'卜筮者，所以使民决嫌疑，定犹豫也。'以嫌疑对犹豫，则犹非兽也。"

（6）狐之为兽，又多猜疑，故听河冰无流水声，然后敢渡：《水经注·河水一》注引《述征记》曰："盟津……比淮、济为阔，寒则冰厚数丈，冰始合，车马不敢过，要须狐行，云此物善听，冰下无水乃过，人见狐行，方渡。"

（7）今俗云："狐疑，虎卜。"则其义也："虎卜"，卜筮的一种。据说虎能以爪画地，观奇偶以卜食，后人效之以为卜术。《太平御览》卷七二六引《博物志》云："虎知冲破，又能画地卜。今人有画物上下者，推其奇偶，谓之虎卜。"

【译文】

《礼记》说："定犹豫，决嫌疑。"《离骚》说："心犹豫而狐疑。"从前的学者对此没有解释。案：《尸子》说："五尺犬为犹。"《说文解字》说："陇西谓犬子为犹。"我认为人带着狗行路时，狗喜欢预先跑在人的前面，等人不得时，又回来迎候，如此来回往返，整天都是这样，这就是"豫"字为迟疑不决的来历，所以称作"犹豫"。或者以《尔雅》所说："犹如麂，善登木。"犹为一种野兽的名称，它一听到人的声音，就预先上树，像这样上上下下，迟疑不定，所以称之为"犹豫"。狐狸这种野兽是很多疑的，所以它要听到冰河下没有流水的声音，然后才敢渡河。当今的俗语说："狐疑，虎卜。"就是这个意思。

17.9《左传》曰："齐侯痎，遂痁。"《说文》云："痎，二日一发之疟。痁，有热疟也。"案：齐侯之病，本是间日一发，渐加重乎故，为诸侯忧也。今北方犹呼"痎疟"，音"皆"。而世间传本多以"痎"为"疥"，杜征南亦无解释，徐仙民音"介"，俗儒就为通云："病疥，令人恶寒，变而成疟。"此臆说也。疥癣小疾，何足可论，宁有患疥转作疟乎？

【注释】

（1）《左传》曰："齐侯痎，遂痁。"《说文》云："痎，二日一发之疟。痁，有热疟也。"："痎（jiē）""痁（shān）""疟（nüè）"。翼明按：《左传·昭公二十年》原文作："齐侯疥，遂痁。"杨伯峻《春秋左传注》云："疥音戒，即疥癣虫寄生之传染性皮肤病。梁元帝以为当作痎，为二日一发之疟，颜之推《家训·书证篇》信之，孔疏亦引梁人袁狎语以明之，其实不可信。陆德明《释文》既已驳之，王引之《述闻》、焦循《补疏》、沈钦韩《补注》、苏舆《晏子春秋校注》皆申明陆说，是也。"

（2）案：齐侯之病，本是间日一发，渐加重乎故，为诸侯忧也：见《左传·昭公二十年》。孔颖达疏："痎是小疟，痁是大疟。""齐侯"，齐景公。"渐加重乎故"，因为逐渐加重的缘故，"乎"是句间表停顿的语气词，无义。

（3）今北方犹呼"痎疟"，音"皆"。而世间传本多以"痎"为"疥"，杜征南亦无解释，徐仙民音"介"，俗儒就为通云："病疥，令人恶寒，变而成疟。"此臆说也："杜征南"，即杜预。撰有《春秋左氏经传集解》等，去世后被追赠征南大将军，故有此称。"通"，解说。"臆说"，主观臆测之说。

（4）疥癣小疾，何足可论，宁有患疥转作疟乎：颜氏此说，后世学者多有非议，可参前引杨伯峻《春秋左传注》之言。"何足可论"，即何足论，"可"字无义，这种用法魏晋南北朝常见，类似的还有"易可""难可""自可"（见前6.30）"不可""未可"等，参看吴金华《世说新语考释·豪爽》"易可"条。

【译文】

《左传》说："齐侯痎，遂痁。"《说文解字》说："痎，二日发作一次的疟疾。痁，是有热度的疟疾。"案：齐侯的病本来是隔日发作的疟疾，因为后来逐渐加重的缘故，为诸侯们所担心。现在北方仍然叫作痎疟，痎读作"皆"。而世间的《左传》流传本大多将"痎"写作"疥"，杜预对此也没有解释，徐邈注音为"介"，一般的学者就依此解说道："得了疥癣，使人畏寒，就变成了疟疾。"这纯是一种臆说。疥癣这种小病，有什么值得说的？哪里会有生疥癣转成疟疾的呢？

17.10《尚书》曰："惟影响。"《周礼》云："土圭测影，影朝影夕。"《孟子》曰："图影失形。"《庄子》云："罔两问影。"如此等字，皆当为"光景"之"景"。凡阴景者，因光而生，故即谓为"景"。《淮南子》呼为"景柱",《广雅》云:"晷柱挂景。"并是也。至晋世葛洪《字苑》,傍始加"彡",音于景反。而世间辄改治《尚书》《周礼》《庄》《孟》从葛洪字,甚为失矣。

【注释】

（1）《尚书》曰:"惟影响。":《尚书·大禹谟》:"从逆凶,惟影响。"意为吉凶之报,若影之随形,响之应声。

（2）《周礼》云:"土圭测影,影朝影夕。":"土圭",古代用以测日影、正四时的器具。《周礼·地官·大司徒》:"以土圭之法测土深,正日景,以求地中。日南则景短,多暑;日北则景长,多寒;日东则景夕,多风;日西则景朝,多阴。"

（3）《孟子》曰:"图影失形。":见《孟子外书·孝经》第三。孙志祖《读书脞录》二曰:"近刻《孟子外书》四篇……掇拾子书中所引《孟子》逸篇以成文,词旨深陋,通儒疑之。"

（4）《庄子》云:"罔两问影。":见《庄子·齐物论》。"罔两",郭璞释为景外之微阴,即影子的影子。

（5）如此等字,皆当为"光景"之"景"。凡阴景者,因光而生,故即谓为"景"。《淮南子》呼为"景柱",《广雅》云:"晷柱挂景。"并是也:"景柱",即影柱,测量日影定时的表柱。"晷柱",即晷表,日晷上测量日影的标竿。

（6）至晋世葛洪《字苑》,傍始加"彡",音于景反。而世间辄改治《尚书》《周礼》《庄》《孟》从葛洪字,甚为失矣:《字苑》,《要用字苑》的省称。两《唐志》均著录葛洪有《要用字苑》一卷。后佚,今有清任大椿辑本。陈直曰:"按:或说《汉张平子碑》即有影字,不始于葛洪。张碑原石久佚,殊不可据……景之作影,在六朝时始盛行耳。葛洪《字苑》久佚,今影字始见于《广韵》。""彡",读杉（shān）。

【译文】

《尚书》说:"惟影响。"《周礼》说:"上圭测影,影朝影夕。"《孟子》说:"图影失形。"《庄子》说:"罔两问影。"像这些"影"字,都应该写作"光景"的"景"字。凡是阴影,都是由于光的作用而形成的,所以就称作景。《淮南子》称为"景柱",《广雅》说:"晷柱挂景",都是这样的。到了晋代葛洪所著的《字苑》中,才在"景"字旁加上"彡",注音于景反。而世间的人随意就将《尚书》《周礼》《庄子》《孟子》等书中的"景"字改成葛洪《字苑》中的"影"字，这实在是大错了。

17.11 太公《六韬》，有天陈、地陈、人陈、云鸟之陈。《论语》曰："卫灵公问陈于孔子。"《左传》："为鱼丽之陈。"俗本多作"阜"傍"车乘"之"车"。案诸陈字，并作陈、郑之陈。夫行陈之义，取于陈列耳，此六书为假借也，《苍》《雅》及近世字书，皆无别字；唯王羲之《小学章》，独"阜"傍作"车"，纵复俗行，不宜追改《六韬》《论语》《左传》也。

【注释】

（1）**太公《六韬》，有天陈、地陈、人陈、云鸟之陈**："太公"，即姜太公吕尚。《六韬》，兵书。《隋书·经籍志》："太公《六韬》五卷，《文韬》《武韬》《龙韬》《虎韬》《豹韬》《犬韬》。"是书实为战国时人托名太公所作。此句中的四个"陈"，都通"阵"，读zhèn。

（2）**《论语》曰："卫灵公问陈于孔子。"**：见《论语·卫灵公》篇。"问陈（zhèn）"，问兵阵之事。

（3）**《左传》："为鱼丽之陈。"**：见《左传·桓公五年》。"鱼丽之陈（zhèn）"，"鱼丽"，军阵名。杜预注引《司马法》："车战，二十五乘为偏，以车居前，以伍次之，承偏之隙，而弥缝阙漏也。五人为伍。此盖鱼丽阵法。"

（4）**俗本多作"阜"傍"车乘"之"车"。案诸陈字，并作陈、郑之陈**："阜傍"，即左偏旁"阝"。此句意为上引太公《六韬》《论语》《左传》中的"陈"字现在通行的本子都改成了"阵"字，是不对的。"陈（zhèn）字"中的"字"各本都作"字"，只有宋本作"队"，今不从宋本。"并作'陈、郑'之'陈'"中的两个"陈"字读chén。

（5）**夫行陈之义，取于陈列耳，此六书为假借也，《苍》《雅》及近世字书，皆无别字；唯王羲之《小学章》，独"阜"傍作"车"，纵复俗行，不宜追改《六韬》《论语》《左传》也**："六书"，古人分析汉字的造字方法而归纳出的六种条例，即象形、指事、会意、形声、转注、假借。"假借"，六书之一。《说文·叙》："假借者，本无其字，依声托事。"意为汉字中某些词有音无字，借用同音字来表示。《苍》《雅》，指《苍颉篇》和《尔雅》。"唯王羲之《小学章》"，赵曦明曰："《隋书·经籍志》：'《小学篇》一卷，晋下邳内史王义撰。'诸本并作'王羲之'，乃妄人谬改，而《佩觿》及《唐志》皆从之，失考之甚。"孙志祖《读书脞录》七："案：王羲之为会稽内史，非下邳，故注以为误。然王羲之《小学篇》，亦见《北史·任城王云传》，安知非《隋志》误邪？恐当仍以旧本为是。"

【译文】
太公的《六韬》中，说到天陈、地陈、人陈、云鸟之陈。《论语》说："卫灵公问陈于孔子。"《左传》中有"为鱼丽之陈"的话。一般的流传本大多是将以上几个"陈"字，写作"阜"旁加上"车乘"的"车"。案：表示各种军阵队列的"阵"字，都应写作陈国、郑国的"陈"字。行陈的含义，是从陈列之义取用过来的，这在六书中属于假借法，《苍颉篇》《尔雅》以及近代的字书，都没有其他写法；只有王羲之的《小学章》中，独独是"阜"旁加上"车"字，即使今人从俗都将"陈"字写成了"阵"字，也不应该以此来追改《六韬》《论语》《左传》等古书。

17.12 《诗》云："黄鸟于飞，集于灌木。"《传》云："灌木，丛木也。"此乃《尔雅》之文，故李巡注曰："木丛生曰灌。"《尔雅》末章又云："木族生为灌。"族亦丛聚也。所以江南《诗》古本皆为"丛聚"之"丛"，而古"丛"字似"冣"字，近世儒生，因改为"冣"，解云："木之冣高长者。"案：众家《尔雅》及解《诗》无言此者，唯周续之《毛诗注》，音为徂会反，刘昌宗《诗注》，音为在公反，又徂会反：皆为穿凿，失《尔雅》训也。

【注释】
（1）**《诗》云："黄鸟于飞，集于灌木。"**：见《诗经·周南·葛覃》。"黄鸟"，黄鹂，一说黄雀。"于飞"，"于"字无义。

（2）**《传》云："灌木，丛木也。"**：《传》，应即《毛传》。

（3）**此乃《尔雅》之文，故李巡注曰："木丛生曰灌。"《尔雅》末章又云："木族生为灌。"族亦丛聚也**：见《尔雅·释木》。"李巡"，东汉人。《隋书·经籍志一》："梁有汉刘歆，犍为文学、中黄门李巡《尔雅》各三卷，亡。"李巡事迹附见于《后汉书·吕强传》。

（4）**所以江南《诗》古本皆为"丛聚"之"丛"，而古"丛"字似"冣"字**，近世儒生，因改为"冣"，解云："木之冣高长者。"："冣"，同"最"。郝懿行曰："古丛字作藂，或作樷，并似冣字，故俗儒因斯致误。"

（5）案：众家《尔雅》及解《诗》无言此者，唯周续之《毛诗注》，音为组会反，刘昌宗《诗注》，音为在公反，又祖会反：皆为穿凿，失《尔雅》训也："周续之"，南朝时宋广武（今山西代县西南）人，字道祖，通儒学，传见《宋书·隐逸传》。"刘昌宗"，卢文弨考证其为晋人，有《毛诗音》《尚书音》《左传音》《周礼音》《仪礼音》《礼记音》等著作，但《隋书·经籍志》均未著录。

【译文】

《诗经》说："黄鸟于飞，集于灌木。"《毛传》说："灌木，就是树丛。"这是根据《尔雅》的解释，所以李巡注解说："木丛生曰灌。"《尔雅》的末章又说："木族生曰灌。"族，也就是丛聚的意思。所以江南的《诗经》古本都写成"丛聚"的"丛"字了，而古丛字很像"冣"这个字，近代的儒生因此就改作"冣"字，解释为"树木之最高长者"。案：各家的《尔雅》和《诗经》注本，对此都没有注解，只有周续之的《毛诗注》，对这个字注音作徂会反，刘昌宗的《诗注》注作在公反，又注作祖会反，这些都是穿凿附会，偏离了《尔雅》的解释。

17.13 "也"是语已及助句之辞，文籍备有之矣。河北经传，悉略此字，其间字有不可得无者，至如"伯也执殳"，"于旅也语"，"回也屡空"，"风，风也，教也"，及《诗传》云："不戢，戢也；不儺，儺也。""不多，多也。"如斯之类，倪削此文，颇成废阙。《诗》言："青青子衿。"《传》曰："青衿，青领也，学子之服。"按：古者，斜领下连于衿，故谓领为"衿"。孙炎、郭璞注《尔雅》，曹大家注《列女传》，并云："衿，交领也。"邺下《诗》本，既无"也"字，群儒因谬说云："青衿、青领，是衣两处之名，皆以青为饰。"用释"青青"二字，其失大矣！又有俗学，闻经传中时须"也"字，辄以意加之，每不得所，益成可笑。

【注释】

（1）**"也"是语已及助句之辞，文籍备有之矣**："语已"，语尾。

（2）**河北经传，悉略此字，其间字有不可得无者，至如"伯也执殳"，"于旅也语"，"回也屡空"，"风，风也，教也"，及《诗传》云："不戢，戢也；不儺，儺也。""不多，多也。"如斯之类，偶削此文，颇成废阙：**"伯也执殳"**，见《诗经·卫风·伯兮》。"伯"，这里是妇人对丈夫的爱称。"殳（shū）"，古兵器。长一丈二，头上不用金属为刃，八棱而尖，似今之杖。**"于旅也语"**，见《仪礼·乡射礼》。意为乡射礼完毕方可言语。**"回也屡空"**，见《论语·先进》篇。今本为："回也其庶乎，屡空。""回"，指颜回。**"风，风也，教也"**，见《毛诗大序》。第一个"风"是指《诗经》的十五国风。第二个"风"读上声（fěng），动词，是讽训之义。**"不戢，戢也；不儺，儺也"**，是对《诗经·小雅·桑扈》的解释。"戢"，和，平和。"儺"，今本作难，是"戁（nǎn）"的假借字，恭敬之义。不戢不难，即和且敬的意思。两个"不"皆为语助词，无义。**"不多，多也"**，为《毛传》释《诗经·大雅·卷阿》"矢诗不多"句。"不"为语助词，无义。

（3）《诗》言："青青子衿。"《传》曰："青衿，青领也，学子之服。"按：古者，斜领下连于衿，故谓领为衿：**"青青子衿"**，见《诗经·郑风·子衿》。"子衿"，古代衣服的交领为衿，子衿指穿青领衣服的学生。

（4）孙炎、郭璞注《尔雅》，曹大家注《列女传》，并云："衿，交领也。"：孙炎，字叔然，三国时魏人，曾受郑玄之学。注《尔雅》，久佚。**"曹大家（gū）"**，即班昭，班固之妹，有才学，曾续完班固《汉书》。嫁曹世叔，世叔死后为汉和帝召入皇宫，为皇后贵人师，号曹大家，"家"通"姑"。《列女传》，刘向撰，述汉代及其之前妇女的事迹。《隋书·经籍志》："《列女传》十五卷，刘向撰，曹大家注。"《列女传》今存，但班昭之注久已失传。

（5）邺下《诗》本，既无"也"字，群儒因谬说云："青衿、青领，是衣两处之名，皆以青为饰。"用释"青青"二字，其失大矣：**"谬说"**，胡乱解说，这句话的意思是，原本的《传》"青衿，青领也，学子之服"就变成了"青衿、青领，学子之服"，原本"青领"是解释"青衿"的，现在由于去掉了"也"字，"青领"就好像是跟"青衿"并列的，所以"群儒"就做出了这种荒谬的解释。

（6）又有俗学，闻经传中时须"也"字，辄以意加之，每不得所，益成可笑：**"辄"**，每、就。**"每不得所"**，每每加得不是地方。

【译文】

"也"字是用在语尾或作语助的词，文章典籍中都能见到这个字。河北地区流传的经、传中都省略此字，而其中有的是不能省略的，比如像"伯也执殳"，"于旅也语"，"回也屡空"，"风，风也，教也"，以及《毛诗传》说："不戢，戢也；不傩，傩也。""不多，多也。"诸如此类的句子，倘若删略了"也"字，就成了残缺不全的句子了。《诗经》说："青青子衿。"《毛传》解释说："青衿，青领也，学子之服。"案古时候，斜领下面连着衣衿，所以将领子称作"衿"。孙炎、郭璞注解《尔雅》、曹大家注解《列女传》，都说："衿，交领也。"邺下的《诗经》传本，就没有"也"字，许多儒生因而胡乱地解释说："青衿、青领，是指衣服的两个部分的名称，都用青色来装饰。"这样来解释"青青"两字，就大错了！还有一些平庸的学人，听说经传中常须有"也"字，就凭自己的意见加上去，往往加得不是地方，这就更加可笑了。

17.14 《易》有蜀才注，江南学士，遂不知是何人。王俭《四部目录》，不言姓名，题云："王弼后人。"谢炅、夏侯该，并读数千卷书，皆疑是谯周；而《李蜀书》，一名《汉之书》，云："姓范名长生，自称蜀才。"南方以晋家渡江后，北间传记，皆名为"伪书"，不贵省读，故不见也。

【注释】

（1）《易》有蜀才注，江南学士，遂不知是何人：《隋书·经籍志》："《周易》十卷，蜀才注。"

（2）王俭《四部目录》，不言姓名，题云："王弼后人。"："王俭"，南朝齐人，字仲宝，祖籍琅邪临沂。曾佐萧道成建齐，历侍中、尚书令等职。好读书，精通儒家经典，尤擅长礼学及目录学，依刘歆《七略》例作《七志》，又撰《宋元徽四部书目》（即《四部目录》）等，传见《南齐书》及《南史》。

（3）谢炅、夏侯该，并读数千卷书，皆疑是谯周；而《李蜀书》，一名《汉之书》，云："姓范名长生，自称蜀才。"：谢炅（jiǒng），一作谢吴，南朝梁人，曾任中书郎，撰有《梁书》《梁皇帝实录》等。夏侯该，一作夏侯咏，南朝时梁人，撰有《汉书音》《四声韵略》等。谯（qiáo）周，三国时巴西西充（今四川阆中西南）人，字允南，通经学，善书札；在蜀，任中散大夫、光禄大夫，因劝刘禅降魏，受魏封阳城亭侯；入晋，任散骑常侍等职。撰有《古史考》《五经论》等，传见《三国志·蜀志》。《李蜀书》，作者是常璩，"李蜀"指的是氐人李雄在蜀地所建立的成国,《李蜀书》是讲成国的历史,成国后来又改名叫汉,史称成汉,所以《李蜀书》后来又改名《汉之书》,晋朝以后,又改名叫《蜀李书》。这一段过程可参看《隋书·经籍志》。《隋书·经籍志》云:"《汉之书》十卷,常璩撰。"严式海曰:"案:'一名《汉之书》'五字,颜氏自注语,当旁注。据此,则《李蜀书》即《汉之书》,而《唐志》乃有《蜀李书》九卷,又有《汉之书》十卷,盖未见其书而据旧文录之耳。"又《史通·古今正史》:"蜀初号成,后改称汉,李势散骑常侍常璩撰《汉书》十卷,后入晋秘阁,改为《蜀李书》。""姓范名长生,自称蜀才",范长生又名范贤,蜀才是他的号,曾劝李雄称帝,李雄任命他做丞相,注过《易经》,今已轶。事见《魏书·李雄传》《晋书·李雄载记》及《华阳国志》。

(4) **南方以晋家渡江后,北间传记,皆名为"伪书",不贵省读,故不见也**:"晋家渡江",西晋灭亡后,司马睿在王导等人的帮助下,南渡长江,于建康建立东晋政权。"不贵省读",因为不看重而不去阅读;"不贵",不看重;"省(xǐng)读",阅读。

【译文】

《易经》有蜀才的注本,江南的学士,竟然不知道蜀才是何许人。王俭的《四部目录》中,没有注明姓名,只是题为"王弼后人"。谢炅、夏侯该都饱读过数千卷的书籍,他们都怀疑蜀才便是谯周;而《李蜀书》,又名《汉之书》,说:"姓范,名长生,自称蜀才。"南方自晋室渡江以后,便将北方的书籍都称作伪书,因为不重视而不去阅读,所以没有见过这段记载。

17.15 《礼·王制》云:"裸股肱。"郑注云:"谓揎衣出其臂胫。"今书皆作"擐甲"之"擐"。国子博士萧该云:"擐,当作'揎',音'宣','擐'是穿著之名,非出臂之义。"案《字林》,萧读是,徐爰音"患",非也。

【注释】

(1) **《礼·王制》云:"裸股肱。"郑注云:"谓揎衣出其臂胫。"今书皆作"擐甲"之"擐"**:"郑注",郑玄注。"揎(xuān)",把袖子往上捋,露出胳膊,后来多写作"攘",又同"揎"。

(2) **国子博士萧该云:"擐,当作'揎',音'宣',擐是穿著之名,非出臂之**

义。"：萧该，隋朝人。南朝梁鄱阳王萧恢之孙，江陵陷落后，被送往长安，隋初封山阴县公，拜国子博士。撰有《汉书音义》《文选音义》等，传见《隋书·儒林传》。

（3）案《字林》，萧读是，徐爰音"患"，非也：《字林》，字书，晋吕忱撰，收字一万二千余，为补《说文》漏落而作，后亡佚。清任大椿有《字林考逸》八卷，陶方琦有《〈字林考逸〉补本》一卷。"徐爰"，南朝时宋人，曾任中散大夫，有《礼记音》二卷，《隋书·经籍志》著录。

【译文】

《礼记·王制》说："裸股肱"，郑玄注解说："谓揎衣出其臂胫。"当今人都将"揎"字写作"擐甲"的"擐"字。国子博士萧该说："擐，当作'揎'，读音为'宣'，擐是穿着的意思，不是指露出手臂之义。"依据《字林》，萧该的读法是对的。徐爰注音为"患"，是不对的。

17.16　《汉书》："田肎贺上。"江南本皆作"宵"字。沛国刘显，博览经籍，偏精班《汉》，梁代谓之"《汉》圣"。显子臻，不坠家业。读班史，呼为"田肎"。梁元帝尝问之，答曰："此无义可求，但臣家旧本，以雌黄改'宵'为'肎'。"元帝无以难之。吾至江北，见本为"肎"。

【注释】

（1）《汉书》："田肎贺上。"江南本皆作"宵"字：见《汉书·高帝纪》汉高帝六年（前201）。"肎"，"肯"字的异体。

（2）沛国刘显，博览经籍，偏精班《汉》，梁代谓之"《汉》圣"：刘显，南朝时梁沛国相（今安徽濉溪西北）人，字嗣芳，博学多通，以精研《汉书》著名当时，曾任浔阳太守，传见《梁书》。"偏"，特别。"班《汉》"，班固所著之《汉书》。

（3）显子臻，不坠家业：刘显有子三人：莠、荏、臻。臻以精《汉书》和《后汉书》而知名，传见《北史·文苑》和《隋书·文学》。

（4）读班史，呼为"田肎"："班史"，指班固所著《汉书》。

（5）梁元帝尝问之，答曰："此无义可求，但臣家旧本，以雌黄改'宵'为'肎'。"元帝无以难之。吾至江北，见本为"肎"："雌黄"，一种矿物，晶体，橙黄色，古人写字用黄色的纸，如果写错了可用雌黄来涂抹重写，已见前（8.30）注。

【译文】

《汉书》说:"田肙贺上"。江南的《汉书》流传本都将"肙"写作"宵"字。沛国的刘显,博览群书,特别精通班固的《汉书》,梁代人称他为"《汉》圣"。刘显的儿子刘臻,不失家传之业。他读《汉书》时,将"田宵"读成"田肙"。梁元帝曾经因此而问他为何这样读,他回答说:"这里没有意义可求,只是臣子家藏的《汉书》旧本中,用雌黄把'宵'改为'肙'了。"梁元帝也没法诘难他。我到了北方,见到这里的《汉书》传本就写作"肙"。

17.17　《汉书·王莽赞》云:"紫色蛙声,余分闰位。"盖谓非玄黄之色,不中律吕之音也。近有学士,名问甚高,遂云:"王莽非直鸢髆虎视,而复紫色蛙声。"亦为误矣。

【注释】

（1）《汉书·王莽赞》云:"紫色蛙声,余分闰位。":已见前（8.18）注。
（2）盖谓非玄黄之色,不中律吕之音也:"玄黄",玄为天色,黄为地色,见《易·坤》。"律吕",古代十二律中,六阳律称律,六阴律称吕。
（3）近有学士,名问甚高,遂云:"王莽非直鸢髆虎视,而复紫色蛙声。"亦为误矣:"名问",名闻。"鸢髆",老鹰的肩膀。"髆",同"膊"。赵曦明说:"此条已见前《勉学》篇,'鸢髆虎视',彼作'鸱目虎吻',与《汉书》合。"

【译文】

《汉书·王莽赞》说:"紫色蛙声,余分闰位。"大意是说（王莽篡位）不合玄黄正色,不符律吕正声。近代有位学士,名望甚高,竟然说:"王莽不仅长有鹰样的肩膀,虎样的眼睛,而且肤色发紫,声如蛙音。"这也是错误的。

17.18　简"策"字,"竹"下施"束",末代隶书,似杞、宋之"宋",亦有"竹"下遂为"夹"者,犹如"刺"字之傍应为"束",今亦作"夹"。徐仙民《春秋》《礼音》,遂以"笑"为正字,以"策"为音,殊为颠倒。《史记》又作"悉"字,误而为"述",作"妞"字,误而为"姤",裴、徐、邹皆以"悉"字音"述",以"妞"字音"姤"。既尔,则亦可以"亥"为"豕"字音,以"帝"为"虎"字音乎?

【注释】

（1）简"策"字，"竹"下施"朿"，末代隶书，似杞、宋之"宋"，亦有"竹"下遂为"夹"者，犹如"刺"字之傍应为"朿"，今亦作"夹"："简策"，编连成册的竹简。"隶书"，字体名，汉代流行。"朿（cì）"，即今"刺"字。

（2）徐仙民《春秋》《礼音》，遂以"笑"为正字，以策为音，殊为颠倒：《春秋》《礼音》即《春秋左氏传音》和《礼记音》。《隋书·经籍志》："《春秋左氏传音》三卷，《礼记音》三卷，并徐邈撰。"

（3）《史记》又作"悉"字，误而为"述"，作"妬"字，误而为"妒"，裴、徐、邹皆以"悉"字音"述"，以"妬"字音"妒"："裴"，即裴骃，字龙驹，裴松之之子。"徐"，即徐广，字野民。"邹"，即邹诞生。《隋书·经籍志二》："《史记》八十卷，宋南中郎外兵参军裴骃注。《史记音义》十二卷，宋中散大夫徐野民撰。《史记音》三卷，梁轻车录事参军邹诞生撰。"王利器曰："妬者，妒之俗体，妒作妬，又以形近误为妒耳。"

（4）既尔，则亦可以"亥"为"豕"字音，以"帝"为"虎"字音乎：《孔子家语·七十二弟子解》："（子夏）尝反卫，见读史志者云：'晋师伐秦，三豕渡河。'子夏曰：'非也，己亥耳。'读史志者问诸晋史，果曰己亥。"《抱朴子·遐览》："谚曰：'书三写，鱼成鲁，帝成虎。'"皆指书籍传写过程中因形近而误。

【译文】

简策的"策"字，是"竹"字头下加个"朿"，后代的隶书，写得很像杞国、宋国的"宋"字，也有的在"竹"字头下竟加个"夹"字，就像"刺"字左偏旁应为"朿"，现在人写作"夹"一样。徐仙民的《春秋左氏传音》《礼记音》，就以"笑"字为正字，以"策"字作其读音，恰好是弄颠倒了。《史记》又将"悉"字，误写为"述"字，将"妬"字误写作"妒"。裴骃、徐广、邹诞生都用"悉"字作"述"字注音，用"妬"字作"妒"字注音。如果这样可以，那是不是也可以将"亥"字作"豕"字注音，将"帝"字作"虎"字注音呢？

17.19 张揖云："虙，今伏羲氏也。"孟康《汉书·古文注》亦云："虙，今伏。"而皇甫谧云："伏羲或谓之宓羲。"按诸经史纬候，遂无"宓羲"之号。"虙"字从"虍"，"宓"字从"宀"，下俱为"必"，末世传写，遂误以"虙"为"宓",而《帝王世纪》因误更立名耳。何以验之？孔子弟子虙子贱为单父宰,即虙羲之后,俗字亦为"宓",或复加"山"。今兖州永昌郡城,旧单父地也,东门有子贱碑,汉世所立,乃曰："济南伏生,即子贱之后。"是"虙"之与"伏",古来通字,误以为"宓",较可知矣。

【注释】

（1）张揖云："虙,今伏羲氏也。"："张揖",已见前（8.18）注。

（2）孟康《汉书·古文注》亦云："虙,今伏。"：孟康,三国时安平（今山东淄博市临淄区）人,字公休,曾任曹魏散骑侍郎、典农校尉、中书令等职,事见《三国志·魏志·杜恕传》注引《魏书》。

（3）而皇甫谧云："伏羲或谓之宓羲。"："皇甫谧",已见前（8.9）注。

（4）按诸经史纬候,遂无"宓羲"之号："纬",指谶纬之书。"候",指占验之书。

（5）"虙"字从"虍","宓"字从"宀",下俱为"必",末世传写,遂误以"虙"为"宓",而《帝王世纪》因误更立名耳："因",因循、因此而。

（6）何以验之？孔子弟子虙子贱为单父宰,即虙羲之后,俗字亦为"宓",或复加"山"："虙子贱",《史记·仲尼弟子列传》："宓不齐,字子贱,少孔子三十岁（《孔子家语》曰少四十九岁）。孔子谓：'子贱,君子哉！鲁无君子,斯焉取斯？'子贱为单父宰,反命于孔子,曰：'此国有贤不齐者五人,教不齐所以治者。'孔子曰：'惜哉！不齐所治者小；所治者大,则庶几矣。'""单父",在今山东单县南。

（7）今兖州永昌郡城,旧单父地也,东门有子贱碑,汉世所立,乃曰："济南伏生,即子贱之后。"："伏生",一作"伏胜"。济南（今山东章丘南）人。秦时为博士。汉文帝时,曾派晁错向他学《尚书》。西汉的《尚书》学者,皆出于其门下,为今文《尚书》的最早传授者。

（8）是"虙"之与"伏",古来通字,误以为"宓",较可知矣："是知",由此知道。"较",清楚、明白。

【译文】

张揖说："虙,就是现在所说的伏羲氏。"孟康的《汉书》古文注也说："虙,就是现在的伏。"而皇甫谧说："伏羲有人说是宓羲。"案：查考各种经书、史书、纬书及占验之书,就是没有见到"宓羲"这个称号。"虙"字从"虍","宓"字从"宀",下面都为"必"字,后代人传抄,就误将"虑"字写成了"宓"字,皇甫谧的《帝王世纪》就因此而错改成"宓羲"了。用什么来证明"宓"字是抄写错误呢?孔子弟子虙子贱是单父的邑宰,他就是虙羲氏的后代,俗字也写作了"宓"字,或"必"下加山写作"密"。现在兖州永昌郡城,是单父的旧地,城东门的子贱碑是汉代时树立的,上面写着:"济南伏生,就是子贱的后代。"由此可知"虙"与"伏"在古代是通用字,那么"宓"是误写,就很明白了。

17.20 《太史公记》曰:"宁为鸡口,无为牛後。"此是删《战国策》耳。案:延笃《战国策音义》曰:"尸,鸡中之主。従,牛子。"然则,"口"当为"尸","後"当为"従",俗写误也。

【注释】

(1)《太史公记》曰:"宁为鸡口,无为牛後。":《太史公记》,即《史记》。汉魏南北朝时人所习称。"宁为鸡口,无为牛後",见于《史记·苏秦列传》,张守节《正义》曰:"鸡口虽小,犹进食,牛後虽大,乃出粪也。"

(2)此是删《战国策》耳:《战国策·韩策一》:"臣(苏秦)闻鄙语曰:'宁为鸡口,无为牛後。'今大王西面交臂而臣事秦,何以异于牛後乎?""删",节取。

(3)案:延笃《战国策音义》曰:"尸,鸡中之主。従,牛子。"然则,"口"当为"尸","後"当为"従",俗写误也:延笃,东汉时人。字叔坚。曾从马融受业,精通经传及百家之言,以善文而名闻京师。传见《后汉书》。然其《战国策音义》不见于本传,《隋书·经籍志》仅着录其《战国策论》一卷。"尸,鸡中之主。従,牛子",《史记·苏秦列传》《索隐》引《战国策》延笃注曰:"尸,鸡中主也;従,谓牛子也。言宁为鸡中之主,不为牛之从後也。"王利器《集解》引张萱《疑耀》四:"苏秦说韩:'宁为鸡口,无为牛後。'今本《战国策》《史记》皆同,惟《尔雅翼·释狨(zōng)》篇:'宁为鸡尸,无为牛従。尸,主也,一群之主,所以将众者。従,従物者也,随群而往,制不在我也,'此必有据,且于纵横事相合。今本'口'字当是'尸'字之误,'後'字当是'従'字之误也。"

【译文】

《史记》说:"宁为鸡口,无为牛後。"这是节录《战国策》中的文字。案:

延笃的《战国策音义》说："尸，鸡中之主。从，牛子。"如此，"口"字当作"尸"，"後"字当作"從"，世俗的传本是抄写错了。

17.21 应劭《风俗通》云："《太史公记》：'高渐离变名易姓，为人庸保，匿作于宋子，久之作苦，闻其家堂上有客击筑，伎痒，不能无出言。'"案：伎痒者，怀其伎而腹痒也。是以潘岳《射雉赋》亦云："徒心烦而伎痒。"今《史记》并作"徘徊"，或作"徬徨不能无出言"，是为俗传写误耳。

【注释】

（1）应劭《风俗通》云："《太史公记》：'高渐离变名易姓，为人庸保，匿作于宋子，久之作苦，闻其家堂上有客击筑，伎痒，不能无出言。'"："应劭"，已见前（8.20）注。《风俗通》，即《风俗通义》，《隋书·经籍志》著录三十一卷，今止存十卷，内容为考议名物及时俗等。"高渐离"，战国时燕人，善击筑。燕太子丹派荆轲前往秦国欲刺杀秦王时，他曾至易水击筑送行。秦朝建立后，他刺杀秦始皇未遂，被杀。事见《史记·刺客列传》。"庸保"，即为人雇佣、役使。"宋子"，县名。约在今河北巨鹿。"筑"，一种击弦乐器。形似筝，有十三弦，弦下设柱。"伎"，同"技"。

（2）案：伎痒者，怀其伎而腹痒也："腹痒"，这里的意思是心里痒。

（3）是以潘岳《射雉赋》亦云："徒心烦而伎痒。"："潘岳"，已见前（8.18）注，其《射雉赋》见《文选》。

（4）今《史记》并作"徘徊"，或作"徬徨不能无出言"，是为俗传写误耳：今本《史记》作"徬徨不能去，每出言曰"。

【译文】

应劭的《风俗通》说："《太史公记》：'高渐离变名易姓，为人庸保，匿作于宋子，久之作苦，闻其家堂上有客击筑，伎痒，不能无出言。'"案：所谓伎痒，是擅长某种技艺并想表现出来，如心里作痒。因此，潘岳的《射雉赋》也说："徒心烦而伎痒。"现在的《史记》传本都将"伎痒"写作"徘徊"，或写作"徬徨不能出无言"，这是世俗流传本抄写错了。

17.22 《太史公》论英布曰："祸之兴自爱姬，生于妒媢，以至灭国。"又《汉书·外戚传》亦云:"成结宠妾妒媢之诛。"此二"媢"并当作"媢",媢亦妒也,义见《礼记》《三苍》。且《五宗世家》亦云:"常山宪王后妒媢。"王充《论衡》云:"妒夫媢妇生,则忿怒斗讼。"益知"媢"是"妒"之别名。原英布之诛为意贲赫耳,不得言"媢"。

【注释】

(1)《太史公》论英布曰:"祸之兴自爱姬,生于妒媢,以至灭国。":英布,汉初诸侯王,六县(今安徽六安东北)人,曾坐法黥面,徙骊山,故又称黥布。秦末率骊山刑徒起义,归项羽,作战常为前锋,封九江王。后归汉,封淮南王,从刘邦灭项羽于垓下。汉初,以彭越、韩信相继为刘邦所杀而起兵,战败被诱杀。传见《史记》。"祸之兴自爱姬,生于妒(dù)媢,以至灭国",谓英布起兵被杀的原因。英布在彭越、韩信被杀后,阴集兵马欲反。其时,"布所幸姬疾,请就医。医家与中大夫贲(bēn)赫对门,姬数如医家,贲赫自以为侍中,乃厚馈遗,从姬饮医家。姬侍王,从容语次,誉赫长者也。王怒曰:'汝安从知之?'具说状。王疑其与乱。赫恐,称病。王愈怒,欲捕赫。赫言变事,乘传诣长安。布使人追,不及。赫至,上变,言布谋反有端……(布)遂族赫家,发兵反。"

(2)又《汉书·外戚传》亦云:"成结宠妾妒媢之诛。":乃议郎耿育疏中语,言赵飞燕事。赵为汉成帝后,与其妹专宠后宫十余年,却无子。成帝亡,司隶解光奏言赵氏杀后宫所产诸子,哀帝没有追究。平帝即位,赵被废为庶人,自杀。

(3)此二"媢"并当作"媢",媢亦妒也,义见《礼记》《三苍》:"媢(mào)",妒忌。

(4)且《五宗世家》亦云:"常山宪王后妒媢。":常山宪王,即刘舜。汉景帝少子,卒谥宪。王多纳幸姬,故引起王后妒忌。刘舜病,王后与太子不常侍疾。此事被告发,王后及太子被废。事见《史记·五宗世家》。

(5)王充《论衡》云:"妒夫媢妇生,则忿怒斗讼。":《论衡·论死》:"妒夫媢妻,同室而处,淫乱失行,忿怒斗讼。"

(6)益知"媢"是"妒"之别名:(从上面两个例子)更可以知道"媢"就是"妒"的别名。

(7)原英布之诛为意贲赫耳,不得言"媢":"原",推原、考察。"意",猜忌,怀疑。"贲赫",人名,参看本段首句注。

【译文】

　　司马迁在《史记》里评论英布说："祸之兴自爱姬,生于妒媢,以至灭国。"另,《汉书·外戚传》也说:"成结宠妾妒媢之诛。"这两句中的"媢"都应当作"媢","媢"也就是"妒",这个字的意思见于《礼记》《三苍》。而且《史记·五宗世家》也说:"常山宪王后妬媢。"王充《论衡》说:"妒夫媢妇生,则忿怒斗讼。"从这两个例子更可以知道"媢"是"妒"的同义字。推原英布被杀的原因是由于他猜疑贲赫引起的,不能说是"媢"所导致。

　　17.23　《史记·始皇本纪》:"二十八年,丞相隗林、丞相王绾等议于海上。"诸本皆作"山林"之"林"。开皇二年五月,长安民掘得秦时铁称权,旁有铜涂镌铭二所。其一所曰:"廿六年,皇帝尽并兼天下诸侯,黔首大安,立号为皇帝,乃诏丞相状、绾,法度量则不壹、歉疑者,皆明壹之。"凡四十字。其一所曰:"元年,制诏丞相斯、去疾,法度量,尽始皇帝为之,皆□刻辞焉。今袭号而刻辞不称始皇帝,其于久远也,如后嗣为之者,不称成功盛德,刻此诏□左,使毋疑。"凡五十八字,一字磨灭,见有五十七字,了了分明。其书兼为古隶。余被敕写读之,与内史令李德林对,见此称权,今在官库;其"丞相状"字,乃为"状貌"之"状","丬"旁作"犬";则知俗作"隗林",非也,当为"隗状"耳。

【注释】

（1）《史记·始皇本纪》:"二十八年,丞相隗林、丞相王绾等议于海上。"诸本皆作"山林"之"林":"二十八年",即秦始皇二十八年（前219）。"海上",指东海之滨。时始皇抚东土,到这里。"隗"音（wěi）。"绾"音（wǎn）。

（2）开皇二年五月,长安民掘得秦时铁称权,旁有铜涂镌铭二所:"开皇",隋文帝年号（581—600）。"权",秤锤。"铜涂镌铭",陈直曰:"当为以铜片嵌置在铁质之上,其制造手法,与甘肃庆阳所出铁权形式相同。"

（3）其一所曰:"廿六年,皇帝尽并兼天下诸侯,黔首大安,立号为皇帝,乃诏丞相状、绾,法度量则不壹、歉疑者,皆明壹之。"凡四十字:"法",原文作"灋",规范,作动词用。"则",原文是鼎字加利刀旁,是"则"的古字,有法则、制度、品式、定物之等差（如今之天平、砝码）等含义。"歉",当为"嫌"。王利器《集解》注引乔松年《萝藦亭札记》四:"此拓本予见之,谛审'歉疑'之'歉',盖是'嫌'字,其'女'

旁在右耳。"此段意思是：二十六年，皇帝完全地兼并了天下诸侯，百姓大安，确立了皇帝的称号，于是就下诏命令丞相隗状、王绾，以秦国的度量衡为准则来规范混乱不一者，使它们明确一致起来。

（4）其一所曰："元年，制诏丞相斯、去疾，法度，量，尽始皇帝为之，皆□刻辞焉。今袭号而刻辞不称始皇帝，其于久远也，如后嗣为之者，不称成功盛德，刻此诏□左，使毋疑。"："斯"，李斯。"去疾"，即冯去疾。时为秦右丞相。此段意思是：元年，皇帝下诏书命令丞相李斯、去疾规范天下度量衡。这些都是秦始皇的作为，皆有刻辞记载。现今皇上都承用着秦始皇的称号，而原有刻辞并未用始皇帝的称号。对于后代人来说，（就区别不出是哪一代皇帝所为了），好像是后继者做的，这与始皇帝的创业功德不相称。故刻此诏书于左，使后人不致生疑。

（5）凡五十八字，一字磨灭，见有五十七字，了了分明：按《颜氏家训》本处译文，应为五十九字，缺二字。前一□据王利器曰："宋本空一格，拓本及《广川书跋》、沈揆《考证》作'有'。"后一□即下文所谓"一字磨灭"者。

（6）其书兼为古隶："古隶"，指秦时隶书，一般称为秦隶或左书，与汉代盛行的隶书有别。

（7）余被敕写读之，与内史令李德林对，见此称权，今在官库；其"丞相状"字，乃为"状貌"之"状"，"犭"旁作"犬"；则知俗作"隗林"，非也，当为"隗状"耳："内史令"，官名。隋文帝时讳改中书省为内史省，置监、令各一人。寻废监，置令二人，为宰相之职。"李德林"，字公辅，博陵安平（今河北安平）人，仕齐时与颜之推同在文林馆，入隋为丞相府属，后为内史令，传见《隋书》。

【译文】

《史记·秦始皇本纪》说："始皇二十八年，丞相隗林、丞相王绾等人，议事于海上。"各种传本都将"隗林"的"林"字写成"山林"的"林"字。隋文帝开皇二年五月，有长安百姓挖出秦朝的铁秤锤，其旁嵌着两块刻有铭文的铜板，其中一块说："廿六年，皇帝尽并兼天下诸侯，黔首大安，立号为皇帝，乃诏丞相状、绾，法度量则不壹、歉疑者，皆明壹之。"原文共有四十个字。另一块铜板上说："元年，制诏丞相斯、去疾，法度量，尽始皇帝为之，皆□刻辞焉。今袭号而刻辞不称始皇帝，其于久远也，如后嗣为之者，不称成功盛德，刻此诏□左，使毋疑。"原文共五十八字，其中有一字被磨掉了，剩下的五十七字，清清楚楚，易于辨明。这些字都是用秦隶写成的。我接受皇帝的命令描摹抄写这些刻辞，与内史令李德林对校，因此见到这块铁秤锤，它现在收藏在官库里。刻辞中"丞相状"的"状"字，就是"状貌"的"状"，"犭"旁加一"犬"字；由此可知通常所写的"隗林"是错误的，应当写作"隗状"。

17.24 《汉书》云："中外禔福。"字当从"示"。禔，安也，音"匙匕"之"匙"，义见《苍》《雅》《方言》，河北学士皆云如此。而江南书本，多误从"手"，属文者对耦，并为"提挈"之意，恐为误也。

【注释】

（1）《汉书》云："中外禔福。"字当从示："中外禔福"，见《汉书·司马相如传》。

（2）禔，安也，音"匙匕"之"匙"，义见《苍》《雅》《方言》，河北学士皆云如此：《苍》《雅》，已见前（8.20）注。《方言》，语言及训诂书。全称《辕轩使者绝代语释别国方言》，西汉扬雄撰。原本十五卷，今本为十三卷。体例仿《尔雅》，类集古今各地同义的词语，大部分注明通行范围，是研究古代语汇的重要资料。翼明按：按颜氏的意思，"禔"应与"匙（chí）"同音，但今天的普通话"禔"读"提（tí）"。

（3）而江南书本，多误从"手"，属文者对耦，并为"提挈"之意，恐为误也："误从手"，即成了"提"字。"对耦"，即对偶，"耦"同"偶"。

【译文】

《汉书》说："中外禔福"，"禔"字应当从"示"旁。禔，就是安的意思，读音为"匙匕"的"匙"音，字义的解释见于《三苍》《尔雅》《方言》。河北的学者都认为是这样。而江南传本中大多误为"手"旁，写文章的人作对偶句时，都将其作为"提挈"之意，这恐怕是错误的。

17.25 或问："《汉书注》：'为元后父名禁，故禁中为省中。'何故以'省'代'禁'？"答曰："案：《周礼·宫正》：'掌王宫之戒令纠禁。'郑注云：'纠，犹割也，察也。'李登云：'省，察也。'张揖云：'省，今省詧也。'然则小井、所领二反，并得训'察'。其处既常有禁卫省察，故以'省'代'禁'。詧，古'察'字也。"

【注释】

（1）或问："《汉书注》：'为元后父名禁，故禁中为省中。'何故以'省'代'禁'？"："或问"，有人问。"为元后父名禁，故禁中为省中"，为《汉书·昭帝纪》"共养省中"下伏俨注引蔡邕文。禁中、省中均指宫禁之中。

（2）答曰："案：《周礼·宫正》：'掌王宫之戒令纠禁。'郑注云：'纠，犹割也，察也。'李登云：'省，察也。'张揖云：'省，今省瞀也。'然则小井、所领二反，并得训'察'。其处既常有禁卫省察，故以'省'代'禁'。瞀，古'察'字也。"："纠"，赵曦明曰："纠，今书作'纠'。""李登"，三国魏人。《隋书·经籍志》："《声类》十卷，魏左校令李登撰。"

【译文】

有人问："《汉书注》说：'因为汉元帝的皇后之父名禁，因此禁中改称省中。'为什么要用'省'代替'禁'字呢？"我回答说："案：《周礼·宫正》说：'掌王宫之戒令纠禁。'郑玄注解说：'纠，犹如宰割、督察的意思。'李登说：'省，就是察看的意思。'张揖说：'省，今省瞀之义。'这样的话，省字读音小井反或所领反，都是'察看'的意思。那个地方既然常有禁卫四处省察，所以就用'省'代替'禁'。瞀，就是古代的察字。"

17.26 《汉·明帝纪》："为四姓小侯立学。"按：桓帝加元服，又赐四姓及梁、邓小侯帛，是知皆外戚也。明帝时，外戚有樊氏、郭氏、阴氏、马氏为四姓。谓之小侯者，或以年小获封，故须立学耳。或以侍祠猥朝，侯非列侯，故曰小侯，《礼》云："庶方小侯。"则其义也。

【注释】

（1）《汉·明帝纪》："为四姓小侯立学。"：《汉·明帝纪》，指《后汉书·明帝纪》。"小侯"，旧时称功臣或外戚封侯者之子弟。李贤注引袁宏《后汉纪》曰："又为外戚樊氏、郭氏、阴氏、马氏诸子弟立学，号四姓小侯，置五经师。以非列侯，故曰小侯。"

（2）按：桓帝加元服，又赐四姓及梁、邓小侯帛，是知皆外戚也："元服"，指冠。颜师古曰："元者，首也；冠者，首之所著，故曰元服。"古时称行冠礼为加元服。"外戚"，指帝王的母族和妻族。

（3）明帝时，外戚有樊氏、郭氏、阴氏、马氏为四姓。谓之小侯者，或以年小获封，故须立学耳。或以侍祠猥朝，侯非列侯，故曰小侯，《礼》云："庶方小侯。"则其义也："侍祠"，即侍祠侯。"猥朝"，即猥朝侯，一称猥诸侯。按汉代制度，王子封为侯者称诸侯；群臣异姓以功封者称彻侯。其有赐特进者，位在三公下，称朝侯。位次九卿以下者，仅侍祠而无朝位，称侍祠侯。其非朝侯侍祠，而以下土小国或以肺腑宿亲，若公主子孙，或奉先侯坟墓在京师者，随时见会，称猥诸侯。"列侯"，爵位名，即彻侯，因避汉武帝讳，故改此称，又名通侯。"庶方小侯"，见《礼记·曲礼下》。

【译文】

《后汉书·明帝纪》说："为四姓小侯立学。"案：桓帝行冠礼，曾赐给四姓及梁姓、邓姓小侯丝帛。由此可知这些人都是外戚。明帝时，外戚有樊氏、郭氏、阴氏、马氏四姓。称之为小侯的原因，或是认为他们年纪很小就获封，所以要为他们建立学舍。或是认为他们只是属侍祠侯和猥朝侯，并不是属于高爵位的列侯，所以叫作小侯，《礼记》说："庶方小侯。"就是这个意思。

17.27 《后汉书》云："鹳雀衔三鳣鱼。"多假借为"鳣鲔"之"鳣"；俗之学士，因谓之为"鳣鱼"。案：魏武《四时食制》："鳣鱼大如五斗奁，长一丈。"郭璞注《尔雅》："鳣长二三丈。"安有鹳雀能胜一者，况三乎？鳣又纯灰色，无文章也。鳝鱼长者不过三尺，大者不过三指，黄地黑文；故都讲云："蛇鳝，卿大夫服之象也。"《续汉书》及《搜神记》亦说此事，皆作"鳝"字。孙卿云："鱼鳖鳅鳣。"及《韩非》《说苑》皆曰："鳣似蛇，蚕似蠋。"并作"鳣"字。假"鳣"为"鳝"，其来久矣。

【注释】

（1）《后汉书》云："鹳雀衔三鳣鱼。"多假借为"鳣鲔"之"鳣"；俗之学士，因谓之为"鳣鱼"："鹳（guàn）雀衔三鳣鱼"，见于《后汉书·杨震传》。"鳣（zhān）"，鱼名，即"鳇（huáng）"。《尔雅·释鱼》郭璞注："鳣，大鱼，似鲟（xún）而短鼻，口在颌下，体有邪行甲，无鳞，肉黄。大者长二三丈。今江东呼为黄鱼。"古说大鲤亦名鳣。"鲔（wěi）"，鲟鱼的古称。

（2）案：魏武《四时食制》："鳣鱼大如五斗奁，长一丈。"：《四时食制》，书名。《集解》引卢文弨曰："魏武《食制》，唐人类书多引之，而隋、唐志皆不载;《唐志》有赵武《四时食法》一卷,非此书。""奁",古时盛放梳妆用品的器具。泛指盛物器具。

(3) 郭璞注《尔雅》:"鳣长二三丈。":"郭璞",已见前(17.2)注。《尔雅》,已见前(6.13)注。

(4) 安有鹳雀能胜一者,况三乎?鳣又纯灰色,无文章也:"文章",花纹。

(5) 鳝鱼长者不过三尺,大者不过三指,黄地黑文;故都讲云:"蛇鳝,卿大夫服之象也。":"都讲",古时主持学舍的人。《后汉书·杨震传》:"(杨震)常客居于湖,不答州郡礼命数十年……后有冠雀衔三鳣鱼,飞集讲堂前,都讲取鱼进曰:'蛇鳝者,卿大夫服之象也;数三者,法三台也。先生自此升矣。'"

(6) 《续汉书》及《搜神记》亦说此事,皆作"鳝"字:《续汉书》,晋秘书监司马彪撰,八十卷,为纪传体史书。《隋书·经籍志》著录,其纪传部分已佚,八《志》三十卷在北宋之后配入范晔所著《后汉书》中。《搜神记》,志怪书。晋干宝撰。三十卷。王利器《集解》:"今《搜神记》无此文,《能改斋漫录》四引《靖康缃素杂记》引此文,'《搜神记》'作'谢承《书》',《杨震传》李贤注,亦云:'案《续汉》及谢承《书》。'而《御览》九三七引谢承《后汉书》正有此文,疑当作'谢承《书》'为是。"

(7) 孙卿云:"鱼鳖鳅鳣。"及《韩非子》《说苑》皆曰:"鳣似蛇,蚕似蠋。"并作"鳣"字。假"鳣"为"鳝",其来久矣:"孙卿",即荀况。已见前(6.5)注。"孙卿云:'鱼鳖鳅鳣。'"见《荀子·富国》。"鳣似蛇,蚕似蠋",见《韩非子·内储说上》。"鳅(qiū)",同"鳅"。"蠋(zhú)",鳞翅目昆虫的幼虫,青色,似蚕。

【译文】

《后汉书》说:"鹳雀衔着三条鳝鱼。""鳝"字多通假作"鳣鲔"的"鳣"字,一般的学者,因此称之为"鳣鱼"。案:魏武的《四时食制》记载:"鳣鱼大得如同能装五斗米的奁子,有一丈来长。"郭璞注解《尔雅》说:"鳣鱼身长二三丈。"哪里会有鹳雀能够衔得动一条鳣鱼的,何况是三条呢?鳣鱼又是纯灰色,身上没有花纹。鳝鱼长不过三尺,大者粗不过三指,黄的底色、黑的花纹;所以都讲对杨震说:"蛇鳝是卿大夫衣服的征象。"《续汉书》和《搜神记》也说及这件事,都写作"鳝"。荀卿说:"鱼鳖鳅鳣",《韩非子》《说苑》都说:"鳣似蛇,蚕似蠋。"都是写作"鳣"。可见"鳣"通假作"鳝",由来已久了。

17.28　《后汉书》："酷吏樊晔为天水郡守，凉州为之歌曰：'宁见乳虎穴，不入冀府寺。'"而江南书本"穴"皆误作"六"。学士因循，迷而不寤。夫虎豹穴居，事之较者；所以班超云："不探虎穴，安得虎子？"宁当论其六七耶？

【注释】

（1）《后汉书》："酷吏樊晔为天水郡守，凉州为之歌曰：'宁见乳虎穴，不入冀府寺。'"："樊晔"，字仲华，南阳新野（今属河南）人。其为天水太守，为政苛猛。传见《后汉书·酷吏传》。"天水"，郡名。西汉武帝时置，治所在平襄（今甘肃通渭西北）；东汉永平十七年（74）改为汉阳郡，移治冀县（今甘肃甘谷东）。三国魏时复改为天水郡。"凉州"，州名。治所在陇县（今甘肃张家川）。"宁见乳虎穴，不入冀府寺"，"乳虎穴"，正在哺乳的老虎虎穴。《后汉书》章怀太子注曰："乳，产也。猛兽产乳，护其子，则搏噬过常，故以为喻。""冀府寺"，即天水郡府衙。寺指官府办公之所。冀即冀县，天水郡治所。此二句谓樊晔治郡凶暴过于正在哺乳的猛虎。

（2）**而江南书本"穴"皆误作"六"。学士因循，迷而不寤**：因循，沿着旧路走，按照旧规办事。"寤"，同"悟"。

（3）**夫虎豹穴居，事之较者；所以班超云："不探虎穴，安得虎子？"宁当论其六七耶**："较"，彰明，明显。班超，东汉扶风安陵（今陕西咸阳东北）人。字仲升，为班固之弟。明帝末，奉命出使西域。《后汉书·班超传》："不入虎穴，不得虎子。"

【译文】

《后汉书》说："酷吏樊晔为天水郡守，凉州为他编了歌谣说：'宁见乳虎穴，不入冀府寺。'"而江南的传本都将"穴"字误写成"六"字。学者们沿袭这个错误，没有人发现。虎豹住在洞穴中，这是很明白的事；所以班超说："不探虎穴，安得虎子？"难道要管它是六只还是七只吗？

17.29　《后汉书·杨由传》云："风吹削肺。"此是削札牍之柿耳。古者，书误则削之，故《左传》云"削而投之"是也。或即谓"札"为"削"，王褒《僮约》曰："书削代牍。"苏竟书云："昔以摩研编削之才。"皆其证也。《诗》云："伐木浒浒。"《毛传》云："浒浒，柿貌也。"史家假借为"肝肺"字,俗本因是悉作"脯腊"之"脯",或为"反哺"之"哺"。学士因解云:"削哺,是屏障之名。"既无证据,亦为妄矣!此是风角占候耳。《风角书》曰:"庶人风者,拂地扬尘转削。"若是屏障,何由可转也?

【注释】

(1)《后汉书·杨由传》云:"风吹削肺。"此是削札牍之柿耳:"杨由",东汉时蜀郡成都(今四川成都)人,字哀侯。好方术,善风云占候。"风吹削肺",今本《后汉书·方术传》作"风吹削哺"。"削肺",削札牍时的碎片。"柿(fèi)",削下来的木片。

(2)古者,书误则削之,故《左传》云"削而投之"是也:"书误则削之",写错了就削掉。"削而投之",见《左传·襄公二十七年》。

(3)或即谓"札"为"削",王褒《童约》曰:"书削代牍。"苏竟书云:"昔以摩研编削之才。"皆其证也:札,古代写字用的小木片。王褒《童约》,即《僮约》,已见前(9.2)注。苏竟,字伯况,扶风平陵(今陕西咸阳西北)人。光武帝时,官居侍中,后以病免。昔以摩研编削之才,见《后汉书·苏竟传》。"摩研",研究,切磋。"编削",即编札,编纂书籍。

(4)《诗》云:"伐木浒浒。"《毛传》云:"浒浒,柿貌也。":"伐木浒浒",见《诗经·小雅·伐木》。"浒浒(hǔ)",伐木声。或谓伐木时的号子声,今本作"许许"。

(5)史家假借为"肝肺"字,俗本因是悉作"脯腊"之"脯",或为"反哺"之"哺":"因是",因此。"脯腊",脯和腊,皆为干肉。"反哺",指鸟雏长大,衔食养其母。

(6)学士因解云:"削哺,是屏障之名。"既无证据,亦为妄矣:"因",因而、接着。"屏障",屏风。

(7)此是风角占候耳:"此",指"风吹削肺"这句话。"风角",据对风的观察以卜吉凶的一种方术。《后汉书·郎𫖮传》注:"风角,谓候四方四隅之风,以占吉凶也。""占候",根据天象的变化以预测吉凶。

(8)《风角书》曰:"庶人风者,拂地扬尘转削。"若是屏障,何由可转也:《风角书》,书名。《隋书·经籍志三》:"《风角书》,梁十卷。"案:此类书,当时甚多,《隋志》著录近二十种。颜氏所据何种,不详。"庶人风",占候之语,指常人之风。

【译文】

《后汉书·杨由传》说:"风吹削肺。"这个"肺"就是削札牍时削下的"柿",即木片。古时候,字写错了就用刀削刮掉,所以《左传》说:"削而投之。"就是这个意思。也有人称"札"为"削",王褒《僮约》中说:"书削代牍。"苏竟给人的信中说:"昔以摩研编削之才。"这些都是证据。《诗经》说:"伐木浒浒。"毛《传》解释说:"浒浒,柿貌也。"史家们假借"柿"为"肝肺"的"肺"字,世间传本因此全都写成"脯腊"的"脯"字,有的写成"反哺"的"哺"字。学者因而解释说:"削哺,是屏风之名。"这种说法既无根据,也错得离谱。"风吹削肺"这句话是讲风角占候的,《风角书》说:"常人之风,轻拂地面,扬起尘土,吹转木屑。"如果"削肺"是指屏风,怎么可能吹转它呢?

17.30 《三辅决录》云:"前队大夫范仲公,盐豉蒜果共一筒。""果"当作"魏颗"之"颗"。北土通呼物一由,改为一颗,"蒜颗"是俗间常语耳。故陈思王《鹞雀赋》曰:"头如果蒜,目似擘椒。"又《道经》云:"合口诵经声璅璅,眼中泪出珠子碨。"其字虽异,其音与义颇同。江南但呼为"蒜符",不知谓为"颗"。学士相承,读为"裹结"之"裹",言盐与蒜共一苞裹,内筒中耳。《正史削繁》音义又音"蒜颗"为苦戈反,皆失也。

【注释】

(1) **《三辅决录》云:"前队大夫范仲公,盐豉蒜果共一筒。"**:《三辅决录》,书名。已见前(8.18)注。"前队",指南阳郡。《汉书·地理志上》:"南阳郡,(王)莽曰前队。"《太平御览》九七七引《三辅决录》:"平陵范氏,南陵旧语曰:'前队大夫范仲公,盐豉蒜果共一筒。'言其廉洁也。""筒(tǒng)",竹筒。

(2) **"果"当作"魏颗"之"颗"**:"魏颗",春秋时晋国大夫。事见《左传·宣公十五年》。

(3) **北土通呼物一由,改为一颗,"蒜颗"是俗间常语耳**:由,同"块",郝懿行曰:"呼块为颗,北人通语也。颗与由一声之转。"

(4) **故陈思王《鹞雀赋》曰:"头如果蒜,目似擘椒。"**:"陈思王",即曹植。已见前(6.8)注。《鹞雀赋》:一作《雀鹞赋》。《艺文类聚》卷九十一载之。"擘(bò)椒",剖开的辣椒,"擘",剖开,裂开。

(5) **又《道经》云:"合口诵经声璅璅,眼中泪出珠子碨。"**:"合口诵经声璅璅,眼中泪出珠子㻬",出自《老子化胡经》。"璅（suǒ）璅",玉块撞击的声音。"㻬",同"颗"。

（6）**其字虽异，其音与义颇同**："其字"，指以上所说"果""颗""㻬"三字。

（7）**江南但呼为"蒜符"，不知谓为"颗"。学士相承，读为"裹结"之"裹"，言盐与蒜共一苞裹，内筒中耳**：吴承仕曰："蒜符之符，殆为误字，既云'学士读为包裹之裹'，则音必与裹近，符字从付，绝非其类，以是明之。"陈直曰："江南人至今呼蒜头一个为一颗，蒜头茎部称为浮（与符同音），分为二名，与之推所言符颗为一名稍异。""内"，同"纳"，纳入。

（8）**《正史削繁》音义又音"蒜颗"为苦戈反，皆失也**：《正史削繁》，书名，《隋书·经籍志》："《正史削繁》九十四卷，阮孝绪撰。"

【译文】

《三辅决录》说："前队大夫范仲公，盐豉蒜果共一筒。""果"当作"魏颗"的"颗"字。北方地区普遍将"一块"东西，称为"一颗"东西，蒜颗是民间的常用语。所以陈思王在《鹞雀赋》中说："头如果蒜，目似擘椒。"另外，《道经》上说："合口诵经声璅璅，眼中泪出珠子㻬。""果""颗""㻬"三字虽然形体不同，但音与义颇为相同。江南只是称呼为"蒜符"，不知道叫作"蒜颗"。学士们递相沿袭，读成裹结的"裹"，说是将盐与蒜放在一起包裹，纳入竹筒中。《正史削繁》音义又将"颗"注音苦戈反，这些都是错误的。

17.31 有人访吾曰："《魏志》蒋济上书云'弊劧之民'，是何字也？"余应之曰："意为'劧'即是'皵倦'之'皵'耳。张揖、吕忱并云：'支傍作刀剑之刀，亦是剞字。'不知蒋氏自造'支'傍作'筋力'之'力'，或借'剞'字，终当音九伪反。"

【注释】

（1）**有人访吾曰："《魏志》蒋济上书云'弊劧之民'，是何字也？"**："访"，问。"蒋济"，字子通，楚国平阿（今安徽怀远县西南）人。魏明帝时为护军将军，加散骑常侍。景初（237—239）中，见朝廷外勤征役，内务宫室，造成年谷饥俭，便上书明帝。"上书"，《魏志》原文作"上疏"。"弊劧（guì）之民"为疏中之文。见《三国志·魏书·蒋济传》。

（2）**余应之曰："意为'劧'即是'皵倦'之'皵'耳。张揖、吕忱并云：'支**

傍作刀剑之刀，亦是剞字。'不知蒋氏自造支傍作'筋力'之'力'，或借'剞'字，终当音九伪反。"："骫（guì）"，疲倦至极。卢文弨曰："骫，《集韵》作骸。""吕忱"，晋文字学家。已见前（8.20）注。"剞（jī）"，雕刻所用的曲刀。王利器《集解》引郝懿行说："《玉篇》云：'刻同剞，居蚁切，刃曲也。'是劫字支傍作刀，与剞字音义俱同之证。"陈直曰："按：劫字支旁从刀，蒋济作从力。之推意为蒋氏自造之字。但六朝时功字或作㓛，见《杨大眼造像》，是当时刀与力两字，在俗体上本不区分也。"

【译文】

有人问我说："《魏志》中蒋济上疏说'弊劫之民'，这个'劫'是什么字？"我告诉他说："我想'劫'字就是'骫倦'的'骫'字。张揖、吕忱都说：'支旁加刀剑的刀，也就是剞字。'不知蒋氏用支旁加筋力的力自造而成的呢？或是将劫通假作剞字呢？不管怎样，这个字终归应该读作九伪反。"

17.32 《晋中兴书》："太山羊曼，常颓纵任侠，饮酒诞节，兖州号为'䵷伯'。"此字皆无音训。梁孝元帝尝谓吾曰："由来不识。唯张简宪见教，呼为'䵷羹'之'䵷'。自尔便遵承之，亦不知所出。"简宪是湘州刺史张缵谥也，江南号为硕学。案：法盛世代殊近，当是耆老相传；俗间又有"䵷䵷"语，盖无所不施，无所不容之意也。顾野王《玉篇》误为"黑"傍"沓"。顾虽博物，犹出简宪、孝元之下，而二人皆云重边。吾所见数本，并无作"黑"者。"重沓"是多饶积厚之意，从"黑"更无义旨。

【注释】

（1）《晋中兴书》："太山羊曼，常颓纵任侠，饮酒诞节，兖州号为'䵷伯'。"此字皆无音训：《晋中兴书》，书名。南朝宋何法盛撰，七十八卷。《隋书·经籍志》著录。羊曼，东晋人，字祖延。好饮酒，任达颓纵，与温峤等友善，并为中兴名士。《晋书》有传。"诞节"，漫无节制。䵷（tà）伯，意为放纵豁达之人。《晋书·羊曼传》："时州里称陈留阮放为宏伯，高平郗鉴为方伯，泰山胡毋辅之为达伯，济阴卞壶为裁伯，陈留蔡谟为朗伯，阮孚为诞伯，高平刘绥为委伯，而曼为䵷伯，凡八人，号'兖州八伯'，盖拟古之八俊也。"

（2）梁孝元帝尝谓吾曰："由来不识。唯张简宪见教，呼为'噎羹'之'噎'。自尔便遵承之，亦不知所出。"："噎（tà）羹"，谓饮羹不加咀嚼而连菜吞下。

（3）简宪是湘州刺史张缵谥也，江南号为硕学：张缵，南朝时梁人，字伯绪。博学，与萧绎友善，梁末前往就任梁州刺史时，为岳阳王萧詧所害。萧绎即位为梁元帝，赠侍中中卫将军、开府仪同三司，谥简宪，事见《梁书·张缅传》。"硕学"，学问渊博。

（4）案：法盛世代殊近，当是耆老相传；俗间又有"黯黯"语，盖无所不施，无所不容之意也："法盛"，即何法盛。"耆（qí）老"，受人尊重的老者。

（5）顾野王《玉篇》误为"黑"傍"沓"：《玉篇》，字书。南朝梁学者顾野王撰。体例仿《说文解字》，分五百四十二部，收字一万六千九百一十七，每字下先注反切，再引群书训诂，解说颇详。今本三十卷为原书残卷。

（6）顾虽博物，犹出简宪、孝元之下，而二人皆云重边。吾所见数本，并无作"黑"者。"重沓"是多饶积厚之意，从"黑"更无义旨："义旨"，意义、旨趣。

【译文】

何法盛作的《晋中兴书》说："太山羊曼，经常疏慢放纵，行侠仗义，喜欢喝酒，不拘小节，兖州人称他为黯伯。""黯"字，学者都没有注释过。梁元帝曾对我说："我从来不认识这个字。只有张简宪跟我说过，这个字读作'噎羹'的'噎'。从那以后，我就一直遵从他的读音，也不知道它的出处。"张简宪是湘州刺史张缵的谥号，江南人都称赞他学问渊博。案：何法盛所处的时代距今很近，"黯"字当是有学问的老辈相传下来的；民间也有"黯黯"这个词语，大概是无所不施，无所不容的意思。顾野王的《玉篇》错误地写作黑旁加沓。顾氏虽然博学多识，但水平仍在张简宪、孝元帝之下，而后二人都说这个字为重字边。我见过几种《晋中兴书》的传本，都没有作黑旁的。"重沓"有丰厚富饶的意思，从黑旁就无所取义了。

17.33 《古乐府》歌词，先述三子，次及三妇，妇是对舅姑之称。其末章云："丈人且安坐，调弦未遽央。"古者，子妇供事舅姑，旦夕在侧，与儿女无异，故有此言。"丈人"亦长老之目，今世俗犹呼其祖考为先亡丈人。又疑"丈"当作"大"，北间风俗，妇呼舅为"大人公"，"丈"之与"大"，易为误耳。近代文士，颇作《三妇诗》，乃为匹嫡并耦己之群妻之意，又加郑、卫之辞，大雅君子，何其谬乎？

【注释】

（1）《古乐府》歌词，先述三子，次及三妇，妇是对舅姑之称："舅姑"，公公，婆婆。

（2）其末章云："丈人且安坐，调弦未遽央。"：此二句见《乐府·清词曲·相逢行》。"未遽央"，仓促未尽之意。

（3）古者，子妇供事舅姑，旦夕在侧，与儿女无异，故有此言："旦夕"，白天和晚上。

（4）"丈人"亦长老之目，今世俗犹呼其祖考为先亡丈人："祖考"，指已故的祖、父辈。

（5）又疑"丈"当作"大"，北间风俗，妇呼舅为"大人公"，"丈"之与"大"，易为误耳："妇呼舅"，媳妇称呼公公。"易为误"，容易误写。

（6）近代文士，颇作《三妇诗》，乃为匹嫡并耦己之群妻之意，又加郑、卫之辞，大雅君子，何其谬乎："郑、卫之辞"，指春秋时郑、卫两国的民间歌词，后用作淫靡之辞的代称。"大雅"，指大才、高才。后亦用作文士相互间的敬称。"匹嫡"，正妻。"耦己之群妻"，嫁给自己的其他女子，也就是群妾之意。

【译文】

《古乐府·清调曲·相逢行》的歌词内容，先说三个儿子，再说三个媳妇。媳妇是相对公婆而言的称呼。歌词的末章说道："丈人且安坐，调弦未遽央。"古时候，媳妇侍奉公婆，早晚在身边，与儿女没有两样，所以才有这句歌词。丈人也是对长辈老人的称呼，现在的习俗仍把已故的祖、父辈称作先亡丈人。我又怀疑这个"丈"字应当作"大"字，北方的风俗，媳妇称公公为大人公。"丈"之与"大"，是容易误写的。近代的文人，有不少人写有《三妇诗》，表达的是自己与妻子及群妾相处的内容，还加入了一些类似郑风、卫风之类的淫乐之辞，这帮大雅君子，为何如此荒唐呢？

17.34 《古乐府》歌百里奚词曰："百里奚，五羊皮。忆别时，烹伏雌，吹㸙麰；今日富贵忘我为！""吹"当作"炊煮"之"炊"。案：蔡邕《月令章句》曰："键，关牡也，所以止扉，或谓之剡移。"然则当时贫困，并以门牡木作薪炊耳，《声类》作"㸙"，又或作"㾴"。

【注释】

（1）《古乐府》歌百里奚词曰："百里奚，五羊皮。忆别时，烹伏雌，吹扊扅。今日富贵忘我为！"：百里奚，春秋时秦国大夫。复姓百里，名奚；一说姓百，字里，名奚。原为虞国大夫，虞亡时为晋所俘，作为陪嫁之臣隶送入秦国，出逃至楚，为楚人所执。后秦穆公闻其有贤能，令人以五张牡黑羊皮将其赎回，用为大夫，称为五羖（gǔ）大夫。与蹇（jiǎn）叔等帮助秦穆公建立霸业。"百里奚，五羊皮。忆别时，烹伏雌，吹扊扅（yǎn yí）。今日富贵忘我为！"《乐府解题》引《风俗通》说：百里奚为秦相后，延宾饮宴作乐。席间，府中所雇的一洗衣妇说自己知乐。百里奚便呼之上堂，洗衣妇当场援琴抚弦而歌三章。百里奚听罢，方知此洗衣妇是自己过去的妻子，乃重新结为夫妻。此段词为其首章。"伏雌"，指母鸡。"扊扅"，门闩。

（2）"吹"当作"炊煮"之"炊"："吹"，通"炊"。王利器《集解》："吹、炊古通，《荀子·仲尼》篇：'可炊而傹（jìng）也。'杨倞注：'炊与吹同。'《庄子·逍遥游》篇：'生物之以息相吹也。'《释文》：'吹，崔本作炊。'又《在宥》篇：'而万物炊累焉。'《释文》：'炊本作吹。'是其证。"

（3）案：蔡邕《月令章句》曰："键，关牡也，所以止扉，或谓之剡移。"：《月令章句》，东汉蔡邕撰，十二卷。《隋志》著录，后佚。今有王谟、蔡云、陆尧春、臧庸、马国翰、马瑞辰、叶德辉等多家辑本。"关牡"，门闩。"剡移"，即扊扅。

（4）然则当时贫困，并以门牡木作薪炊耳，《声类》作"扊"，又或作"扂"：《声类》，三国魏李登撰，十卷。《隋志》著录。后佚。今有任大椿、马国翰等辑本。

【译文】

《古乐府》中咏百里奚的歌词说道："百里奚，五羊皮。忆别时，烹伏雌，吹扊扅。今日富贵忘我为！""吹"字应当作炊煮的"炊"字。案：蔡邕《月令章句》说："键，就是门闩，是用来关门的，或称之为'剡移'。"由此则可知百里奚当时贫困，把门闩都当成柴火烧了，《声类》写作"扊"，又有的书写作"扂"。

17.35 《通俗文》，世间题云"河南服虔字子慎造"。虔既是汉人，其叙乃引苏林、张揖；苏、张皆是魏人。且郑玄以前，全不解反语，《通俗》反音，甚会近俗。阮孝绪又云"李虔所造"。河北此书，家藏一本，遂无作李虔者。《晋中经簿》及《七志》，并无其目，竟不得知谁制。然其文义允惬，实是高才。殷仲堪《常用字训》，亦引服虔《俗说》，今复无此书，未知即是《通俗文》，为当有异？近代或更有服虔乎？不能明也。

【注释】

（1）《通俗文》，世间题云"河南服虔字子慎造"：《通俗文》，为训释经史用字之书。已见前（8.20）注。"服虔"，东汉经学家。已见前（8.20）注。

（2）虔既是汉人，其叙乃引苏林、张揖；苏、张皆是魏人："苏林"，已见前（8.20）注。

（3）且郑玄以前，全不解反语，《通俗》反音，甚会近俗："反语"，即反切，反切是一种传统的注音方法，大约起于汉末。参看前（9.14）注。《通俗》，即《通俗文》。

（4）阮孝绪又云"李虔所造"：阮孝绪著有《七录》，此处所言当出其中。王利器曰："李虔《通俗文》，《隋志》不载，两《唐志》：'云李虔《续通俗文》二卷。'则是李虔续子慎之书也。今有臧镛堂、马国翰辑本，然两书却不分。"

（5）河北此书，家藏一本，遂无作李虔者："遂"，竟，终，乃。

（6）《晋中经簿》及《七志》，并无其目，竟不得知谁制："《晋中经簿》"，目录书，即《中经新簿》。三国魏荀勖撰。"《七志》"，目录书。南齐王俭撰。"经典志"记六艺、小学、史书、杂传；"诸子志"记古今诸子；"文翰志"记诗赋；"军书志"记兵书；"阴阳志"记阴阳图纬；"术艺志"记方技；"图谱志"记地域及图书；道、佛著作附见。共三十卷，已佚。

（7）然其文义允惬，实是高才："允惬"，平允、恰当。

（8）殷仲堪《常用字训》，亦引服虔《俗说》，今复无此书，未知即是《通俗文》，为当有异：《常用字训》，东晋殷仲堪撰，于梁末亡佚。"为当"，抑或、还是。

（9）近代或更有服虔乎？不能明也："或更有"，也许另外还有。

【译文】

《通俗文》这本书，世间的本子题为："河南服虔字子慎造。"服虔是汉朝人，书中之叙却引用了苏林、张揖的话，而苏、张都是三国魏人。况且在郑玄之前，大家都不懂得反切之法，《通俗文》中的反切注音，非常符合近世的习惯。阮孝绪又说此书为李虎所撰。这本书在河北地区，家家藏有一本，竟然没有一本题作李虎撰。《晋中兴簿》及《七志》，都没有为这本书列目，最终无法确定这本书是谁撰作的。然而这本书文义平允妥帖，作者实是高手。殷仲堪的《常用字训》，也引用过服虔所著的《俗说》，现在已没有这本书了，不知道它是否就是《通俗文》？抑或是另一种书？近世或许另有名叫服虔的人吗？这就不清楚了。

17.36 或问："《山海经》夏禹及益所记，而有长沙、零陵、桂阳、诸暨，如此郡县不少，以为何也？"答曰："史之阙文，为日久矣；加复秦人灭学，董卓焚书，典籍错乱，非止于此。譬犹《本草》神农所述，而有豫章、朱崖、赵国、常山、奉高、真定、临淄、冯翊等郡县名，出诸药物；《尔雅》周公所作，而云'张仲孝友'；仲尼修《春秋》，而《经》书孔丘卒；《世本》左丘明所书，而有燕王喜、汉高祖；《汲冢琐语》乃载《秦望碑》；《苍颉篇》李斯所造，而云'汉兼天下，海内并厕，豨黥韩覆，畔讨灭残'；《列仙传》刘向所造，而《赞》云'七十四人出佛经'；《列女传》亦向所造，其子歆又作《颂》，终于赵悼后，而传有更始韩夫人、明德马后及梁夫人嫕。皆由后人所羼，非本文也。"

【注释】

（1）**或问："《山海经》夏禹及益所记，而有长沙、零陵、桂阳、诸暨，如此郡县不少，以为何也？"**：《山海经》，古代地理著作，十八篇。作者不详。近代学者多认为此书非出于一人一时之手，其中十四篇为战国时作品，余四篇为汉初所作。"夏禹"，即大禹，夏后氏部落首领。因治水有功被舜立为继承人，舜死后担任部落联盟领袖。"益"，即伯益，古代嬴姓各族的祖先，相传善于畜牧和狩猎，后助禹治水，被选为继承人。禹死后，子启继立，发生争斗，伯益为启所杀。一说由于他推让，启才继位。"长沙、零陵、桂阳、诸暨"，皆为郡名，分别于秦、汉时置，见《汉书·地理志》。

（2）**答曰："史之阙文，为日久矣；加复秦人灭学，董卓焚书，典籍错乱，非止于此。"**："阙文"，缺而不书，这里是佚文的意思。《论语·卫灵公》："子曰：'吾犹及史之阙文也。'"《集解》："包曰：'古之良史，于书字有疑则阙之，以待知者。'""秦人灭学"，指秦始皇焚书坑儒事，见《史记·秦始皇本纪》。"董卓焚书"，《后汉书·董卓传》：董卓迁汉帝西都长安,"悉烧宗庙官府居家,二百里内无复孑遗"。徐鲲曰:"《风俗通》逸文:'光武车驾徙都洛阳,载素简纸经,凡二千两。董卓荡覆王室,天子西移,中外仓卒,所载书七十车,于道遇雨,分半投弃。卓又烧炀观阁,经籍尽作灰烬,所有余者,或作囊帐。先王之道,几湮灭矣。'"

(3)譬犹《本草》神农所述,而有豫章、朱崖、赵国、常山、奉高、真定、临淄、冯翊等郡县名,出诸药物:《本草》,即《神农本草经》,为秦汉时托名神农所作,原书已佚,其内容因历代本草书籍的转引,得以保存。现传此书,为明、清人所辑,共载药物三百六十五种。"神农",神农氏,传说中农业和医药的发明者,一说即炎帝。"豫章、朱崖、赵国、常山、奉高、真定、临淄、冯翊",均为汉时所置郡县之名,见《汉书·地理志》。

(4)《尔雅》周公所作,而云"张仲孝友":《尔雅》,已见前(6.13)注。"张仲孝友",见《诗经·小雅·六月》。张仲为宣王时人,距周公时已有百多年了。

(5)仲尼修《春秋》,而《经》书孔丘卒:《经》即指《春秋》,这里指的是《春秋左氏传》的经文。《春秋》是孔子修的,但居然记载"孔丘卒",所以颜之推提出疑问。王利器《集解》引王观国《学林》二曰:"《公羊经》止获麟,而《左氏经》止孔丘卒。……皆鲁史记之文,孔子弟子欲记孔子卒之年,故录以续孔子所修之《经》也。……颜氏以此为疑,盖非所疑也。"

(6)《世本》左丘明所书,而有燕王喜、汉高祖:《世本》,为战国史官所撰。《汉书·艺文志》:"《世本》十五篇,古史官记黄帝以来讫春秋时诸侯大夫。"王利器《集解》引秦嘉谟《世本辑补》曰:"案:《世本》乃周时史官相承著录之书,刘向《别录》(案:即前注引《史记索隐》所引之刘向说)《周官》郑注(案:见小史注)已明言之,故有燕王喜耳。若汉高祖乃汉人补录系代,非原文也。以《世本》为左丘明所作,亦自颜书始发之,其实《汉书·司马迁传》《后汉书·班彪传》中未之明言。"庄辉明、章义和《译注》按:颜氏此说实来源于皇甫谧《帝王世纪》。

(7)《汲冢琐语》乃载《秦望碑》:《汲冢琐语》,据《晋书·束皙传》,晋武帝太康二年(281),汲郡人不准盗魏襄王墓(或言安釐王墓),得竹书数十车,其中有《琐语》十一篇,为卜梦妖怪相书。《隋书·经籍志》:

"《古文璅语》四卷,汲冢书。"两《唐志》相同。宋以后不见著录。有清人马国翰、严可均等辑本。《秦望碑》,一般指秦始皇上会稽祭祀大禹时的刻石碑。王利器《集解》引《墨池编》:"(李)斯善书,自赵高以下,或见推伏,刻诸名山碑玺铜人,并斯之笔。斯书《秦望纪功石》云:'吾死后五百三十年间,当有一人,替吾迹焉。'"

(8)《苍颉篇》李斯所造,而云"汉兼天下,海内并厕,豨黥韩覆,畔讨灭残":"豨(xī)",指陈豨。"韩",指韩信。二人均为汉高祖时叛臣。"畔",同"叛"。"灭残",卢文弨说当作"残灭"。

(9)《列仙传》刘向所造,而《赞》云"七十四人出佛经":《列仙传》,旧题西汉刘向撰,二卷。记赤松子等神仙故事,另附有赞语。刘向时佛教尚未传入中国,故颜氏有疑。俞正燮赞同颜说,并做了详细考辨。见《癸巳类稿》卷十四《僧徒伪造刘向文考》。

(10)《列女传》亦向所造,其子歆又作《颂》,终于赵悼后,而传有更始韩夫人、明德马后及梁夫人嫕。皆由后人所羼,非本文也:"《列女传》",《隋书·经籍志》:"《列女传》十五卷,刘向撰,曹大家注。《列女传颂》一卷,刘歆撰。""赵悼后",战国时赵悼襄王之妻。《史记·赵世家》《集解》徐广引《列女传》曰:"邯郸之倡。""更始韩夫人",刘玄宠姬。刘玄即位,年号更始。《后汉书·刘圣公传》记录其事迹,《列女传》所记略同。"明德马后",东汉光武刘秀之妻,汉伏波将军马援小女。事见《后汉书·明德马皇后传》。"梁夫人嫕(yì)",梁竦之女,樊调之妻,东汉和帝之姨,其妹恭皇后生和帝后,窦太后欲专恣,诬陷梁氏,及窦太后死,嫕从民间上书讼冤。"羼(chàn)",同"搀",搀杂。

【译文】

有人问:"《山海经》是夏禹、伯益记述的,而书中有长沙、零陵、桂阳、诸暨,像这样秦汉时所立的郡县之名不少,这是为什么呢?"我回答说:"史书中缺佚可疑之处,由来已久了;再加上秦人灭绝学术,董卓焚烧书籍,典籍中出现的混乱错误,远不止这些。譬如像《本草》为神农所作,里面就有豫章、朱崖、赵国、常山、奉高、真定、临淄、冯翊等汉时才有的郡县之名。《尔雅》为周公所作,书中却有'张仲孝友'的话;《春秋》为孔子所修订,而《春秋左传》经文却有'孔丘卒'的话;《世本》为左丘明所著,书中却记了燕王喜和汉高祖;《汲冢琐语》出于战国时期,书中却著录了《秦望碑》;《苍颉篇》为李斯所撰,却有'汉家兼并天下,威震海内,陈豨被黥,韩信被灭,叛逆受到讨伐,残贼被消灭'之类的事;《列仙传》为刘向所作,而其中的《赞》却提到修道成仙的人中,有七十四人载入佛经;《列女传》也是刘向所作,他的儿子刘歆撰《列女传颂》,止于战国的赵悼后,可传文中述及更始帝的韩夫人,汉光武的明德马皇后以及汉和帝之姨梁夫人嫕。这些内容都是后人掺杂进去的,不是原文。"

17.37 或问曰:"《东宫旧事》何以呼'鸱尾'为'祠尾'?"答曰:"张敞者,吴人,不甚稽古,随宜记注,逐乡俗讹谬,造作书字耳。吴人呼'祠祀'为'鸱祀',故以'祠'代'鸱'字;呼'绀'为'禁',故以'系'傍作'禁'代'绀'字;呼'盏'为竹简反,故以'木'傍作'展'代'盏'字;呼'镬'字为'霍'字,故以'金'傍作'霍'代'镬'字;又'金'傍作'患'为'镮'字,'木'傍作'鬼'为'魁'字,'火'傍作'庶'为'炙'字,'既'下作'毛'为'髻'字;'金'花则'金'傍作'华',窗扇则'木'傍作'扇',诸如此类,专辄不少。"

【注释】

(1)《东宫旧事》,书名。十卷。《隋书·经籍志》著录,但未题撰人;两《唐志》及《说郛》均署为晋张敞撰。"鸱尾",即鸱吻。古代建筑物上的一种装饰,多置于屋脊正脊的两端。

(2)张敞,晋吴郡吴(今江苏苏州)人。官至侍中尚书、吴国内史。见《宋书·张茂度传》。"专辄",专擅,专断妄为。为当时习用语,本书多次出现。

【译文】

有人问道:"《东宫旧事》中为什么称'鸱尾'为'祠尾'?"我回答说:"因为本书作者张敞是吴人,不太考稽古籍旧事,随意记述注解,沿袭乡俗的讹误,造出了这类字。吴人称'祠祀'为'鸱祀',所以他就用'祠'代替'鸱'字;称'绀'为'禁',所以他就用'系'旁加'禁'代替'绀'字;称'盏'为竹简反,所以他就用'木'旁加'展'代替'盏'字;称'镬'为'霍',所以他就用'金'旁加'霍'代替'镬'字。又用'金'旁加'患'代替'镮'字;用'木'旁加'鬼'代替'魁'字;用'火'旁加'庶'代替'炙'字;'既'下加'毛'代替'髻'字;金花就用'金'旁加'华'来表示,窗扇用'木'旁加

'扇'来表示。诸如此类的字,他任意造出了不少。"

17.38 又问:"《东宫旧事》'六色罽緅',是何等物?当作何音?"答曰:"案:《说文》云:'莙,牛藻也,读若威。'《音隐》:'坞瑰反。'即陆机所谓'聚藻,叶如蓬'者也。又郭璞注《三苍》亦云:'蕰,藻之类也,细叶蓬茸生。'然今水中有此物,一节长数寸,细茸如丝,圆绕可爱,长者二三十节,犹呼为'莙'。又寸断五色丝,横著线股间绳之,以象莙草,用以饰物,即名为'莙';于时当绀六色罽,作此莙以饰绳带,张敞因造'糸'旁'畏'耳,宜作'碨'。"

【注释】

(1) 又问:"《东宫旧事》'六色罽緅',是何等物?当作何音?":"六色",非实指,乃表示色彩丰富。"罽(jì)",毡类毛织品。"何等",汉魏六朝人习用语,犹今言"什么"。

(2) 答曰:"案:《说文》云:'莙,牛藻也,读若威。'":"莙(jūn)",水藻名。王利器《集解》曰:"君、威二字,古声近通用,如君姑亦作威姑,即其例证,故许慎读莙若威。"

(3) 《音隐》:"坞瑰反。":《音隐》,即《说文音隐》,四卷。《隋书·经籍志》著录,后佚。今有毕沅辑本。

(4) 即陆机所谓"聚藻,叶如蓬"者也:"陆机",当为"陆玑"。陈直曰:"吴陆玑《毛诗草木疏》,《经典释文》作陆玑字元恪,吴太子中庶子,乌程令,是正确的。其他各本作陆机者,均为误字。"王利器《集解》曰:"诸书多有作陆机者,无妨二人同名。"

(5) 又郭璞注《三苍》亦云:"蕰,藻之类也,细叶蓬茸生。":"细叶蓬茸生",《太平御览》引此文作"细叶蓬茸然生",当是。

(6) 然今水中有此物,一节长数寸,细茸如丝,圆绕可爱,长者二三十节,犹呼为"莙"。又寸断五色丝,横著线股间绳之,以象莙草,用以饰物,即名为"莙";于时当绀六色罽,作此莙以饰绳带,张敞因造"糸"旁"畏"耳,宜作"碨":"绀(gàn)",天青色,一种深青带红的颜色。此处作"绀",不可解。《太平御览》所引"绀"作"缬(xié)",扎缚之意,王利器《集解》认为"未可据"。庄辉明、章义和《译注》认为可从。"绳带",编织的带子。"宜作碨",《续家训》"作"字作"音",当是。

【译文】

又问道:"《东宫旧事》中'六色罽緵',是什么东西呢?应该读什么音?"我回答说:"案《说文解字》说:'䓷,就是牛藻,读音如"威"。'《说文音隐》注音为'坞瑰反'。这就是陆机所说的'聚藻,叶像蓬草'那种植物。另外,郭璞注解《三苍》说:'蕴,藻类植物,细叶如蓬草般毛茸茸的生长着。'现今水中生有这种植物,一节有几寸长,柔细如丝,圆圆弯弯,非常可爱,长的蕴草有二三十节,人们仍然称它为'䓷'。另外,将五色丝线剪成一寸,横放于几股线中间,用丝线系住,做成类似䓷草的样子,用来装饰物品,就叫它做'䓷'。那时当是用六色罽捆扎,做成这种䓷用来装饰绳带,张敞于是就造出了这'糸'旁加'畏'的字,音应读作'隈'。"

17.39 柏人城东北有一孤山,古书无载者。唯阚骃《十三州志》以为舜纳于大麓,即谓此山,其上今犹有尧祠焉;世俗或呼为"宣务山",或呼为"虚无山",莫知所出。赵郡士族有李穆叔、季节兄弟、李普济,亦为学问,并不能定乡邑此山。余尝为赵州佐,共太原王邵读柏人城西门内碑。碑是汉桓帝时柏人县民为县令徐整所立,铭曰:"山有巏嵍,王乔所仙。"方知此"巏嵍"山也。"巏"字遂无所出。"嵍"字依诸字书,即"旄丘"之"旄"也;"旄"字,《字林》一音亡付反,今依附俗名,当音"权务"耳。入邺,为魏收说之,收大嘉叹。值其为《赵州庄严寺碑铭》,因云"权务之精",即用此也。

【注释】

(1) **柏人城东北有一孤山,古书无载者:**"柏人",县名,已见前(8.24)注。
(2) **唯阚骃《十三州志》以为舜纳于大麓,即谓此山,其上今犹有尧祠焉:**"阚(kàn)骃",北魏敦煌(今属甘肃)人,字玄阴。传见《魏书》。所著《十三州志》十卷,《隋书·经籍志》著录,后佚,今有张澍辑本。"大麓",历来有多说。一说犹总领,谓领录天子之事。《书·舜典》孔传:"麓者,录也。纳舜使大录万机之政,阴阳和,风雨时,各以其节,不有迷错愆伏。"一说为大山林。《淮南子·泰族训》高诱注:"林属山曰麓。尧使舜入林麓之中,遭大风雨不迷也。"颜氏之意当为后者。"谓",为,"谓""为"古通。
(3) **世俗或呼为"宣务山",或呼为"虚无山",莫知所出:**王利器《集解》注引《路史·发挥》云:"今柏人城之东北有孤山者,世谓麓山,所谓巏嶅山也。记者以为尧之纳舜在是。《十三州志》云：'上有尧祠。俗呼宣务山，谓舜昔宣务焉。或曰虚无，讹也。'"

（4）**赵郡士族有李穆叔、季节兄弟、李普济，亦为学问，并不能定乡邑此山**：李穆叔，即李公绪，字穆叔，北齐时赵郡平棘（今河北赵县）人，博通经传，撰述甚多，有《典言》《礼质疑》《丧服章句》《古今略记》《赵记》《赵语》等，传见《北史》。"季节"，即李概，字季节，公绪之弟，撰有《战国春秋》《音谱》等。"李普济"，北齐时赵郡平棘人。官济北太守。传附《北史·李雄传》。"亦为学问"，也是有学问的人。

（5）**余尝为赵州佐，共太原王邵读柏人城西门内碑**："赵州"，北齐时州名，治所在广阿（今河北隆尧东）。

（6）**碑是汉桓帝时柏人县民为县令徐整所立，铭曰："山有巏嵍，王乔所仙。"**："巏嵍（quán wù）"，山名。"王乔"，即王子乔，传说中的仙人。"所仙"，成仙之所，"仙"作动词用。

（7）**方知此"巏嵍"山也。"巏"字遂无所出**："遂无所出"，竟没有出处，也就是找不到出处。

（8）**"嵍"字依诸字书，即"旄丘"之"旄"也；"旄"字，《字林》一音亡付反，今依附俗名，当音"权务"耳。入邺，为魏收说之，收大嘉叹**："魏收"，北齐史学家。已见前（8.11）注。

（9）**值其为《赵州庄严寺碑铭》，因云"权务之精"，即用此也**："值"，当，逢，碰上。"为"，作，撰。"因"，因而，就。

【译文】

柏人城的东北有一座孤山，古书中没有记载。只有阚骃的《十三州志》提到尧派舜进入大麓，说的就是这座山，它的上面至今还有祭祀尧的祠庙；世人有的称它为宣务山，有的称它为虚无山，没有人知道这两种山名的出处。赵郡的士族中李穆叔、李季节兄弟俩和李善济，也算是很有学问的人，都不能判定家乡这座山的名称。我曾在赵州为州佐，与太原人王邵一起读过柏人城西门内的石碑之文。这块石碑是汉桓帝时柏人县的百姓为县令徐整所立，碑文说："山有巏嵍，王乔所仙。"我才知道这座山就叫巏嵍山。"巏"字竟找不到出处。"嵍"字依据各种字书，就是旄丘的"旄"字。旄字，《字林》注有一种读音是亡付反，现在依照通俗的称呼，"巏嵍"应当读作"权务"。我到邺都后，向魏收说起这件事，魏收对此大为嘉许。正逢他撰《赵州庄严寺碑铭》，于是写了"权务之精"这句话，就是引用了我说的这个典故。

17.40 或问："一夜何故五更？更何所训？"答曰："汉、魏以来，谓为甲夜、乙夜、丙夜、丁夜、戊夜，又云'鼓'，一鼓、二鼓、三鼓、四鼓、五鼓，亦云一更、二更、三更、四更、五更，皆以'五'为节。《西都赋》亦云：'卫以严更之署。'所以尔者，假令正月建寅，斗柄夕则指寅，晓则指午矣；自寅至午，凡历五辰。冬夏之月，虽复长短参差，然辰间辽阔，盈不过六，缩不至四，进退常在五者之间。更，历也，经也，故曰五更尔。"

【注释】

（1）或问："一夜何故五更？更何所训？"："何所训"，什么意义，怎么解释。"训"，训诂，解释。

（2）答曰："汉、魏以来，谓为甲夜、乙夜、丙夜、丁夜、戊夜，又云'鼓'，一鼓、二鼓、三鼓、四鼓、五鼓，亦云一更、二更、三更、四更、五更，皆以'五'为节。"："又云'鼓'"，卢文弨、王利器皆认为此'鼓'字衍，"译文"从之。

（3）《西都赋》亦云："卫以严更之署。"：《西都赋》，班固撰。"严更之署"，督行夜鼓的郎署。

（4）所以尔者，假令正月建寅，斗柄夕则指寅，晓则指午矣；自寅至午，凡历五辰："建寅"，古代以北斗星斗柄的运转计算月份，斗柄指向十二辰中的寅即为夏历正月。后因以指夏历正月。"斗柄"，也称斗杓。指北斗七星中的玉衡、开阳、摇光三星。另四星如斗，而此三星似柄。"五辰"，古人以十二地支表示一昼夜的十二个时辰，自寅时至午时，共有五个时辰，也就是现在的十个钟头。

（5）冬夏之月，虽复长短参差，然辰间辽阔，盈不过六，缩不至四，进退常在五者之间。更，历也，经也，故曰五更尔："虽复"，虽，"复"字无义。"盈""缩"，这里指长短。

【译文】

有人问道："为什么一夜有五更？'更'作何解释？"我回答说："汉魏以来，一夜分为甲夜、乙夜、丙夜、丁夜、戊夜，又叫一鼓、二鼓、三鼓、四鼓、五鼓，又称一更、二更、三更、四更、五更，都是将一夜分为五段。《西都赋》说：'卫以严更之署。'之所以这么分，是假定以寅月为正月，这时北斗星的斗柄在傍晚时就指向寅位，到天亮时就指向午位了。从寅位到午位，一共经历了五个星区。冬天和夏天的月份，白天和夜晚虽然长短不同，但对于斗柄指向的星区宽度来说，多的不超过六个时辰，少的不少于四个时辰，进退常是在五个时辰之间。更，就是经历、经过的意思，所以说一夜分为五更。"

17.41 《尔雅》云："术，山蓟也。"郭璞注云："今术似蓟而生山中。"案：术叶其体似蓟，近世文士，遂读蓟为"筋肉"之"筋"，以耦"地骨"用之，恐失其义。

【注释】

（1）《尔雅》云："术，山蓟也。"郭璞注云："今术似蓟而生山中。"：见《尔雅·释草》。术（zhú），草名，即白术，已见前（15.2）注。蓟（jì），草名。

（2）案：术叶其体似蓟，近世文士，遂读蓟为"筋肉"之"筋"，以耦"地骨"用之，恐失其义：陈直曰："自汉以来，隶书从鱼与从角之字，往往不分……本文筋字，南北朝时俗写作䈏，与蓟字极为相似，故易致误。""耦"，通"偶"。"地骨"，枸杞。

【译文】

《尔雅》说："术，山蓟也。"郭璞注解说："术似蓟而生于山中。"案：术叶的形状类似蓟，近代的文士，竟有将蓟读成"筋肉"的"筋"音，以"山蓟"与"地骨"为对偶用在文中。这恐怕不符合《尔雅》本义。

17.42 或问："俗名'傀儡子'为'郭秃'，有故实乎？"答曰："《风俗通》云：'诸郭皆讳秃。'当是前代人有姓郭而病秃者，滑稽戏调，故后人为其象，呼为'郭秃'，犹《文康》象庾亮耳。"

【注释】

（1）或问："俗名'傀儡子'为'郭秃'，有故实乎？"："傀儡子"，即今之木偶戏。"郭秃"，又作郭公。《乐府诗集》八七《邯郸郭公歌》解题引《乐府广题》曰："北齐后主高纬，雅好傀儡，谓之郭公。"

（2）答曰："《风俗通》云：'诸郭皆讳秃。'当是前代人有姓郭而病秃者，滑稽戏调，故后人为其象，呼为'郭秃'，犹《文康》象庾亮耳。"："诸郭皆讳秃"，《玉烛宝典》五引《风俗通》云："俗说：五月盖屋，令人头秃。

谨案：……除黍稷，三豆当下，农功最务，间不容息，何得晏然除覆盖室寓乎？今天下诸郭皆讳秃，岂复家家五月盖屋耶？""戏调"，调笑。《文康》，古戏名，又作《礼毕》，文康为东晋太尉庾亮谥号。《通典·乐六》：《礼毕》者，本自晋太尉庾亮家。亮卒，其伎追思亮，因假为其面，执翳以舞，象其容，取其谥以号之，谓《文康乐》。每奏九部乐，终则陈之，故以《礼毕》为名。"

【译文】

有人问道："俗称木偶戏为郭秃，有什么典故吗？"我回答说："《风俗通》说：'姓郭的人都避讳秃字。'当是前代有姓郭的人患了头秃，他举止滑稽，爱开玩笑，所以后人就以他的形象制作傀儡，并称作郭秃，这就像《文康》中有庾亮的形象一样。"

17.43 或问曰："何故名'治狱参军'为'长流'乎？"答曰："《帝王世纪》云：'帝少昊崩，其神降于长流之山，于祀主秋。'案：《周礼·秋官》，司寇主刑罚、长流之职，汉、魏捕贼掾耳。晋、宋以来，始为参军，上属司寇，故取秋帝所居为嘉名焉。"

【注释】

（1）**或问曰："何故名'治狱参军'为'长流'乎？"**："或"，有人。"长流"，即长流参军，王公府、军府佐吏名，东晋公府始置为属官。南朝宋初公府称长流贼曹参军，与刑狱贼曹、城局贼曹参军并置。后世王公府、军府、州府多置长流参军，掌治狱捕盗之事，为府佐诸曹参军之一。据《北史·序传》和《隋书·百官志》，东魏、北齐也设有长流参军。

（2）**答曰："《帝王世纪》云：'帝少昊崩，其神降于长流之山，于祀主秋。'"**："帝少昊崩，其神降于长流之山"，此事本于《山海经·西山经》。少昊，亦作少皞。传说中古代东夷族首领。一说号金天氏。"于祀主秋"，掌管秋祭，即秋祭之神主。《吕氏春秋·孟秋》："孟秋之月，日在翼，昏斗中，旦毕中，其日庚辛，其帝少昊。"高诱注曰："庚辛，金日也。……（少昊）以金德王天下，号为金天氏，死配金，为西方金德之帝。"古人又以五行中之金与秋相配，故说"于祀主秋"。

（3）**案：《周礼·秋官》，司寇主刑罚、长流之职，汉、魏捕贼掾耳。晋、宋以来，始为参军，上属司寇，故取秋帝所居为嘉名焉**："司寇"，职官名。西周始置，春秋、战国时沿袭。掌管刑狱、纠察等事。"捕贼掾"，即贼捕掾，郡县佐吏。汉置，主捕贼事。晋时诸县沿置。"秋帝"，指少昊。

【译文】

有人问道："为什么称治狱参军为长流呢？"我回答说："《帝王世纪》说：'少昊帝驾崩，神灵降临于长流山，掌管秋天的祭祀。'案：《周礼·秋官》说：司寇主管刑罚。长流的职责，在汉魏时就是捕贼掾，晋、宋以来，长流才被称作参军，上属司寇管辖，所以取秋帝少昊所降临的长流山作为治狱参军的美名。"

17.44 客有难主人曰："今之经典，子皆谓非，《说文》所言，子皆云是，然则许慎胜孔子乎？"主人拊掌大笑，应之曰："今之经典，皆孔子手迹耶？"客曰："今之《说文》，皆许慎手迹乎？"答曰："许慎检以六文，贯以部分，使不得误，误则觉之。孔子存其义而不论其文也。先儒尚得改文从意，何况书写流传耶？必如《左传》'止戈'为'武'，'反正'为'乏'，'皿虫'为'蛊'，'亥'有'二首六身'之类，后人自不得辄改也，安敢以《说文》校其是非哉？且余亦不专以说文为是也，其有援引经传，与今乖者，未之敢从。又相如《封禅书》曰：'导一茎六穗于庖，牺双觡共抵之兽。'此'导'训'择'，光武诏云：'非徒有豫养导择之劳'是也。而《说文》云：'藻是禾名。'引《封禅书》为证；无妨自当有禾名藻，非相如所用也。'禾一茎六穗于庖'，岂成文乎？纵使相如天才鄙拙，强为此语；则下句当云'麟双觡共抵之兽'，不得云'牺'也。吾尝笑许纯儒，不达文章之体，如此之流，不足凭信。大抵服其为书，隐括有条例，剖析穷根源，郑玄注书，往往引以为证；若不信其说，则冥冥不知一点一画，有何意焉？"

【注释】

（1）**客有难主人曰："今之经典，子皆谓非，《说文》所言，子皆云是，然则许慎胜孔子乎？"**："主人"，作者自称。

（2）**主人拊掌大笑，应之曰："今之经典，皆孔子手迹耶？"**："拊掌"，拍手。

（3）**客曰："今之《说文》，皆许慎手迹乎？"**：许慎，东汉学者，著《说文解字》，已见前（8.20）注。

（4）**答曰："许慎检以六文，贯以部分，使不得误，误则觉之。孔子存其义而不论其文也。先儒尚得改文从意，何况书写流传耶？"**："六文"，六书，即象形、指事、会意、形声、转注、假借。"部分",指许慎在《说文》中首创的部首编排法。《说文·序》曰:"分别部居,不相杂厕,凡十四篇,五百四十部,九千三百五十三文,重一千一百六十三,解说凡十三万三千四百四十一字。"

(5)"必如《左传》'止戈'为'武','反正'为'乏','皿虫'为'蛊','亥'有'二首六身'之类,后人自不得辄改也,安敢以《说文》校其是非哉?":"必如",比如,如果。"止戈为武",《左传·宣公十二年》记楚庄王曰:"夫文,止戈为武。"意思是说,从武字的构成来说,就是止戈为武,也就是停止使用武器,才是真正的武。"反正为乏",《左传·宣公十五年》记伯宗曰:"天反时为灾,地反物为妖,民反德为乱。乱则妖灾生。故文反正为乏。"古文"乏"形似"正"字的反写,故有此言。"皿虫为蛊",见《左传·昭公元年》。"亥有二首六身",见《左传·襄公三十年》。意思是说"亥"字的构成是二字头六字身。此为春秋时晋国当时的字体。

(6)"且余亦不专以说文为是也,其有援引经传,与今乖者,未之敢从。又相如《封禅书》曰:'导一茎六穗于庖,牺双觡共抵之兽。'此'导'训'择',光武诏云:'非徒有豫养导择之劳'是也。":"导一茎六穗于庖,牺双觡共抵之兽",意思是:选择一茎六穗的佳禾送于厨房作供品,用双角共抵的白麟作为宗庙祭祀时的牺牲。"導",是"导"的繁体字,最早的写法是"䆃","䆃"的本义是禾,选择是它的引申义。卢文弨曰:"作'導'者,《汉书》也,《文选》从之,《史记》则作'䆃'字。""一茎六穗",嘉禾。《汉书·司马相如传》郑氏注:"一茎六穗,谓嘉禾之米,于庖厨以供祭祀。""牺",牺牲,牺牲的本义是贡品,这里用作动词,是用来当贡品的意思。"觡(gé)",角。"抵",指角的底部。服虔注:"抵,本也。武帝获白麟,两角共一本,因以为牲也。""非徒有豫养导择之劳",见《后汉书·光武纪》。

(7)"而《说文》云:'䆃是禾名。'引《封禅书》为证;无妨自当有禾名䆃,非相如所用也。'禾一茎六穗于庖',岂成文乎?纵使相如天才鄙拙,强为此语;则下句当云'麟双觡共抵之兽',不得云'牺'也。":"䆃是禾名",见《说文解字·禾部》,这里引申为选择的意思。

(8)吾尝笑许纯儒,不达文章之体,如此之流,不足凭信:"纯儒",纯粹的儒士。这里是讥诮许慎只专于文字训诂而不通其他。"如此之流,不足凭信",颜氏此语多为后人非议。卢文弨曰:"䆃是禾名,亦有择义。凡一字而兼数义者,《说文》多不详备；若如颜氏之说，则其书之窒碍难通者多矣，岂独此乎？"

（9）**大抵服其为书，隐括有条例，剖析穷根源，郑玄注书，往往引以为证；若不信其说，则冥冥不知一点一画，有何意焉**："隐括"，亦作"隐栝"，用以矫正邪曲的器具，引申为规范，审正。

【译文】

  有位客人诘难我说："现今的经典，你都认为有错误，《说文解字》所说的，你都说是正确的，照你这样说，许慎胜过孔子了吗？"我拍掌大笑，回答他说："现今的经典，都是孔子的手迹吗？"客人道："现今的《说文解字》，都是许慎的手迹吗？"我回答说："许慎以六书来检析字义，按部首贯串全书，使文字的形音义不出现错误，即使错了，也能发现错在何处。孔子只保存文句的大义而不究论文字本身。以前的学者就有可能改动文字来顺从文意，何况经过书写流传也可能产生错误呢？如果像《左传》中所说的'止戈'为'武'，'反正'为'乏'，'皿虫'为'蛊'，'亥'是由二和六构成之类的情况，我们后人自然不得随意改动，岂敢以后出的《说文解字》去考订它们的是非呢？而且，我也不专以《说文解字》为是，其书中有些援引经传的原文，若与现今通行的文字不相符合的，我也不敢盲从。又比如司马相如的《封禅书》说：'导一茎六穗于庖，牺双觡共抵之兽。'这个'导'字应作'选择'解释，光武帝的诏书说：'非徒有豫养导择之劳。'其中的'导'也是选择之意。而《说文解字》说：'藁是禾名。'并且引用了《封禅书》作为例证；不妨说有一种禾叫藁，但不是司马相如《封禅书》所使用的那个意思。否则'禾一茎六穗于庖'，难道能成文句吗？就算司马相如天生笨拙，生硬地写出这句话，那么下句就当说'麟双觡共抵之兽'，而不应该说'牺'了。我曾经笑话许慎是个纯粹的儒生，不了解文章的体裁，像这一类的引证，就不足以令人信服。可总的说来我信服许慎所作的这部书，审订文字有条例可依，剖析字义穷尽根源，郑玄注解经书，常常援引作为证据；如果不相信许慎的解说，就会糊里糊涂地不知道文字的一点一划有什么意义了。"

  17.45 世间小学者，不通古今，必依小篆，是正书记；凡《尔雅》《三苍》《说文》，岂能悉得苍颉本指哉？亦是随代损益，互有同异。西晋已往字书，何可全非？但令体例成就，不为专辄耳。考校是非，特须消息。至如"仲尼居"，三字之中，两字非体。《三苍》"尼"旁益"丘"，《说文》"尸"下施"几"。如此之类，何由可从？古无二字，又多假借，以"中"为"仲",以"说"为"悦",以"召"为"邵",以"閒"为"閑"。如此之徒,亦不劳改。自有讹谬,过成鄙俗,"乱"旁为"舌","揖"下无"耳","鼋""鼍"从"龜","奮""奪"从"雚","席"中加"带","恶"上安"西","鼓"外设"皮","鑿"头生"毁","離"则配"禹","壑"乃施"豁","巫"混"經"旁,"皋"分"澤"片,"獵"化为"獦","寵"变成"竉","業"左益"片","靈"底著"器","率"字自有"律"音,强改为别;"单"字自有"善"音,辄析成异:如此之类,不可不治。吾昔初看《说文》,蚩薄世字,从正则惧人不识,随俗则意嫌其非,略是不得下笔也。所见渐广,更知通变,救前之执,将欲半焉。若文章著述,犹择微相影响者行之,官曹文书,世间尺牍,幸不违俗也。

【注释】

（1）世间小学者,不通古今,必依小篆,是正书记;凡《尔雅》《三苍》《说文》,岂能悉得苍颉本指哉:"是正",校正。"书记",书籍。"苍颉",即仓颉,传说为黄帝的史官,汉字的创造者。今人认为仓颉可能只是古代整理文字的一个代表人物。

（2）亦是随代损益,互有同异:"损益",减与增,现在一般说增减。

（3）西晋已往字书,何可全非?但令体例成就,不为专辄耳:"成就",完成、完备、可以自洽。"专辄",擅自、武断。

（4）考校是非,特须消息:"消息","消"的意思是减少,"息"的意思是增加,根据情况加加减减,所以有斟酌的意思,不是今语的"消息"。

（5）至如"仲尼居",三字之中,两字非体。《三苍》"尼"旁益"丘",《说文》"尸"下施"几":"尼旁益丘",即"𡰥（ní）"。郝懿行曰:"《说文》亦有𡰥字,不独《三苍》。"段玉裁曰:"𡰥是正字,尼是假借字。""尸下施几",即"凥（jū）",古"居"字。段玉裁曰:"凡今人居处字,古只作凥处。……今字用蹲居字为凥处字而凥字废矣,又别制踞字为蹲居字而居之本义废矣。"按"居"的本义是蹲。

（6）如此之类,何由可从?古无二字,又多假借,以"中"为"仲",以"说"为"悦",以"召"为"邵",以"閒"为"閑"。如此之徒,亦不劳改:"假借",六书之一。已见前（17.11）注。

（7）自有讹谬,过成鄙俗,"乱"旁为"舌":"自",苟,如,如果。"乱旁为舌",即"乱"。《广韵·换韵》:"乱,俗作乱。"王利器《集解》引刘盼遂曰:"以下十四句,黄门所举诸俗字,具见于邢澍《金石文字辨异》、杨绍廉《金石文字辨异续编》、赵之谦《六朝别字记》、杨守敬《楷法溯源》、罗振玉《六朝碑别字》诸书。"

(8)"揖"下无"耳":"揖下无耳",即"捐"字。王利器《集解》引徐鲲曰:"后魏《吊殷比干墓文》'揖'作'捐',所谓'下无耳'者也。顾炎武《金石文字记》所载诸碑别体字,如'缉'作'绢','茸'作'菁'之类甚多,不独'揖'字为然。"

(9)"鼋""鼍"从"龜","奮""奪"从"雚":"鼋(yuán)","鼍(tuó)","龟",即"龟"。

(10)"席"中加"带":即"帶(dài)"字。

(11)"惡"上安"西":即把"惡"字的上部写成"西"。

(12)"鼓"外设"皮":即把"鼓"字的右边写成"皮"。

(13)"鑿"头生"毁":即把"鑿"字的上部写成"毁"。

(14)"離"则配"禹":即把"離"字的左边写成"禹"。

(15)"壑"乃施"豁":即把"壑"字的上部写成"豁"。

(16)"巫"混"經"旁:即把"經"字的右边写成"巫"。

(17)"皋"分"澤"片:即把"皋"字写成"睪"字。按"皋""睪"古同。

(18)《獵》化为"獦":"獦(gě)",兽名。

(19)"寵"变成"寵":"寵(lǒng)",洞穴。

(20)"業"左益"片":即"業"字的左边加"片",即"牒"。

(21)"靈"底著"器":即把"雨"以下的部分写成"器"。

(22)"率"字自有"律"音,强改为别;"单"字自有"善"音,辄析成异:如此之类,不可不治:"'单'字自有'善'音,辄析成异",王利器《集解》引郝懿行曰:"案:《篇海》:'单,时战切,音善,姓也。'《广韵》:'单,单襄公之后。'""治",治理、改正。

(23)吾昔初看《说文》,蚩薄世字,从正则惧人不识,随俗则意嫌其非,略是不得下笔也:"蚩",通"嗤"。"略是",大略,几乎。

(24)所见渐广,更知通变,救前之执,将欲半焉:"执",固执,偏执。"将欲",副词,有殆、近、差不多的含义。"半",作动词用,指"从正"和"随俗"各占一半。

(25)若文章著述,犹择微相影响者行之,官曹文书,世间尺牍,幸不违俗也:"影响",近似。影,影子,近似原形,响,回声,近似原声,所以影响有近似的意思。

【译文】

　　世上研究文字学的人，不明白古今字体的变易，一定要依据小篆，来校订书籍。凡《尔雅》《三苍》《说文解字》中的字，怎么能完全地把握苍颉造字的本旨呢？也是随着时代的变迁而增删笔画，相互之间有异有同。西晋以前的字书，怎么能一概否定呢？只要体例完备自洽，不是随意妄为的就行了。考校文字的是非，特别需要斟酌。例如"仲尼居"，这三个字之中，"尼""居"二字都不是正体字，《三苍》在"尼"旁加上了"丘"字，《说文解字》在"尸"下面加上"几"字：像这类的字，怎么可以遵从呢？古代没有一个字两种形体，又有许多假借之字，如以中字假借作仲，说假借作悦，召假借作邵，閒假借作闲，像这一类的字，也就不必劳神去改正。如有一些错字，过于鄙俗，如"乱"字偏旁变成"舌"，"揖"字下面没有"耳"，"鼋""鼍"下部从龟，"奋""奪"从"萑"的俗体，"席"字中间写成"带"，"恶"字上首写成"西"，"鼓"字的右边写成"皮"，"鼗"字上首写成"毁"，"离"字左边写成"禹"，"壑"字上面写成"豁"，"经"字的右边写成"巫"，"澤"字的右边写成"臬"，"獵"字写成了"獦"，"寵"字变成了"竉"，"業"字左边加上了"片"，"靈"字的下部写成"器"，"率"字本来就有"律"这个音，却强行改作他字，"单"字本来就有"善"的读音，却随意地分成为两个字。像这样的情况，就不能不加以改正。我以前初读《说文解字》的时候，鄙薄世上流行的俗字，依从正体字则担心别人不认识，顺从流俗，心里又觉得这样不对，弄得简直无法下笔写文章了。随着见识的日渐扩大，懂得了通变的道理，改正了过去的偏执，现在我差不多一半从正体，一半随流俗。如果是写文章著书立说，仍然要选择与《说文》近似的正字来使用。如果是官府的文书，或是一般的信函，最好不要违背世上通行的俗字。

　　17.46　案：弥亘字从二间舟，《诗》云："亘之秬秠"是也。今之隶书，转"舟"为"日"；而何法盛《中兴书》乃以"舟"在"二"间为舟"航"字，谬也。《春秋说》以"人十四心"为"德"，《诗说》以"二在天下"为"酉"，《汉书》以"货泉"为"白水真人"，《新论》以"金昆"为"银"，《国志》以"天上有口"为"吴"，《晋书》以"黄头小人"为"恭"，《宋书》以"召刀"为"邵"，《参同契》以"人负告"为"造"：如此之例，盖数术谬语，假借依附，杂以戏笑耳。如犹转"贡"字为"项"，以"叱"为"七"，安可用此定文字音读乎？潘、陆诸子《离合诗》《赋》《栻卜》《破字经》及鲍昭《谜字》，皆取会流俗，不足以形声论之也。

【注释】

(1) 案：弥亘字从二间舟，《诗》云："亘之秬秠"是也：亘（gèn）假借为"亘"字。"弥亘"，绵延。亘，篆文好似"舟"字在"二"字之间。"亘之秬（jù）秠（pī）"，见《诗经·大雅·生民》。"秬"，黑黍。"秠"，黑米。

(2) 今之隶书，转"舟"为"日"；而何法盛《中兴书》乃以"舟"在"二"间为舟"航"字，谬也："舟航字"，即航字，舟是用来形容航的。

(3) 《春秋说》以"人十四心"为"德"：《春秋说》，纬书。今已不传。

(4) 《诗说》以"二在天下"为"酉"：《诗说》，纬书。今已不传。"二在天下为酉"：小篆"天"下加"二"则略似"酉"字之形。

(5) 《汉书》以"货泉"为"白水真人"：《后汉书·光武帝纪论》："及王莽篡位，忌恶刘氏，以钱文有金刀，故改为货泉；或以货泉字文为'白水真人'。"按货字篆文颇似含"真""人"二字；泉含白、水二字，故有此说。

(6) 《新论》以"金昆"为"银"："《新论》"，汉桓谭撰。已佚。卢文弨曰："桓谭《新论》今不传。锟乃锟铻字，本亦作昆吾，非银也。"龚向农曰："《御览》八百十二引桓谭《新论》：'铅（qiān，同"铅"）则金之公，而银者金之昆弟也。'"

(7) 《国志》以"天上有口"为"吴"："《国志》"，即《三国志》，《三国志·吴书·薛综传》："无口为天，有口为吴。"按《说文》以吴字下从矢，故天上有口为吴，大误。

(8) 《晋书》以"黄头小人"为"恭"：《宋书·五行志》："王恭在京口，民间忽云：'黄头小人欲作贼，阿公在城下指缚得。'又云：'黄头小人欲作乱，赖得金刀作蓄捍。'黄字上，恭字头也；小人，恭字下也。寻如谣者言焉。"卢文弨曰：恭字上从共，下从心，以恭为黄头小人，非字义。

(9) 《宋书》以"召刀"为"邵"：《南史·元凶劭传》："（刘劭生，文帝）初命之为邵，在文为召刀，后恶焉，改刀为力。"卢文弨曰："当时以卩为刀，故颜氏以为谬尔。"

(10) 《参同契》以"人负告"为"造"：《周易参同契》下篇有魏伯阳自叙，寓其姓名，其中"吉人乘负"句隐"造"字。陈直曰："造字从辵告声，《参同契》原文作'吉人乘负，安稳长生'。在魏伯阳字谜为'人负吉'，本文则作'人负告'。盖吉告二字，在东汉隶书，即往往混同。"

（11）如此之例，盖数术谬语，假借依附，杂以戏笑耳："数术"，即术数。

（12）如犹转"贡"字为"项"，以叱为七，安可用此定文字音读乎："如犹"，一说为"犹如"倒文。"以叱为七"，王利器《集解》引徐鲲曰："《御览》卷九百六十五《东方朔别传》曰：'武帝时，上林献枣，上以所持杖击未央前殿槛，呼朔曰："叱叱，先生来来，先生知此箧中何等物？"朔曰："上林献枣四十九枚。"上曰："何以知之？"朔曰："呼朔者，上也；以杖击槛两木，两木者，林也；来来者，枣也；叱叱，四十九枚。"上大笑，赐帛十匹。'"又引郝懿行曰："以叱为七，疑用东方朔对汉武帝语也。"

（13）潘、陆诸子《离合诗》《赋》《栻卜》《破字经》及鲍昭《谜字》，皆取会流俗，不足以形声论之也："潘、陆"，指潘岳、陆机。《离合诗》，杂体诗名。有数种。常见者是在诗句中拆开字形，再和另一字的一半组成他字，先离后合，故名"离合诗"。据说始传于汉末孔融。一般则目为文字游戏。如潘岳的《离合诗》云："佃渔始化，人民穴处。意守醇朴，音应律吕。桑梓被源，卉木在野。锡鸾未设，金石弗举。害咎蠲消，基德流普。溪谷可安，奚作栋宇。嫣然以熹，焉惧外侮？熙神委命，已求多祜。叹彼季末，口出择语。谁能默诚，言丧厥所。垄亩之谚，龙潜岩阻。竷义崇乱，少长失叙。"其中即含"思杨容姬难堪"六字。杨容姬为晋荆州刺史杨肇之女。陆机的离合诗未见。《栻卜》，占卜书。撰者不详。《隋书·经籍志》著录有《式经》一卷，一说"式"即"栻"。《破字经》，拆字书。即以拆字占吉凶。《隋书·经籍志》著录有《破字要诀》，当属同一类型之书。"鲍昭"，即鲍照。其所作《谜字》，今见《艺文类聚》。"取会"，迎合。

【译文】

案：弥亘的"亘"字，从二，中间作"舟"，《诗经》所说的"亘之秬秠"中的"亘"字就是这样。现在的隶书，将"舟"字变成"日"字；何法盛的《中兴书》却以"舟"字夹在"二"中间作为舟航的"航"字，这是错误的。《春秋说》以"人""十""四""心"为"德"字，《诗说》以"二"在"天"的下面为"酉"字，《汉书》把"货泉"说成是"白水真人"，《新论》说以"金""昆"合为"银"字，《三国志》以"天"上有"口"就是"吴"字，《晋书》以"黄"字头与"小""人"组成"恭"字，《宋书》以"召""刀"组成"邵"字，《参同契》以"人"背负着"告"就成了"造"字：诸如此类的例子，大抵是术数家的谬说，假托字形附会某种寓意，并掺杂着戏谑玩笑罢了。就好像将"贡"字转成"项"字，将"叱"字当成"七"字，怎么能以这样的方式来确定文字的读音呢？潘岳、陆机等人的《离合诗》《离合赋》《栻卜》《破字经》以及鲍照的《谜字》，都是迎合流行的习俗，不值得用字形、字音来论析它们。

17.47 河间邢芳语吾云："《贾谊传》云：'日中必熭。'注：'熭，暴也。'曾见人解云：'此是暴疾之意，正言日中不须臾，卒然便昃耳。'此释为当乎？"吾谓邢曰："此语本出太公《六韬》，案字书，古者'暴晒'字与'暴疾'字相似，唯下少异，后人专辄加傍'日'耳。言日中时，必须暴晒，不尔者，失其时也。晋灼已有详释。"芳笑服而退。

【注释】

（1）河间邢芳语吾云："《贾谊传》云：'日中必熭。'注：'熭，暴也。'曾见人解云：'此是暴疾之意，正言日中不须臾，卒然便昃耳。'此释为当乎？"："河间"，郡名，治所在乐城（今河北献县东南）。"日中必熭"，见《汉书·贾谊传》。"熭（wèi）"，曝晒。"卒然"，突然，"卒"同"猝"。"昃（zè）"，太阳偏西。

（2）吾谓邢曰："此语本出太公《六韬》"：《六韬》，兵书，已见前（17.11）注。

（3）"案字书，古者'暴晒'字与'暴疾'字相似，唯下少异，后人专辄加傍'日'耳。"："暴"，见《说文·日部》；"暴"，见《说文·本部》。楷书皆同"暴"，但读音不同，"暴"音pù，"暴"音bào，小篆字形亦不同，前者从米，后者从夲，故颜氏称字形相似，下部稍异。

（4）"言日中时，必须暴晒，不尔者，失其时也。晋灼已有详释。"："不尔者"，不这样的话。"晋灼"，晋人，曾为尚书郎。据《新唐书·艺文志》，有《汉书集注》十四卷，《汉书音义》十卷。

（5）芳笑服而退："服"，信服。

【译文】

河间人邢芳对我说："《汉书·贾谊传》说：'日中必熭'。注中说：'熭，暴也。'我曾看见有这样的解释：'这个暴是暴疾之意，是说太阳当顶，只一刹那，马上便西斜了。'这种解释恰当吗？"我对邢芳说："这句话本来出自太公的《六韬》。查考字书，古代暴晒的'暴'字与暴疾的'暴'字形相近，只是下半部稍有差别，后人便擅自加上'日'旁。这句话是说太阳正中时，必须抓紧曝晒，不这样的话，就会失掉时机。晋灼已对这一句话作了详细的解释。"邢芳含笑信服地告退了。

【评析】

　　颜之推是南北朝时期最通博的学者，尤其在音韵训诂方面，可说是当时一流的专家。《书证》一篇记录了他在这一方面的若干研究心得，到今天还有相当的学术价值。像这种专门的学问本来是不需要写在《家训》当中的，但颜之推却写了，可见他自己对此的珍视。幸运的是他的子孙也的确继承了这一门绝学，并发扬光大。颜之推的孙子颜师古（思鲁之子）是唐初著名的经学家和训诂学家，他的《汉书注》是一本了不起的著作，我们至今还在用。

　　由于《书证》一篇是专门学问，篇中各段就是作者的心得成果，有的后世成为共识，也有的遭到后世学者的质疑。这些我们就留给专家们去讨论，这里不再评说。

音辞第十八

18.1.1 夫九州之人，言语不同，生民已来，固常然矣。自《春秋》标齐言之传，《离骚》目《楚词》之经，此盖其较明之初也。后有扬雄著《方言》，其言大备。然皆考名物之同异，不显声读之是非也。逮郑玄注《六经》，高诱解《吕览》《淮南》，许慎造《说文》，刘熹制《释名》，始有譬况假借以证音字耳。而古语与今殊别，其间轻重清浊，犹未可晓；加以内言外言、急言徐言、读若之类，益使人疑。孙叔言创《尔雅音义》，是汉末人独知反语。至于魏世，此事大行。高贵乡公不解反语，以为怪异。自兹厥后，音韵锋出，各有土风，递相非笑，指马之谕，未知孰是。共以帝王都邑，参校方俗，考覈古今，为之折衷。搉而量之，独金陵与洛下耳。

【注释】

（1）**夫九州之人，言语不同，生民已来，固常然矣**："夫（fú）"，发语词。"生民"，人、人类。《孟子·公孙丑上》："自有生民以来，未有孔子也。"

（2）**自《春秋》标齐言之传，《离骚》目《楚词》之经，此盖其较明之初也**："《春秋》标齐言之传"，"齐言"，齐地的语言，如《春秋公羊传·隐公五年》："公曷为远而观鱼？登来之也。"何休注："登，读言得。得来之者，齐人语也。齐人名求得为得来，作登来者，其言大而急，由口授也。""《离骚》目《楚词》之经"，王利器《集解》："此言《离骚》多楚人之语，如羌字、些字等是也。""较明"，明显，"较"也是"明"的意思。

（3）**后有扬雄著《方言》，其言大备**：《方言》，已见前（17.24）注。

（4）**然皆考名物之同异，不显声读之是非也**："名物"，事物的名称及特征等。

（5）**逮郑玄注《六经》，高诱解《吕览》《淮南》，许慎造《说文》，刘熹制《释名》，始有譬况假借以证音字耳**：郑玄注《六经》，《后汉书·郑玄传》云："凡玄所注，《周易》《尚书》《毛诗》《仪礼》《礼记》《论语》《孝经》《尚书大传》《中候》《干象历》等，凡百余万言。"高诱，东汉人，已见前（17.2）注。《吕览》，即《吕氏春秋》。《淮南》，即《淮南子》，汉淮南王刘安及其门客所著。"刘熹"，即刘熙，"熹"与"熙"同，汉末训诂学家，字成国，北海（治今山东昌乐西）人。《释名》，训诂书，共二十七篇，八卷。体例仿《尔雅》，而专用音训，以音同、音近的字解释意义，推究事物名称的由来，并注意到当时语音和古音的异同。此书对探求语源，辨证古音和古义，甚有参考价值。清毕沅有《释名疏证》，王先谦有《释名疏证补》及《补附》。"譬况"，古代早期注家注音方法之一，其特征是用描述性的话来说明某个字的发音。陆德明《经典释文》叙录："古人音书，止为譬况之说，孙炎始为反语。"明杨慎《丹铅杂录》："秦汉以前，书籍之文，言多譬况，当求于意外。"又刘师培《文说·和声》云："同一字而音韵互歧，同一音而形体各判。故'读如''读若'，半为譬况之词；'当作''当为'，亦属旁通之证。"

（6）**而古语与今殊别，其间轻重清浊，犹未可晓**："未可"，即"未"，"可"字无义，参看（17.9）注。

（7）**加以内言外言、急言徐言、读若之类，益使人疑**："加以"，加上、再说。"内言外言"，古注家譬况字音用语。如《汉书·王子侯表上》："襄嚵侯建"颜师古注引晋灼曰："音内言嚵兔。"王利器《集解》引周祖谟《〈颜氏家训·音辞篇〉注补》曰："所谓内外者，盖指韵之洪细而言。言内者洪音，言外者细音。""急言徐言"，譬况字音用语。周祖谟曰："考急言徐言之说，见于高诱之解《吕览》《淮南》。……急气缓气之说，似与声母声调无关，其意当亦指韵母之洪细而言。盖凡言急气者，多为细音字，凡言缓气者，多为洪音字。""读若"，古代注音用语，也作"读如"。其作用有二：一是以常见之字且同音者来注解字音；一是用于说明假借。如《礼记·儒行》："虽危，起居竟信其志。"郑注："信，读如屈伸之伸，假借字也。"

（8）**孙叔言创《尔雅音义》，是汉末人独知反语**：《尔雅音义》，书名。《隋书·经籍志》著录八卷，孙炎撰。孙炎，字叔然，以名与晋武帝同，故称其字，"言"字误，应为"然"。"反语"，即反切。颜氏言反切之法始于孙炎，多为后人所非。王利器《集解》引郝懿行曰："反语非起于孙叔然，郑康成、服子慎、应仲远年辈皆大于叔然，并解作反语，具见《仪礼》《汉书注》，可考而知。余尝以为反语，古来有之，盖自叔然始畅其说，而后世因谓叔然作之尔。"周祖谟曰："案反切之兴，前人多谓创自孙炎。然反切之事，决非一人所能独创，其渊源必有所自。"

（9）**至于魏世，此事大行**："此事"，指反切之事。

（10）**高贵乡公不解反语，以为怪异**："高贵乡公"，即曹髦。曹丕孙。初封高贵乡公。曹魏嘉平六年（254）司马师废曹芳，立他为帝。七年后因不满意其傀儡地位，率宿卫攻司马氏，被杀。因死后无谥号，故史称高贵乡公。《经典释文叙录》说曹髦有《左传音》三卷。颜氏言其不解反语，无从确考。

（11）**自兹厥后，音韵锋出，各有土风，递相非笑，指马之谕，未知孰是**："自兹厥后"，从此以后，"厥"，以。"锋出"，锋刃齐出，喻锐而难拒。"土风"，土音，方言。"指马"，战国时公孙龙子提出"物莫非指，而指非指"、"白马非马"等命题，以讨论名与实之间的关系。《庄子·齐物论》则曰："以指喻指之非指，不若以非指喻指之非指也；以马喻马之非马，不若以非马喻马之非马也。天地一指也，万物一马也。"谓世界是个统一体，事物应各任自然不分彼此、长短、是非、多少。后以"指马"为争辩是非和差别的代称。

（12）**共以帝王都邑，参校方俗，考覈古今，为之折衷**："考覈"，考核，"覈"同"核"。"折衷"，即折中。执其两端而折其中，取正之意。王利器以《隋志》有王长孙《河洛语音》，曰："盖即以帝王都邑之音为正音，参校方俗，考覈古今，为之折衷者。"

（13）**㩁而量之，独金陵与洛下耳**："㩁而量之"，经过比较研究，得到一个折中的结论，白话可译为"大体而论""概括言之"。"㩁"，推敲、讨论、研究；"量（liáng）"，平衡、折中。"金陵"，即建康，为六朝之京都。"洛下"，即洛阳，为魏、西晋、北魏之都城。周祖谟曰："盖韵书之作，北人多以洛阳音为主，南人则以建康音为主，故曰㩁而量之，独金陵与洛下耳。"

【译文】

九州之人，语言各不相同，从人类产生以来，本来就是如此。自《春秋公羊传》记明齐地语言，《离骚》被视为《楚辞》的经典，这大概是最早表明方言差异的证据。后来扬雄著《方言》，这方面的论述就大为详备了。然而都是考证事物名称的异同，并没有显示读音的正确与否。直到郑玄注释《六经》，高诱注解《吕氏春秋》《淮南子》，许慎著《说文解字》，刘熙著《释名》，才开始用譬况假借的方法来标明音读。但是古音与今音有差别，其中语音的轻重、清浊，还不明白，再加上内言外言，急言徐言、读若之类的注音方法，更加使人疑惑不解。直到孙叔然著《尔雅音义》，采用反切注音，这说明汉末人才懂得反切法。到了曹魏之世，这种反切注音法大为盛行。高贵乡公曹髦不懂得这种反切注音方法，被视为是一件怪异的事。从此以后，韵书迭出，这些书各自记录各地的方言，互相非议讥笑，各是其是，各非其非，不知到底谁是谁非。后来大家都用帝王之都的语音，参考比校各地方言，考核古今语音，为之取一个折中的办法。大体而言，基本上就是建康音和洛阳音两个系统。

18.1.2 南方水土和柔，其音清举而切诣，失在浮浅，其辞多鄙俗。北方山川深厚，其音沉浊而鈋钝，得其质直，其辞多古语。然冠冕君子，南方为优；闾里小人，北方为愈。易服而与之谈，南方士庶，数言可辩；隔垣而听其语，北方朝野，终日难分。而南染吴、越，北杂夷虏，皆有深弊，不可具论。其谬失轻微者，则南人以"钱"为"涎"，以"石"为"射"，以"贱"为"羡"，以"是"为"舐"；北人以"庶"为"戍"，以"如"为"儒"，以"紫"为"姊"，以"洽"为"狎"。如此之例，两失甚多。

【注释】

（1）**南方水土和柔，其音清举而切诣，失在浮浅，其辞多鄙俗**："清举"，清脆而悠扬。"切诣"，谓发音迅急。

（2）**北方山川深厚，其音沉浊而鈋钝，得其质直，其辞多古语**："沉浊"，低沉浑重。"鈋（é）钝"，浑厚，不尖锐。"得其质直"，即"得在质直"，与前句"失在浮浅"相对。

（3）**然冠冕君子，南方为优；闾里小人，北方为愈**："冠冕"，士大夫。"闾里"，市井。"愈"，佳。

（4）**易服而与之谈，南方士庶，数言可辩；隔垣而听其语，北方朝野，终日难分**："易服"，换穿衣服。"隔垣（yuán）"，隔墙。

（5）**而南染吴、越，北杂夷虏，皆有深弊，不可具论**：王利器《集解》引周祖謨曰："此论南北士庶之语言各有优劣。盖自五胡乱华以后，中原旧族多侨居江左，故南朝士大夫所言，仍以北音为主。而庶族所言，则多为吴语。故曰：'易服而与之谈，南方士庶，数言可辨。'而北方华夏旧区，士庶语音无异，故曰：'隔垣而听其语，北方朝野，终日难分。'惟北人多杂胡虏之音，语多不正，反不若南方士大夫音辞之彬雅耳。至于闾巷之人，则南方之音鄙俗，不若北人之音为切正矣。"对南北音之差异，陈寅恪亦有论述，参见其《东晋南朝之吴语》。"吴、越"，此指古吴越故地之语言。"夷虏"，"夷"，是古代华夏族对东方各少数民族的蔑称。"虏"，是南朝对北朝诸少数民族的蔑称。如南朝史书中有《索虏传》，北朝史书中有《岛夷传》。这里是指北方少数民族的语言。

（6）其谬失轻微者，则南人以"钱"为"涎"，以"石"为"射"，以"贱"为"羨"，以"是"为"舐"：王利器《集解》引周祖谟曰："此论南人语音，声多不切。案：钱，《切韵》昨仙反；涎，叙连反。同在仙韵，而钱属从母，涎属邪母，发声不同。贱，《唐韵》（唐写本，下同）才线反；羨，似面反，同在线韵；而贱属从母，羨属邪母，发声亦不相同。南人读钱为涎，读贱为羨，是不分从邪也。石，《切韵》常尺反；射，食亦反。同在昔韵；而石属禅母，射属床母三等。是，《切韵》承纸反，舐，食氏反。同在纸韵，而是属禅母，食属床母三等。南人误石为射，读是为舐，是床母三等与禅母无分也。"

（7）北人以"庶"为"戍"，以"如"为"儒"，以"紫"为"姊"，以"洽"为"狎"：王利器《集解》引周祖谟曰："此论北人语音，分韵之宽，不若南人之密。案：庶、戍同为审母字，《广韵》庶在御韵，戍在遇韵，音有不同。庶，开口，戍，合口。如、儒同属日母，如在鱼韵，儒在虞韵，韵亦有开合之分，北人读庶为戍，读如为儒，是鱼、虞不分也。又紫、姊同属精母，而紫在纸韵，姊在旨韵，北人读紫为姊，是支、脂无别矣。又洽、狎同为匣母字，《切韵》分为两韵，北人读洽为狎，是洽、狎不分也。由此足见北人分韵之宽。"

（8）如此之例，两失甚多："两失"，两边都有失误。

【译文】

南方水土柔和，语音清亮悠扬而发音急切，不足之处在于发音浅浮，言辞多鄙陋粗俗。北方的山川深邃浑厚，语音低沉浊重而迟缓，长处是质朴正直，言辞多存古语。然而就士大夫的语言而论，南方优于北方；而市井平民的语言，则北方胜过南方。变换服装交谈，若是南方的士人和平民，只需说几句话，就可以辨别出他们的身份；隔墙而听人交谈，若是北方的官员与平民，听一天也难以区分出来。但是南方语言受到吴语、越语的影响，北方语夹杂着外族语言，二者都存在着很大的弊病，这里不能一一讨论。它们中错失轻微的，则如南方人把"钱"读作"涎"，把"石"读作"射"，把"贱"读作"羡"，把"是"读作"舐"；北方人把"庶"读作"戍"，把"如"读作"儒"，把"紫"读作"姊"，把"洽"读作"狎"。这一类的例子很多，南方与北方都有错失。

18.1.3 至邺已来，唯见崔子约、崔瞻叔侄，李祖仁、李蔚兄弟，颇事言词，少为切正。李季节著《音韵决疑》，时有错失；阳休之造《切韵》，殊为疏野。吾家儿女，虽在孩稚，便渐督正之；一言讹替，以为己罪矣。云为品物，未考书记者，不敢辄名，汝曹所知也。

【注释】

（1）**至邺已来，唯见崔子约、崔瞻叔侄，李祖仁、李蔚兄弟，颇事言词，少为切正**："至邺"，周祖谟据颜之推《观我生赋》自注所云，推知其至邺时间当为北齐文宣帝天保八年（557）。"崔瞻"，字彦通。《北史》本传作崔赡，而《北齐书》作崔瞻（古人名、字相应，从"字彦通"可知其名应作"赡"，而非"瞻"，《北史》是，而《北齐书》非）。北齐时官至吏部郎中，聪明强学，为一时名望。其叔子约，官居司空祭酒。传见《北史》。"李祖仁、李蔚"，俱是魏秘书监李谐之子。李祖仁，名岳，宫中散大夫。李蔚官至秘书丞。传附见《北史·李谐传》。

（2）**李季节著《音韵决疑》，时有错失；阳休之造《切韵》，殊为疏野**："李季节"，名概。好学而性傲。齐时历大将军府行参军、太子舍人、并州功曹参军诸职。撰有《修续音韵决疑》十四卷、《音谱》四卷，皆佚。传附见《北史·李公绪传》。"阳休之"，字子烈，北齐时右北平无终（今天津蓟州区）人。仕齐为尚书右仆射，齐亡入周，隋初卒。其所撰《韵略》已佚，清任大椿、马国翰辑本。传见《北齐书》。周祖谟曰："刘善经《四声论》云：'齐仆射阳休之，当世之文匠也。乃以音有楚、夏，韵有讹切，辞人代用，今古不同，遂辨其尤相涉者五十六韵，科以四声，名曰《韵略》。制作之士，咸取则焉。后生晚学，所赖多矣。'据此可知其书体例之大概。"

（3）**吾家儿女，虽在孩稚，便渐督正之；一言讹替，以为己罪矣**："讹替"，讹误差错。

（4）**云为品物，未考书记者，不敢辄名，汝曹所知也**："云为"，言行。"辄名"，轻率称呼，"辄"，就、率尔。

【译文】

我到邺都以来，只知道崔子约、崔瞻叔侄二人，李祖仁、李蔚兄弟俩对语言略有研究，稍微做了些切磋补正之事。李季节著《音韵决疑》，时有差错之处；阳休之著《切韵》，相当粗略草率。我们家的儿女，从幼儿时期开始，就注意纠正他们的语音；一个字发音错误，就当成是父母的过失。在平时言行中，提到各种东西，凡没有经过书籍考证的，就不敢随便称呼，这些都是你们所知道的。

18.2 古今言语，时俗不同；著述之人，楚、夏各异。《苍颉训诂》，反"稗"为"逋卖"，反"娃"为"於乖"；《战国策》音"刎"为"免"，《穆天子传》音"谏"为"间"；《说文》音"戛"为"棘"，读"皿"为"猛"；《字林》音"看"为"口甘反"，音"伸"为"辛"；《韵集》以成、仍、宏、登合成两韵，为、奇、益、石分作四章；李登《声类》以"系"音"羿"，刘昌宗《周官音》读"乘"若"承"；此例甚广，必须考校。前世反语，又多不切。徐仙民《毛诗音》反"骤"为"在遘"，《左传音》切"椽"为"徒缘"，不可依信，亦为众矣。今之学士，语亦不正；古独何人，必应随其讹僻乎？《通俗文》曰："入室求曰搜。"反为"兄侯"。然则"兄"当音"所荣反"。今北俗通行此音，亦古语之不可用者。玙璠，鲁人宝玉，当音"余烦"，江南皆音"藩屏"之"藩"。"岐"山当音为"奇"，江南皆呼为"神祇"之"祇"。江陵陷没，此音被于关中，不知二者何所承案。以吾浅学，未之前闻也。

【注释】

（1）**古今言语，时俗不同；著述之人，楚、夏各异**："楚、夏"，楚本指春秋战国时的楚国，夏指中原。此处泛指南北地区。

（2）**《苍颉训诂》**：书名。东汉杜林撰，《旧唐书·经籍志》著录。

（3）**反"稗"为"逋卖"**：以反切法为"稗"字注音为"逋卖"，"反"在这里作动词用，是用反切法替某字注音的意思。王利器《集解》引周祖谟曰："稗为逋卖反，逋为帮母字，《广韵》作傍卦切，则在并母，清浊有异。颜氏以为此字当读傍卦切，故不以《苍颉训诂》之音为然。"

（4）反"娃"为"於乖"：以反切法为"娃"字注音为"於乖"。周祖谟曰："娃《切韵》於佳反，在《佳韵》，今反为於乖，是读入《皆韵》矣，亦于《切韵》不合。"

（5）《战国策》音"刎"为"免"：王利器《集解》引段玉裁曰："《国策》音当在高诱注内，今缺佚不完，无以取证。"又引周祖谟曰："案：刎，《切韵》音武粉反，在《吻韵》，免音亡辨反，在《狝韵》，二音相去较远，故颜氏不得其解。考刎之音免，殆为汉代青、齐之方言。如《释名·释形体》云：'吻，免也，入之则碎，出则免也。'吻、刎同音，刘成国以免训刎，取其音近，与高诱音刎为免正同。又《仪礼·士丧礼》：'众主人免于房。'注云：'今文免皆作绕。'《释文》：'免音问。'《礼记·内则》：'扮榆免薨。'《释文》免亦音问，是免有问音也。刎、问又同为一音，惟四声小异。高诱之音刎为免，正古今方俗语言之异耳，又何疑。颜氏固不知此，即清儒钱大昕、段玉裁诸家，亦所不窥，审音之事，诚非易易也。"

（6）《穆天子传》音"谏"为"间"：《穆天子传·三》："道里悠远，山川间之。"郭璞注："间音谏。"段玉裁曰："案颜语，知本作'山川谏之'，郭读谏为间，用汉人易字之例，而后义可通也。后人援注以改正文，又援正文以改注，而'谏音间'之云，乃成吊诡也。"王利器《集解》引周祖谟《〈颜氏家训·音辞〉注补》赞同段氏之说，并云："《唐韵》谏古晏反，在《谏韵》，间古苋反（去声），在《襇韵》，谏、间韵不同类，故颜氏以郭注为非。"

（7）《说文》音"戛"为"棘"：王利器《集解》引周祖谟曰："案：《唐韵》戛音古黠反，在《黠韵》，棘音纪力反，在《职韵》。二音韵部相去甚远，故颜氏深斥其非。今考《说文》音戛为棘，自有其故。……足证戛字古有二音。后世韵书只作古黠反，而纪力一音乃湮晦无闻矣。幸《说文》存之矣，而颜氏又从而非之，此古音古义之所以日见其讹替也。"

（8）读"皿"为"猛"：周祖谟认为《切韵》音皿武永反，音猛莫杏反，同在《梗韵》，而读音有洪细之别，故颜氏以皿音猛为非。猛、皿古音相近，《说文》读皿为猛当为汝南方言。

（9）《字林》音"看"为"口甘反"：王利器《集解》引段玉裁曰："看当为口干反，而作口甘，则入谈韵，非其伦矣。"又引周祖谟曰："看，《切韵》

音苦寒反，在寒韵。《字林》音口甘反，读入谈韵，与《切韵》音相去甚远。考任大椿《字林考逸》所录寒韵字，无读入谈韵者，疑甘字有误。若否，则当为晋世方言之异。"

（10）音"伸"为"辛"：王利器《集解》引段玉裁曰："此盖因古书信多音申故也。"又引周祖谟曰："伸，《切韵》音书邻反，辛音息邻反，申为审母三等，辛为心母，审、心同为摩擦音，故方言中，心、审往往相乱。《字林》音伸为辛，是审母读为心母矣。此与汉人读蜀为叟相似。钱大昕谓古无心、审之别，非是。盖此仅为方言之歧异，非古音心、审即为一类也。"

（11）《韵集》以成、仍、宏、登合成两韵，为、奇、益、石分作四章：王利器《集解》引段玉裁曰："今《广韵》本于《唐韵》，《唐韵》本于陆法言《切韵》。法言《切韵》，颜之推同撰集；然则颜氏所执，略同今《广韵》。今《广韵》成在《十四清》，仍在《十六蒸》，别为二韵。宏在《十三耕》，登在《十七登》，亦别为二韵。而吕静《韵集》成、仍为一类，宏、登为一类，故曰合成两韵。今《广韵》为、奇同在《五支》，益、石同在《二十二昔》，而《韵集》为、奇别为二韵，益、石别为二韵，故曰分作四章。皆与颜说不合，故以为不可依信。"

（12）李登《声类》以"系"音"羿"："李登"，三国时魏人。撰有《声类》十卷，《隋书·经籍志》著录，已佚，今有清马国翰等辑本。王利器《集解》引周祖谟曰："李登以系音羿，牙喉音相混矣。"

（13）刘昌宗《周官音》读"乘"若"承"。此例甚广，必须考校：刘昌宗，晋朝人，《隋书·经籍志》有刘昌宗《礼音》三卷，《仪礼音》一卷。王利器《集解》引钱大昕曰："乘，食陵切，音同绳；承，署陵切，音同丞：此床、禅之别。今江浙人读承如乘。"又引钱馥曰："刘读乘为丞，今人读承为乘，互有不是；乘，床母，承，禅母。"又引周祖谟曰："乘为床母三等，承为禅母。颜氏以为二者有分，不宜混同，故论其非。考床、禅不分，实为古音。如《诗·抑》：'子孙绳绳。'《韩诗外传》作'子孙承承。'绳，床母，承，禅母也。……此类皆是。下至晋、宋，以迄梁、陈，吴语床、禅亦读同一类。"

（14）前世反语，又多不切：王利器《集解》引钱大昕曰："颜氏以前世反语为不切，由于未审古音。"

（15）徐仙民《毛诗音》反"骤"为"在遘"，《左传音》切"椽"为"徒缘"，不可依信，亦为众矣：王利器《集解》引段玉裁曰："骤字今《广韵》

在《四十九宥》，锄祐切。依仙民在遘反，则当入《五十候》，与陆、颜不合。《广韵》：'槈，直挛切。'仙民音亦与陆、颜不合。然仙民所音，皆与古音合契，而《释文》亦俱不取之，骤但载助救、仕救二反，皆非知仙民者也。"又引周祖谟曰："徐仙民反骤为在遘，骤为宥韵字，遘为候韵字，以遘切骤，韵之洪细有殊，故颜氏深斥其非。而在遘与锄祐声亦不同，锄，床母，在，从母，床、从不同类。疑今本'在'为'仕'字之误，仕、在形近而讹。锄、仕皆床母字也。……此云《毛诗音》反骤为仕遘，《左传音》切椽为徒缘，上论韵，下论声，若作在遘，则声韵均有不合，于辞例不顺，故知在必有误。椽，徐反为徒缘者，考《左传·桓公十四年》：'以大官之椽，归为卢门之椽。'《释文》：'椽，音直专反。'直专与徒缘本为一音，但直专为音和切，徒缘为类隔切，颜氏病其疏缓，故曰不可依信。"

（16）今之学士，语亦不正；古独何人，必应随其讹僻乎："讹僻"，讹误，谬误。王利器《集解》引钱大昕曰："读此知古音失传，坏于齐、梁，颜氏习闻周、沈绪言，故多是古非今。"

（17）《通俗文》曰："入室求曰搜。"反为"兄侯"。然则"兄"当音"所荣反"：王利器《集解》引段玉裁曰："搜，所鸠反；兄，许荣反。服虔以兄切搜，则兄当为所荣反，而不谐协。颜时，北俗兄字所荣反，南俗呼许荣反。颜谓兄侯、所荣二反，虽传闻自古语，而不可用也。"

（18）今北俗通行此音，亦古语之不可用者：王利器《集解》引周祖谟曰："'此音'，当指兄侯反而言，颜云兄当音所荣反者，假设之辞。其意谓搜以作所鸠反为是，若作兄侯，则兄当反为所荣矣，岂不乖谬？服音虽古，亦不可承用，故曰今北俗通行此音，亦古语之不可用者。段氏不得其解。"

（19）玙璠，鲁人宝玉，当音"余烦"，江南皆音"藩屏"之"藩"：王利器《集解》引周祖谟曰："《切韵》：'烦，附袁反；藩，甫烦反。'二字同在元韵，而烦为奉母，藩为非母，清浊有异。《切韵》璠作附袁反，与颜说正合。"

（20）"岐"山当音为"奇"，江南皆呼为"神祇"之"祇"：王利器《集解》引周祖谟曰："《切韵》：'奇，渠羁反；祇，巨支反。'二字同在《支韵》，皆群母字，而等第有差。奇三等，祇四等。《切韵》岐山之岐，音巨支、渠羁二反。……《释文》云：'岐，其宜反，或祁支反。'亦有二音。祁支即巨支，其宜即渠羁也。颜云：'河北、江南所读不同。'

亦言其大略耳。"

（21）江陵陷没，此音被于关中："被于"，流传于、广布于。

（22）不知二者何所承案。以吾浅学，未之前闻也："承案"，依从、依照、依据。"未之前闻"，即"前未闻之"，代词"之"是"闻"的宾语，前面有否定词"未"，按文言语法此时宾语要提前在动词之前，否定词之后。

【译文】

　　古今的言语，因为习俗风气的变化而有所不同；撰述文章的人，由于地处南北而在语音上各有差异。《苍颉训诂》中，"稗"注音为逋卖切，"娃"注音为於乖切；《战国策》注"刎"音为"免"；《穆天子传》注"谏"音为"间"；《说文解字》注"戛"音为"棘"，将"皿"读作"猛"；《字林》注"看"音为口甘反，注"伸"音为"辛"；《韵集》中把"成""仍""宏""登"合为两个韵，又把"为""奇""益""石"分成四个韵部；李登《声类》将"系"注音"羿"；刘昌宗《周官音》将"乘"读作"承"：这类例子很多，必须加以考核校正。前人标注的反切，又有很多是不太妥帖的。徐仙民《毛诗音》将"骤"的反切音注为"在遘"，《左传音》将"椽"反切音注为"徒缘"，像这样不可依从相信的反切，也是太多了。现在的学者，语音也有读得不正确的，古人难道是什么特异之人，一定要沿袭他们的讹误呢？《通俗文》说："入室求曰搜。"服虔将"搜"的反切音注作"兄侯"。如果是这样的话，那么"兄"就应该读作"所荣反"。现在北方俗间通行这个读音，这也是古代语音中不能沿用的例子。玙璠，是鲁国的宝玉，当读为"余烦"，江南地区都把"璠"读成藩屏的"藩"音。岐山的"岐"音应当读作"奇"，江南地区都将它读作"神祇"的"祇"。江陵陷落以后，这两种读音流传到关中，不知道这样读有什么依据。以我的疏浅学识，以前没有听说过。

　　18.3　北人之音，多以"举""莒"为"矩"；唯李季节云："齐桓公与管仲于台上谋伐莒，东郭牙望见桓公口开而不闭，故知所言者莒也。然则莒、矩必不同呼。"此为知音矣。

【注释】

　　（1）此事见《管子·小问》及《韩诗外传》四、《论衡·知实》《金楼子·志怪》等。"然则莒、矩必不同呼"：王利器《集解》引年庭相《雪泥书屋杂志》三："据颜黄门、李季节之说，矩音几语反，微闭口言之，而举、莒皆音居倚反，微开口言之也。今之人皆以举、莒为矩，无复知古读之不同音矣。"又引周祖谟曰："此引李季节之言，当见《音韵决疑》。举、莒《切韵》音居许反，在语韵，矩音俱羽反，在麌韵。颜氏举此以见鱼、虞二韵，北人多不能分，与古不合。李氏举桓公伐莒事，以证莒、矩音呼不同，其言是矣。盖莒为开口，矩为合口。故东郭牙望桓公口开而不闭，知其所言者莒也。"

【译文】

北方人的语音，多把"举""莒"读成"矩"；只有李季节说过："齐桓公与管仲在台上商议讨伐莒国之事，东郭牙远远看见桓公的嘴是张开而非合拢，所以就知道他们谈论的正是莒国。这样看来，'莒''矩'二字必定不同呼。"这就是懂得音韵的了。

18.4 夫物体自有精粗，精粗谓之好恶；人心有所去取，去取谓之好恶。此音见于葛洪、徐邈。而河北学士读《尚书》云好生恶杀。是为一论物体，一就人情，殊不通矣。

【注释】

（1）**夫物体自有精粗，精粗谓之好恶**：此句"好恶（hǎo è）"，卢文弨曰："并如字读。"

（2）**人心有所去取，去取谓之好恶**：此句"好恶（hào wù）"，意为喜好和厌恶。

（3）**此音见于葛洪、徐邈**：指"好恶"的第二种读音开始于葛洪、徐邈。王利器《集解》引周祖谟曰："案：以四声区别字义，始于汉末。好、恶之有二音，当非葛洪、徐邈所创，其说必有所本。"

（4）**而河北学士读《尚书》云好生恶杀**："好生恶杀"，此"好"与"恶"音读为本文所举第二种，而河北地区的人读成第一种。故颜氏认为读错了。

（5）**是为一论物体，一就人情，殊不通矣**："一论物体，一就人情"，意为"好恶"的第一种读音是论物之体的，而第二种读音是说人之情的。"殊不通矣"，王利器《集解》引郝懿行曰："案：好恶古音多不分别。……《释文》：'好，如字，又呼报反；恶，如字，又乌路反。'则好、恶二字，虽各具两义，古人实通之矣。"

【译文】

物体本身有精良、粗劣的差别,精良的被称作好,粗劣的被称作恶;人的情感对事物有抛弃或择取,这种抛弃或择取就被称作好或恶。后一种好、恶的读音始于葛洪、徐邈。而河北地区的学士读《尚书》时却将"好(hào)生恶(wù)杀"读作"好(hǎo)生恶(è)杀"。这种一面取评论物体质地的读音,一面却表达人的情绪之义,太说不通了。

18.5　甫者,男子之美称,古书多假借为"父"字;北人遂无一人呼为"甫"者,亦所未喻。唯管仲、范增之号,须依字读耳。

【注释】

（1）甫者,男子之美称,古书多假借为"父"字:"甫"音（fǔ）,"父"音（fù）,"父"是"甫"的假借,要念"甫"的音。
（2）北人遂无一人呼为"甫"者,亦所未喻:"亦所未喻",王利器《集解》引周祖谟曰:"甫、父二字不同音,《切韵》:'甫,方主反;父,扶雨反。'皆麌韵字,而甫非母,父奉母。北人不知父为甫之假借,辄依字而读,故颜氏讥之。"
（3）唯管仲、范增之号,须依字读耳:"管仲",号仲父。"范增",号亚父。这两个"父"是父亲的意思,不是"甫"的假借,所以要读"父"的本音。

【译文】

"甫"是男子的美称,古书多假借为"父"字;北方人竟然没有一个人将"父"读作"甫"音,这也是我不明白的。只有管仲、范增的号"仲父""亚父",须依"父"字本音而读。

18.6　案:诸字书,焉者鸟名,或云语词,皆音"于愆反"。自葛洪《要用字苑》分焉字音训:若训"何"训"安",当音"于愆反","于焉逍遥""于焉嘉客""焉用佞""焉得仁"之类是也;若送句及助词,当音"矣愆反","故称龙焉""故称血焉""有民人焉""有社稷焉""托始焉尔""晋、郑焉依"之类是也。江南至今行此分别,昭然易晓;而河北混同一音,虽依古读,不可行于今也。

【注释】

（1）案：诸字书，焉者鸟名，或云语词，皆音"于愆反"："焉"，《说文·鸟部》："焉，焉鸟，黄色，出于江淮，象形。"段玉裁注："今未审何鸟也，自借为助词而本义废矣。""语词"，一作"语辞"，即文言虚词。

（2）自葛洪《要用字苑》分焉字音训："音训"，注音释义。

（3）若训"何"训"安"，当音"于愆反"，"于焉逍遥""于焉嘉客""焉用佞""焉得仁"之类是也："于焉逍遥"，在此逍遥，见《诗经·小雅·白驹》。"于焉嘉客"，在此为嘉宾，亦见《诗经·小雅·白驹》。"焉用佞"，为何要用花言巧语，见《论语·公冶长》。

（4）若送句及助词，当音"矣愆反"，"故称龙焉""故称血焉""有民人焉""有社稷焉""托始焉尔""晋、郑焉依"之类是也："送句"，句尾语气词。王利器《集解》："古言文章，有发送之说，发句安头，送句施尾。""故称龙焉"，所以称作龙，见《易·坤·文言》。"故称血焉"，所以称作血，亦见《易·坤·文言》。"有民人焉"，见《论语·先进》。"托始焉尔"，见《春秋公羊传·隐公二年》。"晋、郑焉依"，见《左传·隐公六年》，王利器曰："谓晋、郑相依也，焉者语助。"

（5）江南至今行此分别，昭然易晓；而河北混同一音，虽依古读，不可行于今也：王利器《集解》引周祖谟曰："案：焉音于愆反，用为副词，即安、恶一声之转。安（乌寒切）恶（哀都切）皆影母字也。焉音矣愆反，用为助词，即矣、也一声之转。矣（于纪切）也（羊者切）皆喻母字也。"翼明按：文言中"焉"的读音，在江南一带，如我的家乡湖南，至今仍分阴平（yān）与阳平（yán）二音，即颜氏所云，训"何"训"安"时，读阴平（yān），送句及助词，读阳平（yán）。

【译文】

案：各字书将"焉"释为鸟名，或释为虚词，都注音于愆反。自葛洪著《要用字苑》起始区别"焉"字的读音释义。如果解释作"何""安"，就应当读作于愆反，"于焉逍遥""于焉嘉客"，"焉用佞""焉得仁"之类的句子就是这样；如果"焉"字是用作句末语气词及句中语气词，就应该读作矣愆反，"故称龙焉""故称血焉"，"有民人焉""有社稷焉""托始焉尔""晋、郑焉依"之类的句子就是这样。江南地区至今通行这两种不同的读音，其意思就明明白白容易懂；而河北地区把两种读音混成一个读音，虽然这是遵从古音，却不能通行于今天（翼明按：今天普通话中，"焉"只读阴平一个音，似乎又回到魏晋以前的状态了）。

18.7 邪者，未定之词。《左传》曰："不知天之弃鲁邪？抑鲁君有罪于鬼神邪？"《庄子》云："天邪地邪？"《汉书》云："是邪非邪？"之类是也。而北人即呼为也，亦为误矣。难者曰："《系辞》云：'乾坤，易之门户邪？'此又为未定辞乎？"答曰："何为不尔！上先标问，下方列德以折之耳。"

【注释】

（1）邪者，未定之词："邪"音（yé），同"耶"。"未定之词"，即疑问词。

（2）《左传》曰："不知天之弃鲁邪？抑鲁君有罪于鬼神邪？"：见《左传·昭公二十六年》，而第二句末"邪"字未见。意为不知是上天抛弃鲁国呢？还是鲁君得罪了鬼神？

（3）《庄子》云："天邪地邪？"：王利器《集解》引卢文弨曰："案：当作'父邪母邪'，见《大宗师》篇。"王叔岷曰："案此疑是《庄子》佚文，不必改从《大宗师》篇。"此句意为：是天呢？还是地呢？

（4）《汉书》云："是邪非邪？"之类是也："是邪非邪"，见《汉书·外戚传》。为武帝《李夫人歌》。

（5）而北人即呼为也，亦为误矣：赵曦明曰："案：呼邪为也，今北人俗读犹尔。"王利器《集解》引周祖谟曰："邪、也，古多通用。惟后世音韵有异，《切韵》邪以遮反，在麻韵，也以者反，在马韵。邪平声，也为上声。"

（6）难者曰："《系辞》云：'乾坤，易之门户邪？'此又为未定辞乎？"："难（nàn）"，问难、质疑。"乾坤，易之门户邪？"见《周易·系辞下》。意为：《乾》《坤》二卦的意蕴，是通晓《易》的门径吗？

（7）答曰："何为不尔！上先标问，下方列德以折之耳。"："列德"，陈述阴阳之德。《周易·系辞下》："乾，阳物也。坤，阴物也。阴阳合德而刚柔有体。""折"，裁断，裁决。

【译文】

邪，是表示疑问的语气词。《左传》说："不知天之弃鲁邪？抑鲁君有罪于鬼神邪？"庄子说："天邪地邪？"《汉书》说："是邪非邪？"这类"邪"字就是这种用法。而北方人把"邪"字读作"也"，也就有误了。有人诘难我说："《系辞》说：'乾坤，易之门户邪？'这个'邪'字也是疑问语气词吗？"我回答说："为什么不是呢！前面先提出问题，后面才陈述阴阳之德的道理来作为裁断呀。"

18.8 江南学士读《左传》，口相传述，自为凡例，军自败曰"败"，打破人军曰"败"。诸记传未见"补败反"，徐仙民读《左传》，唯一处有此音，又不言自败、败人之别，此为穿凿耳。

【注释】

（1）**凡例**：体制、章法。语出杜预《春秋左传序》："其发凡以言例，皆经国之常制，周公之垂法，史书之旧章，仲尼从而修之，以成一经之通体。"后世引用为著作内容和编纂体例的文字说明。

（2）**"军自败"至"穿凿耳"**：王利器《集解》引钱大昕之言曰："《广韵·十七夬》部，败有薄迈、补迈二切，以自破、破他为别，此之推指为穿凿者。"又引周祖谟曰："案：自败、败人之音有不同，实起于汉、魏以后之经师，汉、魏以前，当无此分别。徐仙民《左传音》亡佚已久，惟陆氏《释文》存其梗概。《释文》于自败、败他之分，辨析甚详。《叙录》云：'夫质有精粗，谓之好恶（并如字），心有爱憎，称为好恶（上呼报反，下乌路反）；当体即云名誉（音预），论情则曰毁誉（音余）；及夫自败（蒲迈反）、败他（补败反补原误作蒲，今正）之殊，自坏（呼怪反）、坏撤（音怪）之异，此等或近代始分，或古已为别，相仍积习，有自来矣。余承师说，皆辨析之'云云。考《左传·隐公元年》：'败宋师于黄。'《释文》云：'败，必迈反，败佗也，后放此。'斯即陆氏分别自败、败他之例。他如'败国''必败''败类''所败''侵败'等败字，皆音必迈反。必迈、补败音同。是必江南学士所口相传述者也。尔后韵书乃兼作二音，《唐韵·夬部》：'自破曰败，薄迈反；破他曰败，北迈反。'即承《释文》而来。北迈与必迈、补败同属帮母，薄迈与蒲迈同属并母，清浊有异。卢氏引《左传·哀公元年》'自败败我'《释文》无音一例，以证本不异读，非是。盖此或《释文》偶有遗漏，卷首固已发凡起例矣。"

（3）**翼明按**：在今天普通话中，"败"的这两个意思，都读一个音。

【译文】

江南地区的学士读《左传》，是靠口授递相传述，自立音读章法，军队自己溃败说"败"（蒲迈反），打败别国军队说"败"（补迈反）。各种记传中没有见过

"补败反"这个注音。徐仙民所读的《左传》,只有一处注了这个读音,又没有说明自败、打败别人的区别,这就有些牵强附会了。

18.9 古人云:"膏粱难整。"以其为骄奢自足,不能克励也。吾见王侯外戚,语多不正,亦由内染贱保傅,外无良师友故耳。梁世有一侯,尝对元帝饮谑,自陈"痴钝",乃成"飔段",元帝答之云:"飔异凉风,段非干木。"谓"郢州"为"永州",元帝启报简文,简文云:"庚辰吴入,遂成司隶。"如此之类,举口皆然。元帝手教诸子侍读,以此为诫。

【注释】

（1）**古人云:"膏粱难整。"**:《国语·晋语七》:"夫膏粱之性难正也。"意为整日享用精美食物的人,其品行很少有端正的。

（2）**以其为骄奢自足,不能克励也**:"自足",自我满足、自满。"克励",克制私欲,力求上进。

（3）**吾见王侯外戚,语多不正,亦由内染贱保傅,外无良师友故耳**:"保傅",古代保育、教导太子等贵族子弟及未成年的帝王、诸侯的男女官员,统称为保傅。

（4）**梁世有一侯,尝对元帝饮谑,自陈"痴钝",乃成"飔段",元帝答之云:"飔异凉风,段非干木。"**:"飔异凉风,段非干木","飔（sī）",凉风。"段非干木",赵曦明曰:"段干木,魏文侯时人。《广韵》引《风俗通》,以段为氏。"《类说》卷六《庐陵官下记》:"有武将见梁元帝,自陈'痴钝',乃讹为'飔段',帝笑曰:'飔非凉风,段非干木。'"周祖谟曰:"案:梁侯自陈'痴钝'而成'飔段',上字声误,下字韵误。盖痴,《切韵》丑之反;飔楚治反。二字同在之韵,而痴为徹母,飔为穿母二等,舌齿部位有殊。钝,王仁昫《切韵》徒困反,在恩韵;段徒玩反,在翰韵,同属定母,而韵类有别。故元帝短之。"

（5）**谓"郢州"为"永州",元帝启报简文,简文云:"庚辰吴入,遂成司隶。"**:简文,即梁简文帝萧纲。周祖谟曰:"谓'郢州'为'永州',则声韵皆非矣,郢《切韵》以整反,在静韵,永荣昞反,在梗韵。梗、静韵有洪杀,以荣声有等差,岂可混同?其音不正,是不学之过也。……简文答语,举《春秋》吴入楚都为郢之歌后语,举后汉抗直不阿之司隶为（鲍）永之歌后语,齐、梁之际,多通声韵,故剖判入微如此云。"按:《春秋》原文为"庚辰吴入郢",所以简文用"庚辰吴入"来影射"鄴"字；东汉鲍永官司隶校尉，有名于时，所以简文用"司隶"影射"永"字。鲍永事见《后汉书》本传。

（6）如此之类，举口皆然："举口皆然"，众口同然、异口同声。

（7）元帝手教诸子侍读，以此为诫："手教"，为告诫下属所写的便条。"侍读"，南北朝时诸王的属官，南朝宋时有侍读博士，掌授诸王经书，梁时或有此职。

【译文】

古人说："膏粱难整。"这是因为他们骄横奢侈，自我满足，不能克制私欲勉励自己。我见那些王公贵戚，语音多不纯正，也是由于他们在内受到拙劣保傅的熏染，在外没有良师益友的缘故。梁朝有一个受封为侯爵之人，曾经和梁元帝一起饮酒戏谑，自称"痴钝"，却把这两个字念成"飔段"。元帝回答他说："（按照你的读法）'飔'就不同于凉风，'段'就不是段干木了。"又把"鄴州"读成"永州"，元帝把这件事告诉了简文帝，简文帝说："庚辰吴入（鄴），遂成司隶（永）。"如此之类，那些王公贵戚张口都是。梁元帝特别写手谕给王子们的侍读，要他们以此为戒。

18.10 河北切"攻"字为"古琮"，与"工""公""功"三字不同，殊为僻也。比世有人名暹，自称为"纤"；名琨，自称为"衮"；名洸，自称为"汪"；名䵵，自称为"獦"。非唯音韵舛错，亦使其儿孙避讳纷纭矣。

【注释】

（1）河北切"攻"字为"古琮"，与"工""公""功"三字不同，殊为僻也："切'攻'字为'古琮'"，意为以"古琮"二字的反切来注"攻"的音，"切"在这里作动词用。"僻"，偏差，差错。王利器《集解》引周祖谟曰："案：此杂论当时语音之不正。攻字《切韵》（王写本第二种）有二音：一训击，在东韵，与工、公、功同组，音古红反；一训伐，在冬韵，音古冬反。二者声同韵异。此云河北切为古琮，即与古冬一音相合。颜氏以为攻当作古红反，河北之音，恐未为得。"

（2）比世有人名暹，自称为"纤"；名琨，自称为"衮"；名洸，自称为"汪"；名䵵，自称为"獦"："比（bì）世"，近世。王利器《集解》引周祖谟曰："暹、纤，《切韵》并音息廉反，在盐韵，颜读当与《切韵》相同，疑此'纤'字或为'歼''瀸'等字之误。歼、瀸，《切韵》子廉反，亦盐韵字，而声有异。暹心母，歼精母也。琨，《切韵》古浑反，在魂韵；衮，古本反，在混韵。一为平声，一为上声，读琨为衮，则四声有误。洸《切韵》古皇反，汪乌光反，二字同在唐韵，而洸为见母，汪为影母。读洸为汪，牙喉音相乱。䄟音药，《切韵》以灼反，鴞音烁，书灼反。䄟为喻母，鴞为审母。读䄟为鴞，亦舛错之甚者。揆颜氏此论，无不与《切韵》相合，陆氏《切韵序》尝称'欲更捃选精切，除削疏缓，颜外史、萧国子多所决定'。由此可知，《切韵》之分声析韵，多本乎颜氏矣。"

（3）非唯音韵舛错，亦使其儿孙避讳纷纭矣："舛（chuǎn）错"，差错、错误。"纷纭"，杂乱。

【译文】

河北地区的人反切"攻"字为"古琮"，与"工""公""功"三字读音不同，这是非常错误的。近世有人名叫"暹"，他自己将"暹"读成"纤"；有人名叫"琨"，他自己将"琨"读成"衮"；有人名叫"洸"，他自己将"洸"读作"汪"；有人名叫"䄟"，他自己将"䄟"读成"鴞"。这不仅在音韵上是错误的，也使后代子孙在避讳的时候弄得纷繁杂乱，无所适从。

【评析】

此篇类似前篇，是有关音韵的专门学问，我们也留给专家们去讨论，不再多加评说。

杂艺第十九

19.1 真草书迹,微须留意。江南谚云:"尺牍书疏,千里面目也。"承晋、宋余俗,相与事之,故无顿狼狈者。吾幼承门业,加性爱重,所见法书亦多,而玩习功夫颇至,遂不能佳者,良由无分故也。然而此艺不须过精。夫巧者劳而智者忧,常为人所役使,更觉为累;韦仲将遗戒,深有以也。

【注释】

(1) **真草书迹,微须留意**:"真草","真",真书,即楷书;"草",草藁书,包括行书和草书。

(2) **江南谚云:"尺牍书疏,千里面目也。"**:"尺牍",书信。我国古代在用纸之前用木简即牍写信,通常是一尺长,故称。又汉代诏书写于一尺一寸的书版上,称尺一牍,省称尺牍。

(3) **承晋、宋余俗,相与事之,故无顿狼狈者**:"狼狈",狼和狈。狈为传说中的兽名。据说狈前脚绝短,每行必驾两狼,失狼则不能动。卢文弨曰:"狼狈,兽名,皆不善于行者,故以喻人造次之中,书迹不能善也。"

(4) **吾幼承门业,加性爱重,所见法书亦多,而玩习功夫颇至,遂不能佳者,良由无分故也**:"门业",世代相承的学业,魏晋南北朝时期,尤指家族相承的学问。《梁书·颜协传》云之推父颜协"博涉群书,工于草隶"。又陈思《书小史》云颜协"工草隶飞白"。故颜之推说"幼承门业"。"加",加之、加上。"性",天性。"爱重",喜欢、重视。"法书",可以效法的字,即名家书法范本。"良",副词,很、确实。"无分（fèn）"，没有天分，这是颜氏的谦辞。

（5）**然而此艺不须过精。夫巧者劳而智者忧，常为人所役使，更觉为累；韦仲将遗戒，深有以也**："韦仲将"，即韦诞。三国时曹魏书法家，字仲将，京兆杜陵（今陕西西安东南）人。《世说新语·巧艺》："韦仲将能书，魏明帝起殿，欲安榜，使仲将登梯题之。既下，头鬓皓然，因敕儿孙勿复学书。""有以"，有道理、有原因，"以"在这里作名词用。

【译文】

对于书法，无论是正体书或行草书，都要用点心加以学习。江南谚语说："你写的书信，就是你在千里之外给人看到的脸面。"今人继承了两晋、刘宋以来的风气，留心于学习书法，所以在这方面不会觉得为难窘迫。我从小继承家族重视书法的传统，加上生性喜欢书法，所见到的书法范帖也多，而且赏玩学习也费了不少功夫，可书法水平终究不高，这实在是我缺少天分的缘故。然而这门技艺没有必要学得太精。巧者多劳，智者多忧，常常受人支使，便觉得精通书法是一种负担；韦仲将给儿孙留下不要学书法的告诫，确实是很有道理的。

19.2 王逸少风流才士，萧散名人，举世惟知其书，翻以能自蔽也。萧子云每叹曰："吾著《齐书》，勒成一典，文章弘义，自谓可观；唯以笔迹得名，亦异事也。"王褒地胄清华，才学优敏，后虽入关，亦被礼遇。犹以书工，崎岖碑碣之间，辛苦笔砚之役，尝悔恨曰："假使吾不知书，可不至今日邪？"以此观之，慎勿以书自命。虽然，厮猥之人，以能书拔擢者多矣。故道不同不相为谋也。

【注释】

（1）**王逸少风流才士，萧散名人，举世惟知其书，翻以能自蔽也**："王逸少"，即王羲之，已见前（6.9）注。"翻"，反而。

（2）**萧子云每叹曰："吾著《齐书》，勒成一典，文章弘义，自谓可观；唯以笔迹得名，亦异事也。"**：萧子云，已见前（7.4）注。据《梁书》本传，子云惟撰《晋书》一百一十卷，《东宫新记》二十卷，未言撰《齐书》，现存《齐书》的作者是萧子显，可能是颜之推误记。

（3）**王褒地胄清华，才学优敏，后虽入关，亦被礼遇**："王褒"，北周文学家，已见前（7.4）与（9.2）注。"入关"，王褒在梁为吏部尚书、左仆射。梁元帝承圣三年（554），江陵为西魏所陷，王褒被送往长安。

（4）犹以书工，崎岖碑碣之间，辛苦笔砚之役，尝悔恨曰："假使吾不知书，可不至今日邪？"以此观之，慎勿以书自命："碑碣"，古人将方形的刻石称为碑，圆形的刻石称为碣，此为碑和墓志等石刻文字的总称。

（5）虽然，厮猥之人，以能书拔擢者多矣："虽然"，虽说如此，但是……。请注意，古文的"虽然"与今天白话的"虽然"是有区别的，古文中的"虽然"实际上是两个词，前面的"虽"等于今天白话的虽然、虽说、即使，后面的"然"是代词，意为这样、如此。"虽然"的后面多半是意思的转折，隐含"但是"之意。

（6）故道不同不相为谋也："道不同不相为谋"，志向不同的人不一起谋划事情，见《论语·卫灵公》。

【译文】

　　王羲之是位风流才士，潇洒散淡的名人，世上的人都只知道他的书法，反而将其他方面的才能掩盖了。萧子云常常感叹说："我撰述《齐书》，编定一朝的典要，其中的文采大义，自认为值得一看，到头来却只以抄写的书法精妙而得名，也真是怪事。"王褒门第高贵，学识渊博，文思敏捷，后来虽然到了关中，也依然受到礼遇重用，但还是因为他擅长书法，常奔走于碑碣之间，辛苦于笔砚之役。他曾经后悔地说："假如我不善于书法，大概不至于像今天这个样子吧？"从这件事可以看出，千万不要自命擅长书法。虽说如此，但地位低下的人，因写得一手好字而被提拔的事也是不少。所以说志向不同的人是不能一概而论的。

　　19.3 梁氏秘阁散逸以来，吾见二王真草多矣，家中尝得十卷；方知陶隐居、阮交州、萧祭酒诸书，莫不得羲之之体，故是书之渊源。萧晚节所变，乃右军年少时法也。

【注释】

（1）梁氏秘阁散逸以来，吾见二王真草多矣，家中尝得十卷："秘阁"，皇宫中藏图书秘籍之所。梁朝初中期，梁武帝曾收集了许多珍贵的典籍图册，藏于秘阁。侯景之乱，秘阁图书多有被焚。侯景乱平，梁元帝将剩余之书移往江陵。及江陵将陷，元帝将这些以及自己平生所收集的十四万卷图书付之一炬。颜之推《观我生赋》："人民百万而囚虏，书史千两而烟飏。"所吟即江陵陷落、图书遭焚之事。"二王"，指王羲之、王献之父子。

（2）**方知陶隐居、阮交州、萧祭酒诸书，莫不得羲之之体，故是书之渊源**："陶隐居"，已见前（15.2）注。阮交州，即阮研，字文几，梁朝时陈留（今河南开封东南）人，善书，官至交州刺史。"萧祭酒"，即萧子云。曾任国子祭酒。张怀瓘《书断》说陶弘景"时称与萧子云、阮研，各得右军一体"。

（3）**萧晚节所变，乃右军年少时法也**："晚节"，晚年。"所变"，改变的东西，这里指萧子云晚年改变了书风。

【译文】

梁朝秘阁珍藏的图书典册散失之后，我见到了很多王羲之、王献之的真书、草书墨迹，家中也曾收藏十卷。看了这些作品，才知道陶弘景、阮研、萧子云等人的书法，没有不是学王羲之的，所以说王羲之的字是书法的渊源。萧子云晚年时的书风变化，就是转向王羲之早年的书风。

19.4 晋、宋以来，多能书者。故其时俗，递相染尚，所有部帙，楷正可观，不无俗字，非为大损。至梁天监之间，斯风未变。大同之末，讹替滋生。萧子云改易字体，邵陵王颇行伪字；朝野翕然，以为楷式，画虎不成，多所伤败。至为一字，唯见数点，或妄斟酌，逐便转移。尔后坟籍，略不可看。北朝丧乱之余，书迹鄙陋，加以专辄造字，猥拙甚于江南。乃以"百""念"为"忧"，"言""反"为"变"，"不""用"为"罢"，"追""来"为"归"，"更""生"为"苏"，"先""人"为"老"，如此非一，遍满经传。唯有姚元标工于楷隶，留心小学，后生师之者众。洎于齐末，秘书缮写，贤于往日多矣。

【注释】

（1）**晋、宋以来，多能书者。故其时俗，递相染尚，所有部帙，楷正可观，不无俗字，非为大损**："能书者"，工于书法的人。"时俗"，一时的风气。"染尚"，影响推崇。"部帙"，分门别类（抄写的书籍）。"楷正"，端正可为楷式。

（2）**至梁天监之间，斯风未变；大同之末，讹替滋生**："天监"，梁武帝年号，自502到519年，前后凡十八年。"大同"，梁武帝年号，自535到545年，前后凡十一年。"讹替"，"讹"指错字，"替"指异体字。

（3）**萧子云改易字体，邵陵王颇行伪字；朝野翕然，以为楷式，画虎不成，多**

所伤败："邵陵王"，即梁武帝第六子萧纶，梁武帝天监十三年（514）封邵陵王。事见《梁书》卷二十九。"伪字"，此指写法不规范的字。"翕然"，大家都跟着仿效。"楷式"，模仿的榜样。"画虎不成"，"画虎不成反类狗"的略称。《后汉书·马援传》："效季良不得，陷为天下轻薄子，所谓画虎不成反类狗者也。"

（4）至为一字，唯见数点，或妄斟酌，逐便转移："至为一字，唯见数点"，一个字简写成只见几个点。"斟酌"，这里指增减。"转移"，这里指移动偏旁。

（5）尔后坟籍，略不可看："尔后"，此后。"坟籍"，书籍。"略不可看"，几乎没办法看。

（6）北朝丧乱之余，书迹鄙陋，加以专辄造字，猥拙甚于江南："鄙陋"，俗气、不雅不正。"专辄"，擅自、武断。"猥拙"，意同"鄙陋"。

（7）乃以"百""念"为"忧"，"言""反"为"变"，"不""用"为"罢"，"追""来"为"归"，"更""生"为"苏"，"先""人"为"老"，如此非一，遍满经传："百念为忧"，《龙龛手鉴·心部二》写作恖。"不用为罢"，《龙龛手鉴·不部》写作甭，音弃。陈直曰："'言反为变'，不用为罢'，不见于北朝各石刻。""追来为归"，《龙龛手鉴·来部》写作遰，音归。顾炎武《金石文字记》曰："追来为归，见穆子容《太公碑》，作遰；先人为老，见《张猛龙碑》，作'尨'；更生为苏，今人犹用之。""甦"，现已简化为"苏"。

（8）唯有姚元标工于楷隶，留心小学，后生师之者众："姚元标"，北魏书法家。《魏书·崔玄伯传附崔恬传》："左光禄大夫姚元标以工书知名于时。"《北史·崔浩传》亦记有此语。"楷隶"，即正体书，当时称正体为隶书，楷书一词尚未流行，所以这里的"楷隶"并不等于后世的楷书和隶书，而是指可为楷式的正体书。"小学"，古代儿童入学先学文字，所以汉代把字书归入小学类。后世以文字学、声韵学、训诂学为小学。

（9）洎于齐末，秘书缮写，贤于往日多矣："洎（jì）"，及，到。

【译文】

两晋、刘宋以来，多有工于书法之人，所以一时形成风气，互相濡染影响，所有的书籍都是可为楷式的正体，相当好看，虽然其中也不无俗字，但害处不大。直到梁武帝天监年间，这种风气也没有改变。但到了大同末年，错讹异体之字就逐渐产生了。萧子云改变字的形体，邵陵王常使用不规范的字，朝野上下翕然成风，以他们的字作为模仿的对象，结果是画虎不成反类犬，造成很大的损害。以至于一个字简化得只见几个点，有的随意增减笔画，任意改变偏旁的位置。从此以后的书籍几乎没法看。北朝在经历兵荒马乱之后，书写字迹鄙陋不堪，加上擅自造字，其拙劣程度更甚于江南，竟然出现将"百""念"两字相组合作为"忧"字，"言""反"两字相组合作为"变"字，"不""用"两字相组合作为"罢"字，"追""来"两字相组合作为"归"字，"更""生"两字相组合作为"苏"字，"先""人"两字相组合作为"老"字。像这种情况不是个别的，而是遍见于经书典籍中。只有姚元标擅长正体书，专心研究小学，跟从他学习的门生很多。到了齐朝末年，秘阁书籍的缮写就比以前好多了。

19.5 江南闾里间有《画书赋》，乃陶隐居弟子杜道士所为；其人未甚识字，轻为轨则，托名贵师，世俗传信，后生颇为所误也。

【注释】

（1）**托名贵师**：指假托杜道士之师陶弘景所撰写。

【译文】

江南民间流传有《画书赋》，是陶弘景的弟子杜道士撰写的。这个人不认识几个字，却轻率地定了一些书画的规则，假托是陶弘景传下来的，世人也就轻易地相信了，到处流传，贻误了许多后生。

19.6 画绘之工，亦为妙矣；自古名士，多或能之。吾家尝有梁元帝手画蝉雀白团扇及马图，亦难及也。武烈太子偏能写真，坐上宾客，随宜点染，即成数人，以问童孺，皆知姓名矣。萧贲、刘孝先、刘灵，并文学已外，复佳此法。玩阅古今，特可宝爱。若官未通显，每被公私使令，亦为猥役。吴县顾士端出身湘东王国侍郎，后为镇南府刑狱参军，有子曰庭，西朝中书舍人，父子并有琴书之艺，尤妙丹青，常被元帝所使，每怀羞恨。彭城刘岳，橐之子也，仕为骠骑府管记、平氏县令，才学快士，而画绝伦。后随武陵王入蜀，下牢之败，遂为陆护军画支江寺壁，与诸工巧杂处。向使三贤都不晓画，直运素业，岂见此耻乎？

【注释】

（1）**画绘之工，亦为妙矣；自古名士，多或能之**："名士"，有名的读书人，在魏晋南北朝时期，"名士"特指士族中德行高、学问好的精英分子，能得到"名士"称呼的人很少。

（2）**吾家尝有梁元帝手画蝉雀白团扇及马图，亦难及也**：梁元帝擅长绘画，史书颇有记之。陈直曰："唐张彦远《历代名画记》记梁元帝有自画《宣尼像》，又尝画圣僧，武帝亲为赞之。有《职贡图》《蕃客入朝图》《鹿图》《师利图》《鹓鹤陂泽图》等，并有题印。《职贡图》现尚存残卷，南京博物馆藏。见一九六〇年《文物》七期。""团扇"，圆形而有短柄的扇子，上面可题字绘画。我国古代自有扇以来一向流行这种样式。明清之后，才流行折扇。

（3）**武烈太子偏能写真，坐上宾客，随宜点染，即成数人，以问童孺，皆知姓名矣**："武烈太子"，即萧方等。已见前（6.35）注。《历代名画记》七："梁元帝长子方等，字实相。尤能写真，坐上宾客，随意点染，即成数人，问童儿皆识之。后因战殁，年二十二。""偏"，特别。"写真"，为人物画像。"随宜"，随机。

（4）**萧贲、刘孝先、刘灵，并文学已外，复佳此法**："萧贲"，南齐竟陵王萧子良之孙，字文奂，有文才，善书画。传附见《南史·萧子良传》，又见《历代名画记》。"刘孝先"，南朝时梁人，善五言诗，为黄门侍郎，迁侍中，传附见《梁书·刘潜传》。"刘灵"，已见前（8.29）注。"佳"，善，作动词用。

（5）**玩阅古今，特可宝爱**："玩（wàn）阅"，赏玩。"宝爱"，爱惜，当宝贝一样地爱惜。

（6）**若官未通显，每被公私使令，亦为猥役**："使令"，指使命令。"猥役"，下等差役。

（7）**吴县顾士端出身湘东王国侍郎，后为镇南府刑狱参军，有子曰庭，西朝中书舍人，父子并有琴书之艺，尤妙丹青，常被元帝所使，每怀羞恨**："吴县"，吴郡治所，即今江苏苏州。"王国侍郎"，梁时王国所置官职。《隋书·百官志》："王国置……中尉、侍郎，执事中尉。""镇南府"，萧绎在梁武帝大同六年（540）出任使持节都督江州诸军事、镇南将军、江州刺史，镇南府即镇南将军府。刑狱参军为府中掌刑狱的官员。"西朝"，又称"西台"，指江陵，后梁建都于此，故有此称。"中书舍人"，中书省属官，参看前（5.5）及（11.2）注。"尤妙丹青"，尤其善于画画。"妙"的用法同前"复佳此法"的"佳"。

（8）**彭城刘岳，橐之子也，仕为骠骑府管记、平氏县令，才学快士，而画绝伦:"骠骑府",即骠骑将军府。"管记",指记室,职掌章表文书。"平氏",属南阳,约在今河南桐柏西。"快士",佳士,"快"作"佳"讲,现代汉语中还有"快人""快事""快语"等说法。

(9)**后随武陵王入蜀,下牢之败,遂为陆护军画支江寺壁,与诸工巧杂处**:"武陵王",即萧纪。字世询,梁武帝第八子。梁武帝天监十三年封武陵王。梁武帝大同三年(537)为都督、益州刺史,入蜀。"下牢",即下牢关,在今湖北宜昌西北,长江出峡处。梁元帝承圣二年(553),萧纪举兵东下击梁元帝,在此为梁军所败。"陆护军",指陆法和,传见《北齐书》。陈直曰:"陆护军为陆法和,见《北史·艺术传》。梁元帝以法和都督郢州刺史,加司徒,封江乘县公。后奔齐入周,仍为显官,独不载陆官护军将军事。据之推《观我生赋》云:'懿永宁之龙蟠,奇护军之电扫。'自注云:'护军将军陆法和破任约于赤亭湖,侯景退走大败。'历官与本文正合。支江当为枝江简写,《隋书·地理志》枝江县属南郡。史称法和奉佛法,故令刘岳画枝江县某寺之壁画也。""工巧",技工。

(10)**向使三贤都不晓画,直运素业,岂见此耻乎**:"向使",假使。"直运",只做。"素业",儒素之业,即读书做学问。

【译文】

绘画之巧,也是奇妙的。自古以来的名士,不少擅于此道。我们家曾有梁元帝亲手画的蝉雀白团扇和马图,也是一般人画不出来的。武烈太子尤其善于人物写真,在座的宾客,他只要用笔随意点染,就画出了这些人的形象,拿了去问小孩,都知道画中人物是谁。萧贲、刘孝先、刘灵等人,都是在精通文学之外,还善于绘画。赏玩古今字画,确实让人爱不释手。但如果一个人官位还不显赫,就会常被公家和私人呼来唤去,这样作画也就成了下等差事。吴县顾士端最初为湘东王国的侍郎,后来任镇南府刑狱参军,他有个儿子叫顾庭,是梁朝的中书舍人,父子俩都善音乐书法,尤其精通绘画,常被梁元帝所驱使,总感到羞愧悔恨。彭城的刘岳,是刘橐的儿子,担任过骠骑府的管记、平氏县令,是位有才学的人,绘画才能超群绝伦。后来跟随武陵王到了蜀地,下牢之败后,就被陆护军派去画枝江寺的壁画,和那些工匠杂处一起。倘若这三位有才能的人不懂绘画,只专心于儒素之业,怎么会遭到这样的耻辱呢?

19.7 弧矢之利,以威天下,先王所以观德择贤,亦济身之急务也。

江南谓世之常射，以为兵射，冠冕儒生，多不习此；别有博射，弱弓长箭，施于准的，揖让升降，以行礼焉。防御寇难，了无所益，乱离之后，此术遂亡。河北文士，率晓兵射，非直葛洪一箭，已解追兵，三九宴集，常縻荣赐。虽然要轻禽，截狡兽，不愿汝辈为之。

【注释】

（1）**弧矢之利，以威天下，先王所以观德择贤，亦济身之急务也**：《易·系辞下》："弦木为弧，剡木为矢；弧矢之利，以威天下。""观德择贤"，《礼记·射义》："射者，所以观盛德也……孔子曰：'射者何以射？何以听？循声而发，发而不失正鹄者，其唯贤者乎！'""射以观德"，意思是通过射箭可以看出人的德行，并由此选择贤者。"济身"，提高身份地位，"济"，增益。

（2）**江南谓世之常射，以为兵射，冠冕儒生，多不习此**："兵射"，用于军事目的的射箭。"冠冕儒生"，出身于士族的书生，"冠冕"，指代代做官的士族。

（3）**别有博射，弱弓长箭，施于准的，揖让升降，以行礼焉**："博射"，古代的一种游乐性射箭。《南史·柳恽传》：恽"尝与琅邪王瞻博射，嫌其皮阔，乃摘梅帖乌珠之上，发必命中，观者惊骇。""皮"，指箭垛，"乌珠"指箭垛上黑色的靶心。

（4）**防御寇难，了无所益，乱离之后，此术遂亡**："了无"，完全没有。

（5）**河北文士，率晓兵射，非直葛洪一箭，已解追兵，三九宴集，常縻荣赐**："葛洪"，东晋学者，已见前（9.7）注。《抱朴子外篇·自叙》："昔在军旅，曾手射追骑，应弦而倒，杀二贼一马，遂以得免死。""三九"，指三公九卿。"縻（mí）"，通"靡"，浪费，这里是得到的谦辞，言下之意是不该得到"荣赐"而得到"荣赐"。

（6）**虽然要轻禽，截狡兽，不愿汝辈为之**："要轻禽，截狡兽"，出于曹丕《典论·自叙》，见《三国志·魏书·文帝纪》注引。"要（yāo）"，通"邀"，拦截之意。指以箭术高强参加围猎。

【译文】

弓箭之利，可以扬威于天下，古代的帝王以射箭来考察人的德行，选择贤能，所以学会射箭也是提高自己身份地位的重要事情。江南的人将世上一般常见的那种射箭称作兵射，出身士族的读书人都不肯学习此道。另外有一种"博射"，弓力软弱，箭身很长，是用来射向箭垛的，宾主揖让进退，以此表达礼节。这种博射对于防御敌寇，解救危险，一点用处都没有，所以自从乱离之后，这种博射也就消失了。北方的文士，大都通晓兵射，不只是像葛洪那样能箭射追兵，也能在三公九卿出席的宴会上，以射箭得到赏赐。尽管如此，我还是不愿意你们去干这种拦截飞禽狡兽的事情。

19.8 卜筮者，圣人之业也；但近世无复佳师，多不能中。古者，卜以决疑，今人生疑于卜，何者？守道信谋，欲行一事，卜得恶卦，反令忧忧，此之谓乎！且十中六七，以为上手，粗知大意，又不委曲。凡射奇偶，自然半收，何足赖也。世传云："解阴阳者，为鬼所嫉，坎壈贫穷，多不称泰。"吾观近古以来，尤精妙者，唯京房、管辂、郭璞耳，皆无官位，多或罹灾，此言令人益信。傥值世网严密，强负此名，便有诖误，亦祸源也。及星文风气，率不劳为之。吾尝学《六壬式》，亦值世间好匠，聚得《龙首》《金匮》《玉轵变》《玉历》十许种书，讨求无验，寻亦悔罢。凡阴阳之术，与天地俱生，其吉凶德刑，不可不信；但去圣既远，世传术书，皆出流俗，言辞鄙浅，验少妄多。至如反支不行，竟以遇害；归忌寄宿，不免凶终：拘而多忌，亦无益也。

【注释】

（1）卜筮者，圣人之业也；但近世无复佳师，多不能中："卜筮（shì）"，古时占卜，用龟甲称卜，用蓍草称筮。"佳师"，高明的卜者、高手。

（2）古者，卜以决疑，今人生疑于卜，何者："卜以决疑"，《左传·桓公十一年》："卜以决疑。不疑何卜？"

（3）守道信谋，欲行一事，卜得恶卦，反令忧忧，此之谓乎："忧（chì）"，恐惧不安。《说文》："忧，惕也。"郑玄注《易》云："忧，惕惧也。"

（4）且十中六七，以为上手，粗知大意，又不委曲："上手"，上等手艺，略同"高手"。《隋书·杨素传》："素箭为第一上手。""委曲"，指事情的详尽底细和具体原委。

（5）凡射奇偶，自然半收，何足赖也："射"，占卜、猜谜。"半收"，猜中一半。

（6）世传云："解阴阳者，为鬼所嫉，坎壈贫穷，多不称泰。"："坎壈（lǎn）"，不平坦、多折磨。"泰"，发达。

（7）吾观近古以来，尤精妙者，唯京房、管辂、郭璞耳，皆无官位，多或罹灾，此言令人益信："京房"，西汉今文易学"京氏学"的开创者。本姓李，字君明，东郡顿丘（今河南清丰西南）人。其说长于灾变，又善占卜，后因上疏弹劾显宦专权而被处死，事见《汉书·京房传》。管辂，字公明，三国魏平原（今属山东）人，幼好天文，及长，精通《易》和占卜，《三国志》本传中有其卜筮奇验记载。"郭璞"，已见（17.2）注。"罹（lí）灾"，遇到灾祸。

(8) 傥值世网严密，强负此名，便有诖误，亦祸源也："傥"，倘若。"世网"，当世的法网。"强（qiǎng）"，勉强。"便"，假使、如果。"诖（guà）误"，失误。

(9) 及星文风气，率不劳为之："及"，至于。"率"，一概。

(10) 吾尝学《六壬式》，亦值世间好匠，聚得《龙首》《金匮》《玉轮变》《玉历》十许种书，讨求无验，寻亦悔罢：《六壬式》，《隋书·经籍志》著录《六壬式经杂占》九卷、《六壬释兆》六卷。六壬，术数的一种。五行以水为首，十天干中，壬癸皆属水，壬为阳水，癸为阴水，舍阴取阳，故名壬。六十甲子中，壬有六个，即壬申、壬午、壬辰、壬寅、壬子、壬戌，故名六壬。六壬共有七百二十课，一般总括为六十四种课体，以用于占问吉凶祸福。"聚得《龙首》《金匮》《玉轮变》《玉历》十许种书"，俞正燮《癸巳类稿》，"（颜氏所举）其书古雅也。其在目录者，《隋书·经籍志》五行类有《黄帝龙首经》二卷，《元女式经要法》一卷，《通志·艺文略》有《金匮经》三卷，焦竑《国史经籍》内有《六壬龙首经》一卷。检《释藏笑道论》云：'《黄帝金匮》何以不在道书之列乎？'知其书周、秦广行……合之《颜氏家训》及《隋志》，知此数种是古书，及行于世。齐梁时续收入《道藏》者"。

(11) 凡阴阳之术，与天地俱生，其吉凶德刑，不可不信；但去圣既远，世传术书，皆出流俗，言辞鄙浅，验少妄多："去圣既远"，离圣人已经很远了。

(12) 至如反支不行，竟以遇害；归忌寄宿，不免凶终：拘而多忌，亦无益也："反支"，即反支日。古人以反支日为禁忌之日。王利器《集解》引赵曦明曰："《后汉书·王符传》：'明帝时，公车以反支日不受章奏。'章怀注：'凡反支日，用月朔为正。戌亥朔，一日反支；申酉朔，二日反支；午未朔，三日反支；辰巳朔，四日反支；寅卯朔，五日反支；子丑朔，六日反支。见《阴阳书》。'"又《郭躬传》："桓帝时，汝南有陈伯敬者，行必矩步，坐必端膝，行路闻凶，便解驾留止，还触归忌，则寄宿乡亭。年老寝滞，不过举孝廉。后坐女婿亡吏，太守邵夔怒而杀之。'章怀注：'《阴阳书历法》曰"归忌日，四孟在丑，四仲在寅，四季在子，其日不可远行、归家及徙也。"'徐鲲曰：'《汉书游侠陈遵传》：王莽败，张竦为贼兵所杀。'注：'李奇曰：竦知有贼，当去，会反支日不去，因为贼所杀，桓谭以为通人之蔽也。'""归忌"，归家之忌日，即当日不宜回家。

【译文】

卜筮，是圣人做的事；只是近世再也没有高明的巫师，所占多不应验。古时候，用占卜来释疑解惑，现在的人却对占卜的结果产生了怀疑，这是什么原因呢？凡信守道义和承诺的人，打算去办一件事，占卜时却得到了恶卦，反而会令自己惴惴不安，这岂不是占卜不仅不能决疑反而令人生疑吗？况且，十次占卜，其中有六七次应验，就算是占卜的高手了。对占术只是粗知大意，并不精通的人，凡是占卜只分正负两种的，自然会有猜中一半的概率，这怎么能值得信赖呢？世人传言说："懂得阴阳占卜的人，被鬼神所嫉妒，一生坎坷贫穷，多不发达。"我看近古以来，特别精通占卜的人，也只有京房、管辂、郭璞三人而已，他们都没有得到官职，多遭遇灾祸，所以这个传言更让人相信。倘若碰上世间法网严密，勉强地背负着会占卜的名声，如有失误，就是灾祸的根源。至于看天文、观星象、测气占候之类，一概不值得劳神。我曾学过《六壬式》，也遇到过占卜的好手，收集了《龙首》《金匮》《玉轸变》《玉历》等十几种占卜的书，探研之后发现书中所说的并不应验，不久也就后悔作罢了。大凡阴阳占卜之术，与天地同生，昭示人间吉凶，或施恩或惩罚，是不可以不相信的；只是现在离圣人的时代已经很远，世上流传的占术书，都是出于凡俗平庸人之手，言词鄙陋浅薄，应验的少，妄说的多。例如有些人在反支日不敢远行，结果反而遇害；有些人在不宜归家的忌日寄宿在外，结果还是没有免掉凶惨的结局。可见拘泥于此类说法而多忌讳，是没有什么益处的。

19.9 算术亦是六艺要事，自古儒士论天道、定律历者，皆学通之。然可以兼明，不可以专业。江南此学殊少，唯范阳祖暅精之，位至南康太守。河北多晓此术。

【注释】

（1）**算术亦是六艺要事，自古儒士论天道，定律历者，皆学通之**："六艺"，古代学校教育的六项内容。依《周礼·地官·保氏》，为礼、乐、射、御、书、数。

（2）**然可以兼明，不可以专业**："专业"，专门从事、专门研究，"业"是动词，与今天白话文的"专业"不同。

（3）**江南此学殊少，唯范阳祖暅精之，位至南康太守**："范阳"，郡名，治所在涿县（今属河北）。"祖暅（gèng）"，又名祖暅之，字景烁，古代数学家祖冲之之子，精于天文数学，曾修订《大明历》，并首次求得球体积的准确公式，事附见《南史·祖冲之传》，《隋书·经籍志》天文类著录其书《天文录》三十卷，署"祖暅之"。王利器《集解》云："六朝人信奉道教，率于名下缀'之'字；颜氏盖嫌其一门五世，命名相似，故去'之'字简称祖暅耳。"

（4）**河北多晓此术**："此术"，算术，今称数学。

【译文】

算术也是六艺中重要的一项；自古以来，儒生中能谈论天道，推定律历的，都学习并精通算术。然而，可以在儒业之外兼通算术，不可以将它作为专业。江南通晓此学的人很少，只有范阳人祖暅精通它，他官至南康太守。河北地区的人则多通晓算术。

19.10 医方之事，取妙极难，不劝汝曹以自命也。微解药性，小小和合，居家得以救急，亦为胜事，皇甫谧、殷仲堪则其人也。

【注释】

（1）"取妙极难"，要精通是很困难的，"取妙"，达到精妙。"小小"，稍微。"和合"，犹今言配方。"皇甫谧"，已见前（8.9）注。"胜事"，好事、值得赞许的事。"殷仲堪"，东晋陈郡（今河南淮阳）人，曾任荆州刺史，好医术，著有《殷荆州要方》，《隋书·经籍志》著录，传见《晋书》。

【译文】

看病开药的事，要精通是非常困难的，我不劝你们以此自许。稍微了解一些药性，略为懂得如何配方，居家时能够用来救急，当然也是好事，皇甫谧、殷仲堪，就是这样的人。

19.11 《礼》曰："君子无故不彻琴瑟。"古来名士，多所爱好。洎于梁初，衣冠子孙，不知琴者，号有所阙。大同以末，斯风顿尽。然而此乐愔愔雅致，有深味哉！今世曲解，虽变于古，犹足以畅神情也。唯不可令有称誉，见役勋贵，处之下坐，以取残杯冷炙之辱。戴安道犹遭之，况尔曹乎！

【注释】

（1）**《礼》曰："君子无故不彻琴瑟。"**：见《礼记·曲礼下》。"彻"，简化之前作"徹"，通"撤"，撤除。王利器《集解》云："《乐府诗集》琴曲歌辞：'琴者，先王所以修身理性，禁邪防淫者也。是故君子无故不去其身。'"

（2）**古来名士，多所爱好**："多所爱好"，即"多爱好（之）"，"所"是句中助词，无义，宾语是代词"之"，省略了。

（3）**洎于梁初，衣冠子孙，不知琴者，号有所阙**："号有所阙"，被认为有所缺失，"所"字用法同前句。

（4）**大同以末，斯风顿尽**："大同以末"，即"大同末"，"以"是语气助词，无义。

（5）**然而此乐愔愔雅致，有深味哉**："愔愔（yīn）"，安静和悦。《文选》嵇叔夜《琴赋》："愔愔琴德，不可测兮。"李善注："《韩诗》曰：'愔愔，和悦貌。'""雅致"，高雅的兴趣。

（6）**今世曲解，虽变于古，犹足以畅神情也**："曲解"不是今语的"曲解"，"曲"，琴曲歌辞；"解"，乐曲的章节、段落。琴一曲为曲，一段为解。

（7）**唯不可令有称誉，见役勋贵，处之下坐，以取残杯冷炙之辱**："称誉"，名声。"见役"，被役使，"见"在文言中常常表示被动。"下坐"，即下座，"处之下坐"意为不当作客人而当作乐工看待。"残杯冷炙"，别人吃后剩余的食物，"杯"，指酒，"炙"，烤肉，指菜。

（8）**戴安道犹遭之，况尔曹乎**："戴安道"，即戴逵，字安道。《晋书·隐逸传》说他"少博学，好谈论，善属文，能鼓琴……武陵王晞闻其善鼓琴，使人召之，逵对使者破琴，曰：'戴安道不为王门伶人！'""尔曹"，你们。

【译文】

《礼记》说："君子无故不撤去琴瑟。"自古以来的名士，大多爱好音乐。到了梁朝初期，如果贵族子弟不懂得弹琴，就被人认为有所欠缺。大同末年以后，这种风气很快就消失了。然而琴乐和谐美妙，情趣高雅，有很深的意味啊！现在的琴曲歌词，虽然跟古代不同，还是足以使人神情舒畅。但不要以鼓琴出名，这样容易被功臣显贵所役使，身居下座为人弹奏，遭受吃残羹剩饭的屈辱。戴安道尚且碰到过这样的事，何况你们呢？

19.12《家语》曰："君子不博，为其兼行恶道故也。"《论语》云："不有博弈者乎？为之，犹贤乎已。"然则圣人不用博弈为教，但以学者不可常精，有时疲倦，则傥为之，犹胜饱食昏睡，兀然端坐耳。至如吴太子以为无益，命韦昭论之；王肃、葛洪、陶侃之徒，不许目观手执，此并勤笃之志也，能尔为佳。古为大博则六箸，小博则二荧，今无晓者。比世所行，一荧十二棋，数术浅短，不足可玩。围棋有手谈、坐隐之目，颇为雅戏；但令人耽愦，废丧实多，不可常也。

【注释】

(1) **《家语》曰："君子不博，为其兼行恶道故也。"**：《家语》，全称是《孔子家语》，魏王肃编集。《孔子家语·五仪解》："哀公问于孔子曰：'吾闻君子不博，有之乎？'孔子曰：'有之。'公曰：'何为？'对曰：'为其有二乘。'公曰：'有二乘则何为不博？'子曰：'为其兼行恶道也。'""博"，博戏，又称局戏，六箸十二棋。

(2) **《论语》云："不有博弈者乎？为之，犹贤乎已。"**：见《论语·阳货》。"弈"，围棋，又叫"四维"。

(3) **然则圣人不用博弈为教，但以学者不可常精，有时疲倦，则傥为之，犹胜饱食昏睡，兀然端坐耳**："傥"，倘或，引申为偶尔。

(4) **至如吴太子以为无益，命韦昭论之**：事见《三国志·吴书·韦曜传》。韦曜即韦昭，因避晋孝武帝司马曜讳而改。韦昭撰《博弈论》，见于本传和《文选》卷五十二，其文曰："今世之人多不务经术，好玩博弈，废事弃业，忘寝与食，穷日尽明，继以脂烛。当其临局交争，雌雄未决，专精锐意，心劳体倦，人事旷而不修，宾旅阙而不接……至或赌及衣物，徒棋易行，廉耻之意弛，而忿戾之色发，然其所志不出一杯之上，所务不过方罫（guǎi，方格）之间……技非六艺，用非经国；立身者不阶其术，征选者不由其道。求之于战陈，则非孙、吴之伦也；考之于道艺，则非孔氏之门也。"

（5）**王肃、葛洪、陶侃之徒，不许目观手执**："王肃"，字子雍，三国时曹魏经学家，曾编集《孔子家语》，已见前注。其厌恶博弈之事未详。陈直曰："《艺文类聚》二十三有王肃《家诫》，仅说诫酒，恶博应亦为此篇之佚文。""葛洪"，东晋学者，已见前（9.7）注，其反对博弈事见《抱朴子外篇·自叙》。"陶侃"，东晋时庐江浔阳（今江西九江）人，字士行（或作士衡），为荆州刺史时，见其佐史博弈，即将器具投之于江，并鞭扑之，事见《晋书》本传。

（6）**此并勤笃之志也，能尔为佳**：能这样做最好。

（7）**古为大博则六箸，小博则二茕，今无晓者**："箸"，博戏时所用之竹棍。鲍宏《博经》："博局之戏，各设六箸，行六棋，故云六博。用十二棋，六白六黑。所掷骰谓之琼。琼有五采，刻为一画者谓之塞，两画者谓之白，三画者谓之黑，一边不刻者，在五塞之间，谓之五塞。"琼即"茕（qióng）"，博戏中所用骰子。

（8）**比世所行，一茕十二棋，数术浅短，不足可玩**："足可"，即"足"，参看（17.9）注。"不足可玩"，不值得赏玩。

（9）**围棋有手谈、坐隐之目，颇为雅戏；但令人耽愦，废丧实多，不可常也**："手谈、坐隐"，均为下围棋的别称，《世说新语·巧艺》："王中郎以围棋是坐隐，支公以围棋为手谈。""耽愦"，沉溺于其中而显得昏聩。"废丧实多"，耽误事情、浪费光阴实在太多了。

【译文】

《孔子家语》说："君子不玩博戏，是因为博戏也会使人步入邪道的缘故。"《论语》说："不是有博弈之戏吗？玩玩它，总比什么都不干要好。"这样说来，圣人是不用玩博戏来作为教育的内容的，但因为读书人不可能总是精力集中，有时也会疲倦，那么偶尔下棋玩玩，总比饱食昏睡、呆呆地坐着要强一些。至于像吴太子认为博弈之戏没什么好处，命韦昭撰文论述它的害处；王肃、葛洪、陶侃等人，不许执棋博弈，也不许在旁观战：这些人都是勤奋且意志坚定的人，能做到这样当然最好。古时候大的博戏用六箸，小的掷二骰，这些现在没人通晓它了。当今所流行的，是一个骰子，十二个棋子，着数变化简单浅显，不值得一玩。下围棋又称为手谈、坐隐，是一种颇为高雅的游戏，只是它会使人沉溺其中，令人心神昏乱，废事丧时实在太多，所以不要经常下它。

19.13 投壶之礼，近世愈精。古者，实以小豆，为其矢之跃也。今则唯欲其骁，益多益喜，乃有倚竿、带剑、狼壶、豹尾、龙首之名。其尤妙者，有莲花骁。汝南周㻃，弘正之子，会稽贺徽，贺革之子，并能一箭四十余骁。贺又尝为小障，置壶其外，隔障投之，无所失也。至邺以来，亦见广宁、兰陵诸王，有此校具，举国遂无投得一骁者。弹棋亦近世雅戏，消愁释愤，时可为之。

【注释】

（1）**投壶之礼，近世愈精**："投壶"，古代宴会一种礼制，也是一种游戏。据《礼记·投壶》，其方法是：以壶口为目标，用矢投入。以投中多少决胜负，负者罚酒。

（2）**古者，实以小豆，为其矢之跃也**：《礼记·投壶》："壶，颈修七寸，腹修五寸，口径二寸半，容斗五升。壶中实小豆焉，为其矢之跃而出也。壶去席二矢半。"

（3）**今则唯欲其骁，益多益喜，乃有倚竿、带剑、狼壶、豹尾、龙首之名**："骁"，矢投入壶中并使之弹出跳还。王利器《集解》引赵曦明曰："《西京杂记》下：'武帝时，郭舍人善投壶，以竹为矢，不用棘也。古之投壶，取中而不求还；郭舍人则激矢令还，一矢百余反，谓之为骁，言如博之腕枭于掌中为骁杰也。'""倚竿、带剑、狼壶、豹尾、龙首"，均为骁的名目。司马光《投壶格》曰："倚竿，箭斜倚壶口中。带剑，贯耳不至地者。狼壶，转旋口上而成倚竿者。龙尾，倚竿而箭羽正向己者。龙首，倚竿而箭首正向己者。"王利器《集解》曰："颜氏之豹尾，司马氏又作龙尾也。"

（4）**其尤妙者，有莲花骁**："莲花骁"，骁之名目。具体不详。

（5）**汝南周㻃，弘正之子，会稽贺徽，贺革之子，并能一箭四十余骁**："周㻃（guī）"，南朝时陈人，官至吏部郎，传附见《陈书·周弘让传》。"贺徽"，南朝时梁人，美容仪，善谈吐，传附见《南史·贺革传》。

（6）**贺又尝为小障，置壶其外，隔障投之，无所失也**："无所失"，从不失手，"所"，为句中语气助词，无义。

（7）**至邺以来，亦见广宁、兰陵诸王，有此校具，举国遂无投得一骁者**："广宁"，为北齐高澄第二子，名孝珩，爱赏人物，学涉经史，好缀文，画亦精，官至大将军、大司马，约在齐天保（550—559）初年封为广宁王。"兰陵"，高澄第四子，名长恭，一名孝瓘，据说其勇武而貌美，自以为不能使敌人畏惧，常戴面具出战。约在天保初封为兰陵王。北齐武成帝河清三年（564），领军破突厥，并大败周军。《兰陵王入阵曲》即歌长恭此战之事。二王传并见《北齐书·文襄六王传》。"校具"，"校"，校饰、装饰，被校饰的物品叫"校具"。

（8）弹棋亦近世雅戏，消愁释愤，时可为之："弹棋"，古代博戏的一种，玩法不详。王利器《集解》引赵曦明曰："《艺经》：'弹棋，二人对局，黑白棋各六枚，先列棋相当，下呼上击之。'《世说·巧艺》篇：'弹棋始自魏宫内，用妆奁戏。文帝于此戏特妙。用手巾角拂之，无不中者。有客自云能，帝使为之；客着葛巾角，低头拂棋，妙踰于帝。'"又引沈括《梦溪笔谈》十八："弹棋，今人罕为之。有谱一卷，盖唐人所为。其局方二尺，中心高如覆盂，其巅为小壶，四角隆起，今大名开元寺佛殿上有一石局，亦唐时物也。"

【译文】

投壶这种游戏，近世愈加精妙。古代投壶，壶中装进小豆，这是为了防止箭矢反跳出来。现在却讲究要使投出的箭矢能弹跳回来，弹跳回来的次数越多越高兴，于是就有了倚竿、带剑、狼壶、豹尾、龙首等名目。其中最精彩的是莲花跳。汝南的周璝，是周弘正的儿子；会稽的贺徽，是贺革的儿子，他们都能用一个箭矢跳弹四十多个来回。贺徽还曾设了小屏风，把壶放在屏风外面，隔着屏风投壶，没有不中的。我到了邺都以后，也看见广宁王、兰陵王有投壶的设备，举国上下就没有一个人能投得弹跳回来了。弹棋也是近代一种高雅游戏，用来消愁解闷，可以偶尔为之。

【评析】

刘义庆《世说新语》有《术解》一篇，记载了当时一些名人精于音律、风水、相马、占墓、卜筮、医术等的故事，又有《巧艺》一篇，记载了当时一些名人精于弹棋、书法、围棋、绘画等的故事。在儒家看来，这些都属于正道（经、史、子、文）之外的小术、小艺，不是君子必学的，但懂一点也不坏。尤其是后世"才子"们讲究的琴、棋、书、画，更是文人雅事。颜之推《颜氏家训·杂艺》一篇，就是讲这一方面的事情。颜之推对这些事情的基本态度，跟正统儒家一样，也认为作为一个君子可以适当涉猎，"微须留意"，但不宜专精，把它当成一件事业来做。稍微涉猎可以消愁解闷，怡心畅神，但如果沉溺其中，就会浪费时光，荒废正业。

颜氏这种看法显然已经不适合于现代社会。今天音乐、美术、医学都已经发展成为独立的学科，不再只是小术、小艺，已经需要人们穷毕生精力去学习研究，但是颜氏的告诫还是有值得今人参考的地方。现在社会上不是有形形色色的才艺班吗？很多家长望子成龙心切，恨不得让孩子具备各种各样的才能，每到周末、寒暑假就花大笔的钱财送他们去学乐器，学舞蹈，学绘画，学棋艺，乃至书法、花道、茶道以及各种运动技能，更不要谈奥数、外语等跟考试有关的内容，简直让孩子们疲于奔命。这些家长用心虽好，但未免有点弃本逐末。一个人在青少年时期，容易接受新鲜事物，容易学会各种技能，抓紧这段时光学习一点技艺是好的，如弹琴、唱歌、书法、绘画等，都可以使我们终身受益。但是这些修养有一两种就已经足够，并非多多益善。学得过多，不仅无益，反而有害，因为这样很容易让孩子们分散注意力和精力，而荒废了人生不可或缺的道德与职业训练，这是值得所有家长警惕的。

终制第二十

20.1 死者，人之常分，不可免也。吾年十九，值梁家丧乱，其间与白刃为伍者，亦常数辈；幸承余福，得至于今。古人云："五十不为夭。"吾已六十余，故心坦然，不以残年为念。先有风气之疾，常疑奄然，聊书素怀，以为汝诫。

【注释】

（1）**死者，人之常分，不可免也**："常分（fèn）"，定分，分内之事。

（2）**吾年十九，值梁家丧乱，其间与白刃为伍者，亦常数辈；幸承余福，得至于今**："吾年十九"，据颜之推《观我生赋》："未成冠而登仕，财解履以从军。"自注云："时年十九，释褐湘东王国右常侍，以军功加镇西墨曹参军。"又据缪钺《颜之推年谱》，时年为梁武帝太清三年（549）。"梁家"，指梁朝。"白刃"，指刀、剑等有刃口的武器。"与白刃为伍"，即指在刀光剑影中出没。"辈"，次。王利器《集解》："辈犹言人次。《史记·秦始皇本纪》：'（赵）高使人请子婴数辈。'用法与此相同。"

（3）**古人云："五十不为夭。"吾已六十余，故心坦然，不以残年为念**：王利器《集解》引赵曦明曰："《蜀志·先主传》注：《诸葛亮集》载先主遗诏敕后主曰：'人五十不称夭，年已六十有余，何所复恨！不复自伤。但以卿兄弟为念。'"

（4）**先有风气之疾，常疑奄然，聊书素怀，以为汝诫**："风气"，疾病名。王利器《集解》引《史记·扁鹊仓公列传》："所以知齐王太后病者，臣意诊其脉，切其太阴之口，湿然风气也。《脉法》曰：'沉之而大坚，浮之而大紧者，病主在肾。'肾切之而相反也，脉大而臊。大者，膀胱气也；臊者，中有热而溺赤。""奄然"，突然死去。"素怀"，平时所想的事情。

【译文】

死，对于每个人来说，是必然的归宿，无可避免的。我十九岁的时候，正好遇上梁朝大乱，这期间出没于刀光剑影之中，也有好多次；幸承祖上的福荫，得以活到今天。古人说："活到五十岁就不算短命了。"我如今六十多岁了，所以心里坦然，不再为余年不多而烦恼。我先前患有风气的毛病，常疑心自己会突然死去，因而姑且记下平时的一些想法，以作为对你们的嘱告。

20.2 先君先夫人皆未还建邺旧山，旅葬江陵东郭。承圣末，已启求扬都，欲营迁厝。蒙诏赐银百两，已于扬州小郊北地烧砖，便值本朝沦没，流离如此，数十年间，绝于还望。今虽混一，家道馨穷，何由办此奉营资费？且扬都污毁，无复孑遗，还被下湿，未为得计。自咎自责，贯心刻髓。计吾兄弟，不当仕进；但以门衰，骨肉单弱，五服之内，傍无一人，播越他乡，无复资荫；使汝等沉沦厮役，以为先世之耻；故靦冒人间，不敢坠失。兼以北方政教严切，全无隐退者故也。

【注释】

（1）**先君先夫人皆未还建邺旧山，旅葬江陵东郭**："旧山"，犹今言故乡。王利器《集解》引卢文弨说："之推九世祖含随晋元帝东渡，故建邺乃其故土也。""旅葬"，又称"客葬"，指葬在外地。

（2）**承圣末，已启求扬都，欲营迁厝**："承圣"，梁元帝萧绎的年号（552—554）。"扬都"，指建康，南北朝时习称如此。"厝（cuò）"，暂时浅葬或棺不下土，以待改葬。

（3）**蒙诏赐银百两，已于扬州小郊北地烧砖，便值本朝沦没，流离如此，数十年间，绝于还望**："扬州"，亦指建康。"烧砖"，烧制墓砖。王利器《集解》："自吴至陈、隋时代，江南人士，墓葬墩内用砖，皆由自家烧造，内中有少数砖必系以年月某氏墓字样，如长沙烂泥冲南齐墓，有碑文云'齐永元元年己卯岁刘氏墓'是也。（见一九五七年文物参考第二期，此例多不胜举。）与之推烧砖之说正相符合。""本朝"，古人谓所事之国为本朝。颜之推早年仕梁，故称梁为本朝。顾炎武《日知录》

十三卷："之推仕历齐、周及隋，而犹称梁为本朝；盖臣子之辞，无可移易，而当时上下亦不以为嫌者矣。"

（4）**今虽混一，家道罄穷，何由办此奉营资费**："混一"，统一，指隋灭陈统一南北。"家道"，家资。"罄穷"，很贫穷。"奉营"，奉祀营葬，"奉"，捧，此指恭敬地把先君先夫人迁葬至建康。

（5）**且扬都污毁，无复孑遗，还被下湿，未为得计**："污毁"，指隋平陈后，扬都的宫室民居已多毁坏。"无复孑遗"，没有一个留下来的，"孑"是孤独之貌。"下湿"，指江南地区地势低洼而潮湿，相对于西北的高亢而言。"得计"，如愿、合乎愿望。

（6）**自咎自责，贯心刻髓**："贯心刻髓"，牢记在心，现在多说铭心刻骨。

（7）**计吾兄弟，不当仕进；但以门衰，骨肉单弱，五服之内，傍无一人，播越他乡，无复资荫；使汝等沉沦厮役，以为先世之耻；故腆冒人间，不敢坠失**："吾兄弟"，参见（1.2）注。"五服"，旧时的丧服制度，以亲疏为差等，有斩衰、齐衰、大功、小功、缌麻五种名称，统称五服。"播越"，离散流亡。"资荫"，门第的庇护。《周书·苏绰传》："今之选举者，当不限资荫，唯在得人。""使"，假使。"厮役"，仆役，下等差事。"（tiǎn）冒"，惭愧。"坠失"，废弛。此指辞官退隐。

（8）**兼以北方政教严切，全无隐退者故也**："严切"，严厉。

【译文】

我先父先母的灵柩都没有送回到故土建邺，而客葬在江陵的东郭。承圣末年，我已向朝廷启求想把父母的灵柩迁回扬都。承蒙元帝下诏赐银百两，我已在扬都近郊北边烧制墓砖，碰巧遇上梁朝覆亡，我流离失所到了此地，几十年间，已断了返归扬都的希望。如今南北虽然统一了，可我的家资已经穷尽，何以筹措这笔迁葬的费用？况且扬都已遭毁弃，老家没有一个亲人了，回去葬入那潮湿低洼之地，也不是好办法。为此，我自怨自责，刻骨铭心。想来我们兄弟，本不该走这仕进之路，只是考虑家族衰败，骨肉孤弱，五服之内的亲戚，没有一人可以依靠，加上流徙他乡，再没有门第的庇荫。倘若使你们陷于仆役的地位，我以为这是给祖上带来耻辱。因此我只能惭愧地活下来，不敢随便辞去官职。另外，北方的政治教化苛刻严厉，几乎完全不允许官员隐退，这也是我不便辞职的缘故。

20.3 今年老疾侵，傥然奄忽，岂求备礼乎？一日放臂，沐浴而已，不劳复魄，殓以常衣。先夫人弃背之时，属世荒馑，家涂空迫，兄弟幼弱，棺器率薄，藏内无砖。吾当松棺二寸，衣帽已外，一不得自随，床上唯施七星板；至如蜡弩牙、玉豚、锡人之属，并须停省，粮罂明器，故不得营，碑志旒旐，弥在言外。载以鳖甲车，衬土而下，平地无坟；若惧拜扫不知兆域，当筑一堵低墙于左右前后，随为私记耳。灵筵勿设枕几，朔望祥禫，唯下白粥清水干枣，不得有酒肉饼果之祭。亲友来馂酹者，一皆拒之。汝曹若违吾心，有加先妣，则陷父不孝，在汝安乎？其内典功德，随力所至，勿刳竭生资，使冻馁也。四时祭祀，周、孔所教，欲人勿死其亲，不忘孝道也。求诸内典，则无益焉。杀生为之，翻增罪累。若报罔极之德，霜露之悲，有时斋供，及七月半盂兰盆，望于汝也。

【注释】

（1）**今年老疾侵，傥然奄忽，岂求备礼乎**："今年老疾侵"，现在年老多病，注意"今"和"年"不连读。"傥然"，倘或。"奄忽"，同"奄忽"，指突然死去。"备礼"，指丧礼详备周全。

（2）**一日放臂，沐浴而已，不劳复魄，殓以常衣**："放臂"，犹言撒手，这里婉指死亡。"复魄"，古丧礼，谓人始死之时，生者不忍，以死者之衣升屋，呼唤其名，以期招回死者魂魄，得以复苏。《仪礼·士丧礼》："复者一人"，"复者，有司招魂复魄也。"贾公彦疏："出入之气谓之魂，耳目聪明谓之魄，死者魂神去，离于魄，今欲招取魂来复归于魄，故云招魂复魄。""殓"，替死者穿衣。古丧礼，给尸体穿衣为小敛，以尸体入棺为大敛。

（3）**先夫人弃背之时，属世荒馑，家涂空迫，兄弟幼弱，棺器率薄，藏内无砖**："弃背"，犹言见背、捐背，指尊长亲人的死亡。"属（zhǔ）"，适值，碰上，副词。"家涂"，家道、家境。"藏"，寿藏，即坟墓。《后汉书·赵岐传》："先自为寿藏。"注："寿藏，谓冢圹也；称寿者，取其久远之意也，犹如寿宫、寿器之类。""无砖"，王利器《集解》："自吴至陈、隋时代，江南人士，墓葬墩内用砖，皆由自家烧造，内中有少数砖必系以年月某氏墓字样，如长沙烂泥冲南齐墓，有碑文云'齐永元元年己卯岁刘氏墓'是也。"当时颜氏家族家境贫寒，人丁单薄，无力烧砖，所以"藏内无砖"。

（4）**吾当松棺二寸，衣帽已外，一不得自随，床上唯施七星板；至如蜡弩牙、玉豚、锡人之属，并须停省**："床"，物体的底部，此指棺材的底部。"七星板",棺木中所用垫尸之板。明彭滨《重刻申阁老校正朱文公家礼正衡》四:"七星板,用板一片,其长广棺中可容者,凿为七孔。""蜡弩牙、玉豚、锡人",均为古明器,陪葬之物。"蜡弩牙",蜡制的弩弓,"弩牙",弩上发矢的机件。"玉豚",用玉或石制成的猪。"锡人",用锡铸造的人像。陈直说:"蜡弩牙为蜡制弩机模型。玉豚系玉石或滑石制成。南京幕府山一号墓所出即有滑石猪(见一九五六年《文物参考资料》第六期)。锡人即铅人。之推所言随葬品,皆南朝人习俗。"

(5)粮罂明器,故不得营,碑志旒旐,弥在言外:"粮罂(yīng)",装粮食的容器。"明器",又作"冥器",专为随葬而制作的器物,多以陶、石、木等材料制成。"旒旐(liú zhào)",明旌,古人用以书写死者生前的德行。"弥",更。

(6)载以鳖甲车,衬土而下,平地无坟;若惧拜扫不知兆域,当筑一堵低墙于左右前后,随为私记耳:"鳖甲车",灵车,一作"鳖盖车",因车盖似鳖甲而得名。"兆域",坟墓四周的界域。"随",顺便、就便。"私记",自家做记号。

(7)灵筵勿设枕几,朔望祥禫,唯下白粥清水干枣,不得有酒肉饼果之祭:"灵筵",供奉亡灵的几筵。"祥禫(dàn)",丧祭名。"祥"分小祥和大祥。小祥是父母丧后一周年的祭礼,大祥为父母丧后两周年的祭礼。"禫"为除丧服之祭。《仪礼·士虞礼》:"期而小祥,又期而大祥,中月而禫。"郑玄注:"中,犹间也;禫,祭名也,与大祥间一月。自丧至此,凡二十七月。"

(8)亲友来馈酹者,一皆拒之:"馈(chuò)酹",以酒洒于地表示祭奠。

(9)汝曹若违吾心,有加先妣,则陷父不孝,在汝安乎:"有加先妣",即"有加于先妣",介词"于"字省略了。"有加先妣",即比我葬母亲的时候礼节更隆重。

(10)其内典功德,随力所至,勿刳竭生资,使冻馁也:"功德",指作功德,即佛教徒所谓念经诵佛及布施等事。"刳(kū)",挖,此指耗费。"生资",用于生活的钱财。

(11)四时祭祀,周、孔所教,欲人勿死其亲,不忘孝道也:"死其亲",使亲人死掉,"死"是使动用法,言下之意就是很快忘掉了死去的亲人。

(12)求诸内典,则无益焉:"求诸内典",即"求之于内典","诸"是"之于"的合音,"求诸内典",就是从佛教的角度看。

(13)杀生为之,翻增罪累:"杀生为之",为葬礼而宰杀牲口,"之",此,指葬礼。"翻",反而。

(14) **若报罔极之德，霜露之悲，有时斋供，及七月半盂兰盆，望于汝也**："罔极之德",《诗经·小雅·蓼莪》:"欲报之德,昊天罔极。"朱熹《诗集传》:"言父母之恩如天,欲报之以德,而其恩之大如天无穷,不知所以为报也。""霜露之悲",《礼记·祭义》:"霜露既降,君子履之必有凄怆之心,非其寒之谓也。"郑玄注:"非其寒之谓,谓凄怆及怵惕,皆为感时念亲也。""斋供",以素菜祭祀死去的祖先。"盂兰盆",梵语"Ullambana"的音译,意为"救倒悬"。《盂兰盆经》说,目连以其母死后在饿鬼道中极苦,如处倒悬,求佛救度,佛令他于僧众夏季安居终了之日(即夏历七月十五日),备百味饮食,供养十方僧众,即可解脱。自南朝梁以后,盂兰盆会在民间开始仿行,成为超度先人的节日。

【译文】

现在我年老多病，假若突然死去，难道还要求丧礼详备周到吗？如果我哪一天撒手归天，只要求你们为我沐浴净身，不要为我行招魂复魄之礼，穿上普通的衣服入殓就行。你们的祖母去世的时候，正值饥荒，家境窘迫，我们几兄弟又都年幼单弱，所以，她的棺木单薄，墓葬里也没有砌砖。因此，你们葬我的时候，只要用二寸厚的松木棺材，除了衣服帽子以外，其他的东西一样都不要放进去，棺材底部只要放上一块七星板，至于像蜡弩牙、玉豚、锡人这类东西，一律不用。粮罂明器，不要去置办，更不用说碑志明旌了。棺木以鳖甲车运载，墓室底部用土衬垫一层就可入葬，墓地上面不要起坟，平地就可以了。如果你们担心以后祭扫时不知墓的界限，可以在墓地的前后左右修筑矮墙，顺便做些自家的标志。灵床上不要设置枕几，逢朔日、望日、祥日、禫日祭奠时，用白粥、清水、干枣就可以了，不可用酒、肉、饼、果作祭品。亲友们要来祭奠，一概拒绝。你们如果违背我的意愿，让我的丧礼规格高出你们的祖母，那就是陷我于不孝之境，你们为此能心安吗？至于念经诵佛等诸种功德，量力而行，不要弄得倾尽资财，使你们受冻挨饿。一年四季的祭祀，这是周公、孔子所教导的，目的是让人不要很快忘掉死去的亲人，不要忘记孝道。如果从佛教的角度来看，这些都是没有益处的。以杀生来祭祀，反而会增加罪恶。倘若你们想报答父母的大恩大德，表达思念亲人的悲痛心情，那么按时供奉斋品，以及七月半的盂兰盆会，是有望于你们的。

20.4 孔子之葬亲也，云："古者墓而不坟。丘东西南北之人也，不可以弗识也。"于是封之崇四尺。然则君子应世行道，亦有不守坟墓之时，况为事际所逼也！吾今羁旅，身若浮云，竟未知何乡是吾葬地，唯当气绝便埋之耳。汝曹宜以传业扬名为务，不可顾恋朽壤，以取堙没也。

【注释】

（1）孔子之葬亲也，云："古者墓而不坟。丘东西南北之人也，不可以弗识也。"：出于《礼记·檀弓上》，与原文稍有差异。"墓"，葬地。"坟"，凸出地面的土堆，古代一般人的墓地是平的，只有贵族的墓地才起坟，天子坟很高，称为陵。"东西南北之人"，指到处奔走，居无定所的人。"识（zhì）"，记号，标识。

（2）于是封之崇四尺："封"，堆土为坟。"崇"，高。

（3）然则君子应世行道，亦有不守坟墓之时，况为事际所逼也："不守坟墓"，古代有守墓的礼制，如父死儿子一般要守墓三年，通常是在坟墓的旁边搭个小棚子住。孔子死后，几个重要的弟子也都守墓三年，子贡甚至守墓六年。"事际"，情况与际遇。又王利器《集解》云："事际，谓多事之际，犹言多事之秋。"

（4）吾今羁旅，身若浮云，竟未知何乡是吾葬地，唯当气绝便埋之耳："身若浮云"，《论语·述而》："不义而富且贵，于我如浮云。"郑玄注："富贵而不以义者，于我如浮云，非己之有。"此则用为飘忽不定之义。

（5）汝曹宜以传业扬名为务，不可顾恋朽壤，以取堙没也："为务"，为业，为自己努力的方向。"朽壤"，腐朽的土壤，此指埋了朽骨的坟墓。"堙没"，即湮没。

【译文】

孔子安葬亲人时说："古时只是筑墓而不起坟。我孔丘是东南西北漂泊不定之人，墓上不能没有标识。"于是就堆起了四尺高的坟。如此说来，君子处世行道，也有不能守着坟墓的时候，何况为事势所逼迫呢！我如今是羁旅之人，身如浮云，行踪不定，竟不知哪方土地是我的葬身之所，只要在我气绝之后就地掩埋就可以了。你们应该以传承家业、播扬声名为要务，不可顾念我的朽骨坟土，以致耽误了自己的前程。

【评析】

《终制》讲的是丧葬的礼制。"终"即死亡，"制"即礼制，后世讲为父母办丧事叫"守制"，丧家每在门上张贴"制中"二字，就是告诉大家这家在办丧事，父死叫"严制"，母死叫"慈制"。这篇《终制》就是向子孙交代办后事该注意什么，等于是遗嘱。

儒家对丧葬，尤其是父母的丧葬，是很看重的。孔子说："慎终追远，民德归厚矣。"但是这个看重，并不是丧葬的排场办得越丰厚越好，而是要遵从礼制的规定，即根据主持者的身份来决定丧葬的规格。《论语·为政》有一段话：

孟懿子问孝。子曰："无违。"樊迟御，子告之曰："孟孙问孝于我，我对曰，无违。"樊迟曰："何谓也？"子曰："生，事之以礼；死，葬之以礼，祭之以礼。"

超越了应有的规格，叫作"僭越"，也就是"不合礼"。"不合礼"等于不孝，那是儒家所反对的。对统治者在丧葬的过分铺张、耗费民力的行为，儒家虽然没有像墨家那样明确地提出节葬的口号，但也是不赞成的。汉末丧乱之后，曹氏父子主张节葬，社会的厚葬风气有所收敛。我们看到颜氏在《终制》篇里，基本思想就是"简礼薄葬"，希望子孙不要在丧礼、葬礼、祭礼上面花费太多的钱财和精力。

从汉末到魏晋南北朝，人们经历的灾难、战乱实在太多，这让当时的许多人，一方面更加珍惜生命，另一方面也不得不达观地对待生死乱离。陶渊明在《拟挽歌辞》里说：

有生必有死，早终非命促。昨暮同为人，今旦在鬼录。……
得失不复知，是非安能觉。千秋万岁后，谁知荣与辱？……
荒草何茫茫，白杨亦萧萧。严霜九月中，送我出远郊。……
亲戚或余悲，他人亦已歌。死去何所道，托体同山阿。

又在《形影神三首》中说：

甚念伤吾生，正宜委运去。纵浪大化中，不喜亦不惧。应尽便须尽，无复独多虑。

颜之推在《终制》篇中表达了同样达观的态度，开首便说："死者，人之常分，不可免也。"接着说，自己已经六十多岁，心里很坦然，"不以残年为念"。不得不说，陶渊明和颜之推在生死问题上的达观态度，值得我们学习。今天社会上一些人，天天讲养生，反反复复强调长寿。我以为讲究生活品质，让自己活得健康愉快一点，这是应该的。但是讲究得太过分，把活得长一点当成一个伟大的目标来追求，实在没有必要。

颜之推在丧葬祭礼上嘱咐子孙简礼薄葬，同样值得我们借鉴。今天社会物质财富显著提高，铺张浪费的风气又在一些地方流行起来。为了把丧葬祭礼搞得风光无限，不惜浪费人力、物力、财力，实质上这并不是对死者的孝顺，而是满足自己的虚荣。其目的是向别人摆排场，证明自己多么有钱，多么有地位、有势力。这种风气极不可取。

《终制》篇的末尾，颜之推又谆谆告诫子孙，不必实行守墓的制度，"不可顾念朽壤"，而要以事业为重，"以传业扬名为务"。这是告诫子孙要向前看，自己的生活过好了，事业发达了，这才是对父母最大的孝顺。这其实也是孔孟儒家在孝亲问题上的根本主张。《孝经》首章曾子转述孔子的话说："身体发肤，受之父母，不敢毁伤，孝之始也。立身行道，扬名于后世，以显父母，孝之终也。"

《颜氏家训》二十篇，到此就讲完了。虽然颜之推生活在距今一千四百多年前，但他所谈到的有关家风家教的问题及其教育理念，至今依然对我们有重要的参考价值。《颜氏家训》不只谈了家长如何教育孩子，而且点明家长应该首先教育好自己。在这个意义上，家长不仅应该把《颜氏家训》当成教育读本，也应该把它当成修身读本。